装备科技译著出版基金

多无人机规划与任务分配

Multi-UAV Planning and Task Allocation

[法] 雅斯米娜·贝索伊·塞班(Yasmina Bestaoui Sebbane)著
刘杨　李明星　宋佳　译

国防工業出版社
·北京·

著作权合同登记　图字：01－2022－434 号

图书在版编目(CIP)数据

多无人机规划与任务分配/(法)雅斯米娜·贝索伊·塞班(Yasmina Bestaoui Sebbane)著;刘杨,李明星,宋佳译. —北京:国防工业出版社,2023. 5(2025. 1 重印)

书名原文:Multi-UAV Planning and Task Allocation

ISBN 978-7-118-12853-6

Ⅰ.①多…　Ⅱ.①雅…②刘…③李…④宋…　Ⅲ.①无人驾驶飞机—研究　Ⅳ.①V279

中国国家版本馆 CIP 数据核字(2023)第 064937 号

Translation from the English language editions:
Mnlti-UAV Planning and Task Allocation
ISBN978-0-367-4578-2

※

国防工业出版社出版发行
(北京市海淀区紫竹院南路 23 号　邮政编码 100048)
北京虎彩文化传播有限公司印刷
新华书店经售

*

开本 710×1000　1/16　**印张** 18　**字数** 323 千字
2025 年 1 月第 1 版第 2 次印刷　**印数** 2001—3000 册　**定价** 128.00 元

(本书如有印装错误,我社负责调换)

国防书店:(010)88540777　　书店传真:(010)88540776
发行业务:(010)88540717　　发行传真:(010)88540762

译者序

无人机在国防军事、现代战争中发挥着越来越重要的作用，单架无人机难以胜任复杂任务，多无人机协同作战能够有效地完成任务，保证作战效能，实现力量倍增。国内出版的与多无人机系统相关的书籍，或侧重于其协同控制理论与方法，或主要介绍协同路径规划，或以协同决策与控制为主线，亦或是面向多无人机协同作战中的目标搜索决策、目标融合跟踪算法等，以多无人机规划与任务分配为主题的著作相对较少。

多无人机规划与任务分配技术是多无人机协同开展搜索、侦察、作战等任务的基础，本书由泰勒-弗朗西斯出版集团CRC出版社于2020年出版，作者雅斯米娜·贝索伊·塞班（Yasmina Bestaoui Sebbane）教授长期从事无人机和机器人等无人系统的控制、规划和决策研究，曾于2017年获得学术棕榈奖。本书针对多无人机规划与任务分配实现中所涉及的理论和技术问题进行了较为全面的分析和介绍，既包括多无人机协同方式，飞行规划，决策与任务分配，定向运动与覆盖，飞行器集群的部署、巡航与搜寻等方面的代表性研究方法，又精选了侦察任务实现等工程应用案例。

本书翻译工作分工如下：第1~2章由刘杨负责；第3章由李明星负责；第4章由宋佳负责。译者希望通过本书的翻译出版，能够使国内读者了解多无人机决策与任务分配中的基础理论及最新成果，为国内广大具有多智能体系统理论及多无人机协同应用研究背景的科研工作者和工程技术人员提供支撑，也为促进多无人机系统中某一具体问题的深入学习和研究起到抛砖引玉的作用。

感谢周思文、杜玉鹏、赵凯、罗雨歇、徐小蔚、童心迪、梁健强、雷彤彤、姜新宇在本书翻译、校对中所做的工作和给予的支持。由于译者水平有限,书中难免存在不妥和疏漏之处,敬请广大读者批评指正!

译者

2023年1月

目录

第1章 多空中机器人规划

1.1 引言

多机器人系统因其固有的鲁棒性和多功能性而成为机器人学的一个重要研究课题[434]。近年来由于科技的进步,在现实世界中设计、测试和部署大量空中机器人指日可待,其中引起人们广泛研究兴趣的任务包括协同任务规划、巡逻、容错合作、群集控制、角色分配、多机器人路径规划、勘探与测绘、导航、覆盖、检测与定位、跟踪与追踪以及周界监视[21,451]。过去几年时间里,研究人员在多机器人和智能集群系统的设计和仿真方面做了大量工作。集群机器人系统通常被定义为高度分散的集合体,即由有限通信计算和感知能力的简单机器人个体所组成的群体,旨在共同部署以完成各种给定任务[419]。由于有暴风雨或其他恶劣天气的区域与空域中有障碍物的情况类似,因此多个空中机器人在恶劣天气下的控制问题就类似于多智能体通过障碍物时的控制问题[412, 415]。基于模块化结构,个体之间通过相对简单的交互作用,便能够使整个网络系统呈现出复杂行为。协作个体通常是信息处理单元,如神经元或动态模拟实体(如具有群体智能的蚁群或蜜蜂),而群体的协作行为就是通过这些简单个体之间的相互作用表现出来的[423]。人们提出的方法也是基于简单的协作信息处理组件,它们与被称为智能硬件单元(IHU)的硬件设备(传感器和执行器)很接近,从而可以利用如上物理自主智能体提出新的控制架构概念[425,443,450]。

下面就是一个具有挑战的问题。

问题 1.1 假设网络系统要完成特定任务,那么应如何构建交互作用和控制协议以确保任务的实现?

本章的重点是介绍网络化动态系统分析与综合的图论方法[442,455]。通过抽象出与空中机器人传感和通信相关的复杂交互关系,并以图中的节点表示空中机器人,将存在信息交互的节点之间用边进行连接表示,由此便可采用网络系统的相关工具进行研究[432]。近年来,人们在开发多个空中机器人的协作系统方面做出了巨大努力[444,447,449]。在实用价值方面,协作系统的最大好处之一就是它可以为用户提供更好的信息资源[454]。然而,由于需要解决决策和规划等技术和操作问题,因此开发这样一个自主协作系统具有很大挑战性,需要为多智能体系统设计系统结构和交互协议[465]。面向静态环境和动态环境设计算法的主要区别在于,由于环境的变化,空中机器人的知识库(集中式或分布式)将变得不可靠。因此,必须确保无论环境如何变化,空中机器人的行为都能产生预期效果。上述工作中主要讨论了在静态域上运行的多智能体系统所面临的挑战,然而,此类模型通常过于局限,无法反映现实中可能影响其环境、活动和目标的各种外部因素。因此,本章在介绍了协作方式之后,给出了确定性决策和有限通信关联,并提出了不确定性下的多智能体决策技术,最后对一些案例进行了讨论。

1.2 协作方式

多智能体系统是由许多相互作用的自主智能体构成的复杂系统。智能体既可以合作来实现共同的目标,也可以独立完成各自的目标[147]。它们的合作可以是无协商(隐式通信)或有协商的,可以在较低的层级上进行或者通过显式通信(分布或同步)进行,也可以将复杂系统分解成预先设计好的若干个子系统。

(1) 中立智能体不考虑其他智能体的任何信息,甚至不考虑它自身的参数。

(2) 权威智能体知道其他智能体的角色和策略,即它具有其他智能体相应的模型信息。权威智能体甚至知晓其他智能体的行程,以至于能够预测其他智能体的运动,然后只需要在每一轮博弈中选择对自身效用最大的位置。

(3) 自我中心智能体不考虑其他智能体的信息,只考虑它自身的角色。

(4) 协作智能体不仅考虑自身的角色,同时还考虑上一轮的信息以加入最大的可观测到的队列中。

本节从协作模型和协作智能体模型两个角度介绍多智能系统协作所涉及的不同方面,以及它们之间的联系。第一部分定义协作多智能体系统中行为相关的概念,第二部分描述协作智能体的内部特征及其基本属性。为了定义协作模型,首先介绍如下三个相关概念[422]。

(1) 协作意味着,如果一个空中机器人群想要达到一个共同目标,那么这个群体需要在组织结构下进行角色划分,进而确定每个空中机器人的任务。空中机器人群由有限个空中机器人集合组成,它们以合作方式实现共同的目标,团队的每个组成部分可以是一个简单的空中机器人,也可以是在内部控制下相互通信和协作的空中机器人子集。可将单个空中机器人的属性分为能力、知识和信任三项。

(2) 共同目标是由一组非空的全局目标和一组与该目标运行模式相关的约束条件来定义的。全局目标是一组局部目标的集合;每一个局部目标都由一组基本任务来描述。同一个共同目标的多个全局目标之间存在着不同的依赖关系,如完全依赖、部分依赖或无依赖。

(3) 角色是根据空中机器人的能力定义的,包括领域能力和控制能力。一个通用的组织结构是由实现一个共同目标所需的不同角色之间的有限关系集来定义的。协作模型验证了每个角色至少由一个具备相应能力的空中机器人来担任。

如果一组特定的空中机器人收敛到同一个全局目标,并且每个空中机器人都实现了其对应的局部目标,则实现了协作行为。空中机器人的局部目标对应于为实现全局目标而分配给它的任务,该任务分配取决于空中机器人目标所描述的角色分配。稍后将验证同一个全局目标所对应的局部目标的完备属性,还定义了与协作行为的效率和性能相关的两个属性。

(1) 效率:为了保证协作活动的有效性,仅实现构成共同目标的局部目标是不够的,还必须满足实现这个共同目标的一般约束。一组空中机器人按照约束条件实现目标的能力是通过函数来衡量的。因此,对于每个空中机器人,在给定的约束条件下,可以验证任务执行序列的存在性。任务函数为每个空中机器人分配任务,以此定义其在团队中的职责。

(2) 组织性能:验证每个空中机器人是否存在编队链接子集,使其能够通过其他空中机器人获取知识,以实现其任务并避免所有死锁情况。

与着眼集体方面的协作模型不同,协作智能体模型解决的是空中机器人个体方面的问题。

定义 1.1 协作空中机器人:协作空中机器人是在一个环境中(可能包括其他空中机器人)移动的实体,它具有能力和资源能够执行单独的任务,也可以与其他空中机器人合作,通过实现空中机器人自身的局部目标来实现共同目标。

协作主要体现在以下两个方面。

(1) 认知:空中机器人的认知,代表它对所属组织的部分视域。

(2) 任务表:描述了一组空中机器人要按时完成的任务。这个任务表可以由空中机器人自己随时更新。

为了使空中机器人在一个协同编队中工作并对其评估,充分地执行协同任务,必须考虑如下属性:自主;感知;自组织。

由角色的分布得到了一般实例化的组织结构,称为具体组织结构[40]。这个结构可以建立附加链接,来解决任务过程中可能发生的异常情况[417]。编队控制具有以下方式:领航者-跟随者控制;虚拟结构;群/队形控制。

1.2.1 协同

对于多个空中机器人系统中如何协作分配和调度需求的问题,可以用一个适用于车辆路径问题框架下的静态数学模型来表述[347,411]。

(1) 一个由 m 个空中机器人组成的系统需要在二维空间中服务于 n 个需求。

(2) 每个需求都需要一定数量的现场服务(如对这个点的邻域进行监视)。

(3) 目标是计算出一组最优服务成本的路线(根据某些服务质量来度量)。

协同模型与协同空中机器人模型是相关联的。协同模型在于定义了多智能体系统中准许行为的概念,而协同空中机器人模型描述了协同空中机器人的内部结构及其基本特性。如果一组特定的空中机器人收敛到同一个全局目标,并且其中每个空中机器人都实现了其对应的局部目标,则实现了协同行为。空中机器人的局部目标是为实现全局目标而分配给个体的任务,该任务是根据空中机器人目标所表征的角色进行分配的,进而可以验证同一个全局目标的局部目标在归属上的完整性。协同控制包含一系列具有有限处理能力、感知能力和组间通信能力的决策单元,这些都是为了实现集体的目标。集中程度是群体自主性的一个重要区分,可以分为集中式、非集中式、分布式三种。

(1) 集中式意味着将有关空中机器人的所有信息发送到单个服务器,该服务器为每个空中机器人计算控制信息并回传。集中式系统具有以下一个或多个属性:

· 单个负责信息融合(相似的)和集成(不同的)的单元;

· 单个负责协调决策或控制的单元;

· 公共的通信设备。

(2) 非集中式是指不存在中央服务器,每个空中机器人只根据自己特定范围内的其他空中机器人的信息来计算自己的控制信息。从计算角度来看,这种情况是理想的,因为在给定时间范围内,空中机器人的数量是有限的。因此,无论包含空中机器人的总数是多少,算法运行的时间是有限的。

(3) 分布式意味着不使用中央服务器,每个空中机器人计算自己的控制信息,但空中机器人可能需要比局部信息更多的信息。在这种情况下,计算量与所包含空中机器人的数量(n)成比例,但该比例至少比集中式情况低 $O(n)$,因为现在有 n 个独立的处理器并行计算,而不是一个服务器做所有的工作。因此,这些系统具有鲁棒性、可扩展性和灵活性等优点,进而往往采用群体智能方法来开发控制算法。该方法是指“受群居昆虫群体和其他动物群体行为的启发来设计算法或分布式问题解决装置的方法”[41]。

协同控制是指一组动态空中机器人通过交换信息来实现共同目标。协同控制需要由两个或多个空中机器人来规划、协调和执行任务[440]。一个典型的编队包括一个领航者和一些跟随者,其设计的控制协议通常是为了保持编队的几何队形。跟随者试图与邻近的空中机器人保持恒定的相对距离,领航者则负责轨迹跟踪。当多个空中机器人编队飞行时,它们的机载系统通过通信网络交换必要的信息来确定它们的相对位置、速度和姿态[430]。或者,它们也可以使用机载接近传感器,然后机载计算机和控制系统使用这些信息来实现紧密的编队飞行。雷诺兹鸟群模型(Reynolds boids model)阐明了多智能体问题的基本前提,即一组空中机器人使用局部交互规则共同解决一个全局任务。其中每个空中机器人都被设计成按照协议对其邻居做出反应,该协议由以下三条规则组成,在不同的空间尺度上运行。

① 分离:避免与邻居发生碰撞。

② 对齐:与邻居的速度保持一致。

③ 聚集:避免被邻居孤立。

在过去的几十年里,这三个规则已经演变出许多变体。例如,采用基于李雅普诺夫(Lyapunov)方法来解决切换节点互连;利用图论来分析一致性和同步问题;采用局部吸引/排斥函数来处理分离和聚集问题;利用人工势能和陀螺力来避免碰撞[431,459,462]。

协同控制系统第一个显著特征是信息的分布。与"集中式"解决方案不同,协同控制系统中没有一个决策者可以访问所有智能体收集的信息。此外,智能体传输信息也需要通信成本。第二个显著特征是复杂性。即使信息可集中获得,决策问题固有的复杂性也使得集中式解决方案在计算上是不可行的。因此,在协同控制中采用了分布式方法[447],这就形成了协同控制分布式决策体系结构。这种体系结构的潜在好处包括具有实时适应性(或自组织性)和对动态不确定因素的鲁棒性,如单个组件故障、不稳定的环境因素和对抗性因素。同时,这些好处也伴随着重大挑战,如大量智能体交互带来的复杂性,信息重叠和信息缺失时带来的分析处理上的挑战[26]。由 n 个空中机器人组成的系统可以用一个三元数组 $(g,\boldsymbol{r},H)$ 表示。

(1) 运动集 $g \in SE(n)$:表示群体系统的位置和方向。

(2) $\boldsymbol{r} \in \mathbb{R}^m$ 表示队形变量。

(3) H 表示有向图-控制图:描述集群控制结构的图。

空中机器人的决策在系统传输的过程中,由于通信延迟的存在会加剧对编队动力学的影响,因此即使空中机器人移动缓慢,编队动力学也起着至关重要的作用。

1.2.2 级联型制导律

编队保持必须解决的技术问题包括从单个空中机器人级别的问题到更高的系

统级别的问题，其中系统级别相关问题中定义了系统控制层次、高级决策和性能监测。对于编队飞行中的控制和制导问题，每个空中机器人必须能够接收外界的飞行指令，并使自己的飞行控制系统执行该指令。整个编队的复杂程度和鲁棒性取决于分布式空中机器人之间的通信和计算体系结构，编队保持意味着空中机器人之间的相对位置受到严格控制，从而使整个编队几何形状保持不变[435]。为了确保编队在一个或多个空中机器人发生故障时的鲁棒性，提出了一种无领航者协同策略。领航者/跟随者策略的优点在于，如果跟随者能够获得领航者信息，则控制问题可以简化为标准跟踪问题。经典补偿型控制律将编队保持问题视为动态三维跟踪问题，并将控制律分解为三个子任务：①前向距离控制；②横向距离控制；③纵向距离控制。

基于制导的方法也应用于编队保持问题。相应地，领航者被视为目标，跟随者被引导，使其与领航者保持必要的距离而不是拦截它。这种方法不需要从领航者到跟随者空中机器人的信息流。更具体地说，这是一种生成飞行指令并输入到空中机器人 k 中以保持编队几何队形的方法，同时给出了分支全局领航者、局部领航者和局部跟随者的概念。整个编队被分成数个分支，每个分支是一个以全局领航者为开始节点的多个空中机器人组成的链。除了全局领航者，其他的空中机器人将扮演局部领航者或局部跟随者的角色，或两者兼而有之，具体角色取决于它们在分支结构中的位置。一个特定的空中机器人不一定只属于一个特定的分支，它也可以是属于不同分支的数个跟随者的领航者。假设一个空中机器人可以接收其局部领航者的飞行信息，并且能够将自己的飞行状态传输给本地跟随者。设 (V_c, χ_c, γ_c) 是每个控制回路的控制命令输入，τ_V、τ_χ 和 τ_γ 分别为每个变量的时间常数。空中机器人三个控制通道的一阶动力学方程分别表示如下：

$$\begin{cases} \dot{V} = \dfrac{V_c - V}{\tau_V} \\ \dot{\chi} = \dfrac{\chi_c - \chi}{\tau_\chi} \\ \dot{\gamma} = \dfrac{\gamma_c - \gamma}{\tau_\gamma} \end{cases} \tag{1.1}$$

式中：三个等式分别表示速度控制通道、航向角控制通道、航迹倾角控制通道。如果 $\boldsymbol{d}_i$ 和 $\boldsymbol{V}_i$ 表示空中机器人 i 的当前位置向量及其速度向量，并且空中机器人 j 和 k 保持它们当前的飞行方向和速度，那么它们在 t_{go} 时间以后的相对位置向量可以表示为

$$\Delta \boldsymbol{d} = (\boldsymbol{d}_j - \boldsymbol{d}_k) + (\boldsymbol{V}_j - \boldsymbol{V}_k) t_{go} \tag{1.2}$$

如果这两个空中机器人都没有采取纠正措施，那么在未来时刻 $t + t_{go}$ 的预期

队形误差为

$$\delta\boldsymbol{d} = \Delta\boldsymbol{d} - \Delta\boldsymbol{d}^* \tag{1.3}$$

式中：$\Delta\boldsymbol{d}$ 为编队飞行所需的空中机器人 j 和 k 之间的相对位置向量；$(\boldsymbol{e}_x,\boldsymbol{e}_y,\boldsymbol{e}_z)$ 表示固定惯性坐标系下的单位向量，则空中机器人的速度和飞行方向角（航向和飞行路径）的速度误差及加速度误差分别为

$$\begin{cases}\delta\boldsymbol{d} = M_x\boldsymbol{e}_x + M_y\boldsymbol{e}_y + M_z\boldsymbol{e}_z \\ V = V_x\boldsymbol{e}_x + V_y\boldsymbol{e}_y + V_z\boldsymbol{e}_z \\ \quad = (V\cos\gamma\cos\chi)\boldsymbol{e}_x + (V\cos\gamma\sin\chi)\boldsymbol{e}_y + (V\sin\gamma)\boldsymbol{e}_z \\ \dot{V} = (\dot{V}\cos\gamma\cos\chi - V\dot{\chi}\cos\gamma\sin\chi - V\dot{\gamma}\sin\gamma\cos\chi)\boldsymbol{e}_x \\ \qquad + (\dot{V}\cos\gamma\sin\chi + V\dot{\chi}\cos\gamma\cos\chi - V\dot{\gamma}\sin\gamma\sin\chi)\boldsymbol{e}_y \\ \qquad + (\dot{V}\sin\gamma + V\dot{\gamma}\cos\gamma)\boldsymbol{e}_z\end{cases} \tag{1.4}$$

引入空中机器人控制坐标系 $(\boldsymbol{e}_V,\boldsymbol{e}_\chi,\boldsymbol{e}_\gamma)$，其中 $\boldsymbol{e}_V$ 表示沿当前速度方向的单位方向向量，$\boldsymbol{e}_\chi$ 表示垂直于 $\boldsymbol{e}_V$ 的单位方向向量，并且以航向角增大的方向为正方向，$\boldsymbol{e}_\gamma$ 符合右手坐标系。那么，从固定惯性坐标系到空中机器人控制坐标系的坐标变换矩阵 $\boldsymbol{D}$ 可以定义为

$$\boldsymbol{D} = \begin{pmatrix}\cos\chi\cos\gamma & \sin\chi\cos\gamma & -\sin\gamma \\ -\sin\chi & \cos\chi & 0 \\ \cos\chi\sin\gamma & \sin\chi\sin\gamma & \cos\gamma\end{pmatrix} \tag{1.5}$$

用式(1.5)中的变换矩阵 $\boldsymbol{D}$，将固定坐标系下的关系式(1.2)转换到空中机器人控制坐标系下，其对应的关系式为

$$\begin{cases}\delta\boldsymbol{d} = M_V\boldsymbol{e}_V + M_\chi\boldsymbol{e}_\chi + M_\gamma\boldsymbol{e}_\gamma \\ \boldsymbol{V} = V\boldsymbol{e}_V \\ \dot{\boldsymbol{V}} = \dot{V}\boldsymbol{e}_V + V\dot{\chi}\cos\gamma\boldsymbol{e}_\chi - V\dot{\gamma}\boldsymbol{e}_\gamma\end{cases} \tag{1.6}$$

假设领航者空中机器人 j 和跟随者空中机器人 k 的飞行路径和航向角的差都很小，则可以定义从跟随者空中机器人 k 控制坐标系到领航者空中机器人 j 的控制坐标系下的变换矩阵为

$$\delta\boldsymbol{D} = \begin{pmatrix}1 & \delta\chi & -\delta\gamma \\ -\delta\chi & 1 & 0 \\ \delta\gamma & 0 & 1\end{pmatrix} \tag{1.7}$$

式中：$\delta\gamma = \gamma_j - \gamma_k$ 是航迹倾角之差，$\delta\chi = \chi_j - \chi_k$ 是航向角之差。在跟随者空中机器人 k 的控制坐标系 $(\boldsymbol{e}_{V_k},\boldsymbol{e}_{\chi_k},\boldsymbol{e}_{\gamma_k})$ 下，领航者的速度 $\boldsymbol{V}_j$ 可表示为

$$\boldsymbol{V}_j = V_j\boldsymbol{e}_{V_k} + V_j\delta\chi\boldsymbol{e}_{\chi_k} - V_j\delta\gamma\boldsymbol{e}_{\gamma_k} \tag{1.8}$$

类似地，在跟随者空中机器人 k 控制坐标系下领航者空中机器人 j 的加速度向

量可以表示为

$$\frac{\mathrm{d}\boldsymbol{V}_j}{\mathrm{d}t} = (\dot{V}_j - V_j\dot{\chi}_j\cos\gamma_j\delta\chi - V_j\dot{\gamma}_j\delta\gamma)\boldsymbol{e}_{V_k} + (V_j\dot{\chi}_j\cos\gamma_j + \dot{V}_j\delta\chi)\boldsymbol{e}_{\chi_k} - (V_j\dot{\gamma}_j + \dot{V}_j\delta\gamma)\boldsymbol{e}_{\gamma_k} \tag{1.9}$$

然后,定义一个正定函数:

$$L = \frac{1}{2}\delta d \cdot \delta d = \frac{1}{2}(\Delta d - \Delta d^*) \cdot (\Delta d - \Delta d^*) \tag{1.10}$$

如果控制跟随者空中机器人 k ,使得式(1.10)在足够短的时间 t_{go} 内保持较小值,那么 Δd 将保持趋近于 Δd^* ,这意味着它们的相对位置保持不变。在使得 $\frac{\mathrm{d}L}{\mathrm{d}t}$ 为负的多种条件中,可以选择如下一种条件:

$$\dot{\mathrm{d}L} = -2N^k L \tag{1.11}$$

式中: N^k 是一个正常数。制导指令如下所示:

$$\begin{cases} \dot{V}_k = (\dot{V}_j - V_j\dot{\chi}_j\cos\gamma_j\delta\chi - V_j\dot{\gamma}_j\delta\gamma) + \dfrac{N^k}{t_{go}}M_V^k \\ \dot{\chi}_k = \dfrac{V_j\dot{\chi}_j\cos\gamma_j + \dot{V}_j\delta\chi}{V_k\cos\gamma_k} + \dfrac{N^k}{V_k\cos\gamma_k t_{go}}M_\chi^k \\ \dot{\gamma}_k = \dfrac{V_j\dot{\gamma}_j + \dot{V}_j\delta\gamma}{V_k} + \dfrac{N^k}{V_k t_{go}}M_\gamma^k \end{cases} \tag{1.12}$$

这是减少编队误差所需的空中机器人 k 的速度和飞行方向角变化率。

1.2.3 一致性方法

1. 一致性

考虑一组空中机器人,其动力学模型近似为

$$\dot{\boldsymbol{X}}_i = \boldsymbol{U}_i, \quad i = 1,2,\cdots,m \tag{1.13}$$

其中,每个节点仅与图 $G = (V,E)$ 上的邻居 $N_i = \{j:(i,j) \in E\}$ 进行交互。一般情况下, G 是一个有向图,其节点集合为 $V = \{1,\cdots,n\}$,边集 $E \subset V \times V$,邻接矩阵 $\boldsymbol{A} = [a_{ij}](i = 1,\cdots,n;j = 1,\cdots,n)$,并且所有元素非负。为了实现一致性,空中机器人的目标是收敛到如下空间:

$$\boldsymbol{X}_1 = \boldsymbol{X}_2 = \cdots = \boldsymbol{X}_n \tag{1.14}$$

其中,所有空中机器人的评价方案是相同的。这可以通过应用如下的线性一致性协议来实现,即

$$\dot{X}_i = \sum_{j \in N_i} a_{ij}(X_j - X_i) \tag{1.15}$$

对于无向图,式(1.15)中的线性系统等同于梯度系统:

$$\dot{X} = \nabla \Phi_G(X) \tag{1.16}$$

该梯度系统中式(1.16)的势函数称为偏差函数:

$$\Phi_G(X) = \frac{1}{2}\sum_{i<j} a_{ij}(X_j - X_i)^2 \tag{1.17}$$

偏差函数用向量 X 和信息流 G 来量化一组空中机器人总的不一致程度。式(1.15)中的一致性动力学方程可以改写为

$$\dot{X} = -LX \tag{1.18}$$

式中:$L = D - A$ 是图的拉普拉斯矩阵;$D = \mathrm{diag}(A)$ 是对角元素为 $d_i = \sum_j a_{ij}$ 的对角矩阵。根据拉普拉斯矩阵的定义 $L\mathbf{1} = \mathbf{0}$, $\mathbf{1} = (1,\cdots,1)^{\mathrm{T}}$ 是元素全为 1 的列向量,因此图的拉普拉斯矩阵总是具有零特征值 $\lambda_1 = 0$。如果 G 是一个强连通图或者具有一个有向生成树,则 $\mathrm{rank}(K) = n - 1$ 并且 L 的所有其他特征值都是非零的[83]。系统方程式(1.16)的平衡状态为 $X^* = (\zeta,\cdots,\zeta)^{\mathrm{T}} = \zeta\mathbf{1} = \zeta(1,\cdots,1)^{\mathrm{T}}$,其所有节点都达到一致。

定理 1.1 设 G 是强连通有向图,那么,所有空中机器人在 ζ 处达到渐近一致。此外,假设有向图 G 是平衡的,$\sum_j a_{ij} = \sum_j a_{ji}, \forall i$,所有空中机器人以大于或等于 $\frac{\lambda_2}{2}(L + L^{\mathrm{T}})$ 的指数速率实现一致:

$$\zeta = \bar{X}(0) = \frac{1}{n}\sum_{i=1}^{n} X_i(0) \tag{1.19}$$

其中,$\frac{\lambda_2}{2}(L + L^{\mathrm{T}})$ 为有向图 G 拉普拉斯矩阵对称部分的第二大特征值或代数连通度。

障碍物的存在会切断空中机器人之间的通信链路,因此会影响整个系统的稳定性和其他性能[448],这种影响可以建模为切换的多智能体拓扑结构。动态图 G 可以表示为 $G(t):[0,+\infty]\to G$,其中 G 是 $V \times V$ 中所有边 (i,j) 的有向图的扩展集。令 $L(t)$ 表示 $G(t)$ 的拉普拉斯矩阵,则有线性切换系统:

$$\dot{X} = -L(t)X \tag{1.20}$$

在具有链路/节点故障的网络中能够实现一致性。网络拓扑 G 中一个节点的丢失可以建模为由节点 i 及其邻居 V_i 组成的 G 的子图 G_i 的丢失[9]。

2. 可达性和可观测性

如果 n 个空中机器人按照时不变的无向通信图 $G = (I, E)$ 进行通信,其中 $I =$

$\{1,2,\cdots,n\}, E=\{(i,j)\in I\times I \mid i$ 和 j 通信$\}, N_i=\{j\in I \mid (i,j)\in E\}$ 是节点 I 的邻居集合。路径图中只有两个度为 1 的节点,其余节点的度均为 2。度为 1 的节点称为外部节点,用 1 和 n 表示,其他节点称为内部节点[438]。循环图是其中所有节点的度都为 2 的图。空中机器人被建模为一阶积分器模型,在基于拉普拉斯控制律的一致性算法下运行[76]。智能体连续时间下的动态方程如下:

$$\dot{x}_i(t)=-\sum_{j\in N_i} x_i(t)-x_j(t),\quad i\in\{1,\cdots,n\} \tag{1.21}$$

或等同于

$$\dot{\boldsymbol{x}}(t)=-\boldsymbol{L}\boldsymbol{x}(t),\quad t\leqslant 0 \tag{1.22}$$

式中:$\boldsymbol{x}=[x_1,\cdots,x_n]^{\mathrm{T}}$ 是机器人状态的向量;$\boldsymbol{L}$ 是图的拉普拉斯矩阵。

关于可达性问题,节点子集 $I_c=\{i_1,\cdots,i_m\}\subset I$ 称为可以由外部输入控制的领航者或控制节点,则

$$\dot{\boldsymbol{x}}(t)=-\boldsymbol{L}\boldsymbol{x}(t)+\boldsymbol{B}\boldsymbol{u}(t) \tag{1.23}$$

式中:$\boldsymbol{u}(t)=[u_{i_1},\cdots,u_{i_m}]$ 作为输入;$\boldsymbol{B}=[e_{i_1},\cdots,e_{i_m}]$。

关于可观测性问题,假设外部处理器从节点子集 $I_o=\{i_1,i_2,\cdots,i_m\}\subset I$ 中收集信息,在网络中这样的节点称为观测节点。外部处理器必须根据观测节点的状态重建整个网络状态,系统动态方程如下:

$$\dot{\boldsymbol{x}}(t)=-\boldsymbol{L}\boldsymbol{x}(t)+\boldsymbol{B}\boldsymbol{u}(t),\quad \boldsymbol{y}(t)=\boldsymbol{C}\boldsymbol{x}(t) \tag{1.24}$$

式中:$\boldsymbol{C}=[e_{i_1},\cdots,e_{i_m}]$ 为输出矩阵。可达子空间是从原点可达的状态的集合 X_r。不可观测子空间是产生相同零输出的初始状态的集合 X_{no}。

引理 1.1 对称矩阵的 PBH(Popov, Belevitch, Hautus) 判据:设 $\boldsymbol{L}\in\mathbb{R}^{n\times n}$,$\boldsymbol{B}\in\mathbb{R}^{n\times m}$ 和 $\boldsymbol{C}\in\mathbb{R}^{m\times n}$ 分别为线性时不变系统的状态矩阵及输入、输出矩阵,其中 $\boldsymbol{L}$ 为对称矩阵,那么可达子空间 X_r(对应于 $(\boldsymbol{L},\boldsymbol{B})$)与不可观测子空间 X_{no}(对应于 $(\boldsymbol{L},\boldsymbol{C})$)的正交补是由满足以下条件的向量所张成的空间。对于某一个 $\lambda\in\mathbb{R}$,有

$$\boldsymbol{B}^{\mathrm{T}}\boldsymbol{v}_l=\boldsymbol{0},\quad \boldsymbol{L}\boldsymbol{v}_l=\lambda\boldsymbol{v}_l \tag{1.25}$$

$$\boldsymbol{C}\boldsymbol{v}_l=\boldsymbol{0},\quad \boldsymbol{L}\boldsymbol{v}_l=\lambda\boldsymbol{v}_l \tag{1.26}$$

满足式(1.25)的特征值和特征向量称为不可达特征值和不可达特征向量。满足式(1.26)的特征值和特征向量称为不可观测特征值和不可观测特征向量。

1.2.4 集群行为

集群行为依赖空中机器人的聚集能力来维持群体的连通性,它的对齐能力用来同步速度,如果需要的话,它的分离能力可以避免碰撞。大量空中机器人组成的网络构成了集群。由于空中机器人的运动性,所形成的集群具有动态拓扑结构,该

拓扑随空中机器人构型的变化而变化。这种空间诱导网络称为邻接图。

定义 1.2 邻接图是所有空中机器人的邻接子图的并集。设 $\boldsymbol{q_i} \in \mathbb{R}^m$ 表示空中机器人 i 在 m 维空间中的位置,则 i 的邻居集合为 $N_i(\boldsymbol{q}) = j: \|q_j - q_i\| < r, j \neq i$,邻接图 $G(\boldsymbol{q}) = (V, E(\boldsymbol{q}))$ 的顶点和边集定义为

$$\begin{cases} V = \{1,2,\cdots,n\} \\ E(\boldsymbol{q}) = \{(i,j) \in V \times V: \| q_j - q_i \| < r, j \neq i \end{cases} \tag{1.27}$$

式中:$\| \cdot \|$ 表示 $\mathbb{R}^m$ 空间的 2-范数;$\boldsymbol{q} = \mathrm{col}(q_1, q_2, \cdots, q_n)^{\mathrm{T}}$ 。

受自然界中鸟群和鱼群的集群行为的启发,人们设计了一种依赖于创建群的集群行为的分布式区域覆盖算法。这种算法的基本挑战是建立集群的数学模型和集群行为中关键特征的形式化表示。此外,还需要提出一种有意义的集群运动稳定性定义,该定义可用于验证所提出的集群算法的有效性,并且类似于非线性系统 $\dot{X} = f(X, U)$ 在李雅普诺夫意义下的稳定性定义。如果这组空中机器人有以下动力学方程:

$$\begin{cases} \dot{\boldsymbol{q}}_i = \boldsymbol{p}_i \\ \dot{\boldsymbol{p}}_i = \boldsymbol{U}_i \end{cases} \tag{1.28}$$

式中:$\boldsymbol{q}_i, \boldsymbol{p}_i, \boldsymbol{U}_i \in \mathbb{R}^m$ 分别为机器人 i 的位置、速度和控制输入。则可以创建具有局部交互的集群,使它们在稳态时的涌现行为满足以下条件。

(1) 对齐:空中机器人的速度一致。

(2) 空间自组织:机器人在空间中形成网格状结构。

(3) 避碰和避障:附近的空中机器人有避免彼此碰撞和躲避障碍物的趋向(无论是在过渡状态还是稳态)。

(4) 靠近:存在一个半径 $R > 0$ 的球,里面包含了所有的空中机器人。

(5) 连通性:空中机器人自主编队成相互连接的空中机器人网络。

人们设计了集群的聚集势能,并引入了嵌入到物理空中机器人的基础计算设施中的虚拟智能体包括:

(1) 物理智能体:空中机器人,也称为 α - 智能体 。

(2) 中间智能体:在障碍物边界上移动,由 α - 智能体 在相邻障碍物上的投影得到,也称为 β - 智能体 。

(3) 虚拟智能体:作为内部动态嵌入到 α - 智能体 。它们包含了用于迁移/跟踪整个集群质心期望轨迹的信息,也称为 γ - 智能体 。

1. 群的集体势能

下面一组基于距离的代数约束定义了一类称为 α - 格 的格型分布 q,即 $-\delta < |q_j - q_i| - d < \delta$:

$$\| \boldsymbol{q}_j - \boldsymbol{q}_i \| = d, \forall j \in N_i(\boldsymbol{q}) \tag{1.29}$$

对于 α - 格，参数 d 和 $k=\dfrac{r}{d}$ 称为标度和比例。映射 $\|\cdot\|_\sigma:\mathbb{R}^m\to\mathbb{R}^+$ 称为 m 维向量 z 的 σ-范数，由下式定义：

$$\|z\|_\sigma=\frac{-1}{\varepsilon}\left(1-\sqrt{1+\varepsilon\,|z|^2}\right) \tag{1.30}$$

式中：$\varepsilon>0$ 是该 σ - 范数的参数。该映射的梯度表示如下：

$$\boldsymbol{\sigma}_\varepsilon=\frac{z}{\sqrt{1+\varepsilon\,\|z\|^2}}=\frac{z}{1+\varepsilon\,\|z\|_\sigma} \tag{1.31}$$

定义 σ - 范数的好处是 $\|\boldsymbol{z}\|_\sigma$ 处处可微，但是2-范数 $\|z\|$ 在 $z=\boldsymbol{0}$ 时是不可微的。该特征在引入基于平滑梯度的集群算法时非常有用。使用光滑 bump 函数 $\rho_h:\mathbb{R}\to[0,1]$，可以将粒子群的光滑空间邻接(或相互作用)系数 $a_{ij}(\boldsymbol{q})$ 定义为

$$a_{ij}(\boldsymbol{q})=\rho_h\,\frac{\|\boldsymbol{q}_j-\boldsymbol{q}_i\|_\sigma}{r_\alpha}\in[0,1],\quad j\neq 1 \tag{1.32}$$

式中：$r_\alpha=\|r\|_\sigma$；参数 $h\in[0,1]$；ρ_h 的定义为

$$\rho_h(z)=\begin{cases}1 & z\in[0,h]\\ \dfrac{1}{2}\left(1+\cos\pi\,\dfrac{z-h}{1-h}\right) & z\in[h,1]\\ 0 & z>1\end{cases} \tag{1.33}$$

式中：$\rho_h(z)$ 是 C^1 光滑函数，在区间 $[1,\infty)$ 上 $\rho'_h(z)=0$ 且 $|\rho'_h(z)|$ 对 z 一致有界。

因此，集群的光滑集体势能函数 $V(\boldsymbol{q})$ 可以表示为

$$V(\boldsymbol{q})=\frac{1}{2}\sum_i\sum_{j\neq i}\psi_\alpha(\|\boldsymbol{q}_j-\boldsymbol{q}_i\|_\sigma) \tag{1.34}$$

式中：ψ_α 为一个光滑的成对吸引/排斥势，其在 $\boldsymbol{r}_\alpha=\|\boldsymbol{r}\|$ 处有一个有限截止点，在 $z=d_\alpha=\|\boldsymbol{d}\|$ 时取得全局最小值。当分布 q 集合满足 $\|\boldsymbol{q}_j-\boldsymbol{q}_i\|_\sigma=d_\sigma,\forall j\in N_i(q)$ 时，这个势能在 α - 格的分布 q 上取最小值。为了构造具有有限截止点的光滑成对势 $\psi_\alpha(z)$，对作用函数 $\phi_\alpha(z)$ 进行积分，并且对于所有 $z\geqslant r_\alpha$，积分将不存在，则

$$\begin{cases}\phi_\alpha(z)=\rho_h\,\dfrac{z}{r_\alpha}\phi(z-d_\alpha)\\ \phi(z)=\dfrac{1}{2}[(a+b)\sigma_1(z+c)+(a-b)]\\ \sigma_1=\dfrac{z}{\sqrt{1+z^2}}\end{cases} \tag{1.35}$$

式中：$\phi(z)$ 为非一致 S(sigmoidal) 型函数，其参数满足 $0 < a \leqslant b, c = \frac{|a-b|}{\sqrt{4ab}}$ 以保证 $\phi(0)=0$。

式(1.34)中的成对吸引/排斥势 ψ_α 定义为

$$\psi_\alpha(z) = \int_{d_\alpha}^{z} \phi_\alpha(s)\,\mathrm{d}s \tag{1.36}$$

2. 分布式集群算法

分布式集群算法如下：

$$\boldsymbol{u}_i = \boldsymbol{u}_i^\alpha + \boldsymbol{u}_i^\beta + \boldsymbol{u}_i^\gamma \tag{1.37}$$

其交互是在相邻的 α-智能体和 β-智能体以及它们内部的 γ -智能体之间进行的：

$$\boldsymbol{u}_i^\alpha = \sum_{j \in N_i} \phi_\alpha \ \| \boldsymbol{q}_j - \boldsymbol{q}_i \|_\sigma \boldsymbol{n}_{ij} + \sum_{j \in N_i} a_{ij}(\boldsymbol{q}) \ \| \boldsymbol{p}_j - \boldsymbol{p}_i \|_\sigma \boldsymbol{n}_{ij} \tag{1.38}$$

式中：第一项是基于梯度的项，而第二项是一致项，其中

$$\boldsymbol{n}_{ij} = \sigma_\varepsilon(\boldsymbol{q}_j - \boldsymbol{q}_i) = \frac{\boldsymbol{q}_j - \boldsymbol{q}_i}{\sqrt{1 + \varepsilon \ \| \boldsymbol{q}_j - \boldsymbol{q}_i \|^2}} \tag{1.39}$$

式中：$\boldsymbol{n}_{ij}$ 是沿着连接 $\boldsymbol{q}_i$ 到 $\boldsymbol{q}_j$ 线段方向的向量；$\varepsilon \in (0,1)$ 为 σ-范数的固定参数。基于梯度的项等于 $|-\nabla_{q_i} V(\boldsymbol{q})|$。$\boldsymbol{u}_i^\alpha$ 项表示 α-智能体之间的所有交互作用；$\boldsymbol{u}_i^\beta$ 是使 α-智能体远离其在障碍物上的投射(或 β-智能体)的排斥力；

$$\boldsymbol{u}_i = -\boldsymbol{C}_1(\boldsymbol{q}_i - \boldsymbol{q}_r) - \boldsymbol{C}_2(\boldsymbol{p}_i - \boldsymbol{p}_r); \boldsymbol{C}_1, \boldsymbol{C}_2 > 0 \tag{1.40}$$

式中：$\boldsymbol{u}_i$ 是 α-智能体对其内部 γ -智能体的跟踪控制，γ -智能体动态方程为

$$\begin{aligned} \dot{\boldsymbol{q}}_r &= \boldsymbol{p}_r \\ \dot{\boldsymbol{p}}_r &= f_r(\boldsymbol{q}_r, \boldsymbol{p}_r) \end{aligned} \tag{1.41}$$

对于所有 γ -智能体，初始条件为 $(\boldsymbol{q}_r(0), \boldsymbol{p}_r(0)) = (\boldsymbol{q}_d, \boldsymbol{p}_d)$。

1.2.5 编队的连通性和收敛性

本节考虑了编队稳定性和底层通信结构之间的相互依赖关系。

1. 问题描述

N 个同类型空中机器人组成的移动编队具有以下离散时间动力学方程：

$$\boldsymbol{x}_i(k+1) = \boldsymbol{A}_v \boldsymbol{x}_i(k) + \boldsymbol{B}_v \boldsymbol{u}_i(k), i = 1,2,\cdots,N \tag{1.42}$$

空中机器人 i 的 n 个参数变量称为类位置变量，用 $\boldsymbol{x}_i$ 表示。空中机器人的控制输入用 $\boldsymbol{u}_i$ 表示。对于每个空中机器人，用于调节的误差信号 $z_i(k)$ 由下式给出：

$$z_i(k) = \sum_{j \in J_i(k)} (\boldsymbol{x}_i(k) - \boldsymbol{x}_j(k)) - (\boldsymbol{h}_i - \boldsymbol{h}_j) \tag{1.43}$$

式中：$J_i(k)$ 为空中机器人 i 在时刻 k 的邻居集合；参数 $\boldsymbol{h}$ 的定义可参考下面的定义 1.3。

定义 1.3 编队：N 个空中机器人组成的编队由偏移向量 $\boldsymbol{h} = \boldsymbol{h}_p \otimes \begin{pmatrix} 1 \\ 0 \end{pmatrix} \in \mathbb{R}^{2nN}$ 表示。

如果存在 $\mathbb{R}^n$ 上的数值向量 $\boldsymbol{q}$ 和 $\boldsymbol{w}$，可使 $(\boldsymbol{x}_p)_i(k) - (\boldsymbol{h}_p)_i = \boldsymbol{q}$ 和 $(\boldsymbol{x}_v)_i(k) = \boldsymbol{w}$ $(i = 1,\cdots,N)$，则称 N 个空中机器人在 k 时刻处于编队状态，其中下标 p 指的是位置，下标 v 指的是相应的速度。如果存在实值函数 $\boldsymbol{q}(\cdot)$ 和 $\boldsymbol{w}(\cdot)$，可使当 $k \to \infty$ 时，$(\boldsymbol{x}_p)_i(k) - (\boldsymbol{h}_p)_i - \boldsymbol{q}(k) \to 0$ 和 $(\boldsymbol{x}_v)_i(k) - \boldsymbol{w}(k) \to 0 (i = 1,\cdots,N)$，则空中机器人收敛到编队 $\boldsymbol{h}$。

此定义涵盖移动 $\|\boldsymbol{w}\| > 0$ 和悬停 $(\boldsymbol{w} = \boldsymbol{0})$ 的空中机器人编队。在任意时刻 k，空中机器人之间的信息交换用通信图 $G(k)$ 描述，其 N 个顶点表示空中机器人，边表示通信链路。如果 $G(k)$ 具有边 (i,j)，则认为空中机器人 j 在时刻 k 是空中机器人 i 的邻居。然而，如果一个空中机器人在时刻 k 是 i 的邻居，则不能保证同一个空中机器人在时刻 $k + 1$ 仍是 i 的邻居。事实上，根据编队要求的方式移动，空中机器人可能会在收敛到编队状态时经常变换邻居。对于同类型空中机器人的编队，可以得到每个空中机器人的稳定矩阵 $\boldsymbol{F}_v$。N 个同类型空中机器人系统表示如下：

$$\begin{cases} \boldsymbol{x}(k + 1) = \boldsymbol{A}\boldsymbol{x}(k) + \boldsymbol{B}\boldsymbol{u}(k) \\ \boldsymbol{z}(k) = \boldsymbol{L}(k)(\boldsymbol{x}(k) - \boldsymbol{h}) \end{cases} \tag{1.44}$$

式中：$\boldsymbol{x}$ 为增广状态向量；$\boldsymbol{A} = \boldsymbol{I}_N \otimes \boldsymbol{A}_v$；$\boldsymbol{B} = \boldsymbol{I}_N \otimes \boldsymbol{B}_v$；$\boldsymbol{L}(k) = \boldsymbol{L}_G(k) \otimes \boldsymbol{I}_{2n}$，其中矩阵 $\boldsymbol{L}_G(k)$ 属于有限的常数矩阵集合 $\boldsymbol{L}$。

假设对每个空中机器人都已设计了稳定控制律，则编队级别的控制律应根据飞行器间的通信要求来定义，以满足编队的收敛性和稳定性要求。协同控制是使用如下的分布式反馈控制矩阵来实现的：

$$\boldsymbol{F} = \mathrm{diag}(\boldsymbol{F}_v) \tag{1.45}$$

如果 $\boldsymbol{u}(k) = \boldsymbol{F}\boldsymbol{z}(k)$，则空中机器人收敛到编队状态。无论空中机器人之间的通信图是什么样的，该反馈矩阵 $\boldsymbol{F}$ 都应该是相同的。闭环系统转化为

$$\boldsymbol{x}(k + 1) = \boldsymbol{A}\boldsymbol{x}(k) + \boldsymbol{B}\boldsymbol{F}\boldsymbol{L}(k)(\boldsymbol{x}(k) - \boldsymbol{h}) \tag{1.46}$$

接下来，使用代数图论来分析具有如下形式动态系统的稳定性：

$$\boldsymbol{x}(k + 1) = (\boldsymbol{A} + \boldsymbol{B}\boldsymbol{F}\boldsymbol{L}(k))\boldsymbol{x}(k) \tag{1.47}$$

令 $\boldsymbol{\sigma}: N \to \boldsymbol{L}$ 为确定 $\boldsymbol{L}$ 矩阵的分段常数函数，对于任意时刻 k，$\boldsymbol{\sigma}(k) = \boldsymbol{L}_s$，$\boldsymbol{L}_s \in \boldsymbol{L}$。则上述系统(1.47)可视为动态切换系统，它的稳定性在一定程度上取决于单

个系统的稳定性：

$$x(k+1)=(A+BFL_s)x(k) \tag{1.48}$$

但是这并不能保证系统的稳定性，利用矩阵 L_s 特征值的分布可以判断相关系统矩阵的稳定性。如果一个矩阵的所有特征值都位于复平面上距原点半径为 1 的圆内，则该矩阵是离散条件下赫尔维茨(Hurwitz)稳定的。

2. 时不变通信下编队稳定性

首先，假设通信图 $G(k)$ 在每个时刻都是相同的，此时矩阵 L_s 为时不变的，是一个常量函数。该系统收敛的一个充分必要条件是通信图具有有向生成树。这保证了 L_s 的零特征值的代数重数为 1，进而保证了上面的系统是编队稳定的。编队的概念可以扩展到分层编队，并且可以考虑具有时不变分级通信特殊情况下的编队。在给定几个相互通信的稳定编队情况下，编队的收敛性和稳定性结果可以推广到多层编队[31]。

定义 1.4　分层编队：如果 N 个空中机器人任何时候都处在预先设计的几何构型的顶点处，并且通信图是各分层图之和，那么这组 N 个空中机器人被称为分层编队。

在分层图中每一层的所有顶点表示一个子编队。每个子编队都是由空中机器人个体或子编队组成的。标记为 1 的子系统(或空中机器人)被假设为其子编队的领航者，它是唯一可以接收信息或向其他子编队发送信息的。假设每个子编队的领航者与下一层的空中机器人通信，对应的通信图中其余顶点具有正入度。实际上，这解释为：非领航子编队系统接收来自其集群中至少一个其他子编队的信息。在子编队图中，这是通过拉普拉斯矩阵的第一个对角线元素等于零并且其他所有对角元素为正来实现的。下面是一个很重要的拉普拉斯矩阵集合：

$$S=\{I_n \otimes L_1 + L_2 \otimes \mathbf{One}\} \tag{1.49}$$

式中：$I_n \in \mathbb{R}^{n\times n}$ 为单位矩阵；$L_1 \in \mathbb{R}^{m\times m}$，$L_2 \in \mathbb{R}^{n\times n}$ 均为拉普拉斯矩阵；$\mathbf{One} \in \mathbb{R}^{m\times m}$ 为第一项为 1 而其他所有项为零的矩阵。

对于矩阵 $L \in S$，其特征值取决于拉普拉斯矩阵 L_1, L_2。在无向图的情况下，可推导出矩阵 L 特征值的如下边界条件。

(1) 与拉普拉斯矩阵 L 对应的图 G 的最大顶点入度为

$$d=\max\{d_1, \text{indegree}(1)+d_2\} \tag{1.50}$$

式中：d_1 为拉普拉斯矩阵 L_1 对应的图 G_1 的最大顶点入度；indegree(1)为 G_1 中标记为 1 的顶点的入度；d_2 为拉普拉斯矩阵 L_2 对应的图 G_2 的最大顶点入度。

(2)对于 L 的所有特征值 λ，在有向图的情况下，可以推导出特征值的边界如下：

$$|\lambda| \leqslant 2\max\{d_1, \text{indegree}(1)+d_2\} \tag{1.51}$$

定理 1.2　设 $L_1 \in \mathbb{R}^{m\times m}$ 和 $L_2 \in \mathbb{R}^{n\times n}$ 是两个有向图的拉普拉斯矩阵，并假

设 $\boldsymbol{L}_1$ 的第一个对角线元素为零,其他所有对角线元素均为正。如果 $\boldsymbol{L}=\boldsymbol{I}_n \otimes \boldsymbol{L}_1 + \boldsymbol{L}_2 \otimes \mathbf{One} \in S$,则 $\boldsymbol{L}$ 的特征值是 $\boldsymbol{L}_2$ 的特征值并上 n 次的 $\boldsymbol{L}_1$ 非零特征值。

定理 1.3 假设一个两层编队,每个子编队具有 n 个空中重机器人,一共有 m 个子编队。每个子编队用以下的可控系统表示:

$$\begin{cases}\boldsymbol{x}_{k+1}=\boldsymbol{A}_{\mathrm{s}}\boldsymbol{x}_k+\boldsymbol{B}_{\mathrm{s}}\boldsymbol{u}_k \\ \boldsymbol{z}_k=\boldsymbol{L}_{\mathrm{s}}(\boldsymbol{x}_k-\boldsymbol{h}_{\mathrm{s}}) \\ \boldsymbol{u}_k=\boldsymbol{F}_{\mathrm{s}}\boldsymbol{z}_k\end{cases} \tag{1.52}$$

式中:$\boldsymbol{A}_{\mathrm{s}}$ 和 $\boldsymbol{B}_{\mathrm{s}}$ 为单个动态子编队;L_{s} 为信息交换图的拉普拉斯矩阵;$\boldsymbol{F}_{\mathrm{s}}$ 为子编队控制反馈矩阵;$\boldsymbol{h}_{\mathrm{s}}$ 为相应的编队偏移向量。如果具有 m 个顶点的图 G,且其拉普拉斯矩阵特征值 λ_{s} 具有使 $\boldsymbol{A}+\lambda_{\mathrm{s}}\boldsymbol{BF}$ 稳定的性质,则 G 可以作为第二层编队的通信拓扑结构,从而使整个系统收敛到一个新的稳定编队。

当收敛到编队状态时,空中机器人在最终队形的中心位置上达成一致。此时,第二层(即子编队的领航者层)和第一层都达成一致,这是不依赖于空中机器人在集群中的相对位置来实现的。在子编队不同的情况下,即通信图是分层图之和的情况下,L_{s} 的选择应使得每个 $\boldsymbol{A}+\lambda_{\mathrm{s}}\boldsymbol{BF}$ 都是稳定的。这种情况的一个例子为,在所有层上都可以使用有向树对信息交换图进行建模。

1.3 确定性决策

一组机器人可能需要通过规划来处理其传感器的具体问题(用于感知的规划),或者协助开发个体之间的适当通信路径(用于通信的规划),或者规划使得集群带动环境中物体的运动(用于行动的规划)。群体模型考虑了空中机器人和环境的状态、决策变量(控制)、决策规则(控制器)、过程模型、信息结构和效用结构[452]。

定义 1.5 多机器人路径规划:设 $G=(V,E)$ 为无向图,$R=\{\overline{r}_1,\overline{r}_2,\cdots,\overline{r}_v\}$ 是一组空中机器人,其中 $v<|V|$ 。空中机器人的初始布局由一个简单函数 $S_R^0: R\to V$ 定义,即对于每个 $r,s\in R, S_R^0(r)\neq S_R^0(s)$ 使得 $r\neq s$;空中机器人的目标布局由另一个简单函数 $S_R^+(r)\neq S_R^0(s)$ 定义。多个空中机器人路径规划问题的任务是寻找一个称为完成时间的数 ζ 和一个序列 $S_R=[S_R^0,S_R^1,\cdots,S_R^\zeta]$,其中 $S_R^k:R\to V$ 是一个简单函数 $(k=1,2,\cdots,\zeta)$,S_R 必须满足以下约束。

(1) $S_R^\zeta=S_R^+$,即空中机器人最终到达了目的地。

(2) 对于任意 $r\in R$ 以及 $k=1,2,\cdots,\zeta-1, S_R^k(r)=S_R^{k+1}(r)$ 与 $\{S_R^k(r), S_R^{k+1}(r)\}\in E$ 有且仅有一个成立。

(3) 如果对于 $\forall s \in R$,$S_R^k(r) \neq S_R^{k+1}(r)$ 且 $S_R^k(s) \neq S_R^{k+1}(r)$,以使得 $s \neq r$,则允许 r 在时间步长 k 时移动(移动到占用的顶点) ,即 $S_R^k(r) \neq S_R^{k+1}(r)$。如果 $s \in R$ 使得 $s \neq r$ 并且 $S_R^k(s) = S_R^{k+1}(r)$ 、$S_R^k(s) \neq S_R^{k+1}(s)$,则也允许 s 在时间步长 k 时移动。空中机器人的所有位置变动都必须是允许的。

上述问题在形式上是一个四元问题 $\Sigma = \langle G = (V,E), R, S_R^0, S_R^+ \rangle$ 。

一个允许的移动可以是向未占用的顶点移动,也可以是向刚执行完移动而空出的顶点移动。当然,在空中机器人应用中,一些解决方案比其他方案会更受欢迎,通常这些方案需要有较小的完成时间。这自然引出了一个问题:是否有可能计算出尽可能小的完成时间对应的解。一组空中机器人可以执行复杂的任务。对于空中机器人,重量是硬件方面一个关键的度量指标,而源代码行数(SLOC)则用作软件大小的主要度量标准。例如,多车辆搜索任务由多种资源组成,这些资源相互作用,以动态方式并发地执行多个任务。在一个任务中,假设目标位置和物理障碍物等地形细节是已知的,有多个目标和多个空中机器人从不同的位置发射。一组空中机器人由任务控制器组织起来,给每个空中机器人分配一个特定的目标。在某些典型情况下,要成功实现任务目标,所有空中机器人必须同时到达指定的目标,这类任务的主要挑战是如何处理多个协作空中机器人不同的变速范围带来的时间限制[410]。在另一个任务中,空中机器人可能脱离和重新加入编队,伴随着任务的开始和结束。一个任务可以建模为有向应用图,其中节点表示服务提供者,边表示服务。然后,通过搜索任务算法动态地构建这样的应用图,并在服务提供者离开或到达时重新配置应用图。

在执行任务前离线获取的决策表对于协同控制系统的在线决策至关重要。根据智能体及其队友的状态,可能会得到不同的决策。因此,链路上的信息交换对于保证路径规划过程的最优化和形成协作控制系统所需的反馈至关重要。决策表取决于智能体的位置和每个编队可操控的空中机器人数量,通过在任务前离线进行求解动态规划的最小化问题,可以设计多智能体路径规划系统。规划系统具备以下几点要求:

(1) 具有环境的精确信息;

(2) 在需要时可获得所有智能体的网络信息。

期望的属性有很多,其中模块化、感知、驱动和计算必须在本地完成。鲁棒性应考虑节点的故障和节点之间的通信故障。可扩展性应考虑计算瓶颈和通信瓶颈。整个编队的复杂程度和鲁棒性取决于分布式空中机器人之间通信和计算的体系结构。

1.3.1 分布式滚动时域控制

滚动时域控制(RHC)是一种适用于一般合作目标的控制方法,也称为模型预测控制(MPC)。在RHC中,通过在每个采样瞬间求解一个有限时域最优控制问题来确定当前的控制动作。在连续时间公式中,每次优化会产生一个开环控制轨迹,而最开始是将轨迹的初始位置应用于系统,直到下一个采样时刻。

在本节中,提出了一种RHC的分布式实现方法,其中每个空中机器人都分配有各自的最优控制问题,每次更新时只针对自己的控制进行优化,并与其邻居智能体交换信息。该方法在每个局部代价函数中使用一个偏移抑制项来"惩罚"计算出的状态轨迹与假设的状态轨迹之间的偏差。当偏移抑制项大于限定代价函数中邻居间耦合量的参数时,闭环稳定性遵循权重,而偏移抑制项一般遵循控制输入的变化率;特别地,在离散时间模型过程控制的预测应用中,偏移抑制项涉及状态轨迹。

通过在代价函数中加入耦合项,可以将空中机器人之间的协同控制纳入最优控制问题中。在代价函数中耦合的空中机器人称为邻居。当空中机器人运行在实时分布式环境中,就像多飞行器系统的典型情况一样,鉴于在每次更新时解决集中式问题的计算需求,集中式RHC实现通常是不可行的。在控制问题中,各子系统将耦合在一个最优控制的整体代价函数中。例如,空中机器人 i 和 j 可以通过 $\|\boldsymbol{q}_i - \boldsymbol{q}_j + \boldsymbol{d}_{ij}\|$ 项耦合到整体代价中,其中 $\boldsymbol{q}_l$ 是车辆 l 的位置,$\boldsymbol{d}_{ij}$ 是从 i 指向 j 的给定的相对位置向量。分布式RHC方法的目的是将总代价分解,因此在这个例子中,空中机器人 i 和 j 在定义它们的局部代价函数时,将分别取 $\|\boldsymbol{q}_i - \boldsymbol{q}_j + \boldsymbol{d}_{ij}\|^2$ 项的一部分。空中机器人 i 和 j 并行地更新它们的滚动时域控制器,交换彼此预期位置轨迹信息,以便可以计算每个局部代价。一般来说,耦合代价项是不可分离的,因此如果空中机器人 i 和 j 通过代价函数耦合,则它们必须交换轨迹信息。

定义1.6 不可分函数:对于 $\forall \boldsymbol{x},\boldsymbol{y} \in \mathbb{R}^n$,如果一个非负函数 $g:\mathbb{R}^n \times \mathbb{R}^n \to \mathbb{R}^+$ 不是加性可分的,即 g 不能写成两个非负函数 $g_1:\mathbb{R}^n \to \mathbb{R}^+$、$g_2:\mathbb{R}^n \to \mathbb{R}^+$ 的和使得 $g(\boldsymbol{x},\boldsymbol{y}) = g_1(\boldsymbol{x}) + g_2(\boldsymbol{y})$ 对 $\forall \boldsymbol{x},\boldsymbol{y} \in \mathbb{R}^n$ 成立,那么称函数 g 在 $\boldsymbol{x} \in \mathbb{R}^n$ 和 $\boldsymbol{y} \in \mathbb{R}^n$ 上不可分。

控制目标是使用RHC将这组空中机器人稳定在某个平衡点。并且,每个空中机器人要求与其他多个空中机器人合作,其中合作是指每个空中机器人都被激励着优化其状态与其他空中机器人状态相耦合的集体代价函数。对于每个空中机器人 $i \in v = \{1,2,\cdots,N_a\}$,在 $t \geqslant t_0$ 的任何时刻,状态向量和控制向量分别表示为 $\boldsymbol{z}_i(t), \boldsymbol{u}_i(t) \in \mathbb{R}^n$。解耦的时不变非线性系统动力学方程如下:

$$\dot{\boldsymbol{z}}_i(t) = \boldsymbol{f}_i(\boldsymbol{z}_i(t), \boldsymbol{u}_i(t)), t \geqslant t_0 \tag{1.53}$$

虽然每个空中机器人系统动力学方程可能不同,但假设每个空中机器人的状态和控制的维数是相同的。对于空中机器人 i,记解耦的状态和输入约束为

$z_i(t) \in Z, \boldsymbol{u}_i(t) \in U, \forall t \geqslant t_0$,其中假设 Z,U 是通用的。笛卡儿乘积表示为 $Z^{N_a} = Z \times \cdots \times Z$, 串联向量表示为 $\boldsymbol{z} = (\boldsymbol{z}_1, \cdots, \boldsymbol{z}_{N_a})$ 。在串联向量形式下,系统动态方程为

$$\dot{\boldsymbol{z}}(t) = \boldsymbol{f}(\boldsymbol{z}(t), \boldsymbol{u}(t)) \quad t \geqslant t_0 \tag{1.54}$$

式中:$f(\boldsymbol{z}, \boldsymbol{u}) = (f_1(\boldsymbol{z}_1, \boldsymbol{u}_1), \cdots, f_{N_a}(\boldsymbol{z}_{N_a}, \boldsymbol{u}_{N_a}))$; 期望的平衡点为原点。

注 1.1 假设对 $\forall i \in v$ 以下条件成立。

(1) $f:\mathbb{R}^n \to \mathbb{R}^n$ 连续, $0 = f_i(0,0)$,并且 f_i 在 z_i 处满足局部利普希茨(Lipschitz)条件。

(2) Z 是 $\mathbb{R}^n$ 的一个连通闭子集,其内部包含原点。

(3) U 是 $\mathbb{R}^m$ 的一个紧的凸子集,其内部包含原点。

假设空中机器人耦合状态的单个集体代价函数为 $L:\mathbb{R}^{nN_a} \to \mathbb{R}^+$,并且每个空中机器人都被驱动着根据自己的状态来最小化这个函数。对于任意 $i \in v$,设 $N\_ \subseteq v/\{i\}$ 是 $L(z)$ 中状态与 $\boldsymbol{z}_i$ 耦合不可分的其他空中机器人的集合。根据定义,对于 $\forall i,j \in v, j \in N_i$ 当且仅当 $i \in N_j$ 成立,记 $N_i = |N_i|$,并且令 $\boldsymbol{z}_i = (\boldsymbol{z}_{j_1}, \cdots, \boldsymbol{z}_{j_{N_i}})$ 表示 $L(z)$ 中与 z_i 耦合不可分的状态集向量。

注 1.2 假设函数 $L:\mathbb{R}^{nN_a} \to \mathbb{R}^+$ 是连续正定的,并且可分解为:对 $\forall i \in v$,存在整数 $N_i \in (1, \cdots, N_a - 1)$ 和一个不恒为零的连续非负函数 $L_i:\mathbb{R}^n \times \mathbb{R}^{nN_a} \to \mathbb{R}^+$, 使得以下条件成立。

(1) $L_i(\boldsymbol{z}_i, \boldsymbol{z}_{i-1})$ 在 $\boldsymbol{z}_i \in \mathbb{R}^n$ 和 $\boldsymbol{z}_{i-1} \in \mathbb{R}^{nN_i}$ 中不可分;

(2) $\sum_{i \in v} L_i(\boldsymbol{z}_i, \boldsymbol{z}_{i-1}) = L(\boldsymbol{z})$;

(3) 存在一个正常数 $c_i \in [0, \infty)$ 使得

$$L_i(\boldsymbol{x}, \boldsymbol{y}) \leqslant L_i(\boldsymbol{x}, \boldsymbol{w}) + c_i \| \boldsymbol{y} - \boldsymbol{w} \| ; \forall \boldsymbol{x} \in \mathbb{R}^n, \forall \boldsymbol{y}, \boldsymbol{w} \in \mathbb{R}^{nN_i} \tag{1.55}$$

式中:常数 c_i 称为耦合强度参数; $c_i \| \cdot \|$ 项称为成本耦合界。

1.3.2 冲突消解

各种冲突消解方案都考虑了避碰问题,该问题可以分为三类。

(1) 预设:所有的空中机器人都遵循一套协议,这些协议最终形成一个离散事件控制器,结合空中机器人的连续动力学方程,就形成了一个混合系统。

(2) 优化:这些方法都试图在最小化代价函数的目标下,为所有空中机器人找到避免彼此碰撞的最佳路线。通常,可以使用超前方式或有限时域,使得解决方案不必经常重新计算。碰撞锥概念是用于检测碰撞的一阶超前量。对于一个空中机器人来说,碰撞锥(或速度障碍)是会导致它与另一个空中机器人相撞的速度集合(假设每个空中机器人的速度都是恒定的)。

(3) 力场:这些方案使用的都是连续反馈机制来计算控制输入。两个空中机器人之间的力场类似于两个带电粒子之间的斥力。尽管反馈方案有许多种,但这些方案通常是被动式的,因为只是对系统当前的状态做出反应,而不是提前规划系统轨迹。

每个公式中使用的空中机器人模型对算法在实际系统中的适用性起着至关重要的作用。首先,动力学方程至少是二阶的,并且输入是有界的,以模拟克服惯性的困难程度。空中机器人具有不完全约束和最大速度,但某些空中机器人(如固定翼飞机)必须具有一个正的最小速度。其次,避障算法的另一个重要方面是它是否适用一组异构空中机器人。异构可能是由于空中机器人的动力学尺寸、速度范围和控制权限不同造成的。空中机器人的尺寸、最大速度和控制权限经常作为系统中空中机器人实现相互避让的重要参数。在同构系统中,这些隐含参数都是已知的,因为它们对于每个空中机器人都是相同的,但在异构系统中,必须相互交换这些参数。尽管传感器可以用来识别空中机器人的类型,并将其与部分已知的列表进行比较,但通信仍然是最通用的交换方式。最后,避障算法还有一个重要的指标是活跃度,它表示空中机器人到达其目标的能力。活跃度之所以需要考虑是因为避碰的一个简单方法就是让每个空中机器人都停止移动,即死锁。对应的另一种情况是活锁,即空中机器人持续运动,但不能实现它们的目标。

1. 分布式被动避碰

该算法由两步组成:首先是基于优化的冲突消除;然后是较长的冲突消除保持阶段,这是一种被动的、基于力场的方法。这两步都是基于碰撞锥的概念。本节将所考虑的空中机器人建模为具有三维二阶积分器动力学特性的质点,而空中机器人实物具有有限的尺寸、有限的速度和有限的加速度。因此,为了在理论模型中考虑物理约束条件,碰撞条件定义为在某时刻进入某点所允许的最小距离 d_{sep} 内。消除碰撞的难度参数 $\boldsymbol{\eta}$ 定义为

$$\boldsymbol{\eta} = \frac{V_{max}^2}{U_{max} d_{sep}} \tag{1.56}$$

式中:V_{max} 为最大速度;U_{max} 为最大控制量(加速度)。

参数 $\boldsymbol{\eta}$ 是最坏情况下的转弯半径与所需的间隔距离或停车距离 d_{sep} 的比值。设 $\tilde{\boldsymbol{r}}_{ij}$ 是空中机器人 i 和 j 之间的距离,$\tilde{\boldsymbol{v}}_{ij}$ 是空中机器人 i 和 j 之间的相对速度。当 $\|\tilde{\boldsymbol{r}}_{ij}\| < d_{sep}$ 时,空中机器人 i 和 j 之间发生碰撞,如果空中机器人 i 和 j 当前未发生碰撞,但控制输入为零(速度恒定),则在未来的某个时间点,它们会发生碰撞:

$$\min_{t>0} \|\tilde{\boldsymbol{r}}_{ij} - t\tilde{\boldsymbol{v}}_{ij}\| d_{sep_{ij}} \tag{1.57}$$

验证是否碰撞的一种有效方式是检验 $\|\boldsymbol{\beta}\| \geq \alpha$ 是否成立,其中角度 α 表示碰撞锥的半径,即

$$\alpha = \arcsin\left(\frac{d_{\text{sep}}}{\| \tilde{\boldsymbol{r}}_{ij} \|}\right), \quad \boldsymbol{\beta} = t\tilde{\boldsymbol{v}} - \tilde{\boldsymbol{r}} \tag{1.58}$$

基础算法是首先会检验分离准则,判断距离其他空中机器人是否足够近而需要处理。如果足够近,则检查冲突。如果发现冲突,则执行操作,直到满足无冲突条件。一旦冲突消除,冲突消除保持控制器就被用来保持无冲突的状态。尽管不能保证在任何时候都遵循这一点,冲突消除保持阶段也会兼顾到期望的控制目标。

2. 冲突消除策略

该控制器允许每个空中机器人使用其期望的控制输入,除非该输入会导致空中机器人与另一个空中机器人发生冲突。为了在期望的控制和避障控制之间平滑地转换,每个空中机器人都需要一种方法来测量其速度向量到产生冲突的距离。第一步是构造一个单位向量 $\hat{\boldsymbol{c}}$,该单位向量表示距离 $\tilde{\boldsymbol{v}}$ 最近的碰撞锥的一边。向量 $\hat{\boldsymbol{c}}$ 是通过将 $\tilde{\boldsymbol{r}}$ 绕向量 $\boldsymbol{q} = \tilde{\boldsymbol{r}} \times \tilde{\boldsymbol{v}}$ 旋转 α 角并标准化得到的,即

$$\hat{\boldsymbol{c}} = \frac{\tilde{\boldsymbol{r}}}{\| \tilde{\boldsymbol{r}} \|}\cos\alpha + \left(\frac{\boldsymbol{q} \times \tilde{\boldsymbol{r}}}{\| \boldsymbol{q} \| \ \| \boldsymbol{r} \|}\right)\sin\alpha \tag{1.59}$$

下面构造由碰撞锥到相对向量 $\tilde{\boldsymbol{v}}$ 的法向量 $\boldsymbol{e}$:

$$\boldsymbol{e} = \begin{cases} \tilde{\boldsymbol{v}} & \hat{\boldsymbol{c}}^{\mathrm{T}}\tilde{\boldsymbol{v}} \leqslant 0 \\ (\boldsymbol{I} - \hat{\boldsymbol{c}}\hat{\boldsymbol{c}}^{\mathrm{T}})\tilde{\boldsymbol{v}} & \hat{\boldsymbol{c}}^{\mathrm{T}}\tilde{\boldsymbol{v}} > 0 \end{cases} \tag{1.60}$$

为了综合考虑多个碰撞锥的影响,将系统分解为三个方向分量,并对这三个方向分别进行分析。

下一步是在冲突形成之前,确定在弗莱纳(Frenet)坐标系中的 T、N、B 方向上需要施加多少控制(速度变化)。

1.3.3 人工势能

人工势能法是一种基于融合行为的体系结构,融合行为是将多种行为结合在一起。该算法用于生成一阶或二阶动态系统,并可用于数学上证明涌现行为的稳定性,从而取代传统的算法检验。通过使用转向和排斥人工势场,可以成功地控制一群空中机器人,从而形成所需的图案,利用分叉势场的方法,可以通过简单的参数变换实现在不同图形之间的转换。利用一阶动态系统,将期望的群体速度场转化为控制前进速度和航向角的制导指令,本节通过建立有界分叉势场来进一步分析。为防止速度制导指令饱和,引入了有界分叉双曲势场。此外,对人工势场进行了推广,使集群可以收敛到各种不同的状态。

1. 速度场

假设由 N 个同类空中机器人组成的集群,其中 $\boldsymbol{x}_i$、$\boldsymbol{v}_i$ 和 $\boldsymbol{x}_j$、$\boldsymbol{v}_j$ 分别为第 i 和第 j 个空中机器人的位置向量和速度向量, $\boldsymbol{x}_{ij}$ 为第 i 和第 j 个空中机器人之间的距离,每个空中机器人都被视为由速度场作用的粒子,速度场描述如下:

$$\boldsymbol{v}_i = -\nabla_i U^s(\boldsymbol{x}_i) - \nabla_i U^r(\boldsymbol{x}_{ij}) \tag{1.61}$$

式中: U^s 和 U^r 定义为转向人工势场和排斥人工势场; $\boldsymbol{x}_i = (x_i, y_i, z_i)^{\mathrm{T}}$, $\boldsymbol{x}_{ij} = \boldsymbol{x}_i - \boldsymbol{x}_j$。

转向和排斥势场的梯度定义了一个作用在每个空中机器人上的速度场,其中,转向势场用于控制编队,排斥势场用于避免碰撞和实现最终的等间距编队[108]。

2. 人工势场

通过使用基于经典分叉理论的制导算法,空中机器人编队可以自主创建所需的队形,也可以通过简单的参数变化在不同队形之间切换。与传统的算法验证方法不同,使用李雅普诺夫稳定性方法可以对期望的自治系统进行分析证明。为了确保系统安全或关键任务的稳定性,还需要考虑饱和问题,由此提出了一种新的有界分叉势场。考虑式(1.61),结合三角不等式,给出了第 j 个空中机器人的最大控制速度:

$$|\boldsymbol{v}_i| \leqslant |\nabla_i U^s(\boldsymbol{x}_i)| + |\nabla_i U^r(\boldsymbol{x}_{ij})| \tag{1.62}$$

可见,每个空中机器人受到的最大控制速度是转向势场和排斥势场最大梯度的组合。

1) 分叉转向势场

分叉转向势场允许通过简单的参数改变来控制势场的形状。这种变化会改变势场的稳定性,使得集群进入涌现模式。基于音叉式分叉方程的分叉转向势场例子如下:

$$U_i^s(\boldsymbol{x}_i, \mu) = -\frac{1}{2}\mu\,(|\boldsymbol{x}_i| - r)^2 + \frac{1}{4}\mu\,(|\boldsymbol{x}_i| - r)^4 \tag{1.63}$$

式中: μ 为分叉参数; r 为标量。

如式(1.61)中所述,速度的梯度定义了作用在每个空中机器人上的速度场。因此,下面给出了速度场 $\boldsymbol{v}_i^s$ 与音叉式势场的关系:

$$\boldsymbol{v}_i^s(\boldsymbol{x}_i, \mu) = -\nabla_i U^s(\boldsymbol{x}_i) = [\mu(|\boldsymbol{x}_i| - r) + (|\boldsymbol{x}_i| - r)^3]\hat{\boldsymbol{x}}_i \tag{1.64}$$

式中: $\hat{\boldsymbol{x}}_i$ 表示单位向量。

转向控制速度随着距离平衡位置的增加而无限增加,因此在实际系统中可能会出现速度饱和问题。为了克服这个问题,可以使用双曲线形势场。随着距离平衡位置的增加,该函数具有有界恒定梯度,并且在目标处是光滑的。下式为可用于操纵空中机器人的双曲线形势场函数 $U_i^{s,h}(x_i)$:

$$U_i^{s,h}(\boldsymbol{x}_i) = C_h\,[\,(\,|\boldsymbol{x}_i| - r)^2 + 1\,]^{0.5} \tag{1.65}$$

式中：C_h 项控制此函数的振幅。

为了得到分叉势场，附加了一个指数转向势场项，即

$$U_i^{s,h}(\boldsymbol{x}_i) = \mu C_e \exp^{-(\,|\boldsymbol{x}_i|-r)^{2.}/L_e} \tag{1.66}$$

式中：C_e 和 L_e 分别控制势场的幅值和范围；μ 为分叉参数。

将式(1.65)和式(1.66)联立，得到有界转向势场 U_i^{s,h_e}，即

$$U_i^{s,h_e}(\boldsymbol{x}_i) = C_h\,[\,(\,|\boldsymbol{x}_i| - r)^2 + 1\,]^{0.5} + \mu C_e \exp^{-(\,|\boldsymbol{x}_i|-r)^2/L_e} \tag{1.67}$$

同样，如果 $\mu < 0$，则势场分叉成两个稳定的平衡位置。

新的有界速度场的最大值可以用解析法得到。首先，考虑式(1.65)中给出的双曲线形势函数，由该项得到的速度表达如下：

$$\boldsymbol{v}_i^{s,h}(\boldsymbol{x}_i) = -\nabla_i U^{s,h}(\boldsymbol{x}_i) = \frac{C_h(\,|\boldsymbol{x}_i| - r)}{[\,(\,|\boldsymbol{x}_i| - r)^2 + 1\,]^{0.5}}\hat{\boldsymbol{x}}_i \tag{1.68}$$

因此，该项产生的最大速度为

$$|\,\boldsymbol{v}_i^{s,h}\,|_{\max} = C_h \tag{1.69}$$

接下来，考虑式(1.66)中给出的指数转向势场。当 $|\boldsymbol{x}_i| = r \pm \sqrt{L_e/2}$ 时，由指数项引起的速度最大值为

$$|\,\boldsymbol{v}_i^{s,e}\,|_{\max} = -\sqrt{2}\mu\exp^{0.5}\frac{C_e}{\sqrt{L_e}} \tag{1.70}$$

根据式(1.67)中选择的常数，最大有界速度将通过双曲项或指数项进行控制。如果双曲项占主导，则 $|\,\boldsymbol{v}_i^{s,e}\,|_{\max} = C_h$；如果指数项占主导，则可以求得 $|\,\boldsymbol{v}_i^{s,e}\,|_{\max}$ 的数值。

2）排斥势场

排斥势场是一个基于广义 Morse 势的简单成对指数函数，即

$$U_i^r = \sum_{j,j\neq i} C_r \exp^{\frac{-|\,x_{ij}\,|}{L_r}} \tag{1.71}$$

式中：$|\boldsymbol{x}_{ij}| = |\boldsymbol{x}_i - \boldsymbol{x}_j|$；常量 C_r，L_r 分别表示势场的幅值和长度。排斥势场是一个有界速度，当 $\boldsymbol{x}_{ij} = 0$ 时，该有界速度达到最大值 $\dfrac{C_r}{L_r}$。但是，当两个空中机器人位于相同位置时将发生碰撞，因此实际的最大控制速度可以表示为

$$|\,\boldsymbol{v}_i^r\,|_{\max} = \frac{C_r}{\sqrt{L_r}}\exp^{-|\,\boldsymbol{x}_{ij}\,|_{\min}/L_r} \tag{1.72}$$

式中：$|\boldsymbol{x}_{ij}|_{\min} = |\boldsymbol{x}_i - \boldsymbol{x}_j|_{\min}$ 为两个空中机器人之间没有碰撞的最小间隔距离。

3. 编队构型与可重构性

为了实现三维编队构型，可以使用如下基于有界分叉势的转向势场：

$$U^2 = C_h\left[\sqrt{(|\boldsymbol{x}_i|-r)^2+1}+\sqrt{\boldsymbol{\sigma}_i^2+1}+\mu C_e \exp^{\frac{-(|x_i|-r)^2}{L_e}}\right] \tag{1.73}$$

其中

$$\begin{cases}|\boldsymbol{x}_i| = \sqrt{x_i^2+y_i^2+z_i^2}\\ \boldsymbol{\sigma}_i = k\cdot\boldsymbol{x}_i\\ \boldsymbol{k} = (a,b,c)^{\mathrm{T}}\end{cases} \tag{1.74}$$

式中：(a,b,c) 为常量。

该转向势场的目的是将空中机器人驱动到距离原点 r 的位置，同时操纵自由参数 μ、a、b、c 以获得不同的编队队形。例如，如果 $a=1$，$b=0$ 以及 $c=0$，则得到平行于 y–z 平面的环形编队。在 $a=0$、$b=0$ 和 $c=0$ 的情况下，每个空中机器人都将被驱动到距离原点 r 处的 x–y–z 平面中，从而形成球形编队。

对于在动态环境中的多智能体系统，算法应该能够重新规划路径来执行更新后的任务，而不会在任务期间与障碍物或其他智能体发生碰撞。文献[433]中提出了基于交集的任务分配算法和基于协商的任务分配算法，给出了一种动态环境下任务分配和路径规划的分层框架。在路径规划算法中增加了基于势场的路径重新规划器，用于求解绕过其他智能体或弹出式障碍物的轨迹。基于协商算法的任务分配，要求在合理的时间内生成可行解，以满足应用的实时性需要。此外，该算法是一个基于事件触发的过程，这意味着只有在智能体发送消息来调用该算法时才会运行。这对于实时运行的分布式系统来说是一个理想的方式[132]。

1.3.4 符号规划

受自然系统（如鸟群或鱼群）的启发而设计的局部通信和控制策略，可以实现有效的、可预测的全局行为。或者，这样的通信和控制协议可以通过使用嵌入式图建模法来实现[456-457,460]。在这种表现形式中，图中的顶点表示空中机器人，图中的边表示协作或通信。顶点或边上的标签表示内部状态，例如，通信协议可以使用内部状态。语法规则是由 $L\to R$ 的形式改写后得到的，其中 L 和 R 为小图。如果全局状态图的一个子图与 L 匹配，则该子图更新后与 R 匹配，从而得到表示轨迹的（非确定性）序列图 $G_0\to G_1\to G_3\cdots$，要将运动控制器与每个机器人相关联，则需要更多机械设备。

（1）工作空间位置表示与图中每个顶点相关联的相应空中机器人的位置（图被嵌入到工作空间中）。

（2）连续图与每个语法规则相关联，该语法规则规定了状态需满足的一些条件，例如机器人的位置必须满足什么条件时才能适用该规则。

（3）运动控制器与每个符号相关联。

这就产生了嵌入式图建模法。嵌入式图建模法规则本质上允许这样的语句："如果嵌入式图中存在空中机器人 i、j 和 k，使得 $\|\boldsymbol{x}_i - \boldsymbol{x}_k\| \approx r$ 并且 i、j 和 k 的通信子图符合规则的左半部分，则根据规则右半部分更改子图"。图建模法已经在各种分布式机器人系统中有着直接的应用。这种方法的优点是，网络中的每个空中机器人都可以是一个简单的图建模解释器。基于图建模法，低层的通信协议可以通过抽象层从任务定义中分离出来。这也可以通过随机版本的图建模法实现，在图建模中，规则可以被认为是可编程的化学反应。在上述情况下，图建模法使复杂得多车辆任务能够得以描述和实现。

最近，人们对使用时序逻辑来指定任务计划的方法越来越感兴趣[122]，因为其提供了一种描述复杂任务的正式高级语言[414]。此外，如果存在满足规范的空中机器人路径，则可以使用模型检测工具来生成这样的路径[418]。然而，通常存在多个空中机器人路径满足给定的规范。在这种情况下，人们会根据代价函数选择最优路径，目前的模型检测工具还没有提供这样做的方法。但线性时序逻辑（LTL）规范和特殊形式的代价函数提供了计算空中机器人最优路径的方法，每个空中机器人沿着建模图上的顶点运动。从单机器人运动扩展到多机器人的主要难点在于要使空中机器人同步运动或允许空中机器人异步运动。本节的重点是最小化代价函数，使该函数捕获满足实例或最优命题的最大时间。成本是由持续检测问题以及接收、传送问题产生的。所提出的解决方案依赖于将环境中多个空中机器人的运动描述为时间自动机。这种描述使我们能够表示机器人之间的相对位置。该信息对于优化空中机器人的运动是必不可少的。

问题 1.2 确定一种算法，该算法将加权转移系统 T、原子命题集合上的 LTL 公式 ϕ 和优化命题 $\boldsymbol{\pi}$ 作为输入，并输出运行 r_{T} 使成本 $C(r_{\mathrm{T}})$ 最小化。

该算法里的代价函数可以计算满足实例的稳态时间，这种形式的成本是由持续的监测任务产生的，其长期行为是最优的。可以考虑使用时间自动机。时间自动机可以理解为：从初始状态 q_A^0 开始，所有时钟的值以 1 的速率增加，系统保持在该状态，直到满足与传出相关的时钟约束条件。当该条件满足时，立即进行转换，并且将时钟区域中的时钟复位[456]。时间自动机有一个有限的时钟区域集合 R_A，它是由时钟约束 G_A 诱导的时钟估值的等价集。时钟区域 $r \in R_A$ 是 C_A 的所有时钟估值的无穷集合的子集，其中所有时钟估值在系统未来行为相同意义下是等价的，时钟区域可以是起止点 $(0,1)$、闭区域 $x \in [0,1]$ 或开域 $0 \leqslant x_1 \leqslant x_2 \leqslant 1$。时间自动机 $\boldsymbol{A}$ 的时钟区域 R_A 在其状态空间上具有等价关系 $\tilde{A}$。

例如，决定何时需要重新规划路径，以及计算新的飞行路线并广播给各种空中机器人所需的时间，需要考虑两个非常重要的因素。一种可能的解决方案是在全局和局部分别使用两个独立的控制器（全局规划，局部反应）。即使在这种情况下，仍然需要足够的环境信息。分布式控制方案通常是更好的选择，因为它对任何特定元件的非严格依赖性可以反过来提高整个系统的可靠性、安全性和响应速度。有关该实现的更多信息,请参阅文献[456]。

在文献[429]中,将运动描述语言(MDLn)的定义扩展到了网络化系统。这种MDLn结构支持智能体间规则规范以及所需的拓扑,从而实现了对群体交互高级控制的规范。具体地说,MDLn字符串通过串联模式来指定系统的多模式执行。MDLn字符串中的每个模式都是一个三元组,指定控制律、中断条件和所需的网络依赖关系。除了提出MDLn作为网络系统的规范语言外,还给出了一种在多机器人应用中能够有效解析和执行MDLn字符串的体系结构。

任务规范可以用高级规范语言来表示[416]。在一般问题设置中,这些任务规范是使用LTL语言指定的。然后,将LTL规范转换为适用于混合整数线性规划(MILP)的一组约束,该约束又可以被纳入标准车辆路径问题(VRP)的两个MILP公式中。求解得到的MILP提供了满足给定任务要求的最优规划。

1.4 通信受限下的关联问题

1.4.1 引言

本节将讨论数据关联问题。它包括在公共元素的不同测量或估计之间建立对应关系。数据关联在定位、测绘、探测和跟踪中有着广泛而重要的应用。最近邻点插值法(NN)和最大似然法(ML)是广泛使用的两种方法,用欧几里得距离将每一个测量结果与其最近的特征联系起来。另外,还有一种流行的方法是联合兼容性分支定界法,它同时考虑多个关联量的兼容性[21]。组合约束数据关联构建了一个图,其中节点是单独兼容的关联,边与二进制兼容赋值相关联。在这个图上,可以解决寻找图中最大群体的最大公用子图问题。扫描匹配法和迭代最近点法也是比较常用的方法。其他的方法,如多重假设跟踪法和联合概率数据关联法,可以保持多个关联假设,而不是选择其中一个。在基于子映射的解决方案中,通常将其中一个转换成另一个的观测结果。按照序列或分层二进制树方式将局部子图与全局图合并。所有提到的数据关联方法都对来自两个集合的元素进行操作。一组通常包含当前观测值,另一组为特征估计值。近年来,人们提出了许多针对多机器人系统的定位、映射和探测算法。然而,这些算法并没有完全解决多机器人数据关联问题。许多方法依赖于广播机器人测量的所有控制和观测数据,然后像在单机器人场景中一样解决数据关联问题。在这些方法中,通过强制执行无循环的合并顺序来避免数据关联不一致的问题。同时还考虑了所有局部地图的关联性,它使用最大期望值方法来计算数据关联和最终的全局映射。这项工作的主要限制是所有传感器的数据需要一起处理,这意味着要采用集中式方案或广播方法[21]。

一些方法依赖于集中式方案、空中机器人之间的完全通信或广播方法。然而,在多机器人系统中,分布式方法更有吸引力。由于没有集中式节点,因此它们对单个故障表现出天然的鲁棒性。此外,它们不依赖于任何特定的通信方案,并且对拓扑变化具有鲁棒性。另外,这也增加了分布式算法设计中的复杂性。虽然空中机器人根据它们的局部数据做出决策,但系统必须表现出全局行为。

1.4.2 问题描述

一个编队由 $n \in N$ 个空中机器人组成。这 n 个空中机器人具有交换信息的通信的能力,但这种通信是有限的。设 $G_{\text{com}} = \{R_{\text{com}}, \varepsilon_{\text{com}}\}$ 为无向通信图。节点为空中机器人 $R_{\text{com}} = \{1, \cdots, n\}$ 。如果两个空中机器人 i、j 交换信息,那么它们之间就有一条边,$(i,j) \in \varepsilon_{\text{com}}$ 。令 N_i 为机器人 i 的邻居机器人集合:

$$N_i = \{j \mid (i,j) \in \varepsilon_{\text{com}}\} \tag{1.75}$$

每个空中机器人 i 都有一组观测到的 m_i 个特征,构成 S_i :

$$S_i = \{f_1^i, \cdots, f_{m_i}^i\} \tag{1.76}$$

用它可以计算空中机器人 i 的集合 S_i 与它邻居的集合 $S_j(j \in N_i)$ 之间的数据关联。然而,这些数据关联并不完美。可能对于来自同一集合 S_i 的不同特征出现不一致的数据关联。如果空中机器人在解决本地数据关联后就合并它们的数据,由于不能撤销合并,所以无法管理不一致的关联。该算法的目标是在执行合并之前检测出并解决这些不一致的关联。在本节中,i、j、k 用于指代空中机器人,r、r'、s、s' 用于指代特征。第 i 个空中机器人观测到的第 r 个特征值记作 f_r^i 。给定一个矩阵 $\boldsymbol{A}$,符号 $[\boldsymbol{A}]_{r,s}$ 对应于矩阵 (r,s) 处的元素,其中当矩阵分块定义时,$\boldsymbol{A}_{ij}$ 表示 (i,j) 处的矩阵块。设 F 是计算任意两组特征 S_i、S_j 之间数据的函数,得到的关联矩阵为 $\boldsymbol{A}_{ij} \in \aleph_j^{m_i \times m_j}$,其中

$$[\boldsymbol{A}]_{r,s} = \begin{cases} 1 & \text{如果 } f_r^i \text{ 与 } f_s^j \text{ 相关联} \\ 0 & \text{其他} \end{cases} \tag{1.77}$$

式中:$r = 1, \cdots, m_i$;$s = 1, \cdots, m_j$ 。

注 1.3 假设。

(1) 当 F 应用于同一个集合 S_i 时,可得到恒等式 $F(S_i, S_i) = \boldsymbol{A}_{ii} = \boldsymbol{I}$ 。

(2) 得到的关联矩阵 $\boldsymbol{A}_{ij}$ 具有特征一一对应的属性:

$$\sum_{r=1}^{m_i} [\boldsymbol{A}_{ij}]_{r,s} \leqslant 1, \sum_{s=1}^{m_j} [\boldsymbol{A}_{ij}]_{r,s} \leqslant 1 \tag{1.78}$$

(3) 空中机器人 i 和 j 以相同的方式关联特征。给定两个集合 S_i 和 S_j ,下式

成立：

$$F(S_i,S_j)=\boldsymbol{A}_{ij}=\boldsymbol{A}_{ij}^{\mathrm{T}}=(F(S_i,S_j))^{\mathrm{T}} \tag{1.79}$$

现有的数据关联方法大多满足这些假设。

如果 F 应用于所有成对的特征集 S_i、S_j，$i,j\in\{1,2,\cdots,n\}$，其结果可以用无向图 $G_{\mathrm{map}}=\{V_{\mathrm{map}},E_{\mathrm{map}}\}$ 来表示。V_{map} 中的每个节点都是一个特征 $f_r^i,i=1,2,\cdots,n_j;r=1,2,\cdots,m_i$。当且仅当 $[\boldsymbol{A}_{ij}]_{r,s}=1$ 时，两个特征 f_r^i、f_s^j 之间才有一条边。如果 F 提供有效的数据关联，则 $G_{\mathrm{map}}^{\mathrm{gt}}$ 将仅仅包含不相交的、由多个机器人观测到的识别特征子集。由于 F 不是完全的，G_{map} 是 $G_{\mathrm{map}}^{\mathrm{gt}}$ 的受干扰形式，它包含额外的伪边，但它丢失了其他边。此外，由于通信限制，该空中机器人可用的数据关联只是 G_{map} 的一个子集；可用的关联图称为 $G=(V,E)$，它具有与 G_{map} 相同的节点集，即 $V=V_{\mathrm{map}}$。只有当 G_{map} 中存在连接 i 和 j 的边并且机器人 i 和 j 在通信图中互为邻居时，两个特征 f_r^i、f_s^j 之间才具有一条边。该算法的目标是以分布式方式检测和解决图 $G\subseteq G_{\mathrm{map}}$ 中的不一致问题。

定义 1.7 关联集：关联集是在 G 中形成连通分量的一组特征，如果在 G 中来自同一机器人的两个或多个特征之间存在路径，则该集合是不一致的关联或冲突集。如果特征属于不一致的关联，则该特征是不一致或冲突的。

G 中特征的数值为 $m_{\mathrm{sum}}=\sum_{i=1}^{m}m_i$；$d\leqslant m_{\mathrm{sum}}$ 是 G 的直径，即 G 中任意两个节点之间的最长路径长度；G 的邻接矩阵由下式给出：

$$\boldsymbol{W}=\begin{bmatrix}\boldsymbol{W}_{11} & \cdots & \boldsymbol{W}_{1n}\\ \vdots & \ddots & \vdots\\ \boldsymbol{W}_{n1} & \cdots & \boldsymbol{W}_{nn}\end{bmatrix} \tag{1.80}$$

式中：$\boldsymbol{W}_{ij}$ 为 $\boldsymbol{W}$ 内表示机器人 i 和 j 之间相关联的子块，可表示为

$$\boldsymbol{W}_{ij}=\begin{cases}\boldsymbol{A}_{ij};j\in\{N_i\cup U_i\}\\ \boldsymbol{0};j\notin\{N_i\cup U_i\}\end{cases} \tag{1.81}$$

不一致关联的解决方法包括从 G 中删除边，这样得到的图是无冲突的。

定义 1.8 冲突集：设 c 表示 G 中冲突集的个数。如果存在 $r\in\{1,2,\cdots,m_i\}$ 使得 $f_r^i\in C$，那么相应的冲突集能够被空中机器人 i 检测到。检测到冲突集的子集为 $R\subseteq R_{\mathrm{com}}$。$C$ 中涉及的每个空中机器人 $i\in R$ 的特征数为 $\tilde{m}_i$。如果 $c=0$，则 $\tilde{G}$ 是无冲突的。

将 G 转换为无冲突图所删除的边都属于 G 的某个冲突集，因为冲突集不相交，所以可以分别单独考虑。解决这个问题的方法是将 C 划分为一组互不相交的无冲突分量 C_q，使得

$$\bigcup_q C_q = C, C_q \cap C_{q'} = \varnothing \tag{1.82}$$

对于所有 $q,q' = 1,2,\cdots$ 成立。

定理 1.4 设 R 是检测到 C 的空中机器人集合，i_* 是 C 中具有最多特征的机器人：

$$i_* = \text{argmax } \tilde{m}_{i_*} \tag{1.83}$$

则 C 可分解成的无冲突分量数量下界即为 $\tilde{m}_{i*}$ 。

分解算法 1.1 使用类似于横向优先搜索(BFS)树结构的策略来构造 $\tilde{m}_{i_*}$ 个无冲突分量。首先，每个空中机器人 i 使用局部信息 $X_{i1}(t_i),\cdots,X_{in}(t_i)$ 来检测以其作为根节点的冲突集合。冲突集合中位于根节点处的空中机器人是所包含不一致特征最多的一个。如果两个空中机器人具有相同数量的不一致特征，则选择机器人标号的一个。然后，每个空中机器人执行算法 1.1 中给出的分解伪代码。

算法 1.1 分解算法

1. 初始化
2. 对以 $i(i=i_*)$ 为根节点的每个集合 C，执行
3. 构造 $\tilde{m}_{i_*}$ 个分量
4. 将每个不一致特征 $f_r^{i_*} \in C$ 分配到不同分量 C_q 中
5. 向它的所有邻居特征发送分量请求
6. 结束 for 循环
7. 算法
8. 对于每个由 f_s^j 发往 f_r^i 的分量请求，执行
9. 如果情况 b 或者情况 c 发生，那么
10. $[\boldsymbol{W}_{ij}]_{r,s} = 0$
11. 向 j 发送拒绝消息
12. 如果情况 d 满足，那么
13. 将 f_r^i 分配给分量 C_q
14. 向它的所有邻居特征发送分量请求
15. 结束条件循环
16. 结束 for 循环
17. 对于每个由 f_s^j 发往 f_r^i 的拒绝分量，执行
18. $[\boldsymbol{W}_{ij}]_{r,s} = 0$
19. 结束 for 循环

由根节点创建 $\tilde{m}_{i_*}$ 个分量,并用其一个特征 $f^{i_*} \in C$ 来初始化每个分量 C_q 。最后,将与 $f^{i_*} \in C_q$ 直接关联的特征分别加到每个分量 C_q 中。如果 f^j_s 被分配到 C_q ,则对于满足 $[\boldsymbol{W}_{ij}]_{r,s} = 0$ 的所有 f^i_r ,机器人 j 向机器人 i 发送分量请求消息。当空中机器人 i 接收到该消息时,可能发生以下情况。

(1) 情况 a:f^i_r 已经被分配到 C_q。

(2) 情况 b:f^i_r 被分配到不同的分量中。

(3) 情况 c:另一个特征 f^i_{r} 已经被分配到 C_q。

(4) 情况 d:f^i_r 没有被分配并且 i 中没有特征被分配到 C_q 。

在情况 a 中,f^i_r 已经属于分量 C_q ,机器人 i 什么也不用做。在情况 b 和 c 中,f^i_r 不能被添加到 C_q 中,空中机器人 i 删除边 $[\boldsymbol{W}_{ij}]_{r,s}$,并且向机器人 j 回复拒绝消息;当 j 接收到拒绝消息时,则删除等效的边 $[\boldsymbol{W}_{ij}]_{s,r}$ 。对于情况 d,空中机器人 i 将其特征 f^i_r 分配给分量 C_q ,并且重复该过程。

定理 1.5 考虑每个空中机器人 $i \in R_{\text{com}}$,对 G 执行分解算法(算法 1.1),得到 G'。

(1) 在 $t = n$ 次迭代之后, n 个新特征被添加到任意分量 C_q 中,算法结束。

(2) G' 中得到的每个 C_q 都是连通分量。

(3) C_q 是无冲突的。

(4) C_q 至少包含两个特征。

以上结论对于所有 $q \in \{1,2,\cdots,\tilde{m}_{i_*}\}$ 以及所有冲突集都成立。

本节介绍了一种在通信受限情况下,以一致性方式匹配一组机器人观测到的多组特征的方案。

1.4.3 遗传算法

管理空中机器人协作任务分配和路径规划的新兴方法之一是使用遗传算法[114]。在空中机器人的例子中,将一组指定目标的标识(ID)与可用于到达相应目标所选路径的 ID 相结合来表示一条染色体。在执行遗传算法期间,算法目标是实现上述目标/路径数据集的最佳组合,并且该目标可以通过一系列遗传交叉操作来实现[149]。

遗传算法本质上是解决组合优化问题,旅行商问题(TSP)即可使用遗传算法求解。当用遗传算法来求解空中机器人背景下的问题时,它们就成了等价问题。虽然这是一个简单的问题,但众所周知,没有快速的解决方案,使用任何目前已知的解决方案来求解所需的时间都随着问题规模(空中机器人的数量和目标的数量)的增长而迅速地增加。虽然可以使用诸如近似、随机化或试探法等可行方法来求解,但这些方法本质上都具有不同的约束、运行时间以及成功要素。VRP 是静态的，因为飞行器路线是在假设没有新需求到达的情况下计算出来的。尽管它经常出现在实际问题中，但 VRP 往往是对现实中动态问题的静态近似，因此有些时候它不是一个合适的模型。在这些场景中，需求通常是按顺序实时到达的，规划算法应该制订策略，规定路线如何根据实时的动态输入（与预先计划的路线相反）进行调整。动态需求随时间变化，增加了 VRP 组合特性中的排队现象。例如，在监视任务中，当事件发生时，一组空中机器人必须确保对特定区域的持续覆盖，即当机载传感器或其他设备探测到新目标时，这些空中机器人必须前往新事件发生的地点，并提供有关目标的近距离信息。每个近距离观测请求还可能需要现场服务时间（例如，识别目标的时间间隔），这可能仅通过先前的统计数据便可获得。因此，空中机器人控制的任务是探测目标、规划路线和派遣空中机器人的连续过程。在这种动态和随机设置下，路线规划过程可能依赖于对未来目标流的预先统计，并且整个系统的稳定性是另一个需要考虑的重要问题[14,436]。

分配和调度问题可以在更一般的框架中解决，在该框架中，随着时间的推移，随机地产生对服务的新需求。对于同时具有动态和随机分量的车辆路径问题，最普遍的模型是 M-车辆动态旅行维修员（MDTRP）。在该框架中，M 辆在受限环境中以有限速度行驶的车辆，必须服务于到达时间、位置和现场服务均随机的需求。例如，到达时间可能是指数随机变量；需求的位置可能在工作空间内均匀分布；识别目标所需的时间间隔也可能是指数随机变量。目标是找到一种策略来服务无限时域内的需求，使得期望的系统时间（等待和服务）最小化。以往最好的 MDTRP 控制依赖于集中式任务分配策略，并且对环境中的变化不具备鲁棒性。因此，它们对于在时变环境中运行的自动驾驶网络的适用性有限[441,461]。

区间分析用于将不确定性纳入决策模型和群体决策中，以使所有群体成员的性能参数整合到单个模型中。首先，允许状态变量和参数在给定范围内变化，通过在可行范围内最大化和最小化价值函数，用非线性规划方法计算出一对一的重要性区间；然后，优先排序方法通过聚合重要性区间给出了每个空中机器人的整体重要性区间，即允许按照重要性顺序对空中机器人的状态信息进行排序。这些区间还可用于敏感性分析，从中可以找出不同因素对优先级的影响。

1.4.4 博弈论推理

飞行器是一个庞大的系统，在设计过程中需要考虑经典力学、空气动力学、结构力学、控制理论等诸多因素。因此，基于专家或专家系统的配置推理和决策过程非常复杂，效率往往比较低[348]。当需在多个领域做出决策时，该博弈称为多维博弈论[445]。包含两个参与者的博弈模型为 $G=(S_1,S_2,u_1,u_2)$，其中 $S_i(i=1,2)$ 是每个参与者的策略空间，$u_i(i=1,2)$ 是每个参与者的支付函数。根据博弈的因素和特点,可以将博弈过程描述为几种类型。基于不同的参与者,可以引入合作、非合作以及领航者/跟随者这几种不同的协议[427]。

1. 合作协议

博弈根据是否可以达成具有约束力的协议分为合作博弈和非合作博弈。合作博弈强调合作以及如何分配合作收益的问题。合作博弈由两个元素组成:一组参与者 N 和一个表示博弈中不同参与者子集所创造价值的特征函数 v 。特征函数 v 是与 N 的每个子集 S 相关联的函数,其数值表示为 $v(S)$。$v(S)$ 表示当 S 的成员聚集在一起并相互作用时所创造的值。在这个合作协议中,参与者双方都有关于对方的信息,双方共同努力找到一个帕雷托解。如果不存在其他数对 (x_1,x_2) 满足下式,则 (x_{1p},x_{2p}) 是帕雷托最优解:

$$\begin{cases} u_i(x_1,x_2) \leqslant u_i(x_{1p},x_{2p}), & i=1,2 \\ u_j(x_1,x_2) < u_j(x_{1p},x_{2p}), & j=1,2 \end{cases} \tag{1.84}$$

对于至少一个 $j=1,2$ 成立。

2. 非合作协议

当由于组织、信息或流程障碍而无法形成完整的参与者联盟时,就会出现此协议。参与者必须假设其他决策者已经做出选择,从而做出决定。应用迭代方法,将会得到最终的纳什均衡解。策略对 (x_{1N},x_{2N}) 为纳什均衡解,如果满足

$$\begin{cases} u_1(x_{1N},x_{2N}) = \max_{x_1} u_1(x_{1N},x_{2N}) \\ u_2(x_{1N},x_{2N}) = \max_{x_2} u_2(x_1) \end{cases} \tag{1.85}$$

纳什均衡解是可行空间的两个子集的不动点 $(x_{1N},x_{2N}) \in S_{1N}(x_{2N}), S_{2N}(x_{1N})$,其中

$$\begin{cases} S_{1N} = \{x_{1N} \mid u_1(x_{1N},x_{2N}) = \max_{x_1} u_1(x_1,x_2)\} \\ S_{2N} = \{x_{2N} \mid u_2(x_{1N},x_{2N}) = \max_{x_2} u_2(x_1,x_2)\} \end{cases} \tag{1.86}$$

称为两个参与者的理性反应集(RRS)。参与者的 RRS 是一个函数,体现了他对其他参与者所做决定的反应。

3. 领航者/跟随者协议

当一个参与者控制另一个参与者时,他们就有了一种领航者/跟随者的关系。在设计过程中,由一个条件主导设计,或者涉及相关联的条件顺序执行过程,这都是很常见的。假设 P2 的行为是合理的,如果 P1 首先声明它的策略,那么 P1 就被认为是领航者。因此,P1 作为领航者的模型为:最大化 $u_1(x_1,x_2)$ 并且满足 $x_2 \in S_{2N}(x_1)$,其中 $S_{2N}(x_1)$ 是 P2 的理性反应集。

为了准确描述博弈论,上述协议用函数表示。正常的博弈通常由一个矩阵来表示,该矩阵描述了参与者、策略和收益。

1.5 不确定环境下多智能体决策

处理复杂动态环境中的不确定性是现实世界中机器人系统运行的基本挑战[409]。这样的系统必须能够监控其部件和环境的状态,以制订明智的行动计划。在反复通信过程中,可能是在有限的交流下,每个空中机器人也需要对其他空中机器人做出推断[145]。

自 20 世纪 50 年代以来,不确定性规划的决策理论模型在人工智能和运筹学中得到了广泛的研究。尤其是马尔可夫决策模型(MDP)和部分可观测马尔可夫决策模型(POMDP)已经成为在完全可观测随机环境中进行集中决策的有效框架。当两个或更多的智能体必须协调其行动时,会产生更为普遍的问题[420]。如果每个智能体都有自己单独的观测函数,但各智能体必须共同努力来优化联合奖励函数,那么由此产生的问题称为部分可观测系统的分布式控制。这个问题具有很大的挑战性,因为每个单独的智能体可能具有关于其他智能体和世界状态不同部分的信息。

1.5.1 分布式团队决策问题

多机器人协调中不确定条件下的多决策者分布式控制问题[77],必须作为分布式决策问题来处理,因为每个空中机器人可能具有关于其他空中机器人和外界状态不同部分的信息。已经证明,这些问题比集中式问题要困难得多,需要开发新的模型和算法。对其他空中机器人建模的一个关键点是对其他空中机器人的预测(利用关于其他机器人的参数选择、策略、意图等内部模型)。然后,建模的空中机器人自身可以使用这个预测结果,根据自身的参数设置运行在最佳状态。对其他空中机器人建模的研究已经从不同的角度进行了探讨。

(1) 基于规划识别任务的递归空中机器人模型跟踪方法。

(2) 递归建模方法采用其他智能体结合博弈论和决策论机制的嵌套模型。

(3) 采用影响图来学习其他智能体的模型。

(4) 基于递归建模法的空中机器人模型贝叶斯更新。

1. 贝叶斯策略

空中机器人模型是记录所建模的空中机器人实际特征的概率分布向量[421]。每个空中机器人都有两个关于其他空中机器人 a 的基本模型。第一个是角色模型 $\boldsymbol{r}_a=(r_1,r_2,\cdots,r_n)$,$r_i$ 是空中机器人 a 具有特定角色 i 的概率,n 是不同预定义角色的数量。第二个模型是策略模型 $\boldsymbol{s}_a=(s_1,s_2,\cdots,s_m)$,$s_i$ 是空中机器人 a 具有策略 i 的概率,m 是不同预定义策略的数量。由于假设了角色和策略之间的独立性,因此可以构建一种适用于其他所有空中机器人的新组合模型:个性模型。该模型是二维矩阵 $\boldsymbol{rs}_a$,满足 $\boldsymbol{rs}_a(i,j)=\boldsymbol{r}_a(i)\boldsymbol{s}_a(j)$ 。通过了解对方模型的优势,可以构建一种决策策略。

2. 半建模策略

该策略告诉空中机器人根据其他空中机器人预定义的固定模型选择期望效用最大化的位置。半建模空中机器人假设已经有了关于其他机器人的模型,它的策略就是使用这些概率模型来选择能使期望效用最大化的行为。这些模型在博弈一开始就给了半建模空中机器人,且它们在博弈中恒定不变。同样需要注意的是,给定的模型不一定是关于其他空中机器人的正确模型。为了构造建模智能体,需要建立模型。这里定义一个使用贝叶斯更新机制的建模者策略,以便以增量和迭代的方式构建另一个模型[148]。

1) 贝叶斯建模策略

使用该策略的空中机器人通过贝叶斯信任更新法逐步建立关于其他机器人的模型,并选择使预期效用最大化的动作。贝叶斯建模空中机器人没有关于其他机器人的任何信息。然而,这组预定义的角色和策略是公认的。最初,建模空中机器人表现为一个具有其他空中机器人等概率模型的半建模空中机器人。在没有关于其他空中机器人信息的情况下,从关于其他空中机器人可能特征的等概率分布开始是合理的。然后,建模空中机器人开始根据其他机器人的行为更新这些模型。这个空中机器人以增量和迭代的方式建立关于其他智能体的模型,并且在每一轮博弈之后更新这些模型。每个模型的所有概率都被增量更新,试图达到被建模的空中机器人的实际特征。空中机器人 a 通过组合角色 i 和策略 j 而产生的概率 $\mathrm{Prob}(\mathrm{per}_a(i,j))$ 正好是矩阵 $\boldsymbol{rs}_a$ 中的值 $\boldsymbol{rs}_a(i,j)$,并且用于更新每个个体模型的等式为

$$\boldsymbol{rs}_a(i,j)=\frac{\mathrm{Prob}(\mathrm{prob}_a(\boldsymbol{s}_a)\mid\mathrm{per}_a(i,j))\mathrm{Prob}(\mathrm{per}_a(i,j))}{\mathrm{sum}_x\sum_y\mathrm{Prob}(\mathrm{prob}_a(s_a)\mid\mathrm{per}_a(x,y))\mathrm{Prob}(\mathrm{per}_a(x,y))} \tag{1.87}$$

先验概率 $\mathrm{Prob}(\mathrm{per}_a(i,j))$ 取自最后记录值 $\boldsymbol{rs}_a(i,j)$ 。条件概率 $\mathrm{Prob}(\mathrm{prob}_a(s_a)\mid\mathrm{per}_a(i,j))$ 可以根据已知的任务密度和由于个性 $\mathrm{per}_a(i,j)$ 而产生的已知空中机器人行为来计算。因此,贝叶斯建模能够从计算的条件概率和已知的先验概率中获得所有的后验概率。那么 $\boldsymbol{rs}$ 矩阵可以用这些新概率来更新,以便在下一轮中用作先验概率。

在文献[133]中,通过提出一种通用的一致性方法考虑了多智能体网络编队中的信息一致性问题,该方法允许对不确定的局部参数估计值进行贝叶斯组合。特别地,该方法利用概率分布共轭的概念来实现与每个智能体局部信息贝叶斯组合相一致的稳态估计,而不需要复杂的信道滤波器,也不限于正态分布的不确定

性。该算法称为超参数一致性算法，适用于指数形式的局部不确定性分布，并在满足网络拓扑一些标准假设条件下收敛到局部估计的贝叶斯组合。

2）强化建模策略

强化建模策略类似于贝叶斯建模策略。它学习其他机器人的模型，并通过贪婪决策论方法加以利用。其思想是保留值向量，而不是概率向量。每个空中机器人 a 都存在三个模型。强化建模空中机器人可构建如下的状态信号。

（1）离散时间步长：对应于每个回合的博弈。

（2）状态：在每个时间步长 t，空中机器人接收环境的状态表示 $s_t \in S$，其中 S 是可能的状态集合。

（3）动作：根据状态，学习者将从状态 s_t 对应的一组可能动作集 $A(s_t)$ 中选择一个动作 $a_t \in A(s_t)$。

（4）奖励：作为其行动的结果。在这种情况下，在 n 个具有 m 种不同个性的空中机器人，强化建模空中机器人将获得其中每一个空中机器人 i 的 $n \cdot m$ 个奖励 $r_{i,j,t+1}$。这些奖励不是由裁判空中机器人直接给出的，而是由强化建模机器人使用状态信息计算得来的。

在更新了所有个性值之后，强化建模空中机器人将每个空中机器人模型分解成两个单独的角色和策略模型。这种分解是个性模型组成的逆向过程。

3. 通信模型

为了将多智能体的分布控制问题标准化，最近已经引入了一些不同的标准模型。在所有这些模型中，每个空中机器人在每一步都会采取行动，发生状态转换，每个空中机器人都会收到一个单独的观测值，但环境产生的奖励对所有空中机器人都是一样的。因此，本节的重点是合作系统，在该系统中，每个空中机器人都希望使联合全局奖励函数最大化。相比之下，非合作的空中多机器人系统，如部分可观测随机博弈（POSG），允许每个空中机器人具有单独的奖励函数。合作空中多机器人系统的求解技术与本节中描述的算法有很大的不同，这种算法通常依赖于博弈论技术[446]。

MDP 描述了一种数学形式，即分布式马尔可夫决策模型（DEC-MDP），用于多机器人系统在不确定条件下行为的建模，并解决分布式决策问题。然而，在实际应用中使用它们来进行任务规划还是会面临一些困难。

定义 1.9 分布式部分可观测马尔可夫决策过程（DEC-POMDP）：DEC-POMDP 是一个多元组 $\langle I,S,\{\boldsymbol{A}_i\},P,\{\boldsymbol{\Omega}_i\},O,R,T\rangle$，其中：

（1）I 是智能体标号为 $1,\cdots,n$ 的有限集。

（2）S 是一个状态有限集，并且具有明确的初始状态 S_0。

（3）$\boldsymbol{A}_i$ 是空中机器人 i 可获得的有限动作集，$\boldsymbol{A}_i = \otimes_{i\in I}\boldsymbol{A}_i$ 是联合动作集，其中 $\boldsymbol{a} = (a_1,a_2,\cdots,a_n)$ 表示一个关联动作。

(4) $P:\boldsymbol{S}\times\boldsymbol{A}\rightarrow\Delta S$ 是马尔可夫转移函数，$P(S'|S,\boldsymbol{a})$ 表示在状态 s 中采取联合动作 $\boldsymbol{a}$ 之后，转移到状态 s' 的概率。

(5) $\boldsymbol{\Omega}_i$ 是空中机器人 i 可获得的有限观测集，$\boldsymbol{\Omega}=\otimes_{i\in I}\boldsymbol{\Omega}_i$ 是联合观测集，其中 $\boldsymbol{o}=(o_1,o_2,\cdots,o_n)$ 表示一个联合观测。

(6) $O:\boldsymbol{A}\times S\rightarrow\Delta\boldsymbol{\Omega}$ 是观测函数，$O(\boldsymbol{o}|\boldsymbol{a},s')$ 表示在采取联合动作 $\boldsymbol{a}$ 并导致状态 $s',s'\in S,\boldsymbol{a}\in\boldsymbol{A},\boldsymbol{o}\in\boldsymbol{\Omega}$ 的情况下观测到联合观测 $\boldsymbol{o}$ 的概率。

(7) $R:\boldsymbol{A}\times\boldsymbol{S}\rightarrow\mathbb{R}$ 是奖励函数，$R(\boldsymbol{a},s')$ 表示采取联合行动 $\boldsymbol{a}$ 并且状态转移到 s' 后获得的奖励。

(8) 如果 DEC-POMDP 具有一个有限时域，则该时域由正整数 T 表示。

通常 DEC-POMDP 模型不考虑任务执行的约束条件。此外，它们的求解非常复杂，除一些简单问题外，很难确定最优解。某些框架可以对智能体的通信活动进行明确的建模，而另一些框架则将它们归入一般动作集。根据分析的重点，每种方法都有各自的优点和不足。区分这些模型还可以通过判断对智能体信任的表征是显性的还是隐性的。

1) 缺少明确沟通的模型[446]

下面介绍一些有用的定义。

定义 1.10 DEC-POMDP 局部策略：空中机器人 i 的局部策略 δ_i 是从 Ω_i 中的局部历史观测 $\boldsymbol{o}_i=(o_{i_1},\cdots,o_{i_l})$ 到 $\boldsymbol{A}_i$ 中动作的一个映射，即 $\delta_i:\boldsymbol{\Omega}_{i*}\rightarrow\boldsymbol{A}_i$。

定义 1.11 DEC-POMDP 联合策略：联合策略 $\delta=\langle\delta_1,\cdots,\delta_l\rangle$ 是局部策略的多元组，每个空中机器人对应一个。

解决 DEC-POMDP 意味着要找到一个联合策略，使预期的总奖励最大化。

定义 1.12 有限时域 DEC-POMDP 解的值：对于有限时域问题，空中机器人以固定的步数进行动作，称为时域，用 T 表示。初始状态为 s_0 的有限时域 DEC-POMDP 联合策略 δ 的值为

$$V^{\delta}(s_0)=E\left[\sum_{t=0}^{T-1}R(\boldsymbol{a}_t,s_t)\mid s_0,\delta\right]\tag{1.88}$$

当空中机器人在无上界的时间步长上运行，或者时间范围很大以至于可以将其建模为无穷大时，可以使用无限时间范围折现性能准则。折现率 γ^t 是用来衡量在未来 t 个时间步长内收集的奖励。

定义 1.13 无限时域 DEC-POMDP 解的值：对于初始状态为 s_0 以及折现率 $\gamma\in[0,1)$ 的无限时域 DEC-POMDP，联合策略 δ 的值为

$$V^{\delta}(s_0)=E\left[\sum_{t=0}^{\infty}\gamma^t R(\boldsymbol{a}_t,s_t)\mid s_0,\delta\right]\tag{1.89}$$

定义 1.14 完全记忆：如果空中机器人能够访问到它接收的所有信息，那么它就有完全记忆（这包括所有局部观测以及来自其他智能体的消息）。

定义 1.15 多智能体决策问题(MTDP):MTDP 是一个多元组 $\langle \alpha, S, \boldsymbol{A}_\alpha, P, \boldsymbol{\Omega}_\alpha, \boldsymbol{O}_\alpha, \boldsymbol{B}_\alpha, R, T \rangle$,其中:

(1) α 是一个智能体标号 $1,2,\cdots,n$ 的有限集。

(2) $S = \Xi_1 \times \cdots \times \Xi_m$ 是一组全局状态,为具有不同初始状态 s_0 的因式分解表示(独立特征的叉积)。

(3) $\{A_i\}_{i\in\alpha}$ 是每个空中机器人 i 的一组动作,隐性地定义了一组联合动作 $\boldsymbol{A}_\alpha = \Pi_{i\in\alpha} A_i$ 。

(4) $P: S \times \boldsymbol{A}_\alpha \times S \to [0,1]$ 是后续状态的概率分布,基于给定的初始状态 s_0 和联合动作:

$$P(s, \alpha, s') = \text{Prob}(s^{t+1} = s' \mid s^t = s, A_\alpha^t = a) \tag{1.90}$$

(5) $\{\boldsymbol{\Omega}\}_{i\in\alpha}$ 是每个空中机器人 i 都经历的一组观测,隐性地定义了一组联合观测 $\boldsymbol{\Omega}_\alpha = \Pi_{i\in\alpha}\boldsymbol{\Omega}_i$ 。

(6) $\boldsymbol{O}_\alpha$ 是一个联合观测函数,模拟了在采用联合行为 $\boldsymbol{a}$ 以及状态转移到 s' 后接收联合观测的概率 ω ,即 $(\boldsymbol{O}_\alpha(s', \boldsymbol{a}, \omega)) = \text{Prob}(\boldsymbol{\Omega}_\alpha^{t+1=} \omega \mid S^{t+1} = s', \boldsymbol{A}_\alpha^t = \boldsymbol{a})$ 。

(7) $\boldsymbol{B}_\alpha$ 是可能的组合信任状态的集合。每个空中机器人 $i \in \alpha$ 将通过时间 t 得到的观测形成信任状态 $b_i^t \in B_i$,其中 B_i 限定了机器人 i 可能的信任状态。从观测到信任状态的映射由状态估计函数在完全记忆的假设下执行。由此产生的组合信任状态表示为 $\boldsymbol{B}_\alpha = \Pi_{i\in\alpha}\boldsymbol{B}_i$ 。对应的随机变量 b_α^t 表示智能体在时间 t 的组合信任状态。

(8) $R: \boldsymbol{S} \times \boldsymbol{A}_\alpha \to \mathbb{R}$ 是代表群体共同偏好的奖励函数。

(9) 如果 MTDP 具有有限时域,则该时域由正整数 T 表示。

定义 1.16 MTDP 的域级策略:MTDP 中可能的域级策略集合被定义为从信任状态到行为的所有可能映射集合, $\boldsymbol{\pi}_{iA}: \boldsymbol{B}_i \to \boldsymbol{A}_i$ 。

定义 1.17 MTDP 的联合域级策略:MTDP 的联合域级策略 $\boldsymbol{\pi}_{\alpha A} = \langle \boldsymbol{\pi}_{1A}, \cdots, \boldsymbol{\pi}_{nA} \rangle$ 是域级策略的多元组,每个智能体对应一个。

解决 MTDP 意味着找到一个联合策略,使预期的全局奖励最大化。

2) 具有显式通信的模型[446]

上面给出的模型都扩展了显性通信操作。在得到的两个模型中,空中机器人之间的相互作用是空中机器人执行一个动作的过程,然后观测它们的环境并发送一个能被其他空中机器人及时接收的消息(系统中没有延迟)。这两种模型都允许使用通信消息的一般语法和语义。空中机器人需要有关于如何解释这些信息以及如何将这些信息与它们自己局部信息结合起来的协议。在一个可能的通信语言例子 $\Sigma_i = \Omega_i$ 中,空中机器人只是简单地交流它们的观测结果。

定义 1.18 可通信的分布式部分可观测马尔可夫决策过程(DEC-POMDP-COM):DEC-POMDP-COM 是具有通信能力的 DEC-POMDP,为一个多元组 $\langle I, S,$

$\{\boldsymbol{A}_i\}, P, \{\boldsymbol{\Omega}_i\}, O, \sum, C_{\sum}, R_A, R, T\rangle$，其中：

（1）$I, S, \{A_i\}, P, O, T$ 与其在 DEC-POMDP 的定义相同。

（2）Σ 是通信信息的字母表，$\sigma_i \in \Sigma$ 是空中机器人 i 发送的信息元，$\boldsymbol{\sigma} = (\sigma_1, \cdots, \sigma_n)$ 是联合信息，即由智能体在一个时间步长中发送的所有信息的多维元组。属于 Σ 的一种特殊信息是空信息 ε_σ，它由不想向其他机器人发送任何信息的空中机器人发送。

（3）$C_\Sigma: \Sigma \to \mathbb{R}$ 是信息成本函数。$C_\Sigma(\sigma_i)$ 表示发送信息元 σ_i 的成本，当智能体发送空信息而没有产生成本时，$C_\Sigma(\sigma_i) = 0$。

（4）$R_A: \boldsymbol{A} \times \boldsymbol{S} \to \mathbb{R}$ 是与 DEC-POMDP 中的奖励函数相同的动作奖励函数，即 $R_A(\boldsymbol{a}, s')$ 表示采取联合动作 $\boldsymbol{a}$ 并发生向 s' 的状态转移后所获得的奖励。

（5）$R: \boldsymbol{A} \times \boldsymbol{S} \times \boldsymbol{\Sigma} \to \mathbb{R}$ 表示通过 R_a 和 C_Σ：$R(\boldsymbol{a}, s', \boldsymbol{\sigma}) = R_A(\boldsymbol{a}, s') - \Sigma_{i \in I} C_\Sigma(\sigma_i)$ 定义的总奖励函数。

解决 DEC-POMDP-COM 意味着找到一个联合策略，在无限或有限的时间范围内最大化预期总奖励。

定义 1.19 DEC-POMDP-COM 的局部动作策略：它将 $\boldsymbol{\Omega}_i$ 中的局部历史观测 $\overline{o}_i$ 和接收自 $j \neq i$ 的历史消息 $\overline{\sigma}_j$ 映射为 A_i 中的控制动作 $\delta_i^A: \Omega_i^* \times \Sigma \to A_i$。

定义 1.20 DEC-POMDP 的联合策略：一个联合策略 $\boldsymbol{\delta} = (\delta_1, \delta_2, \cdots, \delta_n)$ 是局部策略的多元组，每个策略对应于一个空中机器人，其中 δ_i 由空中机器人 i 的通信策略和动作策略组成。

定义 1.21 集体可观测性：如果由所有空中机器人观测到的 n-元组唯一地确定当前全局状态：$O(\boldsymbol{o} \mid \boldsymbol{a}, s') > 0 \Rightarrow \text{Prob}(s' \mid \boldsymbol{o}) = 1$，则 DEC-POMDP 是联合完全可观测的。联合-完全可观测性即集体可观测性。

在 DEC-MDP 中，单独的每个空中机器人仍然只有部分可观测性，没有关于全局状态的全部信息。

3）I-POMDP 模型[446]

交互式部分可观测马尔可夫决策模型（I-POMDP）将 POMDP 模型扩展到多个空中机器人的场景中。现在，除了对底层系统状态的信任之外，还保持了对其他智能体的信任。为了对这种更丰富的信任进行建模，使用了交互式状态空间。对交互状态的信任包括对环境潜在状态的信任以及对其他空中机器人的信任。

注 1.4 如果只考虑两个空中机器人，对其中一个空中机器人的信任表述可能包括对另一个空中机器人的信任。由于另一个空中机器人的信任也可能包括对第一个空中机器人的信任，这种技术导致了信任的嵌套结构，可以在该模型中寻找最优解。

定义 1.22 框架：空中机器人的框架是 $\hat{\theta}_i = \{\{\boldsymbol{A}_i\}, \{\boldsymbol{\Omega}_i\}, T_i, O_i, R_i, OC_i\}$，其中：

(1) $\boldsymbol{A}_i$ 是空中机器人 i 可以执行的一组动作。

(2) $\boldsymbol{\Omega}_i$ 是空中机器人 i 可得到的一组观测。

(3) T_i 是转移函数,定义为 $T_i:\boldsymbol{S} \times \boldsymbol{A}_i \times \boldsymbol{S} \rightarrow [0,1]$ 。

(4) O_i 是空中机器人观测函数,定义为 $O_i:\boldsymbol{S} \times \boldsymbol{A}_i \times \boldsymbol{\Omega}_i \rightarrow [0,1]$ 。

(5) R_i 是表示空中机器人 i 偏好的奖励函数,定义为 $R_i:\boldsymbol{S} \times \boldsymbol{A}_i \rightarrow \mathbb{R}$ 。

(6) OC_i 是空中机器人的最优准则,它明确了如何处理随着时间推移获得的奖励。对于有限时域,通常使用和的期望值;对于无限时域,通常使用奖励折现总和的期望值。

定义 1.23 类型:空中机器人的类型为 $\theta_i = (b_i,\hat{\theta}_i)$,其中:

(1) b_i 表示智能体信任的状态,是 $\Delta(S)$ 的一个元素,其中 S 是状态空间。

(2) $\hat{\theta}_i$ 是智能体 i 的框架。

类型是一种意向模型。

假设空中机器人是贝叶斯理性的,给定其类型 θ_i ,就可以计算出由 $\mathrm{OTP}(\theta_i)$ 表示的最优动作集。

定义 1.24 空中机器人模型:空中机器人 j 可能模型 M_j 的集合由子意向模型 SM_j 和意向模型 IM_j 组成。因此, $\boldsymbol{M}_j = \mathrm{SM}_j \cup \mathrm{IM}_j$ 。每个模型 $m_j \in \boldsymbol{M}_j$ 对应于一种关于空中机器人的可能信任,即空中机器人 j 如何将可能的观测历史映射到动作分布上。

(1) 子意向模型 SM_j 相对简单,因为它们不要求任何关于智能体信任的假设。常见的例子有无信息模型和虚拟游戏模型,这两种模型都是历史独立的。一个更有说服力的模型例子是有限状态控制器。

(2) 意向模型 IM_j 更先进,因为它们在动作选择中考虑了主体的信任、偏好及合理性。意向模型等同于类型。

I-POMDP 将 POMDP 推广到处理存在其他空中机器人并与之交互的场景。这是通过将其他类型空中机器人包含到状态空间中,并给出对其他智能体类型的信任来实现的。

定义 1.25 I-POMDP:空中机器人 i 的 I-POMDP 是一个多元组 $\langle \mathbf{IS}_i,\boldsymbol{A},T_i,\boldsymbol{\Omega}_i,O_i,R_i \rangle$,其中:

(1) $\mathbf{IS}_i$ 是一组交互状态,定义为 $\mathbf{IS}_i = \boldsymbol{S} \times \boldsymbol{M}_j$,其中 $\boldsymbol{S}$ 是物理环境状态的集合, $\boldsymbol{M}_j$ 是空中机器人 j 可能的模型集合。因此,空中机器人 i 的信任是关于环境状态和另一个空中机器人模型的概率分布 $b_i \in \Delta(\mathbf{IS}_i) = b_i \in (\boldsymbol{S} \times \boldsymbol{M}_j)$ 。

(2) $\boldsymbol{A} = \boldsymbol{A}_i \times \boldsymbol{A}_j$ 是所有空中机器人的联合动作集合。

(3) $T_i:\boldsymbol{S} \times \boldsymbol{A} \times \boldsymbol{S} \rightarrow [0,1]$ 为转移函数。动作只能改变物理状态,因此可以通过接收到的观测间接改变另一个机器人的信任。

(4) $\boldsymbol{\Omega}_i$ 是空中机器人 i 所能得到的观测集。

(5) $O_i:\boldsymbol{S}\times\boldsymbol{A}\times\boldsymbol{\Omega}_i\to[0,1]$ 为观测函数。空中机器人不能直接观测其他机器人的模型。

(6) $R_i:\mathbf{IS}_i\times\boldsymbol{A}\to\mathbb{R}$ 是奖励函数;它允许空中机器人根据物理状态以及其他智能体的模型进行参数设置,尽管通常情况下只有物理状态才是重要的[413]。

1.5.2 最优规划算法

1. 多智能体 A*(MAA*)

多智能体 A*(MAA*)是一种针对 DEC-POMDP 的启发式搜索算法

该算法基于广泛使用的 A* 算法,对可能的联合策略执行最佳优先搜索。它使用如下符号表示: q_i^t 是空中机器人 i 的 t-深度策略树, $\boldsymbol{\delta}^t=(q_1^t,\cdots,q_n^t)$ 是树的策略向量。设 $V(s_0,\boldsymbol{\delta})$ 表示从状态 s_0 执行策略向量 $\boldsymbol{\delta}$ 的期望值。因此,查找最优联合策略就是计算

$$\boldsymbol{\delta}^{*T}=\operatorname{argmax}_{\boldsymbol{\delta}^t}V(s_0,\boldsymbol{\delta}) \tag{1.91}$$

该算法在策略向量空间中进行搜索,其中搜索树的第 t 层节点对应于问题的部分解,称为第 t 层的策略向量。但并不是每一层的所有节点都被完全展开。取而代之的是,使用启发式函数来评估搜索树的叶节点,而在每一步中扩展启发式估计最高的节点。为了计算搜索节点的启发式估计,评估函数被分解为两部分:对部分解的精确估计(直到当前级别的策略向量)和对其余部分的启发式估计。任何 t-深度策略向量的值也分为两个部分:

$$V(s_0,\{\delta^t,\Delta^{T-1}\})=V(s_0,\boldsymbol{\delta}^t)+V(\Delta^{T-t}\mid s_0,\boldsymbol{\delta}^t) \tag{1.92}$$

完成值取决于状态 s_0 执行策略向量 $\boldsymbol{\delta}^t$ 之后所达到的状态分布。状态 s_0 和策略向量 $\boldsymbol{\delta}^t$ 的估计值为

$$F(s_0,\boldsymbol{\delta}^t)=V(s_0,\boldsymbol{\delta}^t)+H^T(s_0,\boldsymbol{\delta}^t) \tag{1.93}$$

为了使启发式搜索最优和完整,函数 H 必须是容许的,即对策略向量 $\boldsymbol{\delta}^t$ 的最优完全精确值给出上界估计

$$\forall\Delta^{T-t}:H^{T-t}(s_0,\boldsymbol{\delta}^t)\geqslant V(\Delta^{T-t}\mid s_0,\boldsymbol{\delta}^t) \tag{1.94}$$

该算法必须有一个可接受的启发式函数,该函数可以有效计算,并且尽可能接近真实值(以最大化修剪量)。

$$H^{T-t}(s_0,\boldsymbol{\delta}^t)=\sum_{s\in S}\operatorname{Prob}(s\mid s_0,\boldsymbol{\delta}^t)h^{T-t}(s) \tag{1.95}$$

式中: $\operatorname{Prob}(s\mid s_0,\boldsymbol{\delta}^t)$ 是从 s_0 执行策略向量 $\boldsymbol{\delta}$ 之后处于状态 s 的概率。当执行来自状态 $h^t(s)\geqslant V^t*(s)$ 的 t-深度策略树的最佳向量时, $h^t(s)$ 是期望奖励总和的

乐观值启发式函数。在模拟揭示底层系统状态的启发式算法中，最严格的启发式算法由最优值本身 $h^t(s) = V^t * (s)$ 给出。可以通过递归式 MAA* 有效地计算此值：

$$h^{T-t}(s) = \mathrm{MAA}^{*(T-t)}(s) \tag{1.96}$$

2. 无限域策略迭代

对于无限域的情况，由于存在无限多个可能的观测序列，相关联合控制器的任何有限状态集都可能无法产生最优解。为了保证 ε-收敛，需要连续增加控制器的状态数。这可以使用完全备份来实现。对于所有空中机器人来说，局部控制器迭代增长，关联设备保持不变。令 $R_{\max}$ 表示 DEC-POMDP 中单步奖励最大的绝对值。算法 1.2 中给出了该策略的伪代码。

算法 1.2　无限域 DEC-POMDP 策略迭代

1. input：DEC-POMDP 问题；随机相关联合控制器；收敛参数 ε
2. output：对所有状态 ε 最优的相关联合控制器
3. Begin
4. $t \leftarrow 0$
5. While $\gamma^{t+1} \cdot |R_{\max}|/(1-\gamma) > \varepsilon$ 时，执行
6. $t \leftarrow t+1$
7. 通过求解线性方程组来评估相关联合控制器
8. 执行完全备份并将节点添加到本地控制器
9. 在控制器上执行保价值转换
10. Return 相关联合控制器
11. end

用折现系数 γ 和最大迭代次数来定义一个简单的 ε-收敛性检验是有必要的。如果 $\gamma^{t+1} \cdot |R_{\max}|/(1-\gamma) \leqslant \varepsilon$，则算法在迭代 t 次之后终止，其中 $R_{\max}$ 表示DEC-POMDP 中单步奖励的最大绝对值。直观地说，该算法利用了这样一个事实，即由于贴现，在某一点上，未来收集的奖励可以忽略不计。当寻找在计算上容易处理的近似解时，为了降低复杂性和处理更大规模的问题，就必须牺牲全局值。

3. 线性二次方法

早期关于群体决策理论的文献主要集中在线性二次模型上。在这些模型中，线性差分或微分方程表示决策环境在时间上的演变。二次目标函数描述群体目标，概率论用于不确定性建模。目标函数更复杂的群体决策模型已被证明是难以计算的。

动态群体决策问题也可以替换为一组静态问题。在优先排序方法中，目标函数的主要构成是值函数。它是决策分析中分析多准则决策问题广泛使用的一种方法。可以使用区间法代替概率理论来模拟不确定性[458]。通过开发一种个体独立

自主决策的过程,可获得理想的集体行为。每个空中机器人将自主做出决策,以最大限度地提高团队的性能。DEC-MDP 方法是对 MDP 的一种改进,用于多智能体系统中。目前,许多研究人员正在设计高效的多飞行器控制理念和算法。多飞行器控制的系统性、科学性挑战之一就是在空中机器人、网络和动态环境发生变化以及存在异常的情况下,确保系统的效率和安全。

4. 分布式机会约束下有限域最优控制

该部分考虑了具有附加高斯分布随机干扰和机会约束的多智能体系统有限域最优控制。当空中机器人通过联合机会约束进行耦合时,这个问题尤其突出,因为联合机会约束限制了系统中任何一个智能体违反约束的概率。文献[437]提出了一种利用对偶分解和基于市场迭代风险配置的算法,以分布式地解决多智能体问题。该方法通过让每个空中机器人优化自己的控制输入来解决可伸缩性问题,并给出了由多个智能体共享的对偶变量固定值。中央模块通过迭代地解决求根问题来优化对偶变量。由于该方法重现了集中式优化方法的卡罗需-库恩-塔克条件(Karush Kuhn Tucker conditions),因而给出了与集中式优化方法相同的最优解。这种方法类似于市场竞争中的价格调整过程,称为卖者喊价过程(tatonnement)或瓦尔拉斯(Walrasian)拍卖。每个智能体在对应于对偶变量的给定价格下优化其风险需求[426]。

具有状态和控制约束的无界随机不确定性多智能体系统是空中机器人的一个重要应用。具有高斯概率分布的随机不确定性是外源扰动(如阵风和湍流)的自然模型。机会约束最优化是解决无界随机不确定性问题鲁棒性的一个有效框架,机会约束要求故障概率低于用户指定的风险边界。空中机器人的用户通常希望限定系统故障的概率,而不是单个空中机器人的故障概率。必须施加联合机会约束,以限制至少一个空中机器人无法满足其状态和输入的任何约束条件。在这种情况下,空中机器人通过状态约束进行耦合。在保证满足联合机会约束的前提下,以分布式方法寻找全局最优控制输入是非常重要的。

1.5.3 任务分配:最优分配

任务分配机制是协调多个空中机器人行动的具体手段。这些措施包括将待执行的工作视为一组任务,并将空中机器人本身视为分配给特定任务的工人。通过估计特定机器人执行特定任务的预期效用,算法可以优化机器人对任务的分配,反之亦然,以最大化预期的集体性能。分配问题的复杂性取决于完成任务所需的特定能力、机器人的能力以及分配是否必须考虑时间调度方面[424]。一般来说,任务分配方法的合理性和分配问题的难度都取决于每个机器人和每个任务的独立程度。

本节主要研究典型的多机器人任务分配问题,该问题涉及单个空中机器人对单个任务的瞬时分配性能。该问题归结为最优分配问题(OAP)的一个实例,库恩-蒙克雷斯匈牙利算法(Kuhn-Munkres Hungarian algorithm)是该问题的一个解。然而,对于多机器人任务分配,仍然存在悬而未决的问题。匈牙利算法最大化了团队的效用,因为它提供了每个空中机器人预效用的估计值,因为每个机器人都必须为每项任务提供估计,因此计算这一估计值的成本很高,并且只有当这些估计值准确时,结果分配的最优性才有意义。此外,在构建这些估计值时,每个空中机器人都必须处理有关外界的不确定性[453]。即使它们保持这种不确定性的表现(例如,潜在状态的分布),在特定的机器人任务分配情况下,期望效用仅仅是效用分布的第一时间,重要问题如下。

(1) 空中机器人应该投入多少精力来构建效用估算?对于 n 个机器人和 n 个任务,提供了 n^2 个估计,但只有 n 个元素构成最优分配,并不是所有的效用估计都需要同等的保真度。

(2) 一旦分配计算出来,相对于效用估计矩阵的变化,这种分配的稳定性如何?

(3) 如果这些效用估计来自潜在的概率分布,那么分配不是最优的可能性是多少?

使用贪婪分配和优化技术开发了执行分配的集中式和分布式算法。关于导致协作问题的结构甚至不确定性的来源,目前的研究中很少使用到这些特定领域方面的信息。一些基于丰富的空中模型和任务模型来构建概率模型的方案,例如随机博弈/分布 MDP、分解 MDP、POMDP,可以明确地解决何时执行特定动作(移动、感测、通信)的问题,以减少不确定性,然而,这些问题不允许多项式时间解,并且通常引入因式分解或独立假设以便问题易于处理。

1. 匈牙利算法

为了在 $O(n^3)$ 时间内有效地解决 $n \times n$ 任务分配问题,匈牙利算法将最优分配问题作为一个组合问题来处理。效用估计作为完全二分图中的边权重,其中每个机器人和任务都变成了一个顶点。匈牙利算法码如算法 1.3 所示;它在完全二分图的子图中搜索完美匹配,其中完美匹配正是最优分配问题。在步骤 7 中,搜索过程要么增加匹配大小,要么增加匹配包含的所谓的相等图。

算法 1.3　匈牙利算法

1. input:一个有效的 $n \times n$ 赋值矩阵表示为等价的完全加权二分图 $G=(X,Y,E)$,其中 $|X|=|Y|=n$
2. output:一个完美匹配 M
3. 在 G_e 中生成初始标记 l 和匹配 M
4. if M 是完美的,则终止算法。否则,随机选取一个未匹配点 $u \in X$,令 $S=\{u\}$,$T=\varnothing$
5. if $N(s)=T$,更新标号

$$\delta = \underbrace{\min}_{x \in S, y \in Y-T} l(x) + l(y) - w(x,y)$$

$$l'(v) = \begin{cases} l(v) - \delta \text{ 如果 } v \in S \\ l(v) + \delta \text{ 如果 } v \in T \\ l(v) \text{ 其他} \end{cases} \tag{1.97}$$

6. if $N(S) \neq T$,选取 $y \in N(S) - T$
7. if y 未匹配,$u \to y$ 是增广路径。增大 M 并返回步骤 2
8. if y 匹配 z,延长匈牙利算法树:$S = S \cup \{z\}$,$T = T \cup \{y\}$,并返回步骤 3

2. 区间匈牙利算法

对于每个效用值,计算了在违反所计算的最优分配之前效用可能被独立扰动的间隔。因此,给定效用的输入矩阵,该算法表征了一组产生相同输出的输入。间隔的计算基于下面描述的三类边[424]。

1) 匹配边的区间分析

匹配边权重的允许区间分析如下:对于任何边 $e_m(r_\alpha, t_\beta)$,区间可描述为 $[\omega_{m\alpha\beta} - \varepsilon_m, +\infty)$,其中 $\omega_{m\alpha\beta}$ 是 $e_m(r_\alpha, t_\beta)$ 的边权重,ε_m 是在不违反当前匹配解最优性的情况下权重可以减小的容许裕度。由于这是一个最大化问题,故增加权重是安全的。如果匹配边的权重降低,以至于不再构成匹配解的一部分,则该匹配边将被隐藏。该算法的伪代码如算法 1.4 所示。

算法 1.4　匹配边的区间

1. input:匹配边 $e_m(r_\alpha, t_\beta)$ 和对应的二分图
2. output:一个区间,$e_m(r_\alpha, t_\beta)$ 的下界为 ε_m
3. 分配一个待定权重 w_x 来隐藏 $e_m(r_\alpha, t_\beta)$. 令 $S = \{r_\alpha\}$,$T = \varnothing$
4. if $N(s) = T$,更新标号

$$\delta = \underbrace{\min}_{x \in S, y \in Y-T, e(x,y) \neq e_m(r_\alpha, t_\beta)} l(x) + l(y) - w(x,y)$$

$$l'(v) = \begin{Bmatrix} l(v) - \delta \text{ 如果 } v \in S \\ l(v) + \delta \text{ 如果 } v \in T \\ l(v) \text{ 其他} \end{Bmatrix} \tag{1.98}$$

$$l'(r_\alpha) + l'(t_\beta) - w_x > \delta \Rightarrow w_x < l'(r_\alpha) + l'(t_\beta) - \delta$$

更新 $\varepsilon_m = l'(r_\alpha) + l'(t_\beta) - \delta$

5. if $N(S) \neq T$,选取 $y \in N(S) - T$
6. if $y = t_\beta$,则必然存在增广路径 $r_\alpha \to t_\beta$。增大匹配和终止算法。
7. if y 匹配 z,延长匈牙利算法树:$S = S \cup \{z\}$,$T = T \cup \{y\}$,并返回步骤 2

定理 1.6 和定理 1.7 允许按以下方式计算匹配边 $e_m(r_\alpha, t_\beta)$ 的区间。首先,从二分图中隐藏 $e_m(r_\alpha, t_\beta)$,并为其分配一个待定权重 w_x,满足约束:$w_x < l'(r_\alpha) + l'(t_\beta)$。然后,设未匹配点 r_α 为匈牙利算法树的根,并构造一条不含 $e_m(r_\alpha, t_\beta)$ 的增广路径。当找到这样一条生成完美匹配的路径时,该算法终止。由于 $l(t_\beta)$ 保

持不变，而 $l(r_\alpha)$ 减小，随着 w_x 每次迭代减小，当存在新的完美匹配时，就得到了 $\omega_{m\alpha\beta}-\varepsilon_m$ 的下界。

定理 1.6 利用匈牙利算法(算法 1.4)得到的匹配解 M_0 和二分图，如果匹配边 $e_m(r_\alpha,t_\beta)$ 是隐藏的，则匈牙利算法只需以未匹配点 r_α 为根进行一次迭代即可完成。当存在新的完美匹配解 M' 时，根的标号减小，满足 $l(r_\alpha)-l'(r_\alpha)=m_0-m'$。

定理 1.7 匹配边区间：从匈牙利解中隐藏的匹配边可得到一个新的解，并且位于 ε_m 根的标号减少了 ε_m。匈牙利算法树是该元素的容许裕度，即匹配边 $e_m(r_\alpha,t_\beta)$ 的安全区间为 $[\omega_{m\alpha\beta}-\varepsilon_m,+\infty)$。

2) 不匹配边的区间分析

不匹配边 $e_u(r_\alpha,t_\beta)$ 有一个区间 $(-\infty,\varepsilon_u]$。其中，上限 ε_u 反映了效用的最大值，以使其保持为不匹配的机器人和任务对。该算法的伪代码如算法 1.5 所示。

算法 1.5 不匹配边的区间算法

1. input：不匹配边 $e_u(r_\alpha,t_\beta)$ 和对应的二分图
2. output：一个区间，$e_u(r_\alpha,t_\beta)$ 的上界为 ε_u
3. if $e(r_\alpha,\text{mate}(r_\alpha)),e(t_\beta,\text{mate}(t_\beta))$ 是匹配边；然后令 $S=\{\text{mate}(t_\beta)\},T=\varnothing$。
4. 隐藏 $e_u(r_\alpha,t_\beta)$ 以及与顶点 r_α,t_β 关联的所有其他边，得到辅助二分图 G_a
5. 在 G_a 中，如果 $N(s)=T$，更新标号

$$\delta=\underbrace{\min}_{x\in S,y\in Y-T} l(x)+l(y)-w(x,y)$$

$$l'(v)=\begin{cases} l(v)-\delta & v\in S \\ l(v)+\delta & v\in T \\ l(v) & \text{其他} \end{cases} \tag{1.99}$$

6. 在 G_a 中，如果 $N(S)\neq T$，则选取 $y\in N(S)-T$
7. if $y=\text{mate}(r_\alpha)$，存在增广路径 $\text{mate}(t_\beta)\to\text{mate}(r_\alpha)$，增大匹配并返回步骤 5
8. if y 匹配 z，延长匈牙利算法树：令 $S=S\cup\{z\},T=T\cup\{y\}$，并返回步骤 3
9. $\varepsilon_u=m_0-m_\alpha$

定理 1.8 在匈牙利算法合成的二分图中，任何不匹配边 $e_u(r_\alpha,t_\beta)$ 的权重可以增加到两个相关标号值的和 $l(rx)+l(ty)$，而不影响分配最优。

$\text{mate}(v)$ 是相对于顶点 v 的另一端点，m_0 是原解的最优解，m_a 是 G_a 的最优解。

若要获得不匹配边 $e_u(r_\alpha,t_\beta)$ 的 ε_u，需从得到的二分图中隐藏 $e_u(r_\alpha,t_\beta)$ 以及与顶点 r_α,t_β 关联的所有其他边。这将得到一个二分图，它在每个分区中都有 $n-1$ 个顶点。这种新的二分图被称为辅助二分图 G_a。它与特定的边相关联，并且只有 $n-2$ 条匹配边。因此，需要添加一条边来获得匹配解。

定理 1.9 不匹配边区间:在匈牙利算法合成的二分图中,任一不匹配边 $e_u(r_\alpha, t_\beta)$ 具有区间容许裕度 $\varepsilon_u = m_0 - (m_\alpha + l(r_\alpha) + l(r_\beta))$,其中 m_0 是原始解的最优解, m_a 是与 $e_u(r_\alpha, t_\beta)$ 相关的辅助二分图的最优解。边 $e_u(r_\alpha, t_\beta)$ 的允许区间为 $(-\infty, m_0 - m_\mathrm{a}]$。

3) 区间匈牙利算法

结合匹配边和不匹配边的区间分析,得到区间匈牙利算法。其伪代码如算法 1.6 所示。

算法 1.6 区间匈牙利算法

1. input:从算法 1.4 得到的二分图
2. output:一个存储所有区间的区间矩阵 $mx_{itv}(n,n)$
3. $mx_{\mathrm{itv}}(n,n)$ = NULL
4. For 二分图中的所有边 $e(i,j)$
5. if $e(i,j)$ 是匹配边,利用算法 1.4 计算区间 $I(i,j)$;否则,利用算法 1.5 计算区间 $I(i,j)$
6. $mx_{\mathrm{itv}}(n,n) = I(i,j)$
7. Peturn: $mx_{\mathrm{itv}}(n,n)$

3. 不确定性影响的量化

当匈牙利算法应用于根据不确定数据计算出的预期效用矩阵时,例如,使用效用分布的平均值,不确定性对结果分配的影响仍是未知的。区间匈牙利算法的输出可用于分析特定效用值发生变化时最优分配的变化。这可以用来评估计算出来的分配是次优的可能性。

4. 单一效用的不确定性度量

定理 1.10 单一区间的不确定性:对于任何特定的单一效用值,假设其他效用是确定的,当且仅当任一特定的效用在其允许区间内时,完美匹配的解是相同的。

为了分析不确定性对分配矩阵中特定效用的影响,假设其他值是确定的。给定该特定预期效用的概率密度函数 $f(x)$,以及作为该算法输出的关联区间 I ,次优分配的概率为

$$P_I = \begin{cases} \int_{\varepsilon_m}^{+\infty} f(x) & I = [\varepsilon_m, +\infty) \\ \int_{-\infty}^{\varepsilon_m} f(x) & I = (-\infty, \varepsilon_m] \end{cases} \tag{1.100}$$

对于空中机器人主动估计产生 $f(x)$ 所涉及数量的应用,可以设置某个阈值 T ,使得空中机器人在 $P_I \geqslant T$ 时仅负责一项任务,而如果该任务可能对特定的任务有重大影响,则减少估计中的不确定性。较高的 T 值将确保空中机器人仅致力于对期望效用估计误差具有鲁棒性的分配。

前面给出了当只有一个效用不确定时，不确定性对机器人任务分配影响的量化方法。然而，大多数情况下，多个效用是不确定的，如果它们涉及对相同基本状态变量的推断，则它们可能都是相关的。术语关联边用于表示单个行或单个列中所有直接相关的效用。为了保留相同的分配，尽管有 n 条相互关联的边，但必须有且只有一条边保持匹配，并且其他所有边都应该是不匹配的。

定理 1.11 关联区间的不确定性：给定一组 n 条关联边，假设 e_m 是区间为 $[\omega_m-\varepsilon_m,+\infty)$ 的匹配边，而 e_{u_i} 是区间为 $(-\infty,\omega_{u_i}+\varepsilon_{u_i}]$，$i=1,\cdots,n-1$ 的不匹配边；对于任何 $\varepsilon'\leqslant\varepsilon_m$，$e_m$ 的权重可以安全地替换为 $\omega_m-\varepsilon'$，且 e_{u_i} 的区间变为 $(-\infty,\omega_{u_i}+\varepsilon_{u_i}-\varepsilon']$。

进而给出测量相关边不确定性的方法，其伪代码如算法 1.7 所示。该方法使用参数 k 来平衡收缩区间（当空中机器人的数量较多时，通常 $k\to 0$，以此来控制受损的范围）。在实际应用中，一种保守的方法是提高阈值 T，以补偿多个相互关联的行或列引起的不准确性。

算法 1.7 关联边的不确定性算法

1. 确定所有相关边的 $\varepsilon_{\min}$：

$$\varepsilon_{\min}=\min(\varepsilon_m,\varepsilon_{u_i}),i=1,2,\cdots,n-1 \tag{1.101}$$

2. 确定每个相关区间 I_i：

$$I_i=\begin{cases}[w_m-k\varepsilon_{\min},+\infty) \\ (-\infty,w_{u_i}+\varepsilon_{u_i}-k\varepsilon_{\min}] & i=1,2,\cdots,n-1\end{cases} \tag{1.102}$$

I_0 表示匹配边的区间，k 是经验系数且 $k\in[0,1]$，它影响匹配和不匹配区间的缩放程度。

3. 确定概率：

$$P_i=\begin{cases}\int_{\varepsilon'_{u_i}}^{+\infty}f(x)\varepsilon'_m=w_m-k\varepsilon_{\min} \\ \int_{-\infty}^{\varepsilon'_{u_i}}f(x)\varepsilon'_{u_i}=w_{u_i}+\varepsilon_{u_i}-k\varepsilon_{\min}\end{cases} \tag{1.103}$$

4. 确定可靠性水平：$P_i\geqslant T$ 时分配可靠，否则不可靠

1.5.4 分布式机会约束任务分配

对于 N_a 个空中机器人和 N_{tasks} 个任务，任务分配算法的目标是找到任务与智能体之间的无冲突匹配，以最大化全局回报。

定义 1.26 无冲突分配：如果每个任务分配给不超过一个智能体，则为无冲突分配。

任务的目标函数由每个空中机器人的局部目标函数之和给出，这些局部目标

函数依次是分配给该智能体的任务函数、执行这些任务的时间函数和参数规划集函数。本部分主要以文献[439]为基础。

问题 1.3 该任务分配问题可以写成如下的混合整数非线性规划:

$$\underbrace{\max}_{x,\tau}\sum_{i=1}^{N_a}\sum_{j=1}^{N_t}c_{ij}(x,\tau,\theta)x_{ij} \tag{1.104}$$

满足

$$\boldsymbol{G}(\boldsymbol{x},\boldsymbol{\tau},\boldsymbol{\theta})\leqslant\boldsymbol{b}\quad \boldsymbol{x}\in\{0,1\}^{N_a\times N_t},\boldsymbol{\tau}\in\{\mathbb{R}^{+}\cup\varnothing\}^{N_a\times N_t} \tag{1.105}$$

式中:$\boldsymbol{x}$ 是用于表征任务 j 是否被分配给空中机器人 i 的二元决策变量 x_{ij} 的集合;$\boldsymbol{\tau}$ 是指示空中机器人 i 何时执行指定任务 j 的正实决策变量 τ_{ij} 的集合;$\boldsymbol{\theta}$ 是影响得分计算的规划参数集合;给定所有的任务分配和参数,c_{ij} 是机器人 i 从任务 j 中获取的收益;$\boldsymbol{G}=[g_1,\cdots,g_{N_c}]^{\mathrm{T}}$ 是一组形式为 $g_k(\boldsymbol{x},\boldsymbol{\tau},\boldsymbol{\theta})\leqslant b_k$ 的 N_c 个可能的非线性约束,它刻画了动态转移的资源限制,其中 $\boldsymbol{b}=[b_1,\cdots,b_{N_c}]^{\mathrm{T}}$。

这种广义的问题描述可以适应多机器人决策中常用的不同设计目标和约束。在方程式(1.104)和式(1.105)中,得分和约束函数明确地依赖于决策变量 $\boldsymbol{x},\boldsymbol{\tau}$,这使得这个一般的混合整数规划问题由于系统内在的相互依赖性而难以解决。在现实任务场景中,规划参数通常是确定性变量和随机性变量的组合,上述优化必须考虑到 $\boldsymbol{\theta}$ 中的不确定性,这增加了问题的维数,进一步增加了计算的难度。

1. 基于机会约束的任务分配

问题 1.4 基于机会约束的任务分配问题可以写成下面的混合整数非线性规划:

$$\underbrace{\max}_{x,\tau}\quad y \tag{1.106}$$

满足

$$\begin{gathered}\mathbb{P}_\theta\left(\left(\sum_{i=1}^{N_a}\sum_{j=1}^{N_t}c_{ij}(\boldsymbol{x},\boldsymbol{\tau},\boldsymbol{\theta})x_{ij}\right)>y\right)\geqslant 1-\varepsilon\\ \sum x_{ij}\leqslant 1,\ \forall j\quad x\in\{0,1\}^{N_a\times N_t},\boldsymbol{\tau}\in\{\mathbb{R}^{+}\cup\varnothing\}^{N_a\times N_t}\end{gathered} \tag{1.107}$$

式(1.107)中唯一的硬约束是每个任务都不能分配给超过一个空中机器人。如果空中机器人必须执行有时间要求的目标搜索和跟踪任务,但任务服务时间和空中机器人的速度是不确定的,那么收益函数由下式指定:

$$c_{ij}(\boldsymbol{\tau}_{ij})=\begin{cases}R_j\exp^{-\lambda_j\Delta\tau_{ij}}(t_{j_{\text{start}}}+\bar{t}_{j_{\text{duration}}}) & t\in[t_{j_{\text{start}}},t_{j_{\text{end}}}]\\ 0 & \text{其他}\end{cases} \tag{1.108}$$

式中:任务时间窗口 $[t_{j_{\text{start}}},t_{j_{\text{end}}}]$ 表示任务必须完成的时间段;$\boldsymbol{\tau}_{ij}$ 是空中机器人 i 完

成执行任务 j 的时间：

$$\Delta\boldsymbol{\tau}_{ij} = \boldsymbol{\tau}_{ij} - (t_{j_{\text{start}}} + \overline{t}_{j_{\text{duration}}}) \tag{1.109}$$

式(1.109)表示超过预期任务完成时间的时间。指数衰减表示任务的时间紧迫性，其中使用折扣因子 $\boldsymbol{\lambda}_j$ 来降低名义奖励 R_j。任务 j 的到达时间 $\boldsymbol{\tau}_{ij}(\boldsymbol{x},\boldsymbol{\tau},\boldsymbol{\theta})$ 是关于空中机器人任务分配函数，其他任务到达时间和不确定任务持续时间的函数。

对于该问题还存在几个难以解决的地方。这些任务在时间上是耦合的，早期任务的随机持续时间和速度会影响到达时间，从而影响后续任务的收益。在对多个空中机器人系统进行规划时，分布式规划策略具有一定优势。这个问题的挑战是如何在一个理论合理的框架内，提出将每个空中机器人的局部风险与全局风险联系起来的表达式。选择每个空中机器人的风险表达式在分析上是困难的且依赖于具体问题，因此挑战在于如何实现对全局和局部风险阈值的充分近似[111]。

2. 机会约束任务分配问题的分布式近似

问题 1.5 单个空中机器人问题如下：

$$\underbrace{\max}_{x,\tau} \quad y_i \tag{1.110}$$

满足

$$\begin{gathered}
\mathbb{P}_\theta\left(\left(\sum_{i=1}^{N_a}\sum_{j=1}^{N_t} c_{ij}(\boldsymbol{x},\boldsymbol{\tau},\boldsymbol{\theta})x_{ij}\right) > y_i\right) \geqslant 1 - \varepsilon_i, \forall i \\
\sum x_{ij} \leqslant 1, \forall j \quad x \in \{0,1\}^{N_a \times N_t}, \boldsymbol{\tau} \in \{\mathbb{R}^+ \cup \varnothing\}^{N_a \times N_t}
\end{gathered} \tag{1.111}$$

其中，每个空中机器人 i 通过求解其机会约束最优问题，来最大化 y_i 使其满足其个体风险阈值 ε_i，同时通过与其他机器人的通信来确保满足无冲突解决方案的联合约束。

基于一致性的聚束法是解决该问题的一种方法[439]。尽管这种分解使得问题更容易以分布式方法解决，但它也引入了选取参数 ε_i 的复杂性，来满足在给定任务风险 ε 的情况下，最大化缺失分布的机会约束分值：

$$y = \sum_{i=1}^{N_a} y_i \tag{1.112}$$

1.6 案例研究

1.6.1 侦察任务

侦察问题可以定义为道路搜索问题，也称为 VRP。空中机器人协作系统可以在很大程度上提高这一问题的信息优势。道路搜索问题主要是在运筹学领域中研究的,一般可分为两类:一类是在给定数量的城市中寻找最短闭环行程的 TSP;另一类是整个路网上的中国邮递员问题(CPP)。多个空中机器人的 TSP 可以看作是一个任务分配问题,通过将每个目标分配给空中机器人来最小化成本(时间或能量),目前已经开发出了多种方法,如基于二元线性规划的最优化方法、包括迭代网络流在内的启发式方法和禁忌搜索算法。另外,CPP 通常用于地面车辆应用。车辆路径算法通常将其路径近似为一条直线,以减少计算量,因此没有考虑对车辆施加的物理约束。尽管 TSP 的一些算法考虑了物理约束,但它们大多是针对单个车辆开发的。对于多辆车,由于问题的复杂性,只能采用启发式方法。此外,CPP 很少考虑到这些限制。为了搜索地图上标识的道路,应该建立一个由一组连接路线点的直线组成的道路网。这些路径点或者位于道路交叉口上,或者沿着道路以足够的间隔设置,以允许通过一组直线精准地表示弯曲道路[168]。

1. 一般车辆路径问题

一般车辆路径问题(GVRP)是一个负荷承载和路径问题的组合问题,它是著名的 VRP 和提货配送问题(PDP)的推广。现实中的约束条件包括:时间窗口限制,具有不同旅行时间、旅行成本和能力的异构车队;多维能力约束;订单/车辆兼容性约束,订单具有多个提货和服务地点,车辆的起点和终点不同以及车辆路线的限制。目前,研究最广泛的 VRP 是有容量限制的带时间窗口的车辆路径问题(VRPTW)。变邻域搜索(VNS)是一种基于搜索过程中系统改变邻域结构的元启发式算法。VNS 系统地利用了以下观测结果。

(1) 一个邻域结构的局部最优不一定与另一个相同。

(2) 全局最优是相对于所有可能邻域结构的局部最优。

(3) 对于许多问题,一个或几个邻域的局部最优值相对接近。

在 GVRP 中,运输请求由取货、递送和/或服务地点的一组非空集合来指定,这些地点必须由同一车辆以特定顺序访问;必须访问这些位置的时间窗口以及服务于运输请求时获得的收益。此外,由于兼容性约束和容量约束,可以通过明确一些特征来限制将运输请求分配给某些车辆的可能性。在每个位置,可以装载或卸载一些具有多个描述属性的货物。与其他常见的路线问题不同,并不是所有的运输请求都必须分配给车辆。相反,自制-外购决策(make-or-buy decision)是有必要的,它决定了是否应该将一个运输请求分配或不分配给一辆自动驾驶汽车。车辆行程是指从车辆的起始位置开始到终点位置结束的旅程,需按照正确的顺序经过车辆必须访问的所有其他地点,并以正确的顺序经过分配给车辆的每个运输请求的所有地点。

定义 1.27 可行性 当且仅当分配给旅行的所有指令在旅行时间窗口的每个点都存在兼容性约束,且满足容量限制时,一个旅行是可行的。

其目标是寻找不同的可行性线路使利润最大化,该利润由服务运输请求的累计收入减去这些线路的累计运营成本确定。GVRP 是寻找不同的可行旅行团的问题,其最大化利润是由车辆服务所有指令的累积收入减去旅行运营成本确定的。有关这一实现的更多信息,请参阅文献[151]。

2. 中国邮递员问题

本节集中讨论 CPP 及其变体,其中包括构建沿最短路径行驶的旅行道路网络。通常,道路网络被映射为无向图 $G=(V,E)$ 与边权重 $w:E\rightarrow\mathbb{R}_0^+$,其中道路由边集 E 表示,路口由节点集 V 表示。每条边用道路的长度或通过它所需的时间量来表示其权重。CPP 算法首先从道路网络图中构造一个偶图。这个偶图有一组顶点,顶点上连接了偶数条边。在通过交汇点时,必须从一条路上靠近,从另一条路上离开,这意味着只有偶数条边才能生成旅行的入口和出口对。由于道路网络图中的道路可能具有奇数个边的交汇点,因此需要选择某些道路在图中进行复制。该技术通过选择一组长度最短的路线以减少重复。偶图的路程是通过确定其欧拉路径来计算的,在边重复的情况下,欧拉路径访问每条边一次或两次。k-CPP 负责邮递员的部署。Min-Max k-CPP(MM k-CPP)算法用于多智能体路网搜索。MM k-CPP 是 k-CPP 的变体,它考虑了相似长度的路径。如果空中机器人要在最短时间内完成道路搜索任务,那么这个目标是必要的。

3. 聚类算法

该算法基于聚类第一、路径第二的原则。第一步,将边集 E 划分为 k 个簇,然后计算每个簇的路程。该算法的伪代码可以表示为一种启发式构造法,具体描述如算法 1.8 所示。

算法 1.8　聚类算法

1. 确定代表性边的集合。首先,簇 F_i 中 k 条代表边 $f_1,\cdots,f_k$ 对于每个车辆都是确定的。设 f_1 为距站点最远的边,f_2 为距 f_1 最远的边。其余的连续边通过最大化到已有代表性边的最小距离来依次确定。然后,根据 e 和 f_i 之间的加权距离将剩余的边分配给簇。根据边和仓库之间的距离,指定簇 F_i 边的数量以及确定簇的成本。

2. 包括用于连接的边。在每个顶点和站点之间添加边,并确定每个簇中包含原始边的最小生成树,用于边之间的连接。

3. 乡村 CPP:使用传统 CPP 法计算总边中所需边子集的 CPP 路径。

4. 邮递员

与聚类算法不同,第一种路径算法遵循路径第一、聚类第二的原则。在第一步中,计算邮递员路径覆盖的所有边,然后将该路径划分为具有相似长度的 k 个线段。该算法(算法 1.9)描述如下。

对于使用多个空中机器人的路径网络搜索,需要对典型的 CPP 算法进行改进,以便在搜索问题中能够考虑到空中机器人的操作及物理特性。由于受物理约

算法 1.9　乡村邮递员算法

1. 使用传统 CPP 方法计算最佳邮递员 C^*

2. 计算分割节点：将 C^* 上的路径标记为长度大致相同的 $(k-1)$ 个线段，以此确定 C^* 上 $(k-1)$ 个分割节点 $v_{p_1},\cdots,v_{p_{k-1}}$。路径段的近似长度 L_j 通过使用最短路径的下界 $s_{\max}$ 计算得出

$$\begin{cases} s_{\max}=\dfrac{1}{2}\max_{e=u,v\in E}w(V_{P_1}(v_1,u))+w(e)+w(SP(v_{P_1},v)) \\ L_j=\dfrac{j}{k}(w(C^*-2s_{\max}))+s_{\max},1\leqslant k\leqslant k-1 \end{cases} \tag{1.113}$$

式中：k 表示空中机器人的数量，$w(\alpha)$ 表示子路径 α 的距离，SP 表示路径网络下节点之间的最短路线。然后，分裂节点 v_{p_j} 被确定为满足 $w(C^*_{v_{p_j}})\leqslant L_j$ 的最近节点，$C^*_{v_n}$ 是起始于站点而终于 v_n 的 C^* 上的子路径。

3. k-邮递员路径：通过连接到站点路径最短的线路段来构造 k 个路径 $\boldsymbol{C}=(C_1,\cdots,C_k)$。

束，空中机器人不能瞬间改变航向角，因此其轨迹必须满足空中机器人的速度和转弯限制。此外，与地面车辆不同的是，空中机器人只需沿着道路飞行，就可以覆盖没有连接的特定边缘。这种改进的搜索问题描述为一个多选择多维背包问题(MMKP)，其目的是寻找一个最小化飞行时间的最优解。经典的 MMKP 是为背包挑选物品，在满足所需资源不超过背包容量的约束下，使其总价值最大。将 MMKP 应用于路网搜索时，假设空中机器人为背包，待搜索道路为资源，每个空中机器人有限的飞行时间或能量为背包容量。MMKP 公式允许我们考虑每个空中机器人飞行时间的限制以及不同类型的道路、飞行器和最小转弯半径，从而得到协作道路搜索任务的次优解。此外，杜宾斯路径规划在考虑其动态约束的情况下得到最短且可行的路径，因此可以使用杜宾斯路径来计算改进搜索问题的成本函数[12]。

1.6.2　扩大网格覆盖范围

在本节中，考虑了一种在没有中央监督情况下，仅使用机器人之间的局部交互来协调一组空中机器人的方法[17]。当采用这种分布式方法时，避免了大量通信资源的消耗(集中式系统的特点)，机器人的硬件更简单，有利于实现模块化。一个设计得当的系统应该是易于扩展的，通过冗余实现可靠性和鲁棒性。一个集群必须覆盖网格中可能随时间扩展的未知区域。这个问题与移动或躲避目标后的分布式搜索问题密切相关。通常，用于分布式覆盖任务的大多数技术都使用某种类型的区域分解方法。在清洁机器人动态协同问题中，时间是离散的。设无向图 $G(V,E)$ 表示一个二维整数网格 $\boldsymbol{Z}^2$，其顶点具有指示污染的二元性质。令

$\text{Cont}_t(v)$ 表示顶点 v 在时间 t 的污染状态,取值“1”或“0”。令 F_t 为 t 时刻的顶点污染状态,即

$$F_t = v \in G \mid \text{Cont}_t(v) = 1 \tag{1.114}$$

假设 F_0 是单连通区域,该算法将在进化过程中保留这一特性。设在网格 G 上移动(在一个时间步长内从一个顶点移动到它的相邻顶点)的 k 个空中机器人在 t_0 时刻放置在 F_0 上的点 $P_0 \in F_t$ 处。每个空中机器人都配备了一个传感器,能够感知直径为 7 的数字区域内所有顶点的污染状态。

也就是说,在所有顶点中,到空中机器人的曼哈顿距离小于或等于 3。空中机器人知道位于这些顶点上的其他空中机器人,并且它们达到方向一致。每个顶点可以同时包含任意数量的空中机器人,每个空中机器人都配备了 $O(1)$ 位的存储器。当空中机器人移动到顶点 v 时,它有可能清洁该顶点区域(即使得 $\text{Cont}(v)$ 变为 0)。空中机器人对子图 F_0 的形状或大小没有任何先验知识,除非它是一个单连通区域。假设污染区域 F_t 其边界被橡胶状弹性屏障包围,屏障通过动态地重塑自身来适应污染区域随时间的演变。这一屏障是为了保证 F_t 的单连通性,这对操作空中机器人至关重要,因为它们的内存有限。当空中机器人清理污染的顶点时,屏障会后退,以适应之前被清理的顶点所占据的空间。在每个时间步长中,污染都会扩散;也就是说,如果对于某个正整数 n,$t = nd$ 成立,则

$$\forall v \in F_t, \forall u \in \{4 - \text{Neighbors}(v)\}, \text{Cont}_{t+1}(u) = 1 \tag{1.115}$$

式中:“$4 - \text{Neighbors}(v)$”项仅指与顶点 v 相邻的四个顶点。

当污染扩散时,弹性屏障会延伸,同时保持该区域的单连通性。对于沿 F 的顶点行进的空中机器人,屏障表示污染区域的边界。空中机器人的目标是通过完全消除污染来清洁 G。要重点关注的是,不允许中央控制,并且系统是完全分布的(即所有空中机器人都是相同的,并且不允许空中机器人之间存在显式通信)。除了空中机器人的简单性外,这种方法的一个重要优势是容错性;即使部分空中机器人在完成任务之前都消失了,剩下的机器人也会尽可能地最终完成任务。文献[17]中提出了一种清理算法,用于探测和清理未知污染的子网格 F,其每隔 d 个时间步长扩展一次。该算法基于对受污染区域的持续寻访,在完全清理该区域之前保持其连通性。在满足任务完成的条件之前,每个空中机器人都要顺序执行以下指令。算法 1.10 中给出了其伪代码。

算法 1.10 聚类算法

1. 每个空中机器人计算其当前时刻的期望目的地。

2. 当两个或多个空中机器人位于同一顶点并希望朝相同方向移动时,每个空中机器人计算它是否应该让其他空中机器人优先到达目标处。

3. 当两个或多个空中机器人位于同一顶点并希望朝同一方向移动时,已进入该顶点的空中机器人首先离开该顶点,而其他空中机器人则等待。

4. 在实际移动之前,每个获得移动许可的空中机器人必须与邻居的移动保持局部同步,以避免出现破坏区域连通性的同时移动。

5. 当一个空中机器人没有被任何其他智能体延误时,它就会执行期望的运动。

需要注意的是,在任何给定的时间,如果最初使它们变得不活跃的条件发生了变化,那么等待的空中机器人可能会再次变得活跃。有关此实现的更多详细信息,请参阅文献[17]。

1.6.3 边界巡逻作业优化

本节讨论以下基本边界巡逻问题:一组装有摄像头的空中机器人执行边界监视任务。边界有 m 个警报站/地点,附近的入侵者突破警戒线时会有无人值守的地面传感器(UGS)进行标记。一旦检测到入侵其探测区,UGS 就会发出警报。警报到达过程的统计数据是已知的,在排队论中,该过程是泊松过程。配备摄像头的空中机器人在边界持续巡逻,它们的任务是查看发出警报的 UGS。为了确定 UGS 标记的入侵是假警报还是真的威胁,一架巡逻空中机器人飞到警报地点检查警报。空中机器人在警报地点停留的时间越长,它收集的信息就越多;然而,这也增加了响应其他警报的延迟时间。空中机器人的决策问题是确定停留时间,使期望收益最大化。这类边界巡逻问题属于排队系统离散时间控制的范畴。一般而言,排队系统包括到达的顾客、服务员和等待服务的顾客队列/缓冲器。

采用随机动态规划方法能够得到求解空中机器人巡逻的最优策略。排队系统文献中的理论性能边界可以作为最优控制的基准[376]。在边界巡逻情境中,顾客是等待服务的被标记的 UGS/警报,空中机器人是服务员。在排队论中,队列/缓冲区的容量可以是有限的,也可以是无限的。因为 UGS 要么标记警报,要么不标记,因而只需考虑单元/单个缓冲区队列的情况。一旦 UGS 标记了警报,即使发生其他触发事件,其状态也不会改变,直到巡逻空中机器人重新设置该标记。因此,一个警报站点最多只有一个警报在等待。于是,边界巡逻问题构成了一个具有确定巡逻路线和服务时间的多队列多服务员的单元缓冲区排队系统。由于空中机器人一直在巡逻或为触发的 UGS 提供服务,因此这里考虑的框架类似于周期轮询系统。周期轮询系统的基本模型由独立队列组成,该队列具有由单个服务员按顺序循环提供服务的独立泊松到达。一个相关的问题是动态旅行维修员问题,其中车站不限于在一条线段或一条封闭的路径上。传统上,在排队理论中,包括系统服务员的动作(即下一站要去哪)在内都被认为是一个控制变量。但是,服务时间本身被认为是具有已知概率密度函数(PDF)的随机变量,如指数分布,或者是确定的常数。除了服务员活动的动态调度之外,从巡逻的角度来看,人们还对最佳服务时间感兴趣。那么,接下来的基本问题是决定服务员/空中机器人应该在触发的警报站/UGS 停留多长时间,以及双向服务员的方向。

在巡逻任务中,必须监测一些站点的状态,以确定是否有事件发生。本部分内容主要基于文献[428]。如果空中机器人必须靠近某个位置才能正确监控,并且空中机器人的数量不允许同时覆盖每个站点,则会涉及路径规划问题。

问题 1.6 空中机器人应该如何访问这些站点,以确保有关所有站点的信息尽可能准确?

在过去的 10 年里,大量的巡逻算法被开发出来。最早的算法之一是基于图巡逻公式,在该公式里,智能体在特定的 MDP 上使用强化学习。在一个可数的无限状态空间上定义 MDP,假设空中机器人通过在图的节点上留言进行通信,从而得到了一个通信模型。诸如蚁群算法之类的反应式算法已经被证明具有良好的性能,然而,这种方法需要依赖基于信息素的简单通信模型。当所有位置同等重要时,最短哈密顿回路是单个空中机器人的最优解。无论对于什么样的图,使用单回路的多智能体策略都是最佳的。然而,由于一些位置相比之下不那么重要,所以相对减少这些位置的访问频率是更有利的。巡逻问题有一个图形化的结构。V 是该图的顶点集, E 是边集。设 $\boldsymbol{L}$ 是 $|V|\times|V|$ 矩阵,其中 L_{ij} 表示从 i 到 j 所需时间的一个实数(如果 $[i,j]\in E$),否则为无穷,每个顶点 i 具有非负的重要性权重 w_i 。空闲程度可以作为一种行为的度量。顶点 i 的空闲状态(由 τ_i 表示)表示自空中机器人上次访问该顶点以来的时间。当且仅当空中机器人当前处于顶点 i 时,空闲为 0,并且如果在时间区间 $(t,t+\Delta t)$ 内没有访问 i,则空闲为 $\tau_{i+1}=\tau_i+\Delta t$ 。由于空闲是一个无界的量,所以使用指数空闲: $k_i^t=b\tau_i^t(0<b<1)$ 。它可以看作是伯努利随机变量的期望值, k_i^t 是该随机变量在时间 t 时为 1 的概率,b 是 k_i 随时间变化的速率。如果在时间区间 $(t,t+\Delta t)$ 内没有访问 i,该概率演变为 $k_i^{t+\Delta t}=k_i^t b\Delta t$ 。如果有观测噪声的空中机器人在时间 t 访问 i,则空闲变为 0 的概率为 $b<(1-a)\leqslant 1$,其中 a 是空中机器人访问顶点时空闲不变为 0 的概率。如果 n 个空中机器人在时刻 $t+\Delta t$ 访问顶点 i 并且从时间 t 开始没有访问,则有

$$k_i^{t+\Delta t}=k_i^t b\Delta t+1-a^n \tag{1.116}$$

巡逻问题的一个实例中,多元组 $\langle \boldsymbol{L},\boldsymbol{w},a,b\rangle$ 分别由边长矩阵 $\boldsymbol{L}$、重要性权重向量 $\boldsymbol{w}$ 和参数 a、b 组成。

1. 多智能体马尔可夫决策过程

假设该问题是完全可观测的,即每个空中机器人都有相同的完整信息来做决策[37]。然而,在巡逻问题中,每个空中机器人动作对环境的影响都是并存的,但这些动作的持续时间不同。可利用广义 MDP 对决策过程中的并存性进行建模。该决策过程将多智能体马尔可夫决策过程(MMDP)推广到具有异步事件的连续时间域。该问题的状态变量描述了每个空中机器人的位置和每个顶点的空闲程度。

如果智能体总数为 N,则状态空间为

$$\boldsymbol{S} = V^{N} \times [0,1]^{|V|} \tag{1.117}$$

给定某些状态 $s = (v,k) \in \boldsymbol{S}$,$v_i$ 是第 i 个空中机器人的位置,k_i 为第 i 个顶点的空闲状态。在不同的时间点,也就是决策时期,空中机器人必须选择一个动作。空中机器人可以选择的动作取决于图形结构和机器人位置:如果空中机器人位于顶点 v,它可以从 $A_v = \{u:[v,u] \in E\}$ 中选择动作。如果空中机器人出现在时刻 $t^{i+1} = t^i + L_{vu}$,并且当 $t \in [t^i, t^{i+1}]$ 时,$v^t = v$,而 $t = t^{i+1}$ 时 $v^t = u$,那么该问题是并行的,所有空中机器人的决策周期可以任意交错重叠。对于 $\boldsymbol{k}$ 的每个分量 k_i 以及 n 个智能体,有

$$k_i^{t^{j+1}} = k_i^{t^j} a^{n_i^{j+1}} b^{\Delta t^j} + 1 - a^{n_i^{j+1}} \tag{1.118}$$

设 $\{y^j\}_j$ 为决策周期的非递减序列,n_i^j 为在时间 t^j 到达顶点 i 处的智能体的数量,$\Delta t^j = \{t^{j+1} - t^j\}$。用 k 来定义奖励 R,获得奖励的比率由下式给出:

$$\mathrm{d}R = \boldsymbol{w}^{\mathrm{T}} \boldsymbol{k}^t \mathrm{d}t \tag{1.119}$$

广义 MDP 的折扣价值函数定义为

$$V^{\pi}(s) = E\left[\int_0^{\infty} \gamma^t \mathrm{d}R\right] = E\left[\gamma^{t^j} \int_0^{\Delta t^j} \gamma^t\, \boldsymbol{w}^{\mathrm{T}} \boldsymbol{k}^t \mathrm{d}t\right] = E\left[\gamma^{t^j} w^{\mathrm{T}} k^{t^j} \frac{(b\gamma)^{\Delta t^j} - 1}{\ln(b\gamma)}\right] \tag{1.120}$$

式中:$\gamma \in (0,1]$ 为折扣因子。

2. 实时误差最小化搜索

在线规划的优点在于,它只针对当前状态求解式(4.45),而离线算法需要对所有的状态进行求解。在线巡逻问题比离线更容易解决。实时误差最小化搜索算法(AEMS)是在状态空间中进行启发式搜索,搜索过程使用典型的分支定界法。由于任何状态精确的长期值都是未知的,因此使用上下界来近似该值,通过贪婪算法减少根节点估计值的误差来指导搜索树的扩展。在巡逻问题中,行动的解释与局部可观测情况下的相同,而观测值是旅行的持续时间。在 AEMS 中,使用某个状态值的上界和下界来定义误差。设 $s \in S$ 是一个状态,$L(s) \leqslant V(s) \leqslant U(s)$,其中,$L(s)$、$U(s)$ 分别是 s 的下界和上界,$V(s)$ 是 s 的实际值。给定叶节点集合为 $F(T)$ 的某个搜索树 T,根据下式递归估计根节点的界:

$$L(s) = \begin{cases} \hat{L}(s) & s \in F(T) \\ L(s,a) = \max_{a \in A} R(s,a) + \gamma L(\tau(s,a)) & \text{其他} \end{cases} \tag{1.121}$$

$$U(s) = \begin{cases} \hat{U}(s) & s \in F(T) \\ U(s,a) = \max_{a \in A} R(s,a) + \gamma U(\tau(s,a)) & \text{其他} \end{cases} \tag{1.122}$$

式中:$\tau(s,a)$ 是在状态 S 执行动作 a 得到的下一个状态 $\hat{U}(s)$,$\hat{L}(s)$ 是问题相关

的启发式。

关于 s 值的误差估计由下式给出：

$$\hat{e}(s)=U(s)-L(s) \tag{1.123}$$

设 s^0 是搜索树 T 的根状态。由于并非所有状态都能以相等的概率到达(取决于策略)，因此任何状态 s 对 s^0 上误差的贡献近似为

$$\hat{E}(s^0,s^t,T)=\gamma^t \Pr(h_0^t|s^0,\hat{\pi})\hat{e}(s^t) \tag{1.124}$$

式中：t 是 s 在 T 中的深度，$\Pr(h_0^t|s^0,\hat{\pi})$ 表示在遵循策略 $\hat{\pi}$ 时历史 h_0^t（从 s^0 到 s^t 的联合动作序列）出现的概率。

如果 $h_0^t=a^0,o^0,a^1,o^1,\cdots,a^t,o^t$ 是某个状态序列 $s^0,s^1,\cdots,s^t$ 的联合动作历史，则

$$\text{Prob}(h_0^t|s^0,\hat{\pi})=\prod_{i=0}^{t}\text{Prob}(a^i=\hat{\pi}(s^i)|s^i)\text{Prob}(o^i|s^i,a^i) \tag{1.125}$$

由于最优策略是未知的，一个很好的近似方法是使用

$$\text{Prob}(a|s)=\begin{cases}1 & U(s,a)=\max_{a'\in A}U(s,a')\\ 0 & \text{其他}\end{cases} \tag{1.126}$$

给定以 s^0 为根的搜索树 T，下一个要扩展的状态为

$$\tilde{s}(T)=\arg\max_{s\in F(T)}\hat{E}(s,s^0,T) \tag{1.127}$$

每次扩展节点 $\tilde{s}$ 时，都会将其从 $F(T)$ 中移除，将其子节点添加到 $F(T)$ 中，并更新 $\tilde{s}$ 及其父节点的界限。当智能体必须选择一个动作时，选择具有最大下界的动作。状态值的下限是遵循该状态的任一策略的值。贪婪策略是一个比较好的简单策略，它定义为一直选择最大化到达状态 $\boldsymbol{w}^{\mathrm{T}}\boldsymbol{k}$ 的动作。式(4.45)定义了此策略的值。假设空中机器人无处不在(它们可以同时位于多个位置)，通常通过放宽问题的约束来获得上界。每当空中机器人到达顶点时，它就会瞬间自我繁殖，并开始前往邻近的未被访问位置。这一界限估计了一组空中机器人覆盖整个图所需的最短时间，并通过折扣率和可获得的最大奖励上限来进行估计，这个界限暗含了最优策略不要求在任何顶点都不止有一个空中机器人。

将 AEMS 扩展到异步多智能体很简单：每当节点扩展时，每个联合动作和观测都有一个分支。异步问题可以通过状态扩展来处理。记现在的状态为 (s,η)，其中 η_i 是空中机器人 i 在下一个决策周期之前的剩余时间。在任意时刻 t，下一个决策周期发生在时刻 $t+\min_i\{\eta_i\}$。扩展操作为 $\eta=0$ 的空中机器人添加动作和观测。每当空中机器人 i 执行持续时间为 Δt 的动作时，η_i 被赋值为 Δt。否则，η_i 根据其在搜索树中的深度来更新。AEMS 可用于对空中机器人的任何子集执行在线规划。然而，任何空中机器人都不太可能具有计算联合策略的计算能力，因为其复杂程度随着空中机器人数量的增加而呈指数级增长。因此，这些空中机器人需

要局部协同,并且定义了空中机器人之间的局部顺序。如果一个空中机器人必须先于(或后于) 另一个空中机器人选择其策略,则称其大于(或小于)另一个空中机器人。空中机器人根据这个顺序计算它们的策略。一旦空中机器人知道了所有更大空中机器人的策略,它就开始计算自己的策略,然后将其传达给较小的空中机器人。当空中机器人选择其策略时,它会根据更大空中机器人的策略选择最好的策略。这种协作算法的一个较好的性质是,如果空中机器人使用实时在线的规划器,那么协作算法也是在线实时的。一种回退策略是在收到更大的空中机器人策略之前,忽略它们的存在。

1.6.4 随机监控策略

一组空中机器人正在执行监视任务,以不可预测的方式移动。分析中假设这些空中机器人可以像旋翼飞行器一样前后移动。随机规则被用来指导空中机器人的运动,通过关注每个智能体的局部规则来最小化集中式计算和通信需求。将监视问题抽象地表示为超图上的随机游走,其中超图上的每个节点对应于环境的一部分,并且图的每条边被标记为节点之间的转移概率。考虑了当一组智能体在图上状态之间移动时的并行马尔可夫链和最快混合问题[154]。超图与一类常见的搜索环境相关联,这些搜索环境被建模为平面中有界域中的线段集合。由于状态是路径点之间的有向线段,状态之间的转移可以看作是一组转向概率。在这种表示下,马尔可夫链具有以下转移概率矩阵:

$$\boldsymbol{P} = [\boldsymbol{P}_{ij}] \quad (\sum_i \boldsymbol{P}_{ij} = 1, 0 \leqslant \boldsymbol{P}_{ij} \leqslant 1) \tag{1.128}$$

式中:$\boldsymbol{P}_{ij}$ 为表示智能体从状态 j 进入状态 i 概率的随机矩阵。约束 $\sum_i \boldsymbol{P}_{ij} = 1$ 和 $0 \leqslant \boldsymbol{P}_{ij} \leqslant 1$ 必然成立,因为概率之和必为 1,并且所有概率都是非负的。

监视策略问题的参数化定义,涉及以下几个问题。

(1) 随机空中机器人可以提供哪些类型的监视覆盖(具有指定转向概率的空中机器人系统的稳态分布是什么)?

(2) 空中机器人系统到达这种不变分布的收敛速率是多少?

(3) 比较不同监视策略的适当方法是什么?

(4) 如何捕捉空中机器人运动中的随机性?

(5) 如何在随机性和收敛速率之间权衡?

1. 分析方法

本节的主要目的是分析随机空中机器人可以提供的监视覆盖类型和不变分布。$k+1$ 时刻的概率分布由下式确定,即

$$\boldsymbol{p}_i^{k+1} = \boldsymbol{P}_i \boldsymbol{p}_i^k \tag{1.129}$$

式中：$\boldsymbol{p}_i^k$ 为空中机器人 i 在 k 时刻的概率分布；$\boldsymbol{P}_i$ 为空中机器人 i 的转移概率矩阵。不可约的非周期马尔可夫链存在唯一的不变分布，它是特征值 1 对应的特征向量。

这个不变分布代表了空中机器人处于任意状态的稳态概率。马尔可夫链的特征值可以按大小排序为

$$1 = |\lambda_1|(\boldsymbol{P}) \geqslant |\lambda_2|(\boldsymbol{P}) \geqslant \cdots \geqslant |\lambda_n|(\boldsymbol{P}) \tag{1.130}$$

马尔可夫链的混合速度由下式给出：

$$\mu(\boldsymbol{P}) = |\lambda_2|(\boldsymbol{P}) \tag{1.131}$$

式中：$|\lambda_2|(\boldsymbol{P})$ 为绝对值第二大的特征值。

混合速率越小，马尔可夫链收敛到稳态分布的速度越快。a 的预期组合分布可以由下式确定：

$$\boldsymbol{p} = \frac{\sum_{i=1}^{a} \boldsymbol{p}_i^k}{a} \tag{1.132}$$

而空中机器人可以随机地、独立地移动。

2. 一维问题

1）单个空中机器人监控

本部分的目的是说明调节问题的参数如何影响不变分布，研究概率空中机器人在具有 n 个节点的一维网格上行走的情形，其向右移动概率为 ρ，向左移动概率为 $1-\rho$。对于给定的初始概率分布 $\rho_1^0,\cdots,\rho_n^0$，每个时间步长的概率分布由下式确定：

$$\boldsymbol{p}^{k+1} = \boldsymbol{P}\boldsymbol{p}^k \tag{1.133}$$

其中

$$\boldsymbol{P} = \begin{pmatrix} 0 & 1-\rho & 0 & \cdots & 0 \\ 1 & 0 & 1-\rho & \cdots & 0 \\ 0 & \rho & 0 & \cdots & 0 \\ \vdots & \vdots & \ddots & \ddots & \vdots \\ 0 & 0 & \cdots & \rho & 0 \end{pmatrix} \tag{1.134}$$

稳态不变分布满足

$$\boldsymbol{p} = \boldsymbol{P}\boldsymbol{p} \tag{1.135}$$

这种稳态分布的分量可以通过递推方程的解来确切表示。虽然对于单个空中机器人来说，这种方法可以在简单环境中进行，但随着环境愈加复杂，以及执行监视哨兵的增加，这种方法就变得烦琐，难以处理。进而，对非一致性的经验度量给出了如下定义。

定义 1.28 非一致性：NU

$$\mathrm{NU}(k)=\frac{\sum_i(\tilde{x}_i-\tilde{\pi}_i)^2}{n^2} \tag{1.136}$$

其中

$$\tilde{x}_i=\frac{x(i)\times n}{k\times a},\tilde{\pi}_i=\pi_i\times n,\lim_{k\to\infty}\mathrm{NU}(k)\to 0 \tag{1.137}$$

式中：$\tilde{x}_i$ 为状态 i 的历史访问频率；x_i 为访问历史；$\tilde{\pi}_i$ 为状态 i 的标准不变分布；n 为状态的数量；a 为智能体的数量；k 为每个智能体已经动作的步数。

这种非一致性衡量标准本质上量化了监察空中机器人覆盖环境的速度。从数学上讲，它是空中机器人团队与复合不变分布之间的平均距离。访问历史和不变分布的标准化很重要，因为该度量必须能同时适用于小环境和大环境。随着 k 的增加，标准化访问历史将趋近于标准化稳态分布。

2）多空中机器人监控

该部分介绍了一种适用于具有 n 个节点一维网格的策略。通过选择适当的参数，可以得到空中机器人尽快分散在网格区域中的概率策略。该策略的转向参数由下面的关系式确定：

$$\rho_i=\begin{cases}0.9 & k\leqslant\dfrac{a+1-i}{a+1}\times n\\ 0.5 & \text{其他}\end{cases} \tag{1.138}$$

式中：ρ_i 为空中机器人 i 右转的概率；k 为步数；a 为空中机器人的数量；n 为一维网格中的节点数。

在切换到相等的转向概率之前，该策略将空中机器人沿图分布。在转向概率相等之前，各个空中机器人的稳态分布是不一致的。而在空中机器人具有相等转向概率后，由于初始分布随时间被消除，其稳态分布趋于一致分布。

3. 完全图

本部分考虑了完全图，并研究了产生最快混合和趋近一致稳态分布的相关转向参数。

定理 1.12 对于具有 n 个顶点的完全图，其随机移动用转移概率矩阵表示为

$$\boldsymbol{p}_{ij}=\begin{cases}\dfrac{1}{n-1} & i\neq j\\ 0 & \text{其他}\end{cases} \tag{1.139}$$

该矩阵具有 1 重特征值 1 和 $n-1$ 重特征值 $\dfrac{-1}{n-1}$。该马尔可夫链的不变分布是一致的，并且其特征值 $\dfrac{-1}{n-1}$ 的绝对值小于任何其他转移概率矩阵第二大特征值

的绝对值。

在一般情况下,问题可以看作是有界平面上的线段构成的。完全图在顶点处与 $H(X,\varepsilon)$ 中秩 $\geqslant 3$ 的每条边相连接,表示搜索环境中的线段集。完全图的这些边表示从一段转移到另一段的可能选择。任何一般图都可以分解成一个由相互关联的完全子图、子集组成的系统。具有两个顶点的子集与具有两个以上顶点的子集不同,有两个顶点的子集对应于空中机器人只能选择向前或向后移动的转移。一般图的交点可以被认为是一个完全图,其中完全图中的节点数等于空中机器人可以做出选择的数量。在不限制空中机器人运动的情况下,完全图中节点数等于图中与交叉点关联的边数。将线性图的策略和完全图的策略相结合,得到了一种混合策略。它能快速实现对一般图的一致覆盖,而且不会过多牺牲空中机器人行为的随机性。有关这一实现的更多细节,请参阅文献[154]。

1.7 小结

多智能体系统的发展使分布式计算所能提供的服务发生了革命性的变化。在本章中:首先,介绍了协作方式,在此基础上提出了确定性决策,接下来介绍了与通信受限相关的情形;然后,分析了不确性条件下的决策问题;最后,给出了一些案例分析。

未来的一些挑战包括如何适应新的环境,智能体之间的合作和通信,自主决策和资源管理,以及协作完成具有共同目标的活动。在与协作控制问题相关的建模、控制和导航等方面还需进行深入研究。信息处理、感知和驱动的分布式特性使得各机器人系统明显背离了传统的集中控制模式。以下是一个开放问题:“给定一组局部交互的机器人,以及在特定环境下的全局技术参数,我们如何自动生成可证明是正确的(局部)控制策略?”哪些全局(表达性)参数可以有效地传播?应该如何对局部交互(例如,公共事件信息的传播与同步)进行建模?

第2章 飞行规划

2.1 引言

飞行规划生成的路径要满足自主飞行器的物理约束、避障和加权区域的要求。加权区域是指具有气压异常低或异常高、风速或任何其他影响飞行因素的区域。三维任务规划包含路径创建与生成系统,帮助飞行器实现任务目标的同时创建路径,以满足任务期间的不同约束条件。该路径生成系统生成从初始点到任务目标的路径并导航飞行器。飞行规划需要充分了解飞行器的飞行环境[56]。传感器可以得知飞行器的位置、方向和速度,而飞行管理系统也有气象条件和可能要避开的障碍物信息。在本章中,假设所需的信息都是已知的。更多关于情境感知的信息可以在第 3 章找到。

人类常用的导航方法是制作地图、竖立路标或使用地标。自然环境中的鲁棒导航是智能自主飞行器的基本能力。一般来说,它们需要一张周围环境的地图,并具有在地图中定位自己的能力,以便规划它们的运动并成功导航[402,404]。基于地图的导航要求飞行器的位置始终是已知的。

智能自主飞行器应该能够为执行任务、附加动作或更改当前任务做出决策。它们应该有能力感知其所处环境,从而更新它们的活动。随着飞行器路径点分配和避碰等高级决策被写入嵌入式软件系统,这些系统的自主性得到了增强[451]。

在自主范围内,自动制导和弹道设计起着重要作用。机载机动计划和执行监视增加了飞行器的机动性,使新的任务能力得以实现,并降低了成本[65,332]。

飞行规划系统的主要任务如下。

(1) 对给定的任务和起始点,生成一系列路径实现最小间隙。

(2) 生成满足飞行器约束条件的参考轨迹。

航迹规划问题是在考虑飞行器动力学、环境和操作因素所隐含的特定约束条件下,在起点和终点之间寻找最优路径。飞行计划的计算需要考虑多个因素,可以分为连续型和离散型,包括飞行器的非线性性能、大气条件、风预报、空域结构、起飞燃料量和操作约束[380]。此外,在飞行规划中必须考虑多个不同特征的飞行阶段。飞行器的多相运动可以用一组微分代数动力学子系统来建模:

$$\gamma = \{\gamma_0, \gamma_1, \cdots, \gamma_{N-1}\}$$

所以对于 $k \in \{0, \cdots, N-1\}$,有

$$\gamma_k = \{f_k : \mathbb{X}_k \times \mathbb{U}_k \times \mathbb{R}^{n_{l_k}} \to \mathbb{R}^{n_{X_k}}, g_k : \mathbb{X}_k \times \mathbb{U}_k \times \mathbb{R}^{n_{l_k}} \to \mathbb{R}^{n_{Z_k}}\}$$

其中, f_k 代表如下微分方程

$$\dot{X} = f_k(X, U, p)$$

对于第 k 个子系统, g_k 描述代数约束, k 表示相位索引。状态集具有如下性质: $\mathbb{X}_k \subset \mathbb{R}^{n_{X_k}} \subseteq \mathbb{R}^{n_X}$,控制集满足 $\mathbb{U}_k \subset \mathbb{R}^{n_{U_k}} \subseteq \mathbb{R}^{n_U}$,参数向量为 $p \in \mathbb{R}^{n_p}$ 。设相间开关时间定义为

$$t_I = t_0 \leqslant t_1 \leqslant \cdots \leqslant t_N = t_f$$

即在 t_k 时刻,动态子系统从 γ_{k-1} 变为 γ_k 。因此,在时间子区间 $[t_k, t_{k+1}]$ 中,系统演化受控于动态子系统 γ_k ,在子区间 $[t_{N-1}, t_N]$ 中,主动动态子系统为 γ_{N-1},开关由 $\mathbb{S} = \{\mathbb{S}_1, \mathbb{S}_2, \cdots, \mathbb{S}_{N-1}\}$ 中的一系列开关条件触发, $\mathbb{S} = \mathbb{S}_A \cup \mathbb{S}_C$ 提供了与连续状态和模式切换相关的逻辑约束。$\mathbb{S}_A$ 对应自动开关组, $\mathbb{S}_C$ 对应控制开关组。例如,对于一个自主切换,当状态轨迹在子系统 $k-1$ 处与状态空间的某一组相交时,系统被迫切换到子系统 k 。对于某个受控切换,只有当状态属于某一合适的集合时,才有可能从 $k-1$ 切换到 k,这种可控制的切换可以根据控制规律而发生。关键参数取决于任务本身,没有一种通用的方法来选择它们。

当飞行器性能或环境特性发生变化时,位姿空间可能会发生改变。无人机系统(UAS)任务执行的场景是动态的,可以持续变化。因此,任务的一部分,或在最坏情况下,最初的任务目标可以加以修改。根据特定的情况,飞行器可以飞向目的地,监视一组目标或特定的矩形区域,或调查一个感兴趣的目标。当飞行器必须监视一个区域或测量一个目标时,必须设置有效载荷参数和机动高度。规划算法由以下三个子算法组成。

1) 路径规划

无人机(UAV)作业的一个组成部分是设计一个飞行路径或任务路径,以实现任务目标。如果一个监视器或一个调查任务可以通过命令执行,它将假定随后的主要任务航路点(PMW)作为输入数据。如果命令执行“飞向”任务,输入的数据包括作为起始点的当前飞行器位置和作为目的点的命令位置。飞行的基本原理一般是直线和水平飞行(保持选定的高度)、上升和下降、水平转弯和风漂移校正。该算法计算每一对主要任务路径点之间的路径(称为宏指令),在三维空间中生成合适的路径点序列和相应的速度数据。根据主要点和障碍的相对高度和位置,每条指令可以由攀爬、巡航和下降三个阶段组成。全局路径是宏分支的连接序列,这

样的路线既安全又有效，它是一组以指定速度通过的路点。安全算法为每一对路径点计算从第一个到第二个主要路径点的一组几何安全路径。该算法对安全路径进行操作，生成满足飞行器性能和任务优先级的路径。在满足飞行器约束条件的情况下，还能生成参考轨迹。

2）任务规划

任务规划确保无人机以安全高效的方式运行。它确定了一系列被称为主要任务路径点的有序点位置，这些路径点将包含在路径中，以实现任务目标。任务规划系统需要找到避免碰撞的运动计划，使任务效率和目标达到最大化。此外，这些计划不能超过飞行器的性能限制。在任务目标、任务效率和安全目标方面必须做出复杂的权衡。由于自主飞行器在不可预测的动态室外环境中运行，因此有必要将飞行前的战略规划与飞行中的战术重新规划相结合。由于飞行器速度和固定翼无人机运动的附加约束，在保持最低失速速度的同时重新规划战术有很大的时间压力[403]。

3）任务管理

将任务目标转化为可量化的、科学的描述，给出一个衡量平台性能的指标，即一个将任务目标转化为系统参数的系统。任务管理功能可分为以下两个不同的功能要素。

（1）有效载荷功能是特定于任务的，与任务直接相关。

（2）飞行器管理系统定义为机载嵌入式软件理解、计划、控制和监控飞行器运行所需的一组功能。它们通常代表平台安全使用所需的关键功能，因此它们包括所有飞行中关键和安全相关的功能。

注 2.1 飞行器上的在线重新规划确保在通信链路中断的情况下继续符合国家空域系统（NAS）的要求。

2.2 路径和轨迹规划

一般的路径规划问题是确定一个飞行器的运动，允许它在两种构型之间移动，同时遵循一些约束和准则。这些问题产生于不同性质的几个因素，通常取决于系统、环境和任务类型的特点。

问题 2.1 规划：给定一个机械系统（S），其运动由微分方程描述，求解飞行器的路径和轨迹，使其运动受到限制，即构型空间限制和控制约束。

规划问题意味着要计算一个轨迹 $(\boldsymbol{X}(t), \boldsymbol{U}(t))$ 使其满足给定的微分方程，且 $\boldsymbol{X}(t_0) = \boldsymbol{X}_0, \boldsymbol{X}(t_f) = \boldsymbol{X}_f$。

（1）路径是飞行器从一个构型到另一个构型的一组位姿。路径规划（找到一条无碰撞路径连接两个位姿)是一个运动学/几何问题。路径定义为位置坐标的插值。路径不能完全说明所研究系统的运动。

(2) 轨迹是描述通过指定路径的系统位姿随时间变化的规律。路径规划不仅是一个运动学/几何问题,也是一个动力学问题。轨迹是指及时标注的路径,这是飞行器特有的。

在这种情况下,约束涉及飞行器的几何形状、运动学和动力学。一种求解方法是优化两个极值构型之间的飞行距离、执行其运动所需的时间或能量表示的成本函数。优化问题分为连续变量优化问题和离散变量优化问题。

轨迹规划可以找到用飞行器的自由度和速度/角速率表示的路径。一种四维运动规划包括三维路径点的参考序列和它们之间的期望轨迹速度。这样的轨迹也称为轨迹段,有必要纳入飞行器动力学的近似,以确保生成的路径是物理上可实现的。

一个运动规划由两类运动基元组成[187]。

(1) 第一类是一种特殊的轨迹:纵倾轨迹。纵倾是一种稳定或准稳定的飞行轨迹。

(2) 第二类包括纵倾之间的过渡:机动。

每个飞行段由两个末端飞行约束定义,这些约束与动力学模型一起构成微分代数方程组(DAE)。根据飞行约束将飞行器运动方程简化为一个常微分方程系统,进而对于不同飞行段,求得微分代数方程组(DAE)的解。为了实现平滑过渡,应优先选择一个连续可微的路径。通常,在无人机系统(UAS)自主运动时,路径点和路径已经规划好了。在规划路径点之后,通常会规划连接这些路径点的路径。由于存在动态约束,路径规划采用各种几何曲线代替直线。规划路径后,还需要设计该路径的制导律。

2.2.1 配平轨迹

配平飞行条件定义为状态向量的变化率(大小)为零(在机身固定框架中),且作用力和力矩的合力为零。在配平轨迹中,自主飞行器将在非零空气动力和重力的合力与力矩作用下加速,这些影响可以由离心力以及陀螺惯性力等力和力矩来平衡:

$$\dot{u} = \dot{v} = \dot{w} = 0, \dot{p} = \dot{q} = \dot{r} = 0 \tag{2.1}$$

配平条件下,飞行器在固定机体的框架内匀速运动。在这种情况下,随时间和空间变化的气动系数趋于平稳,其识别也变得更加容易[54,64]。其几何形状取决于物体固定线性速度向量 $\boldsymbol{V}_e$、滚转角 ϕ_e、俯仰角 θ_e 以及横摆角速率 $\dot{\psi}_e$。这些量的选择应满足动态方程、控制饱和约束以及飞行包络保护约束。

对于纵倾轨迹，飞行路径角 γ 是一个常数 γ_0，而角度χ 则随着时间 t 线性变化，有

$$\chi(t)=\chi_0+t\chi_1 \tag{2.2}$$

参数 γ_0、χ_0、χ_1 为常数，可以得出以下关系：

$$\begin{cases} x(t)=x_0+\dfrac{\cos\gamma_0}{\chi_1}(\cos(\chi_0+\chi_1 t)-\cos\chi_0) \\ y(t)=y_0-\dfrac{\cos\gamma_0}{\chi_1}(\sin(\chi_0+\chi_1 t)-\sin\chi_0) \\ z(t)=z_0+\sin(\gamma_0)t \end{cases} \tag{2.3}$$

纵倾轨迹一般用螺旋表示，特殊情况下，如直线或圆弧运动时，曲率 κ 和扭转度 τ 是常数。一般有

$$\begin{cases} \kappa=\chi_1\cos(\gamma_0) \\ \tau(s)=\chi_1\sin(\gamma_0) \end{cases} \tag{2.4}$$

动态模型用以下关系计算：

$$T=\frac{D+mg\sin(\gamma_0)}{\cos\alpha}\quad \sigma=0 \tag{2.5}$$

以及

$$(L+T\sin\alpha)-mg\cos\gamma_0=0 \tag{2.6}$$

螺旋的一部分可以用来连接两种构型，分别是 $\boldsymbol{X}_0=(x_0,y_0,z_0,\chi_0,\gamma_0)$ 和 $\boldsymbol{X}_{\mathrm{f}}=(x_{\mathrm{f}},y_{\mathrm{f}},z_{\mathrm{f}},\chi_{\mathrm{f}},\gamma_{\mathrm{f}})$。当验证了 $\gamma_0=\gamma_{\mathrm{f}}$ 且有以下关系时，则有

$$\chi_1=\sin(\gamma_0)\frac{\chi_{\mathrm{f}}-\chi_0}{z_{\mathrm{f}}-z_0} \tag{2.7}$$

在初始位置和最终位置之间存在约束：

$$[\chi_1(x_{\mathrm{f}}-x_0)+\cos\gamma_0\sin\chi_0]^2+[\chi_1(y_{\mathrm{f}}-y_0)-\cos\gamma_0\cos\chi_0]^2=\cos^2\gamma_0 \tag{2.8}$$

路径的长度 L 可以表示为

$$L=\frac{\chi_{\mathrm{f}}-\chi_0}{\chi_1} \tag{2.9}$$

纵倾轨迹的优点是便于规划和控制问题。轨迹发生器的作用是为飞行器生成一个可行的时间配平轨迹。

2.2.2 轨迹规划

飞行器轨迹规划包括从飞行器轨迹的数学优化到所需轨迹目标的自动解析和

理解,然后通过数学优化公式将其表达出来[103,169,357-358]。

1. 时间最优轨迹

由于该系统的输入量和状态都是有界的,因此,本节主要考虑最短时间内的轨迹生成问题[105]。为此,我们假定速度是线性变化的。由于可行输入组成的集合是凸的,所以时间最优路径是对应于输入(或奇异控制为零)的结果。对于具有有界控制输入的线性时不变可控系统,典型两点边值问题(TPBVP)的时间最优控制解是一个开关数有限的"bang-bang"函数[48,88,355]。

问题 2.2 Dubins 问题定义了微分系统的最小时间轨迹,其表达式为

$$\begin{cases}\dot{x} = \cos\chi \\ \dot{y} = \sin\chi \\ \dot{\chi} = U \\ |U| \leqslant 1\end{cases} \tag{2.10}$$

Dubins[110]证明了式(2.10)中所示问题的最优弧线最多由三条 S(直)、R(向右)、L(向左)线拼接而成。Dubins 车辆的最短路径由三个连续的路径段组成,每个路径段都是一个最小转弯半径为 C 的圆或直线 L。因此 Dubins 假设 D 包含 6 条路径:$D = \{LSL, RSR, RSL, LSR, RLR, LRL\}$。如果路径之间的距离足够远,则最短路径将始终为 CSC 类型。对于飞行器来说情况总是如此。在文献[329]中,考虑了在初始配置 $(0,0,\chi_s)$ 和最终配置 (x_t, y_t, χ_t) 之间寻找最快路径的问题。该方向依赖模型是对原 Dubins 飞行器模型的扩展,原模型假设各向同性速度和最小转弯半径为 $\frac{V}{R(\theta)}U$。

在文献[387]中,最优的三维曲线是螺旋弧。这个方向依赖的框架概括了之前的一些工作,特别是类 Dubins 车辆在恒定和均匀的风中移动问题。

问题 2.3 Markov-Dubins 问题描述了如下系统的最小时间轨迹问题

$$\begin{cases}\dot{x} = \cos\chi \\ \dot{y} = \sin\chi \\ \dot{\chi} = \omega \\ \dot{\omega} = U \\ |U| \leqslant 1\end{cases} \tag{2.11}$$

该系统是 Dubins 系统方程式(2.10)的动态扩展。

飞行规划的目标是基于指令的导航,以指定到达给定航路点的飞行路径。从定义飞行器粗糙路径的交叉点出发,目标是细化这些路径,生成随时间变化的参数化轨迹,并满足飞行器的运动学约束。庞特里亚金极大值原理(PMP)为排除某些

类型的轨迹提供了必要条件。通常,通过应用庞特里亚金极大值原理得到的结论描述了包含两点之间最优控制的充分控制族。可以将庞特里亚金极大值原理与控制理论、非线性李括号和李代数工具相结合,在移动机器人的情况下改进由 Reed 和 Sheep 最初获得的最优轨迹集[81,315]。

2. 非完整运动规划

非完整运动规划依赖于在受非完整约束的给定初始构型和最终构型之间的状态空间中找到一条轨迹[61,63,361]。李代数方法依赖于一系列围绕连续当前状态的局部规划。全局轨迹是连接局部轨迹的结果。在当前状态下,建立朝着目标状态的运动方向,从而将获得足够的控制空间[366]。当系统是可控的,基于一些向量场控制器便可以生成向量场[123]。仿射无漂移系统的转向方法利用了该系统的各种性质,即幂零性、链式形式和微分平坦性[23,56]。

利用基本的傅里叶分析可对涉及积分相关频率正弦信号的方法进行了改进,从而实现了对系统的控制。

飞行器在三维空间中的运动方程为

$$\begin{cases}\dot{x} = V\cos\gamma\cos\chi \\ \dot{y} = V\cos\gamma\sin\chi \\ \dot{z} = -V\sin\gamma \\ \dot{\chi} = \omega_1 \\ \dot{\gamma} = \omega_2\end{cases} \tag{2.12}$$

如果角度很小,则可以通过近似关系 $\cos\gamma \approx 1, \sin\gamma \approx \gamma, \cos\chi \approx 1, \sin\chi \approx \chi$ 得到这个系统的近似描述。重新标记变量,前面的系统可以写成链式形式:

$$\begin{cases}\dot{\boldsymbol{X}}_1 = \boldsymbol{U}_1 \\ \dot{\boldsymbol{X}}_2 = \boldsymbol{U}_2 \\ \dot{\boldsymbol{X}}_3 = \boldsymbol{U}_3 \\ \dot{\boldsymbol{X}}_4 = \boldsymbol{X}_2\boldsymbol{U}_1 \\ \dot{\boldsymbol{X}}_5 = -\boldsymbol{X}_3\boldsymbol{U}_1\end{cases} \tag{2.13}$$

式中:$\boldsymbol{X} = (x, \chi, \gamma, y, z)^{\mathrm{T}}$;$\boldsymbol{U} = (\dot{x}, \dot{\chi}, \dot{\gamma})^{\mathrm{T}}$。这个系统也可以写成以下形式:

$$\boldsymbol{X} = \begin{pmatrix}1 \\ 0 \\ 0 \\ X_2 \\ -X_3\end{pmatrix}\boldsymbol{U}_1 + \begin{pmatrix}0 \\ 1 \\ 0 \\ 0 \\ 0\end{pmatrix}\boldsymbol{U}_2 + \begin{pmatrix}0 \\ 0 \\ 1 \\ 0 \\ 0\end{pmatrix}\boldsymbol{U}_3 = \boldsymbol{g}_1\boldsymbol{U}_1 + \boldsymbol{g}_2\boldsymbol{U}_2 + \boldsymbol{g}_3\boldsymbol{U}_3 \tag{2.14}$$

使用李氏括号，计算下面的向量：

$$\boldsymbol{g}_4 = [\boldsymbol{g}_1, \boldsymbol{g}_2] = \begin{pmatrix} 0 \\ 0 \\ 0 \\ 1 \\ 0 \end{pmatrix}, \quad \boldsymbol{g}_5 = [\boldsymbol{g}_1, \boldsymbol{g}_3] = \begin{pmatrix} 0 \\ 0 \\ 0 \\ 0 \\ -1 \end{pmatrix} \tag{2.15}$$

矩阵（$\boldsymbol{g}_1, \boldsymbol{g}_2, \boldsymbol{g}_3, \boldsymbol{g}_4, \boldsymbol{g}_5$）的行列式不为零，且满足能控的秩条件。但是需要注意的是，对于固定翼飞行器，当 $0 < V_{\text{stall}} \leqslant U_1 \leqslant V_{\max}$ 时，U_1 不是对称的，而 U_2 和 U_3 是对称的。因此，局部小时间的可控性不能得到保证。

这个多链形式的系统可以在积分相关的频率上使用正弦来引导。要操纵这个系统，首先，用控制器 U_1, U_2, U_3 来引导 x, χ, γ 到它们所需的位置：

$$U_1 = \delta_1 \cos(\omega t), U_2 = \delta_2 \cos(k_2 \omega t), U_3 = \delta_3 \cos(k_3 \omega t) \tag{2.16}$$

式中：k_2 和 k_3 为正整数。

x, χ, γ 都是周期性的，通过积分，可以返回到它们的初始值：

$$\begin{cases} x = \dfrac{\delta_1}{\omega}\sin(\omega t) + X_{10} \\ \chi = \dfrac{\delta_2}{k_2\omega}\sin(k_2\omega t) + X_{20} \\ \gamma = \dfrac{\delta_3}{k_3\omega}\sin(k_3\omega t) + X_{30} \\ y = -\dfrac{\delta_1\delta_2}{2k_2\omega}\left(\dfrac{\cos(k_2+1)\omega t}{(k_2+1)\omega} + \dfrac{\cos(k_2-1)\omega t}{(k_2-1)\omega}\right) + X_{20}\dfrac{\delta_1}{\omega}\sin(\omega t) + X_{40} \\ z = \dfrac{\delta_1\delta_3}{2k_3\omega}\left(\dfrac{\cos(k_3+1)\omega t}{(k_3+1)\omega} + \dfrac{\cos(k_3-1)\omega t}{(k_3-1)\omega}\right) - X_{30}\dfrac{\delta_1}{\omega}\sin(\omega t) + X_{50} \end{cases} \tag{2.17}$$

式中：X_{10}、X_{20}、X_{30}、X_{40} 和 X_{50} 是积分常数。

考虑了将近似模型从 $t=0$ 时的 $X_0 \in \mathbb{R}^5$ 转向 $t=1$ 时 $X_{\mathrm{f}} \in \mathbb{R}^5$ 的问题。根据初始条件可以计算积分常数：

$$\begin{cases} X_{10} = x_0, X_{20} = \chi_0, X_{30} = \gamma_0 \\ X_{40} = y_0 + \dfrac{\delta_1\delta_2}{2k_2\omega}\left(\dfrac{1}{(k_2+1)\omega} + \dfrac{1}{(k_2-1)\omega}\right) \\ X_{50} = z_0 - \dfrac{\delta_1\delta_3}{2k_3\omega}\left(\dfrac{1}{(k_3+1)\omega} + \dfrac{1}{(k_3-1)\omega}\right) \end{cases} \tag{2.18}$$

由边界条件可得

$$\begin{cases}\delta_1 = \dfrac{\omega}{\sin\omega}(x_f - x_0) \\ \delta_2 = \dfrac{k_2\omega}{\sin k_2\omega}(\chi_f - \chi_0) \\ \delta_3 = \dfrac{k_3\omega}{\sin k_3\omega}(\gamma_f - \gamma_0)\end{cases} \tag{2.19}$$

而以下非线性方程必须在 k_2, k_3, ω 中求解才能完全表征系统：

$$\begin{cases}y_f - y_0 - \chi_0(x_f - x_0) = -\dfrac{\delta_1\delta_2}{2k_2\omega}\left(\dfrac{\cos(k_2+1)\omega t - 1}{(k_2+1)\omega} + \dfrac{\cos(k_2-1)\omega t - 1}{(k_2-1)\omega}\right) \\ z_f - z_0 - \gamma_0(x_f - x_0) = -\dfrac{\delta_1\delta_3}{2k_3\omega}\left(\dfrac{\cos(k_3+1)\omega t - 1}{(k_3+1)\omega} + \dfrac{\cos(k_3-1)\omega t - 1}{(k_3-1)\omega}\right)\end{cases} \tag{2.20}$$

通过求解这组方程，就可以描述所有的参考轨迹。

在一般情况下，运动规划可以通过状态坐标的初步变换来简化，状态坐标将飞行器的运动学方程转换成一种更简单的标准形式。

2.2.3 路径规划

路径规划问题可以表述如下：

问题 2.4 给定空间 Ω 中的曲线 C，路径规划问题是要找到一条曲线：

$$C:[0,1] \to C_{\text{free}}, s \to C(s)$$

式中：s 为 C 的弧长参数；C_{free} 表示无障碍物的构型集合。

最优路径是一条曲线 C，它能使一组内部和外部约束（时间、燃料消耗或风险）最小化。约束的完整集用代价函数 τ 来描述，它可以是各向同性的，也可以是各向异性的[351]。

(1) 各向同性情况：代价函数 τ 只取决于构型 X。

(2) 各向异性情况：代价函数 τ 取决于构型 X 和场力向量。

飞行器需要通过一个或多个航路点沿着一条路径平稳移动。这可能是为了避免碰到环境中的障碍，也可能是为了执行一项沿着分段连续轨迹的任务。可以使用直线段、拉格朗日插值、埃尔米特（Hermite）插值、分段线性（二次、三次）插值和（三次、贝塞尔等）样条插值等几种路径模型[103,353,398]。其他技术也可以使用，如波前算法和毕达哥拉斯速度图[102,179,183]。

飞行器的曲率半径与飞行器的几何学、运动学和动力学关系密切，需要满足飞行器最小曲率半径和俯仰角约束[50-51]。此外，俯仰角一般被限制在一定范围内，在三维空间中，为了保证飞行器的安全，飞行轨迹上各点的俯仰角必须在指定的上下边界之间。

最优路径是路径规划的关键。路径规划不仅要得到一条可行路径，而且要得到连接初始构型和最终构型的最优路径。

文献[399]提出了一种实时动态 Dubins 螺旋轨迹平滑方法。在满足曲率半径约束的前提下，由 Dubins 路径规划器部分生成三维轨迹在水平面上的投影。甚至在初始和最终构型接近的情况下，也需构造螺旋曲线以满足俯仰角约束。

1. B 样条曲线

B 样条曲线是一组具有某些理想性质的特殊参数曲线。它们是分段多项式函数，用一组控制点表示。样条有许多不同的形式，每一种都有自己的属性。它们有以下两个理想的特性。

(1) 连续性：生成的曲线可平滑地连接各点。

(2) 控制点的局部性：一个控制点的影响仅限于邻近区域。

为了减少计算量，可以用 B 样条曲线来表示不同的交替路径，因为一个简单的曲线可以很容易地用三个控制点来定义。由 $n+1$ 个控制点 p_i、节点向量 X 及其关系定义了 k 阶或 $k-1$ 阶的参数 B 样条曲线 $p(s)$：

$$p(s) = \sum_{i=0}^{n} p_i N_{i,k}(s) \tag{2.21}$$

式中：$N_{i,k}(s)$ 为 Bernstein 基函数，通过递归生成

$$N_{i,k}(s) = \frac{(s - X_i) N_{i,k-1}(s)}{X_{i+k-1} - X_i} + \frac{(X_{i+k} - s) N_{i+1,k-1}(s)}{X_{i+k-1} - X_{i+1}} \tag{2.22}$$

同时

$$N_{i,1} = \begin{cases} 1 & \text{如果 } X_i \leqslant s \leqslant X_{i+1} \\ 0 & \text{其他} \end{cases} \tag{2.23}$$

控制点定义曲线的形状。根据定义，低阶 B 样条将更接近且更类似于控制折线（由顺序连接控制点形成的线）。可以使用三次 B 样条，从而确保生成的曲线尽可能接近控制点[127]。

2. 三次埃尔米特样条

埃尔米特样条是一种特殊的样条，它具有一个独特的属性：由样条生成的曲线通过定义该样条的控制点。因此，只要简单地将一组预定点设置为埃尔米特样条的控制点，就可以平滑地插值出这些点。

三次埃尔米特样条插值经过所有的路径点，可以在控制点上赋导数值，也可以获得对路径的局部控制。路径生成问题的一种解决方法是对每一对连续的路径点使用三次埃尔米特样条[321]。

给定一个非负整数 n，P_n 表示所有实值多项式的集合。区间 $I=[a,b]$ 的划分为 $a=X_1<X_2<\cdots<X_n=b$，并且 $f_i(i=1,\cdots,n)$ 是分区点对应的单调数据集：

$$P(s)=f_iH_1(s)+f_{i+1}H_2(s)+h_iH_3(s)+h_{i+1}H_4(s) \tag{2.24}$$

式中：$H_k(s)$ 是区间 I_i 的三次埃尔米特基函数，有

$$\begin{cases} H_1(s)=\varphi\dfrac{X_{i+1}-s}{h_i} \\ H_2(s)=\varphi\dfrac{s-X_i}{h_i} \\ H_3(s)=-h_i\eta\dfrac{X_{i+1}-s}{h_i} \\ H_4(s)=h_i\eta\dfrac{s-X_i}{h_i} \end{cases} \tag{2.25}$$

式中：$h_i=X_{i+1}-X_i$，$\varphi=3t^2-2t^3$，$\eta=t^3-t^2$。

该方法可以推广到参数样条。这需要引入因变量 ϑ，并对每个数据变量分别建立一个方程：

$$x_d(\vartheta)=C_{x3}(\vartheta-\vartheta_i)^3+C_{x2}(\vartheta-\vartheta_i)^2+C_{x1}(\vartheta-\vartheta_i)+C_{x0} \tag{2.26}$$

其中

$$\begin{cases} C_{x0}=X_i, & C_{x1}=X'_i \\ C_{x2}=\dfrac{3S_i^x-x'_{i+1}-2x'_i}{\Delta\vartheta_i}, & C_{x3}=\dfrac{-2S_i^x+x'_{i+1}+x'_i}{\Delta\vartheta_i} \end{cases} \tag{2.27}$$

式中：$(\cdot)'$表示参数$(\cdot)$对 ϑ 的微分；$\Delta\vartheta_i=\vartheta_{i+1}-\vartheta_i$ 为局部网格间距；$S_i^x=\dfrac{x_{i+1}+x_i}{\Delta\vartheta_i}$ 为线性插值的斜率。

3. 五次埃尔米特样条

任务是找到一条轨迹：一条参数化曲线 $\boldsymbol{\eta}(t)=\begin{pmatrix}x(t)\\y(t)\\z(t)\end{pmatrix}$，$t\in[0,T_{\mathrm{f}}]$，其起始点 $\boldsymbol{\eta}(0)$ 的初始速度 $\dot{\boldsymbol{\eta}}(0)=0$，初始加速度 $\ddot{\boldsymbol{\eta}}(0)=0$，考虑飞行器的运动学、任务的操作要求和禁飞区，到达终点 $\boldsymbol{\eta}(T_{\mathrm{f}})$ 时的指定速度为 $\dot{\boldsymbol{\eta}}(T_{\mathrm{f}})$ 且加速度 $\ddot{\boldsymbol{\eta}}(T_{\mathrm{f}})=0$。

要最小化的目标函数可以是飞行时间 T_{f}，轨迹的长度 $\int_0^{T_f}|\dot{\boldsymbol{\eta}}(t)|\mathrm{d}t$，地面以上

的平均飞行高度 $\frac{1}{T_f}\int_0^{T_f}(z(t)-h_{\text{terrain}}(x(t),y(t)))\mathrm{d}t$，其中 $h_{\text{terrain}}(x(t),y(t))$ 表示点 $(x(t),y(t))$ 的海拔。

该方法基于三维网络[9]对空域进行离散化。它的拓扑结构取决于飞行器的运动学特性、任务的操作要求和地形的起伏。网络中的每条有向路径都对应一条既可飞行又可行的轨迹[129]。航路段的生成分为两个子系统。

(1) 利用五次埃尔米特插值方法，确定一条具有适当条件的二次连续可微参数化曲线：

$$\begin{cases}x(t)=a_{51}t^5+a_{41}t^4+a_{31}t^3+a_{21}t^2+a_{11}t+a_{01}\\y(t)=a_{52}t^5+a_{42}t^4+a_{32}t^3+a_{22}t^2+a_{12}t+a_{02}\\z(t)=a_{53}t^5+a_{43}t^4+a_{33}t^3+a_{23}t^2+a_{13}t+a_{03}\end{cases}\tag{2.28}$$

参数 a_{ij} 可以由端点条件决定。

(2) 利用飞行器的简化模型对轨迹的飞行性和可行性进行校验。

4. 毕达哥拉斯速度图

下面给出了 $\mathbb{R}^3$ 中的毕达哥拉斯速度图条件：

$$x'^2(t)+y'^2(t)+z'^2(t)=\tilde{\sigma}^2(t)\tag{2.29}$$

式中：$\tilde{\sigma}(t)$ 表示参数速度，下一步问题聚焦于如何对满足毕达哥拉斯速图条件的多项式的解进行适当特征化表示[124]。

定理 2.1 如果相对素数的实多项式 $a(t),b(t),c(t),d(t)$ 满足毕达哥拉斯条件：

$$a^2(t)+b^2(t)+c^2(t)=d^2(t)\tag{2.30}$$

它们一定可以用其他实多项式 $\tilde{u}(t),\tilde{v}(t),\tilde{q}(t),\tilde{p}(t)$ 表示为

$$\begin{cases}a(t)=\tilde{u}^2(t)+\tilde{v}^2(t)-\tilde{p}^2(t)-\tilde{q}^2(t)=x'(t)\\b(t)=2(\tilde{u}(t)\tilde{q}(t)+\tilde{v}(t)\tilde{p}(t))=y'(t)\\c(t)=2(\tilde{v}(t)\tilde{q}(t)-\tilde{u}(t)\tilde{p}(t))=z'(t)\\d(t)=\tilde{u}^2(t)+\tilde{v}^2(t)+\tilde{p}^2(t)+\tilde{q}^2(t)=\sigma(t)\end{cases}\tag{2.31}$$

这种等式可以写成几种不同的形式，对应于 $a(t),b(t),c(t)$ 和 $\tilde{u}(t),\tilde{v}(t),\tilde{p}(t),\tilde{q}(t)$ 之间的置换。

如果多项式 $\tilde{u}(t),\tilde{v}(t),\tilde{p}(t),\tilde{q}(t)$ 在 $t\in[0,1]$ 时是以伯恩斯坦系数表示的，那么空间中毕达哥拉斯速度图曲线上的贝塞尔控制点可以用这些系数来表示。例如 $\tilde{u}(t)=u_0(1-t)+u_1t,\tilde{v}(t),\tilde{p}_{(t)},\tilde{q}_{(t)}$ 也是一样的，空间中毕达哥拉斯速度图曲线上的控制点可以表达为以下形式：

$$
\begin{cases}
\boldsymbol{P}_1 = \boldsymbol{P}_0 + \dfrac{1}{3}\begin{pmatrix} {u_0}^2 + {v_0}^2 - {p_0}^2 - {q_0}^2 \\ 2(u_0q_0 + v_0p_0) \\ 2(v_0q_0 - u_0p_0) \end{pmatrix} \\
\boldsymbol{P}_2 = \boldsymbol{P}_1 + \dfrac{1}{3}\begin{pmatrix} u_0u_1 + v_0v_1 - p_0p_1 - q_0q_1 \\ u_0q_1 + u_1q_0 + v_0p_1 + v_1p_0 \\ v_0q_1 + v_1q_0 - u_0p_1 - u_1p_0 \end{pmatrix} \\
\boldsymbol{P}_3 = \boldsymbol{P}_2 + \dfrac{1}{3}\begin{pmatrix} u_1^2 + v_1^2 - p_1^2 - q_1^2 \\ 2(u_1q_1 + v_1p_1) \\ 2(v_1q_1 - u_1p_1) \end{pmatrix}
\end{cases} \tag{2.32}
$$

点 $\boldsymbol{P}_0$ 对应于积分常数。

2.2.4 Zermelo 问题:风中的飞行器

1. 初始(Zermelo)问题

Zermelo 的问题最初是为了在有水流的情况下,找到船舶在海上从$\mathbb{R}^2$中给定的出发点到目的地的最快航海路径。也可以应用于飞行器高度恒定、零飞行路径角、风速为 $\boldsymbol{W} = (W_N, W_E)$ 的特殊情况。

一架无人机必须以恒定的高度通过一个强风持续的地区。假设风在 y 方向上有恒定的风速 W。自动驾驶仪调整飞行器的航向χ,以减少到原点的旅行时间。

1) 第一个案例研究

在第一个案例研究中,假设无人机具有恒定的速度 V,并选择其航向χ 作为输入。目标是在以下边界条件下最小化时间:$x_0 = y_0 = 0$ 和 $x_f = 1, y_f = 0$。假设控制为无约束的,最小时间问题可以表述为

$$
\min \int_0^{T_f} \mathrm{d}t \tag{2.33}
$$

约束条件为

$$
\begin{cases}
\dot{x} = V\cos\chi \\
\dot{y} = V\sin\chi + W_E \\
x(0) = y(0) = 0 \\
x(T_f) = 1, y(T_f) = 0
\end{cases} \tag{2.34}
$$

利用庞特里亚金最小原则,可以计算出以下最优控制:

$$
\chi^* = -\arcsin\left(\frac{W_E}{V}\right) \tag{2.35}
$$

而最优轨迹为

$$\begin{cases} x^*(t) = tV\cos\chi \\ y^*(t) = t(V\sin\chi + W_E) \end{cases} \tag{2.36}$$

最终的时间为

$$T_f = \frac{1}{\sqrt{V^2 - W_E^2}}$$

只有当 $|W_E| \leqslant V$ 时,这个结果才可能实现。

2）第二个案例研究

第二个案例研究是一种更加现实的尝试。输入俯仰角 $\dot{\chi}$ 的速率,将其限制在 $[-U_{max}, U_{max}]$ 区间。边界条件与第一种情况稍有不同: $x_0 = y_0 = \chi_0 = 0$ 和 $x_f = 0$, $y_f = 0$。最小时间问题可以用公式表述为

$$\min\int_0^{T_f} dt \tag{2.37}$$

约束条件为

$$\begin{cases} \dot{x} = V\cos\chi \\ \dot{y} = V\sin\chi + W_E \\ \dot{\chi} = U \\ x(0) = y(0) = \chi(0) = 0 \\ x(T_f) = 0 \quad y(T_f) = 0 \end{cases} \tag{2.38}$$

利用庞特里亚金最小原则,可以计算出以下最优控制:

$$U^* = \begin{Bmatrix} U_{max} & 0 \leqslant t \leqslant t_1 \\ -U_{max} & t_1 \leqslant t \leqslant T_f \end{Bmatrix} \tag{2.39}$$

其中, $t_1 = \dfrac{T_f}{2}$,此时最优轨迹为

$$\begin{cases} \chi^* = \begin{Bmatrix} U_{max}t & 0 \leqslant t \leqslant t_1 \\ U_{max}(T_f - t) & t_1 \leqslant t \leqslant T_f \end{Bmatrix} \\ x^* = \begin{Bmatrix} \dfrac{V}{U_{max}}\sin(U_{max}t) & 0 \leqslant t \leqslant t_1 \\ \dfrac{V}{U_{max}}\sin(U_{max}(t - T_f)) + 2\dfrac{V}{U_{max}}\sin\left(\dfrac{T_f U_{max}}{2}\right) & t_1 \leqslant t \leqslant T_f \end{Bmatrix} \\ y^* = \begin{Bmatrix} -\dfrac{V}{U_{max}}\cos(U_{max}t) + W_E t + \dfrac{V}{U_{max}} & 0 \leqslant t \leqslant t_1 \\ \dfrac{V}{U_{max}}\cos(U_{max}(t - T_f)) + W_E(t - T_f) - \dfrac{V}{U_{max}} & t_1 \leqslant t \leqslant T_f \end{Bmatrix} \end{cases} \tag{2.40}$$

最终的时间可以从下式的求解中得到

$$\frac{U_{\max}}{2}\frac{W_{E}}{V}T_{f} - \cos\left(\frac{U_{\max}T_{f}}{2}\right) = 1 \tag{2.41}$$

根据 $U_{\max}$、V、W 的取值,这个方程可能有也可能没有一个正实数解。

接下来是另一个研究案例,给出了描述风速线性变化情况下最优路径的方程

$$\begin{cases}\dot{x} = V\cos\chi + W_{N}(y)\\ \dot{y} = V\sin\chi\end{cases} \tag{2.42}$$

式中:(x,y) 为其坐标;$W_{N} = \frac{V_{y}}{h}$ 为风速。选择χ 的初始值,使路径通过原点。对于线性变化的风强,最优转向角与飞行器位置相关,可以通过隐式反馈方程[171]得到,即

$$\dot{\chi} = -\cos^{2}\chi\frac{\mathrm{d}W_{N}}{\mathrm{d}x} \tag{2.43}$$

如果 $W_{N} = \frac{W}{a}y$,a 是一个常数,那么

$$\chi = \arctan\left(\frac{W}{a}t + \tan\chi_{0}\right) \tag{2.44}$$

最优轨迹可表示如下:

$$\begin{cases}x = \frac{a}{2}\left(\frac{1}{\cos\chi_{f}}(\tan\chi_{f} - \tan\chi) - \tan\chi\left(\frac{1}{\cos\chi_{f}} - \frac{1}{\cos\chi}\right)\right)\\ \qquad + \frac{a}{2}\ln\left(\frac{\tan\chi_{f} + \frac{1}{\cos\chi_{f}}}{\tan\chi + \frac{1}{\cos\chi}}\right)\\ y = a\left(\frac{1}{\cos\chi_{f}} - \frac{1}{\cos\chi}\right)\end{cases} \tag{2.45}$$

如果 $W_{N}(x,y) = -W_{y}$,在文献[184]中已经证明了出发时间为

$$T_{f} = \frac{1}{W}(\tan\chi_{f} - \tan\chi_{0}) \tag{2.46}$$

注 2.2 对于 N 个路径点来说,有如下近似关系:

$$\begin{cases}\dot{\chi}_{k} = \frac{y_{k} - y_{k-1}}{x_{k} - x_{k-1}}\cos^{2}\chi_{k}\\ \dot{\gamma}_{k} = -\frac{(z_{k} - z_{k-1})\cos^{2}\gamma_{k}}{\cos\chi_{k}(x_{k} - x_{k-1}) + \sin\chi_{k}(y_{k} - y_{k-1})}, \quad k = 1,\cdots,N\end{cases} \tag{2.47}$$

2. 平面上的二维 Zermelo 问题

基于庞特里亚金极大值原理,我们可以求解如下问题。

问题 2.5 不考虑地球曲率时最优轨迹生成的二维 Zermelo 问题可表示为

$$\min\int_0^{T_f} \mathrm{d}t \tag{2.48}$$

约束条件为

$$\begin{cases}\dot{x} = U_1(t) + W_N(x,y)\\ \dot{y} = U_2(t) + W^F(x,y)\\ U_1^2(t) + U_2^2(t) \leqslant V_{\max}^2\end{cases} \tag{2.49}$$

航向角是可用于实现最小时间目标的控制量[184]。

Zermelo 的导航公式由 $U^*(t)$ 的微分方程组成,仅用漂移向量及其导数表示。其推导过程如下。设角度为$\chi(t)$,$U_1(t) = V_{\max}\cos\chi(t)$,$U_2(t) = V_{\max}\sin\chi(t)$,则需要求解以下常微分方程:

$$\frac{\mathrm{d}\chi}{\mathrm{d}t} = -\cos^2\chi\frac{\partial W_N}{\partial x} + \sin\chi\cos\chi\left(\frac{\partial W_N}{\partial x} - \frac{\partial W_E}{\partial y}\right) + \sin^2\chi\frac{\partial W_E}{\partial x} \tag{2.50}$$

注 2.3 相对于地面的精确飞行轨迹可能有利于优化操作(固定接近轨迹),但自动驾驶仪必须控制随气团漂移的飞行器。对于气团,自动驾驶仪必须在转弯过程中不断地改变倾斜角度。

该问题是指在已知不变风速和风向的情况下,为有界转弯半径的飞行器在二维平面上从初始位姿到最终位姿规划最优路径。一些研究人员已经解决了在风速大小和方向已知的情况下,恒定高度和速度下的飞行器最优路径规划问题。文献[186, 187]提出了一种求解飞行器最小时间航路点路径的动态规划方法。在水平面上的目标轨迹可以用直线和弧线连接来描述。显然,这种类型的描述迫使飞行器在直线和曲线段之间的过渡点瞬时获得一个倾斜角度。在文献[137]中,在无风条件下,轨迹曲线部分设计是基于一定稳定的倾斜角和初速度假设。如果有强风,自动驾驶仪必须在弯曲飞行阶段根据风的相对方向改变倾斜角度,或以比标称倾斜角度更陡的角度连续飞行。更陡的倾斜角和相对风向的变化都会影响推力控制。

在没有风的情况下,这就是 Dubins 问题[130]。将原来有风情况寻找最优路径到达最终方向的问题转化为一个移动虚拟目标,其速度与风速相等且方向相反。在无风情况下,一架在稳定风作用下接近直线的无人机,可以认为是一个沿直线运动的虚拟目标,其速度大小与风速大小相等且方向相反。在运动的坐标系中,路径是 Dubins 路径。地面路径确实是时间最优路径[170]。

在文献[389]中,也考虑了飞行器在平面时变流场中的时间最优导航问题。

目标是找到初始点和终点之间的最快轨迹。研究表明,在点对称时变流场中,最佳转向策略必须是转向角速率等于流体颗粒的角旋转速率。

在许多真实场景中,风向是未知的,或者它不时地改变。在文献[198]中使用了滚动时域控制器来为受扰环境中运行的飞行器生成轨迹。该算法修改了实时滚动时域优化约束(如转弯半径和速度限制),以确保即使飞行器受到未知但有界的扰动时算法仍然可行[335]。

3. 平面地球上的三维 Zermelo 问题

现在考虑有风情况下三维空间飞行器的最优轨迹规划问题[184,185]。飞行器必须在多风地区飞行。已知风的大小和方向是位置的函数,即 $W_N = W_N(x,y,z)$, $W_E = W_E(x,y,z)$ 及 $W_D = W_D(x,y,z)$,其中,x,y,z 为三维坐标,W_N, W_E, W_D 是风的速度分量。飞行器相对于空气的速度 V 是恒定的。求出从 A 点到 B 点的最小时间路径。飞行器的运动学模型为

$$\begin{cases} \dot{x} = V\cos\chi\cos\gamma + W_N \\ \dot{y} = V\sin\chi\cos\gamma + W_E \\ \dot{z} = -V\sin\gamma + W_D \end{cases} \tag{2.51}$$

式中:χ 为飞行器相对于惯性系的航向角;γ 为飞行路径角。

利用 PMP,航向角满足如下非线性常微分方程:

$$\begin{aligned} \dot{\chi} = {} & \sin^2\chi \frac{\partial W_E}{\partial x} + \sin\chi\cos\chi\left(\frac{\partial W_N}{\partial x} - \frac{\partial W_E}{\partial y}\right) \\ & - \tan\gamma\left(\sin\chi \frac{\partial W_D}{\partial x} - \cos\chi \frac{\partial W_D}{\partial y}\right) - \cos^2\chi \frac{\partial W_N}{\partial y} \end{aligned} \tag{2.52}$$

航迹角的演化由一个非线性常微分方程给出:

$$\begin{aligned} \dot{\gamma} = {} & \cos^2\gamma\cos\chi \frac{\partial W_N}{\partial z} + \cos^2\gamma \frac{\partial W_E}{\partial z} + \sin\gamma\cos\gamma\left(\frac{\partial W_N}{\partial x} - \frac{\partial W_D}{\partial z}\right) \\ & + \sin^2\gamma \frac{\partial W_E}{\partial x} - \sin^2\gamma\sec\chi \frac{\partial W_D}{\partial x} - \sin\gamma\cos\gamma\tan\chi\sin^2\chi \frac{\partial W_E}{\partial x} \\ & - \sin\gamma\cos\gamma\sin^2\chi\left(\frac{\partial W_N}{\partial x} - \frac{\partial W_E}{\partial y}\right) + \tan\chi\sin^2\gamma\left(\sin\chi \frac{\partial W_D}{\partial x} - \cos\chi \frac{\partial W_D}{\partial y}\right) \\ & + \sin\gamma\cos\gamma\sin\chi\cos\chi \frac{\partial W_N}{\partial y} \end{aligned} \tag{2.53}$$

关于这些方程的详细推导参见文献[56,156]。

注 2.4 假设无风时,飞行器速度恒定,可用的控制输入为航迹角和航向角,则可计算出以下最优轨迹:

$$
\begin{cases}
x = Vt\cos\gamma\cos\chi + x_0 \\
y = Vt\cos\gamma\sin\chi + y_0 \\
z = -Vt\sin\gamma + z_0
\end{cases}
\tag{2.54}
$$

式中：(x_0, y_0, z_0) 为飞行器的初始位置。

若最终位置由 (x_f, y_f, z_f) 给出，则预测到达时间为

$$
T = \frac{1}{V}\sqrt{(x_f - x_0)^2 + (y_f - y_0)^2 + (z_f - z_0)^2}
\tag{2.55}
$$

航向角为

$$
\chi = \arctan\left(\frac{y_f - y_0}{x_f - x_0}\right)
\tag{2.56}
$$

飞行路径角为

$$
\gamma = \arctan\left(\frac{z_f - z_0}{\cos\chi(x_f - x_0) + \sin\chi(y_f - y_0)}\right)
\tag{2.57}
$$

当考虑控制输入是航迹角速率 $\dot{\gamma}$、航向角速率 $\dot{\chi}$、速度的导数 $\dot{V}$ 时，我们的想法是利用这个结构并在规划中应用简单的“bang-bang”控制。由于漂移项的存在，可用的控制量是该系统规划中需要考虑的一个问题。对于非线性系统的分析来说，这类“bang-bang”控制常常是一类足够丰富的控制类。这类简单的控制使前向积分方程的应用成为可能。

4. 球面上的三维 Zermelo 问题

本段提出了实用的轨迹优化算法，近似使飞行器在球面上飞行时间和燃料消耗的总成本最小化。一个典型的飞行器轨迹包括初始爬升、稳定状态巡航和最终下降。这里飞行器的性能只针对巡航阶段进行了优化。巡航轨迹在几个高度上划分为段，因为最佳巡航高度的增加是由于使用燃料减少了飞行器重量。飞行器在巡航时的最佳航向是在没有约束条件的球面上推导出的 Zermelo 问题的解。水平轨迹段的优化基于成本与极值轨迹的关联，极值轨迹是由前后整合空域中各点的最优航向和飞行器运动动力学方程产生的[60,342]。

飞行器巡航的直接运营成本可以写成

$$
J = \int_{t_0}^{T_f}\left(C_t + C_f\tilde{f}(m, z, V)\right)\mathrm{d}t
\tag{2.58}
$$

式中：C_t 和 C_f 为时间和燃料的成本系数；燃油流量 $\tilde{f}$ 可以近似为飞行器质量 m、高度 z 和空速 V 的函数，即飞行器巡航期间的燃油消耗 $\tilde{F}$ 可表示为

$$
\tilde{F} = t\tilde{f}
\tag{2.59}
$$

式中：t 为耗费的时间。

喷气机和涡轮螺旋桨飞行器的燃油消耗率 f 是由燃油消耗率（SFC）和推力 T

决定的：

$$\tilde{f} = \frac{C_{\text{fcr}}}{1000} \cdot \text{SFC} \cdot T_{\text{f}}, \text{SFC} = C_{\text{f}_1}\left(1 + \frac{V_{\text{TAS}}}{C_{\text{f}_2}}\right) \tag{2.60}$$

式中：$C_{\text{fcr}}, C_{\text{f}_1}, C_{\text{f}_2}$ 为推力 SFC 系数；V_{TAS}为巡航时的真实空速。

在巡航期间，推力等于气动阻力和升力，即

$$T = D = \frac{1}{2}C_D(V,\alpha)\rho S V^2, C_D(V,\alpha) = C_{D_0} + KC_L^2, C_L(V,\alpha) = \frac{2mg}{\rho S V^2} \tag{2.61}$$

在国际标准大气（ISA）条件下，对流层顶高度为 11000m，对流层顶及以下最佳巡航高度带可计算为

$$z_{\text{opt}} = (1 - \exp(-f(m,V)K_T R_{\text{gas}}/2(g + K_T R_{\text{gas}})\rho_{0\text{ISA}}^2))\left(\frac{1000T_{0\text{ISA}}}{6.5}\right) \tag{2.62}$$

在对流层顶以上，最佳巡航高度带可计算为

$$\begin{cases} z_{\text{opt}} = \dfrac{-f(m,V)R_{\text{gas}}T_{\text{propISA}}}{2g\rho_{\text{tropISA}}} + 11000\text{m} \\ f(m,V) = \ln\left(\dfrac{4m^2g^2K_T}{S^2V^4C_{D_0}}\right) \end{cases} \tag{2.63}$$

式中：R_{gas} 为空气的实际气体常数；K_T 为温度梯度；$\rho_{0\text{ISA}}$ 为海平面密度；海平面温度 $T_{0\text{ISA}}$ 为 ISA 下的常数，对流层的空气密度和温度都是恒定的。

最优巡航高度由关系式(2.62)和式(2.63)的第一式计算得出，关系式基于大气常数和气动阻力系数，这些系数与飞行器类型有关。它们也随飞行器质量和空速而变化。

在推力等于阻力时，飞行器在球形地球表面上空恒定高度的运动方程为

$$\begin{cases} \dot{\ell} = \dfrac{V\cos\chi + W_{\text{E}}(\ell,\lambda,z)}{R\cos\lambda} \\ \dot{\lambda} = \dfrac{V\sin\chi + W_{\text{N}}(\ell,\lambda,z)}{R} \\ \dot{m} = -f \end{cases} \tag{2.64}$$

式中：ℓ 为经度；λ 为纬度；χ 为航向角；R 为地球半径，$R \gg z$。

飞行器的最优航向动力学方程描述如下：

$$\dot{\chi} = -\frac{F_{\text{wind}}(\chi,\ell,\lambda,W_{\text{E}},W_{\text{N}},V)}{R\cos\lambda} \tag{2.65}$$

式中：$F_{\text{wind}}(\chi,\ell,\lambda,W_{\text{E}},W_{\text{N}},V)$ 为飞行器迎风动力，可表示为

$$F_{\text{wind}} = -\sin\chi\cos\chi\frac{\partial W_E}{\partial \ell} + \cos^2\chi\sin\lambda W_E + \cos^2\chi\cos\lambda\left(\frac{\partial W_E}{\partial\lambda} - \frac{\partial W_N}{\partial\ell}\right)$$
$$+ \sin\chi\cos\chi\sin\lambda W_N + \cos\chi\sin\chi\cos\lambda\frac{\partial W_N}{\partial\lambda} + V\cos\chi\sin\lambda + \cos^2\chi\frac{\partial W_N}{\partial\ell} \tag{2.66}$$

最小时间轨迹是不同高度上有风最优极值的组合,其中每个最优值都使用该高度上的条件来解决。最佳虚拟剖面提供了初始和后续的最佳巡航高度以及不同高度之间的过渡时间。

5. 虚拟目标

该问题是在给定转速条件下,确定初始构型(位置 $\boldsymbol{X}_1$ 和方向 $\boldsymbol{e}_1$)与最终构型(位置 $\boldsymbol{X}_2$ 和方向 $\boldsymbol{e}_2$)之间三维空间的最优路径。初始点和最终点的单位方向向量分别为 $\boldsymbol{e}_1 = (\cos\gamma_1\cos\chi_1, \cos\gamma_1\sin\chi_1, -\sin\gamma_1)^{\mathrm{T}}$ 和 $\boldsymbol{e}_2 = (\cos\gamma_2\cos\chi_2, \cos\gamma_2\sin\chi_2, -\sin\gamma_2)^{\mathrm{T}}$。

本节提出的路径规划算法基于以下运动方程:

$$\begin{cases}\dot{x} = V\cos\gamma\cos\chi + W_N \\ \dot{y} = V\cos\gamma\sin\chi + W_E \\ \dot{z} = -V\sin\gamma + W_D \\ \dot{\chi} = \omega_1 \\ \dot{\gamma} = \omega_2\end{cases} \tag{2.67}$$

式中:状态向量定义为 $\boldsymbol{X} = (x, y, z, \chi, \gamma)$,假设速度 V 为常数,ω_1, ω_2 为控制输入。该轨迹必须满足飞行器的最大转弯率约束或曲率界 $\pm\kappa_{\max}$ 和扭转界 $\pm\tau_{\max}$。

原有风情况下最优路径计算问题可表示为无风情况下一个虚拟目标从初始位置 $\boldsymbol{X}_1$ 和方向 $\boldsymbol{e}_1$ 到最终方向 $\boldsymbol{e}_2$ 的最优路径计算问题,其速度与风大小相等方向相反。定义飞行器相对于运动框架飞行路径的空气路径可以是 CSC 型或螺旋型。设到达终点所需的最短时间为 T_f。在 T_f 点,这个假定的最终点从给定的最终位置 $\boldsymbol{X}_2 = (x_2, y_2, z_2)$ 移动到新的位置 $\boldsymbol{X}_{2v} = (x_{2v}, y_{2v}, z_{2v})$,可以表示为 T_f 的函数,即

$$\boldsymbol{X}_{2v} = \boldsymbol{X}_2 - (W\cos\gamma_1\cos\chi_1, W\cos\gamma_1\sin\chi_1, -W\sin\gamma_1)^{\mathrm{T}} T_f \tag{2.68}$$

或者

$$\boldsymbol{X}_{2v} = \boldsymbol{X}_2 - \int_0^{T_f} W(t)\,\mathrm{d}t \tag{2.69}$$

式中:$W = \sqrt{W_N^2 + W_E^2 + W_D^2}$。

最后到达的位置为 X_{2v}。在虚拟目标处的航向角和航迹角分别为 χ_2、γ_2。重新表述的问题式(2.68)与三维 Dubins 车辆在无风情况下的运动学模型相似,除了最终点 $\boldsymbol{X}_{2v}$ 也依赖于 T_f。因此,可以计算出 CSC 或螺旋轨迹,变量 $\boldsymbol{X}_{2v}$、T_f 可以用

非线性方程组求解算法得到,地面轨迹可以在惯性坐标系中利用式(2.67)中的状态方程计算得到。

2.3 引导和避碰/避障

随着飞行器数量的增加,碰撞问题是一个越来越必须考虑的问题。在未来,当与传统的飞行器一起飞行时,期望它们拥有复杂的避障系统。与自动操作算法相结合的车载传感器系统将确保在很少的地面站干预下避免碰撞。机载传感器可以探测到附近的其他飞行器与其他飞行器相关的信息,如位置、速度和航向角,由此可以建立一个躲避命令。为了使飞行器在这样的动态环境中保持良好的机动性能,需要在物理位姿空间中规划一个可行的、无碰撞的轨迹。避障算法的生成要实时,且易于实现。感知和避免自然与人为障碍并重建其飞行路径的能力是智能自主飞行器必须具备的重要特征[391]。制导、航行轨迹生成、飞行和任务规划是智能自主飞行器飞行管理系统的核心[52,70]。计算能力是自动驾驶飞行器的最不可或缺的条件,尽管硬件机制的进步能够达到预期,但是软件的改进是必不可少的。

小型无人机在低空飞行时通常会遇到大量以静态为主的障碍物,因此避碰能力至关重要[87]。由于对环境知识的有限和计算能力短缺,避障能力的实现需要依赖少量的信息以及较高的计算效率。制导律是解决这类困难的一种方法[373]。对于自主任务来说,感知和避障能力是一个关键的要求。

避障算法可分为全局路径规划算法和局部路径规划算法两种,在成功的任务中进行求解。全局避障算法大致规划了一条到达目标点的路径,局部避碰算法通常是快速的、被动的、在线的算法,它可以保证飞行器在意外和不可预见的障碍物出现时的安全。文献[340]中的算法首先规划一条通往目标的路径,避开已知的先验障碍。如果预计会发生碰撞,则重新规划路径,以避免障碍物。然而,我们的目标是在避免碰撞后始终朝着目标点移动。因此,把这些算法认为是嵌入了局部避碰特征的全局路径规划算法。

在当前飞行条件下,当需要向控制系统提供飞机未来位置的投影以及可行轨迹的包络线时,就会遇到轨迹预测问题。该预测可集成在近地警告系统中,以告知可能发生的地面碰撞,其时间裕度足以采取适当的控制措施,以避免规定飞行路径上的障碍物。采用这种方法可以得到未来可行位置的包络线的信息。文献[29]中,提出了一种算法,通过测量加速度和角速度来确定飞行器未来在给定预测范围内的重心位置。该技术是基于对两项估算的组合加权。

(1) 在稳定和准稳定机动段中用于长期预测的垂直轴螺旋在 Frenet 框架中的投影。

(2) 在 Frenet 框架下弹道的三阶精确幂级数展开式,用于瞬态机动阶段的短期弹道预测。

2.3.1 导航

导航是一个动态的过程,引导一个物体指向一个给定的点,这个点可能是静止的或正在移动的[168,407]。在大多数的方法中,忽略了飞行器的惯性和动力学[197]。本节介绍三种方法:两种传统方法和一种基于模糊技术的方法。

定义 2.1 导航是向飞行器发出转向指令以完成特定飞行目标的逻辑。导航算法生成自动驾驶命令,引导自动驾驶飞行器。制导系统为一组测量飞行器相对于目标的位置,并根据制导律改变其飞行路径以实现飞行任务目标的部件。

制导律是一种算法,它决定了所要求的飞行器加速度。在制导研究中,只假设局部的风流场信息是可用的,并确定了一个接近最优轨迹,即近似于最优轨迹行为的轨迹[337]。

检测静态和动态障碍物的方法各种各样,它们大多数是基于碰撞锥方法实现的。通常,避碰是通过跟踪一个与障碍物安全距离的目标点,由自动制导实现。通过对飞行器和障碍物之间的相对几何关系的界定,可以推导出明确的回避法则。主要问题是没有充分考虑主要任务目标,这可能会导致轨迹偏离最优[377]。

几何技术主要包括单纯的追捕和多种追捕,视线(LOS)制导律的变化可参见文献[407]。基于纯追踪和基于损失的制导律的路径跟踪算法使用路径上的虚拟目标点(VTP)。该制导律引导飞行器追逐虚拟目标点,最终将飞行器驶入该路径。虚拟目标点与无人机投射在路径上的位置之间的距离通常称为虚拟距离。轨迹跟踪 LOS 制导律的稳定性在很大程度上取决于虚拟距离参数的选择。将纯追踪法则与 LOS 导引法则相结合,可以形成一种新的轨迹跟随导引法则[384]。

三维导航指的是在水平面和垂直面遵循任务路径。它包括二维地面轨迹跟踪和所需轨迹的高度剖面跟踪。在三维情况下,横向控制系统根据参考横摇或航向角生成制导命令,纵向控制系统根据俯仰高度命令生成制导命令[377]。一般三维问题的一个子集是二维横向导航问题,其导航目标是确保飞行器的精确地面轨迹跟踪。因此,必须保证以最小的交叉轨迹或横向偏差,像在平面地面上投影那样精确地飞行在连接任务路径点的直线或弧线上。

1. 比例导航

视线(LOS)及其变体仍然是当今使用的最简单和最普遍的导航法则[74]。比例导航(PN)制导律是一种适用于标称轨迹已知的任何情况下的导航策略。根据这一规律,飞行器的机动与 LOS 速率成正比。它是基于这样一个事实,如果目标和飞行器的速度是恒定的,那么在碰撞过程中,LOS 速率是零。影响导航回路的基本干扰有两种：目标和初始条件。导航律的目的是使飞行器在飞行路径上朝着安全边界方向飞行。安全界限可以是最小半径的圆和/或圆柱，以防止碰撞。

飞行器的质心瞬时位置为 $\boldsymbol{R}(t)$，它的期望值为 $\boldsymbol{R}_{\mathrm{T}}(t)$，它们与相对静止参照系的速度分别为 $\boldsymbol{V}(t)$ 和 $\boldsymbol{V}_{\mathrm{T}}(t)$ 。目标相对于飞行器的瞬时位置由下式给出，即

$$\boldsymbol{e}(t)=\boldsymbol{R}_{\mathrm{T}}(t)-\boldsymbol{R}(t) \tag{2.70}$$

其速度为

$$\boldsymbol{V}_{\boldsymbol{e}}(t)=\frac{\mathrm{d}e}{\mathrm{d}t}=\boldsymbol{V}_{\mathrm{T}}(t)-\boldsymbol{V}(t) \tag{2.71}$$

使用以下导航控制律：

$$\boldsymbol{V}_{\boldsymbol{e}}(t)=\boldsymbol{K}(t)\boldsymbol{e}(t) \tag{2.72}$$

式中：$\boldsymbol{K}(t)$ 为时变增益矩阵。

应用于飞行器的加速度控制为

$$\boldsymbol{U}(t)=\frac{\Delta\boldsymbol{V}_{e}}{\Delta t}=\boldsymbol{K}(t)\boldsymbol{V}(t)+\dot{\boldsymbol{K}}(t)\boldsymbol{e}(t) \tag{2.73}$$

导航问题的状态向量的选择为

$$\boldsymbol{X}(t)=(\boldsymbol{e}(t),\dot{\boldsymbol{e}}(t))^{\mathrm{T}} \tag{2.74}$$

这就产生了线性反馈定律：

$$\boldsymbol{U}(t)=(\dot{\boldsymbol{K}}(t),\boldsymbol{K}(t))\boldsymbol{X}(t) \tag{2.75}$$

这种比例导航制导容易实现。

一个合适的交会导航策略同时能够实现零误差距离和零相对速度。一个简单的方法是使瞬时速度误差 $\boldsymbol{V}(t)$ 与加速度误差 $\boldsymbol{a}=\dot{\boldsymbol{V}}_{\mathrm{T}}(t)-\dot{\boldsymbol{V}}(t)$ 一致。这意味着速度和加速度误差的叉积必须消失，即

$$\boldsymbol{V}\times\boldsymbol{a}=0 \tag{2.76}$$

这种航行法称为交叉积操舵[407]。

2. 伴随法

当两个物体以恒定速度在一个平面内向碰撞点移动时，可以考虑末制导。对于标称碰撞三角形，假定有小扰动，这样的话视线偏差 λ 很小。设 R 为距离，$V_{\mathrm{c}}=-\dot{R}$ 为接近速度。通常假定小扰动为参考线，在这种情况下，假定接近速度为常数。那么沿着 LOS，最终时间 T_{f} 和到达时间 t_{go} 定义如下：

$$
\begin{cases}
T_{\mathrm{f}} = \dfrac{R_0}{-\dot{R}} = \dfrac{R_0}{V_{\mathrm{C}}} \\
t_{\mathrm{go}} = \dfrac{R}{-\dot{R}}
\end{cases}
\tag{2.77}
$$

误差距离 m 定义为

$$
m = y(T_{\mathrm{f}}) \tag{2.78}
$$

式中：y 为垂直于初始 LOS 的相对距离。

比例导航制导律是指飞行器垂直于 LOS，n_{c} 的指令加速度与 LOS 速率成正比：

$$
n_{\mathrm{c}} = N' V_{\mathrm{C}} \dot{\lambda} \tag{2.79}
$$

式中：N' 为导航常量[407]。

3. 模糊导航方案

总体导航方案由两个部分组成：一个路径点生成器和一个模糊导航系统（FGS）。所需的轨迹是由一系列路径点指定的，而对两个连续路径点之间的路径没有任何要求[180]。路径点生成器在五维空间中保存一个路径点列表，检查飞行器位置，并在给定公差下达到前一个路径点时更新所需的路径点。路径点生成器的唯一任务是向 FGS 呈现实际的路径点[463,466]。

在路径点周围包含一个公差球，将其定义为实际达到的目标。在路径点生成器和 FGS 之间进行坐标变换，将固定坐标系的位置误差转化为路径点坐标系分量。每个路径点定义了一个以路径点位置（$x_{\mathrm{w}}, y_{\mathrm{w}}, z_{\mathrm{w}}$）为中心、绕 z 轴以航向角 χ_{w} 旋转的坐标系，γ_{w} 是路径点的飞行角度。坐标变换允许在路径点固定坐标系下有效的模糊规则集的综合，该坐标系对于期望的逼近方向是不变的。当到达一个路径点时，选择下一个路径点，并改变实际参考值，更新旋转矩阵，将位置和方向误差转换到新的路径点坐标系中。人们利用解耦的闭环惯性动力学方法，设计了飞行器自动驾驶仪以跟踪所需的空速、航向角和航迹角 V_{d}、χ_{d}、γ_{d}，合成了三个独立的 Takagi-Sugeno 控制器以构成 FGS。

（1）第一个控制器利用高度误差为自动驾驶仪生成所需的航迹角 γ_{d}：

$$
e_z = z_{\mathrm{w}} - z_{\mathrm{A}}, \quad \gamma_{\mathrm{d}} = f_{\gamma}(e_z) \tag{2.80}
$$

状态向量（$V_{\mathrm{A}}, \gamma_{\mathrm{A}}, \chi_{\mathrm{A}}, z_{\mathrm{A}}$）^{T} 分别表示飞行器的速度、航迹角、航向角和高度。

（2）第二个控制器计算所需的飞行器速度：

$$
e_V = V_{\mathrm{W}} - V_{\mathrm{A}}, \quad V_{\mathrm{d}} = V_{\mathrm{W}} + f_V(e_V) \tag{2.81}
$$

（3）第三个是根据沿 x，y 轴的位置误差和航向误差 e_{χ} 生成所需的航向角 χ_{d}。

在某一特定配平空速值下设计的模糊规则集，当期望路径点的穿越速度 V_{w} 与 V 存在较大差异时，跟踪性能可能会不足[180]。为了适应 e_V 较大的数值以及研究

扰动的影响,以飞行器速度差与穿越速度 V_w 为模型,引入了速度相关的位置误差尺度系数。旋转矩阵定义为

$$\boldsymbol{R}(\chi_w)=\begin{pmatrix}\cos\left(\chi_w+\dfrac{\pi}{2}\right) & \sin\left(\chi_w+\dfrac{\pi}{2}\right)\\ -\sin\left(\chi_w+\dfrac{\pi}{2}\right) & \cos\left(\chi_w+\dfrac{\pi}{2}\right)\end{pmatrix} \tag{2.82}$$

给出了在固定路径点坐标系下的位置误差:

$$\begin{pmatrix}e_x^w\\ e_y^w\end{pmatrix}=\boldsymbol{R}(\chi_w)\begin{pmatrix}x-x_w\\ y-y_w\end{pmatrix} \tag{2.83}$$

速度补偿位置误差 $e_{x_c}^w, e_{y_c}^w$ 的定义为

$$\begin{pmatrix}e_{x_c}^w\\ e_{y_c}^w\end{pmatrix}=\frac{V^*}{V^w}\begin{pmatrix}x-x_w\\ y-y_w\end{pmatrix} \tag{2.84}$$

式中:V^* 为 FGS 成员规则设计时使用的空速值。这样,当 V^w 要求的路径点穿越速度大于或小于 V^* 时,FGS 用于引导飞行器朝着期望的逼近方向的路径点的位置误差就会被放大。

注 2.5 如果 $V^*\to 0$, 式(2.84)可能会发散。然而,这不是一个可操作的有关的条件,因为要求的路径点穿越速度应该根据飞行器的飞行参数来定义,并且必须避免失速。最后,模糊控制器产生的期望航向角为

$$\chi_d=\chi_w+f_\chi(e_{x_c}^w, e_{y_c}^w) \tag{2.85}$$

模糊制导系统基于 Takagi-Sugeno 系统模型,该模型由混合的 IF-THEN 规则描述。使用加权平均解模糊层,定义每个模糊控制器输出为

$$Y=\frac{\sum_{k=1}^{m}\mu_k(X)U_k}{\sum_{k=1}^{m}\mu_k(X)} \tag{2.86}$$

式中:$\mu_i(X)U_i$ 为输入 X 到第 i 个区域的第 i 个隶属函数。

隶属函数是如下形式的高斯曲线的组合:

$$f(X,\sigma,c)=\exp\left(-\frac{(X-c)^2}{\sigma^2}\right) \tag{2.87}$$

模糊规则的定义是根据期望的逼近方向和飞行器角速度的限制,设计了利用最大线速度、角速度和加速度生成可飞轨迹的模糊知识库。模糊制导系统为不同的路径点提供不同的期望航路和航向角指令。高度和速度控制器直接使用 Takagi-

Sugeno 模型实现。对于高度,输入为高度误差 e_z,输出为期望航迹角 γ_d。输入和输出分别用四个模糊集映射。

(1) 对于大的负误差,如果 e_z 为 N_∞ ,那么 γ_d 为 P_∞ 。

(2) 对于小的负误差,如果 e_z 为 N_s, 那么 $\gamma_d = P_s$。

(3) 对于小的正误差,如果 e_z 为 P_s ,那么 γ_d 为 N_s。

(4) 对于大的正误差,如果 e_z 为 P_∞ ,那么 γ_d 为 N_∞ 。

这里,一般的输出常数 P_s 表示输出值 s,常数 N_s 表示输出值 $-s$。

速度控制器与高度控制器相似。三个输入模糊集用于速度误差 e_V ,三个输入模糊集用于产生的 ΔV_d 输出。

(1) 对于负误差,如果 e_V 为 N_∞ ,则 ΔV_d 为 P_s。

(2) 误差接近于零时,如果 e_V 为 ZE,那么 ΔV_d 为 P_0。

(3) 对于正误差,如果 e_V 为 P_∞ ,那么 ΔV_d 为 N_s。

在水平面 xy 上的制导更为复杂。水平面模糊控制器从缩放位置误差 e_{xc}^w, e_{yc}^w 和航向误差 e_χ 中获取输入。将沿 x 轴的误差编码成 5 个模糊集:① N_∞ 为大负横向误差;② N_s 表示较小的负横向误差;③ZE 接近精确对准;④ P_s 表示小的正横向误差;⑤ P_∞ 表示大的正横向误差。

在 y^w 轴上还定义了三组误差:①ZE 为呼叫路径点上空的飞行器;② N_s 为飞行器后面的路径点;③ P_s 为飞行器前方路径点。

最后,将航向误差分成 7 个模糊集进行编码。应用式(2.86),将 m 条模糊规则分成 S 组,每组有 K 条规则, $m=SK$。S 组对应 $x-y$ 平面上的 S 区域。根据上述内容可得

$$Y = \frac{1}{C(X)} \sum_{i=1}^{s} \sum_{j=1}^{K} \mu_i^{xy}(e_{x_c}^w, e_{y_c}^w) \mu_{ij}^{x}(e_x) U_{ij} \tag{2.88}$$

或

$$Y = \frac{1}{C(X)} \sum_{i=1}^{s} \mu_i^{xy}(e_{x_c}^w, e_{y_c}^w) \delta_i^{x}(e_x) \tag{2.89}$$

其中

$$Y = \sum_{i=1}^{s} \frac{\mu_i^{xy}(e_{x_c}^w, e_{y_c}^w)}{C(X)} \delta_i^{x}(e_x) = \sum_{i=1}^{s} \bar{\mu}_i^{xy}(e_{x_c}^w, e_{y_c}^w) \delta_i^{x}(e_x) \tag{2.90}$$

假设其他区域的贡献接近于零,在 p^{th} 区中间固定 $(e_{x_c}^w, e_{y_c}^w)$:

$$Y(e_{Xc}^{wP}, e_{Yc}^{wP}) = \bar{\mu}_p^{xy}(e_{x_c}^{wP}, e_{y_c}^{wP}) \delta_p^{x}(e_x) + \sum_{i=1;i\neq p}^{s} \bar{\mu}_i^{xy}(e_{x_c}^w, e_{y_c}^w) \delta_i^{x}(e_x) \tag{2.91}$$

或

$$Y(e_{x_c}^{wP}, e_{y_c}^{wP}) \approx \bar{\mu}_p^{xy}(e_{x_c}^{wP}, e_{y_c}^{wP}) \delta_p^{x}(e_x) \tag{2.92}$$

由式(2.92)可知,一旦位置误差 $e_{x_c}^{wP}, e_{y_c}^{wP}$ 的模糊集确定,则 e_x 的模糊集的定义

应首先在 xy 平面上查看每个区域，然后将累积结果相加。在此假设下，定义了 7 个模糊集，分别是 $e_x \in \{N_b, N_m, N_s, ZE, P_s, P_m, P_b\}$ ，大的为 b，中为 m，小的为 s。

以下是 FGS 的设计目标。

(1) 按规定顺序到达一组路径点的能力。

(2) 在路径交叉点指定飞行器速度和航向的可能性。

(3) 能够根据任务场景的变化快速重新配置路径点集。

(4) 到达固定路径点以及跟踪和到达移动路径点。

(5) 在一个操作场景中，路径点生成器可以与任务管理系统接口，在需要时更新路径点。

2.3.2 静态障碍物回避

环境的基本表示形式是位姿空间和占用网格。在位姿空间中，给出了环境的维数和所有障碍物的坐标。在占用网格中，环境以特定分辨率指定，个体体素代表自由空间或障碍物[65]。有很多方法来表示地图和飞行器在地图中的位置。自由区域和障碍可以用多面体表示，每个多面体包含一系列顶点或边。这可能是一种非常紧凑的形式，但要确定飞行器和障碍物之间潜在的碰撞可能需要针对一长串边缘进行测试。更简单的表示方法是占用网格。视为环境单元格的网格，每个单元格被标记为已占用或未占用。

运动规划由一套完整的算法实现，如碰撞检查[167]、配置采样[191,333]和路径规划[328]。它可以分为静态的(所有障碍物配置在规划之前已知)或动态的(环境(障碍物)信息只有通过实时感知其局部环境才能为规划人员所知)。

鉴于这些方面的性质是多样和困难的，运动规划领域的大多数现有工作都集中于考虑一般问题的某些版本。执行自主任务规划的能力是无人机关键使能技术之一。开发能够从距离、时间和燃料等方面计算安全有效路线的算法非常重要[349]。

研究静态障碍物路径规划问题的统一框架是配置空间(C-空间)。C-空间的主要思想是用一个称为构型的点来表示飞行器。C-空间是所有可能构型的集合，无 C-区域是 C-空间中没有障碍物的区域。环境中的障碍变成了 C-空间中的 C-障碍。

基于抽样的路径规划方法的主要思想是通过对 C-空间进行抽样来避免 C-障碍的穷尽构造。抽样方案可以是确定性的[352,354]，也可以是概率的[338,350]。关键问题是使用一个有效的网格搜索算法在度量意义上找到最优路径。

定义 2.2 一个度量定义了 C-空间中两个构型之间的距离，C-空间变成了一个度量空间。这个指标可以看作是一架特定飞行器从一个配置到达另一个配置的“cost-to-go”。

网格搜索算法是一种优化技术,可依次执行一个探索和一个开发过程。

(1) 探索过程从开始到目标配置构建一个最小成本的行进图,称为距离函数。

(2) 开发过程是从目标到开始配置的回溯。

准确的环境制图对路径规划过程至关重要[74]。

(1) 拓扑映射表示的特征不参考数值数据,因此在几何上不精确。它由节点和弧组成,顶点表示特征或地标。

(2) 定量或度量映射采用了一种基于路径点或子目标的路径规划的可行的数据结构:草甸图、Voronoi 图、规则占用网格和四叉树映射。

计划既可以是连续的,也可以是离散的[363,395]。连续方法如势场、向量场直方图和 bug 算法,离散方法如可见图规划或 Voronoi 图或 A* 算法[28,30,56,86,323]。

1. 离散方法

在离散规划中,系统通常建模为一个图,称为转换系统。节点表示状态,边表示状态之间的转换,并由支持这些转换的操作标记。基于采样的方法的一个重要特点是在探索过程中自动构造可行轨迹所需的控制器。

虽然许多导航算法直接基于环境描述工作,但有些算法,如 Dijkstra 或 A*,需要一个距离图作为输入。距离图是更高层次上的环境描述。它不包含完整的环境信息,但它支持一个有效的路径规划步骤。四叉树方法识别周围有自由空间的点,而可见性图方法使用的是障碍物的角点。

其他方法可以将几何环境抽象为基于地标的拓扑图。在这张拓扑图上进行规划。为了实现连续运动控制,必须将计划好的路线转换回几何空间。在获取离散路由信息后,需要生成一个符合所有运动学和动力学约束的安全路径,使飞行器从一个节点到达另一个节点。许多规划算法使用 A*、D*、Voronoi 图、概率路线图(PRM)或快速探索随机树(RRT)方法规划到达目的地的路径时解决避障问题。Goerze 在文献[152]中从自主飞行器制导的角度介绍了确定性运动规划算法。

定义 2.3 一个有向图 (N,E) 是一个结构,其中 N 是一组节点或顶点,E 是一组连接节点的边 $(E \subseteq N \times N)$ 。在路径规划中,节点通常代表空间中的位置,而边则决定是否能在这些位置之间过渡。

无人机有严格的有效载荷和功率限制,限制了可用传感器的数量和种类,以收集其周围的环境信息。在文献[196]中,路径的规划是最大化从期望区域收集到的信息量,同时避免禁忌区域。

图搜索算法在给定的环境中寻找一条可行路径。图搜索的例子是确定性图搜索技术,如 A* 搜索算法、Voronoi 图搜索和基于概率抽样的规划者。虽然这些算法主要用于全局路径规划,但为了减少计算时间,也可以通过修改算法来实现机动和规划。

微分约束自然产生于智能自主飞行器的运动学和动力学。当纳入规划过程时,会产生一条已经满足约束条件的路径[318]。由于差分约束下规划困难,因此几乎所有的规划算法都是基于抽样的组合算法。从初始状态 X_0 开始，应用所有的离散化动作序列就可以形成可达性树。基于抽样的算法通过探索由离散化导出的一个或多个可达性树来进行。在某些情况下，可以将树捕获到规则的晶格结构上。在这种情况下，规划变得类似于网格搜索。通过将标准的图搜索算法应用到格中，可以找到解的轨迹。如果没有找到解决方法，则可能需要增加分辨率。

允许飞行器自主快速计算三维航线的规划算法也可以遵循启发式方法[405]。这个算法是在一个虚拟世界中开发和验证的，这个虚拟世界复制了飞行器在其中飞行的真实世界。真实世界的元素，如地形和障碍物，可以表示为基于网格的模型。这种算法也是基于图的，但目的是增加探索空间的部分，用迭代的方法识别三维空间中的几个节点。

1）确定性方法

这里提出几种方法，主要是基于可见性图的构造。

按照这种方法，图中的节点是飞行器飞行要经过的候选路径点，每个弧代表它们之间的一个近似路径。为了建立可见图，必须确定节点的集合和没有相交障碍物的连接它们的弧。

（1）可见度图。可见度图使用的是障碍物的角点。如果表示环境为一个配置空间，那么所有障碍的多边形描述都是可用的。障碍物边界线的起始点和结束点的列表，加上自动飞行器的起始点和目标位置，然后通过连接每一个节点的位置来构造一个完整图。最后，删除所有与障碍物相交的线，只留下可以从一个节点飞到另一个节点的直线。算法 2.1 的特点如下：设 $V=\{v_1,\cdots,v_n\}$ 为该多边形在构型空间中的顶点集合（除了起始构型和目标构型）。为了构造可见图，必须确定对 $v\in V$ 可见的其他顶点。最明显的判断方法是测试所有线段 $vv_i, v\neq v_i$，看它们是否与任何多边形的边相交。一种更有效的方法是旋转扫描算法。对于计算从 v 可见的顶点集的问题，使用了从 v 发出的半线扫描线 I 和旋转扫描线 I（从 0 到 2π）。

这个算法增量地维护与 I 相交的边集，按到 v 的距离增加的顺序排序。如果顶点 v_i 对 v 可见，那么应该将它添加到可见图中。

可以直接确定 v_i 对 v 可见，设 S 为与 v 发出的半直线相交的边的排序列表，随着算法的运行逐步构建集合。如果线段 vv_i 不与 S 中的闭合边相交，如果 I 不位于与 v 相合的两条边之间（扫描线不与 v 处障碍物的内部相交），则 v_i 从 v 中可见[86]。

（2）Voronoi 算法 对一组平面点（称为位点）的 Voronoi 细分是一组 Voronoi 单元。每个单元格对应一个边，由所有的点组成比其他站点更接近它的站点。单元格的边缘是与两个最近的位置等距的点。一个广义 Voronoi 图包含通过测量到物体而不是点的距离来定义的单元。

算法 2.1 可见性算法

1. input:一组顶点 $\{v_i\}$ (其边不相交)和一个顶点 v。
2. output:来自 $\{v_i\}$ 的在 v 的 LOS 内的顶点的子集。
3. 对于每个顶点 v_i;计算 α_i,即水平轴与线段 vv_i 之间的角度
4. 创建顶点列表 ε,包含按递增顺序排列的 α_i
5. 创建活动列表 S,包含与 v 发出的水平半线相交的边的排序列表。
6. 对于所有 α_i 遍历
7. if v_i 对 v 是可见的
8. 将边缘 (v,v_i) 添加到可见图中
9. end if
10. if v_i 是一条边 E 的开始,而不是 S,那么
11. 将边 E 插入 S
12. end if
13. if v_i 是 S 中的一条边的末端
14. 从 S 中删除边
15. end if
16. end for

定义 2.4 平面普通 Voronoi 图:在欧几里得平面上给定一组有限数目的不同点,该空间中的所有位置都与该点集欧几里得距离最近的成员相关联。其结果是将平面细分成一组与点集成员相关的区域。这种细分称为平面普通 Voronoi 图,由点集和构成 Voronoi 图普通 Voronoi 多边形的区域生成[240]。

在恶劣的环境中,Voronoi 图可以将由随机分散的点定义的空间分解为独立的单元,每个单元包含一个点,该点比其他点更接近单元中的所有元素[97]。利用 Delaunay 三角剖分法及其对偶 Voronoi 图构造了该图。这个单元分解的过程开始于一个先验知识的位置和散射点的数目。由三个 Voronoi 点组成的三角形,不包括这个该外接圆内的任何其他点,称为 Delaunay 三角剖分。通过连接所有的边,形成多边形,这些多边形构成 Voronoi 图。

考虑到三维网络的公式,由于三维 Delaunay 方法的唯一性:区域多面体、最近多面体和凸多面体[360],采用三维 Delaunay 方法对空间进行划分。

因为很难精确地控制飞行器沿着最小距离的路径飞行。为了避免与障碍物碰撞,采用了许多基于轮廓的路线图方法。Voronoi 方法构建一个与障碍物最大距离的轮廓、并找到跟随这个轮廓的最小距离路径。该算法是一个二维算法且不是最优的。Voronoi 图是度量空间的一种特殊分解形式,该度量空间由到空间中特定离散对象集的距离决定[240]。给定一组点 S,生成相应的 Voronoi 图,每个点 P 都有自己的 Voronoi 节点,该节点由所有比其他点更接近 P 的点组成。多边形之间的边界点是距离共享生成器[28]的点的集合。

Voronoi 算法的工作原理是构造一个与障碍物距离最小的点轮廓。该算法定义了环境中的自由空间 F（白色像素点）和占用空间 F'（黑色像素点），$b' \in F'$ 是 $p \in F$ 的一个基点，当且仅当 p 与 b 距离最小时，与 F' 中所有其他点相比，Voronoi 图 = $\{p \in F \mid p$ 至少有两个基点$\}$。如果算法的逻辑要求在增量更新过程中删除节点集以形成树，那么提供随后执行的代码部分，除了树以外的任何部分都可能导致代码循环或崩溃。同样，如果要在 Voronoi 算法 2.2 中插入一个新的节点，那么代码可能随后需要访问该节点的坐标。

算法 2.2 给出了典型的计算单元。第 1 行设置为最大精度，而第 3 行计算一些数据。第 4 行检查拓扑和条件，第 6 行放松 ε 阈值，第 7 行确保重置 ε。第 10 行检查输入的可靠性，第 13 行修复输入数据中的问题。最后，第 14 行将"正确"替换为"可能最佳"。如果 ε 阈值的放宽和多级恢复过程的启发式没有帮助计算满足拓扑条件的数据，那么代码最终进入"绝望模式"，因为"最佳"被"可能最佳"取代。

这个方法的一个问题是它允许直线非常接近障碍物，所以这只适用于理论上的点机器人。然而，在应用该算法之前，只要将每个障碍物的最大尺寸增大至少一半，就可以很容易地解决这一问题。

算法 2.2　Voronoi 算法

```
1. ε =下界
2. 重复
3.x=Compute Data ( ε )
4. 成功=Check Conditions (x, ε )
5. 如果(不成功) 那么
6.ε =10ε
7. 适当地重置数据结构
8. 直到(成功或 ε >上限)
9.ε =下界
10.if (不成功) 那么
11. 非法=Check Input ()
12.if(非法的)那么
13. 本地数据清洗
14. 用抓取到的数据重新开始计算
15.else
16.x=Desperate Mode()
```

（3）Dijkstra 算法。它是一种计算全连通图中从给予器开始节点开始的所有最短路径的方法。循环中需要所有节点之间的相对距离信息，在每一步中选择距离最短的节点，然后计算到其所有邻居的距离，并存储路径前导。与每条边相关的成本通常是距离,但其他标准,如安全和间隙也可以纳入成本函数。

算法 2.3 的工作原理是为每个顶点保持从起始顶点的最短路径距离。此外,每个顶点共用一个反向指针,指示从起点开始的最短路径从哪个相邻顶点开始。因此,通过跟随返回指针回到起始顶点,可以读取到某个顶点的最短路径。从开始顶点开始,最短路径距离通过图传播,直到所有顶点都收到了它们的实际最短路径距离。

Dijkstra 算法解决单源最短路径问题的加权有向图 $G = (V,E)$ 的情况下所有边的权值非负, $w(u,v) > 0$ 为每条边 $(u,v) \in E$。这个算法生成一组顶点集 S,其最短路径权重从源 s 已经确定。算法反复选择顶点 $u \in V - S$。用最小最短路径估计,将 u 加入 S,松弛所有离开 u 的边。

算法 2.3　Dijkstra 算法:Dijkstra

1. 初始化信号源(G,s)
2. $S = \varnothing$
3. $Q = G.V$
4. 当 $Q = \varnothing$
5. u = EXTRACT - MIN(Q)
6. $S = S \cup \{u\}$
7. 对于每个向量 $v \in G.Adj[u]$
8. RELAX (u,v,w)

Dijkstra 算法(算法 2.3)的工作原理如下:第 1 行初始化 d 和 values,第 2 行初始化集合 S 为空集。算法保持不变, $Q = V - S$ 在第 4~8 行 while 循环的每次迭代开始时。第 3 行初始化了最小优先级队列,它包含了 v 中的所有顶点。因为当时 $s=0$,所以第 3 行之后不变式为真。每次通过第 4~8 行 while 循环,第 5 行从 $Q=V-S$ 中提取一个顶点 u,第 6 行将它添加到集合 S 中,从而保持不变。因此,顶点 u 具有 $V-S$ 中任何顶点的最小最短路径估计。然后,第 7~8 行放松离开 u 的每条边 (u,v),从而更新估计 $v.d$ 和它的前身 $v.\pi$(如果到 v 的最短路径可以改进)。

因为 Dijkstra 算法总是选择 $V-S$ 中最轻或最近的顶点添加到集合 S 中,所以称之为贪婪策略。贪婪算法通常不会产生最优结果,但 Dijkstra 算法可适用于计算最短路径。也可以提出一些混合方法。其中一种方法是用 Dijkstra 算法建立可见图来寻找从每个节点到目标的近似最短路径,最后实现混合整数线性规划(MILP)滚动时域控制来计算最终轨迹。

(4) A* 算法。A* 算法(算法 2.4)基于 Dijkstra 算法(算法 2.3)。它将图表中的搜索集中在目标上。在目标函数中添加一个启发值。它必须是从当前顶点到目标顶点的距离的一个下界估计。启发式算法计算从一个给定的起始节点到一个给定的目标节点的最短路径。要求所有节点之间具有相对距离信息的距离图加上每个节点到目标的距离下界。在每一步中,只扩展当前的最短路径,加入距离最短的相邻节点,包括估计到目标的剩余距离。当目标顶点在优先队列中经过处理后,算法停止。

算法 2.4　A* 算法

---

1. input:一张图
2. output:开始节点和目标节点之间的路径
3. 重复
a. 从 O 中选取 n_{best} 使得 $f(n_{best})<f(n)$
b. 从 O 中取出 n_{best} 并添加到 C
c. if $n_{best}=q_{goal}$,退出循环
d. 扩展 n_{best}: 对所有不在 C 中 $x\in Star(n_{best})$
e. if $x\notin O$ 则
f. 将 x 加到 O
g. else if $g(n_{best})+C(n_{best},x)<g(x)$ 则
h. 更新 x 的后指针指向 n_{best}
i. end if
4. 直到 O 为空

这种方法的伪代码可以写成算法 2.4。如果允许使用启发式,即对所有 s, $h(s)<c^*(s,s_{goal})$,则 A* 保证在最优运行时间内找到最优解。如果启发式也是一致的,即 $h(s)<c^*(s,s')+h(s')$,则 A* 算法可以证明没有任何状态扩展超过一次。A* 算法有一个优先级队列,它包含一个按优先级排序的节点列表,由图中到起始节点的距离和启发式的总和决定。放入优先队列的第一个节点是开始节点。接下来,展开开始节点,将开始节点的所有相邻节点放入按其相应优先级排序的优先队列中。这些节点可以自然地嵌入到自主飞行器的空闲空间中,因此具有对应于在相邻节点之间遍历所需成本的值。A* 算法的输出是一个反向指针路径,这是一个从目标开始并返回起点的节点序列。与 Dijkstra 算法的不同之处在于,A* 算法以最小值 $g(s)+h(s)$ 展开开放状态 s,其中 $h(s)$ 是估算从 s 移动到 s_{goal} 的成本的启发式方法。设 $c^*(s,s')$ 表示 s 与 s' 之间的最优解的代价。"打开列表"保存关于作为候选解决方案找到的父节点的信息。网格中的三维单元不仅有在相同高度上使用的邻近元素,而且有在上面和下面位置的单元节点。输出的 A* 算法是一个反向指针路径,它是从目标开始并返回到起点的一系列节点。其中使用了另外两种结构:一个开放集合 O 和一个封闭集合 C。开放集合 O 是优先队列,封闭集合 C 包含所有已处理的节点[86]。当前点与目标点之间的欧几里得距离除以最大可能标称速度,可以作为启发式函数使用。这种选择保证了启发式成

本总是低于从给定节点到达目标的实际成本,从而保证了最优解的存在。

轨迹基元在基于采样的路径规划中提供了一种有用的局部求解方法。算法以较低的计算成本在复杂环境中生成可行但次优的轨迹。对传统轨迹基元的扩展允许在整个路径上进行连续航向和飞行轨迹角度的三维机动。这些扩展包括简单的转换和附加的机动,可以保持局部规划问题的封闭解,保持较低的计算成本[188]。

2）概率方法

基于采样的运动规划算法已经被设计并成功地用于计算各种环境的概率完整解决方案。两个最成功的算法包括概率路线图法和快速搜索随机树法。在高层次上,随着随机生成更多样本,这些技术通过获得更多自由空间的连通性来提供无碰撞路径[320]。

（1）概率路线图法(PRM)。该方法对地图单元进行稀疏采样,分查询和规划两阶段生成路径。查询阶段使用规划阶段的结果来找到从初始配置到最终配置的路径。规划阶段在自由空间中找到 N 个随机点。每个点通过一条不跨越任何障碍的直线路径与它最近的邻居相连,从而形成网络或图,具有最少数量的不相交组件,没有循环。图的每条边都有一个相关的代价,即节点之间的距离。这个计划器的一个优点是,一旦规划阶段创建了路线图,目标和起点就可以很容易地更改。只有查询阶段需要重复。

PRM 算法结合了路线图的离线构造和从路线图中随机在线选择适当的路径。但由于路线图的离线构建,因此该算法无法在快速变化的环境中应用。

上面描述的路线图方法能够在给定路径上找到最短路径。大多数路径规划方法要处理的问题是如何创建这样的图。为了对路径规划应用程序有用,路线图应该很好地表示空闲配置空间的连通性,并覆盖该空间,以便任何查询配置都可以轻松地连接到路线图。PRM 方法是一种概率完备方法,能够解决任意高维配置空间中的复杂路径规划问题。PRM 的基本概念是,与其尝试对所有 C-空间进行采样,不如对其进行概率采样。这个算法分两个阶段运行,路线图构建阶段在 C-空间中构建路线图,查询阶段使用路线图进行概率搜索以加快搜索速度。

① 路线图构建阶段:它试图捕获自由配置空间的连接性。在自主飞行器 C-空间中构造了一个无向无环图,当且仅当路径点对应的节点之间有一条路径时,边连接节点。图的生长是通过在 C-空间中随机选择新的位置实现的,并试图找到一条从新位置到图中已有节点之一的路径,同时保持图的非循环性。这依赖于一个局部路径规划器来识别从随机选择的位置和图中的一个或多个节点可能的路径。何时停止构建图的选择和本地路径规划器的设计是特定于应用程序的,尽管有时可以保证性能。局部规划(m 个里程碑,e 条边)使用局部规划器连接附近的里程碑并形成路线图。局部规划检查两个里程碑之间是否有本地路径,该路径对应于路线图上的边缘。地方规划有许多方法可用。最常见的方法是将两个里程碑之间

的路径离散化为 n_i 个步骤，当所有中间样本都是无碰撞的时候，局部路径就存在，在这些步骤上执行离散碰撞查询。它是 PRM 算法中最昂贵的部分。

②查询阶段：当两个配置 s 和 g 之间需要一条路径时：首先从 s 找到路线图中的节点 $\bar{s}$，从 g 找到路线图中的某个节点 $\bar{g}$；然后路线图用于在 $\bar{g}$ 和 $\bar{s}$ 之间导航。在每次查询之后，节点 s 和 g 以及连接它们到图的边可以添加到路线图中。与学习阶段一样，查询阶段依赖启发式路径规划器在配置空间中查找局部路径。

在简单的情况下，局部规划者应该能够在很短的时间内找到两种构型之间的路径。给定一个配置和一个本地规划器，可以定义本地规划尝试将成功的一组配置。这个集合称为某个局部规划器下节点的可见性区域。可见性区域越大，当地规划者的作用就越大。算法 2.5 中最直接的抽样方案是在配置空间上均匀随机抽样配置。

算法 2.5　路标算法

1. 节点 ← 样本 N 个节点随机配置
2. 对所有节点
3. 找到最近的邻居
4. if 碰撞检查和 $\gamma<\gamma_{\max}$，那么路线图←边缘
5. end

对每个节点进行最近邻搜索。在两个节点之间建立边缘连接之前，在构建阶段必须满足约束条件。

（2）快速探索随机树法(RRT)。该方法能够考虑飞行器的运动模型。保持一个飞行器构型的图，每个节点为一个构型。图中的第一个节点是飞行器的初始构型，选择一个随机的构型，并找到构型最接近的节点。从成本函数(包括距离和方向)来看，这一节点很近。在一段固定的时间内，通过计算将飞行器从"近"构型移动到随机构型的控制。它到达的节点是一个新的节点，将这个节点添加到图中。距离测量必须考虑到位置和方向上的差异，并要求对这些量进行适当的加权。如果随机点位于障碍物内，它将被丢弃。结果是一组路径或路线图。树由可行轨迹组成，可行轨迹是通过向随机生成的目标状态扩展分支在线建立的。

快速展开随机树方法适用于快速搜索既有代数约束又有微分约束的高维空间。其关键思想是通过在状态空间中采样点，并逐步将探索树拉向未探测的部分，使探索偏向空间中未探测的部分，从而快速、一致地探索甚至高维的状态空间。一个图形结构必须由位于探测位置的节点和描述从一个节点移动到另一个节点所需的控制输入的边组成。由于 Voronoi 区域较大的顶点被选择为 X_{near} 的概率较高，并且被尽可能地拉到随机选择的状态，所以较大的 Voronoi 区域的大小随着树的生长而减小。因此，该图对状态空间进行了均匀快速的探索。

基本 RRT 算法 2.6 的操作如下：总体策略是从初始状态到目标状态增量地生长一棵树，这棵树的根是初始状态。在每次迭代中：首先取一个随机样本并计算它在树中的最近邻居；然后通过向随机样本增长最近的节点来创建一个新节点。

算法 2.6 RRT 基本算法

1. 建立 RRT (X_{init})
2. G_{sub},init(X_{init})
3. 对 $k=1$ 到最大迭代次数做
4. x_{rand}← RANDOM-STATE()
5. x_{near}← NEAREST-NEIGHBOR(X_{rand},G_{sub})
6. $U_{best\,t}$,X_{new},success ← CONTROL(X_{near},X_{rand},G_{sub});
7. if 成功
8. G_{sub}.add-vertex x_{new}
9. G_{sub}.add-edge X_{near},X_{new},U_{best}
10. Return G_{sub}
11. RRT-EXTEND
12. $V \leftarrow \{X_{init}\}, E \leftarrow \phi, i \leftarrow 0$;
13. While $i<N$,重复
14. $G \leftarrow (V,E)$
15. x_{rand}←Sample(i);$i \leftarrow i+1$)
16. (V,E)←Extend(G,X_{rand}))
17. end

对于每一步：首先在状态空间中选择一个随机状态 X_{rand}；然后在树中选择最接近度量 ρ 中的 X_{rand} 的 X_{near}。输入 $u \in U$，输入集，用于 Δt，从 X_{near} 向 X_{rand} 移动。在潜在的新状态中，选择尽可能接近 X_{rand} 的状态为新状态 X_{new}。新状态作为新顶点添加到树中。这个过程一直持续到 X_{new} 到达 X_{goal}。

为了提高 RRT 的性能，人们已经开发了一些技术，如偏置采样和降低度量灵敏度。在分解过程中，混合系统模型通过将控制器切换到单元上，有时会对提高 RRT 的性能有所帮助。另一种可能性是追踪从目标向后生长的填充空间的树。

2. 连续方法

1）滚动时域控制

滚动时域控制是模型预测控制的一种变体，它在有限规划时域上反复在线求解约束优化问题。在每次迭代中，总路径的一部分将使用飞行器的动态模型来预测其未来的行为。一系列的控制输入和结果状态产生，满足运动动力学和环境的约束，并优化一些性能目标。这些输入中只有一个子集是实际执行的，并且随着飞机机动和新的测量可用,重复优化。当在线探索环境时,这种方法特别有用。

2) 混合整数线性规划

混合整数线性规划(MILP)将避碰问题归结为带有一系列约束条件的优化问题。目标或目标函数是最小化遍历几个路径点所需的时间。这些约束来自于问题约束(飞行速度、转弯半径)及飞行器必须与障碍物和其他飞行器保持安全距离。

包括避碰在内的自主飞行器轨迹优化可表示为一组线性约束,涉及整数变量和连续变量,称为混合整数线性规划。文献[362]中的混合整数线性规划方法使用间接分支定界优化,将问题重新表述为线性形式,并使用商业软件来解决 MILP 问题。其中演示了单一飞行器避碰应用程序,然后,对该方法进行了推广,允许以给定的顺序访问一组路径点。混合整数线性规划可以将连续线性规划扩展为包括二进制或整数决策变量来编码逻辑约束和离散决策以及连续自主飞行器动力学。文献[374]提出了基于 MILP 的最优路径规划方法。将自主飞行器轨迹生成问题表述为在一定条件下的欧几里得空间三维优化问题,以一组决策变量、一组约束条件和目标函数为特征。决策变量为自主飞行器的状态变量,即位置和速度。约束是由一个简化的自动飞行器模型和它的环境导出的。这些限制包括以下几方面。

(1) 动力学约束,如导致最小转弯半径的最大转弯力以及最大爬坡率。

(2) 像禁飞区这样的障碍规避限制。

(3) 达到特定路径点或目标约束的目标。

目标函数包含了解决该问题的不同质量度量,尽管最重要的标准是最小化达到目标的总飞行时间。由于 MILP 可以看作是一种几何优化方法,因此在 MILP 公式中通常会有一个围绕自主飞行器的受保护空域设置。由于观测的不确定性和意外的飞行器动力学而产生的随机性可以通过增加受保护空域的大小来处理。MILP 公式的一个优点是它能够在路径点之间进行非均匀时间步长的规划。这种方法的一个缺点是,它要求将问题的所有方面(动力学、所有路径时间点的顺序和碰撞避免几何体)指定为精心设计且通常包含许多线性约束的长列表,然后,解算器的任务基本上是找到同时满足所有这些约束的解决方案[390]。

MILP 解算器采取目标和约束,并试图通过操纵单个飞行器在每个时间步上转弯的力来找到最优路径。MILP 是一种优化的方法,但它的计算量呈指数增长[362,374]。

3) 经典势场法

人工势场法是一种基于电场的避碰算法。

把障碍物建模为排斥电荷,目的地(路径点)建模为吸引电荷。然后用这些电荷的总和来确定最安全的行进方向。

设 $\boldsymbol{X}=(x,y,z)^{\mathrm{T}}$ 为无人机当前在空域的位置。通常选择的吸引势是标准的抛物线,它随着到目标的距离二次增长,即

$$U_{\text{att}} = \frac{1}{2}k_{\text{a}}d_{\text{goal}}^2(\boldsymbol{X}) \tag{2.93}$$

式中：$d_{\text{goal}} = \|\boldsymbol{X} - \boldsymbol{X}_{\text{goal}}\|$ 为无人机当前位置 $\boldsymbol{X}$ 到目标 $\boldsymbol{X}_{\text{goal}}$ 的欧几里得距离；k_{a} 为比例因子。

所考虑的引力为引力势的负梯度：

$$\boldsymbol{F}_{\text{att}}(\boldsymbol{X}) = -k_{\text{a}}(\boldsymbol{X} - \boldsymbol{X}_{\text{goal}}) \tag{2.94}$$

当无人机接近目标，通过设置飞行器速度向量与向量场力成比例，力 $\boldsymbol{F}_{\text{att}}(X)$ 驱动飞行器以一个速度下降。

潜在的排斥力使飞行器远离障碍物。当无人机距离障碍物越近时，这种排斥势越强，当无人机距离障碍物越远时，这种排斥势的影响越小。障碍物 i 可能产生的排斥势为

$$U_{\text{rep}_i}(\boldsymbol{X}) = \begin{cases} \frac{1}{2}k_{\text{rep}}\left(\frac{1}{d_{\text{obs}_i}(\boldsymbol{X})} - \frac{1}{d_0}\right)^2 & d_{\text{obs}_i}(\boldsymbol{X}) \leqslant d_0 \\ 0 & \text{其他} \end{cases} \tag{2.95}$$

式中：i 为无人机附近障碍物的个数；$d_{\text{obs}_i}(\boldsymbol{X})$ 为到 i 的最近距离；k_{rep} 为缩放常数；d_0 为障碍影响阈值。

力 $F_{\text{rep}_i}(x)$ 可以表示为

$$\boldsymbol{F}_{\text{rep}_i}(\boldsymbol{X}) = \begin{cases} k_{\text{rep}}\left(\frac{1}{d_{\text{obs}_i}(\boldsymbol{X})} - \frac{1}{d_0}\right)\hat{\boldsymbol{e}}_i & d_{\text{obs}_i}(\boldsymbol{X}) \leqslant d_0 \\ 0 & \text{其他} \end{cases} \tag{2.96}$$

式中：$\hat{e}_i = \frac{\partial d_{\text{obs}_i}}{\partial X}$ 表示排斥力方向的单位向量，有

$$\begin{pmatrix} \dot{x}_{\text{d}} \\ \dot{y}_{\text{d}} \\ \dot{z}_{\text{d}} \end{pmatrix} = -(\boldsymbol{F}_{\text{att}}(\boldsymbol{X}) + \boldsymbol{F}_{\text{rep}_i}(\boldsymbol{X})) \tag{2.97}$$

通过势场法计算出所需的全球速度后，也可以得到相应的所需线速度 V_{d} 和姿态 χ_{d}、γ_{d}：

$$\begin{cases} V_{\text{d}} = k_{\text{u}}\sqrt{\dot{x}_{\text{d}}^2 + \dot{y}_{\text{d}}^2 + \dot{z}_{\text{d}}^2} \\ \gamma_{\text{d}} = a\tan2(-\dot{z}_{\text{d}}, \sqrt{\dot{x}_{\text{d}}^2 + \dot{y}_{\text{d}}^2}) \\ \chi_{\text{d}} = a\tan2(\dot{y}_{\text{d}}, \dot{z}_{\text{d}}) \end{cases} \tag{2.98}$$

引入增益 k_{u} 是为了在速度指令的加权中获得额外的自由度，设计了俯仰角和偏航角制导律，使飞行器的纵轴转向与势场的梯度一致。侧滚角制导律的设计是为了维持水平飞行。

谐波场方法有助于避免经典势场方法的局部极小问题[56]。

2.3.3 移动障碍物避障

智能自主飞行器要求一种避碰算法,也称为感知避碰算法,用来监视飞行并警告飞行器进行必要的避碰机动。现在的挑战是在开放和动态环境下的自主导航,即环境包含移动物体或其他飞行器作为潜在的障碍,它们的未来行为是未知的。考虑到这些特点,需要解决三类主要问题[316]。

(1) 动态环境中的同步定位和映射。这个问题将在第 3 章讨论。

(2) 运动障碍的检测、跟踪、识别和未来行为预测。

(3) 在线运动规划和安全导航。

在这样的框架下,智能自动驾驶飞行器必须不断地使用机载传感器和其他手段来进行性能表征。就运动物体而言,该系统必须处理诸如快速机动车辆的出现、消失和临时遮挡等问题。它必须对它们未来的行为进行推理,从而做出预测。智能自主飞行器必须面对双重约束:可用于计算安全运动的响应时间约束(环境动态性的函数)和计划运动的时间有效性约束(预测有效期的函数)。

在充满动态物体和其他飞行器的先验未知环境中进行路径规划是一个热门的研究领域。它可以通过使用显式的时间表示将问题转化为等效的静态问题,然后用现有的静态规划器来解决。然而,这增加了表示的维度,并需要周围物体的精确运动模型。增加维度带来了生成计划的计算量增加(时间和内存),而运动建模则引入了复杂的预测问题。

针对静态和移动障碍有各种各样的方法,这些方法大多基于碰撞锥方法。通常,避碰是通过使用自动制导跟踪距离障碍物距离的路径点来实现的。

大气是动态的。云的行为非常复杂。通常,在飞行器航行中,应该避免云层和湍流。可以把它们认为是移动的障碍,有几种方法可以模拟它们在复杂环境中的行为。云/湍流的物理建模可以使用高斯色散方法来完成,该方法使用统计色散技术来预测云的行为。另一种建模方法是将无人机拾取的点定义为顶点 $\{v_i, i = 1, \cdots, N\}$,顶点由常曲率 $\{\kappa_{ij}\}$ 的线段连接,在顶点处有 C^2 接触。Splinegon 表示假定顶点的分布相当均匀[378]。每个顶点都有一个曲率和长度,这些可以用来确定每个分段的矩阵。

文献[373]中提出的工作是开发一种算法,在通过任意数量的可能移动但非机动的障碍物时保持一定的安全距离。从三维碰撞锥条件出发,采用输入-输出线性化设计非线性制导律[79]。考虑闭环制导回路的收敛性和性能特性,确定剩余的设计参数。在此基础上,提出了一个约束优化的制导框架,该框架能同时避开多个障碍物,同时兼顾其他任务目标。

1. D*算法

D*算法有很多对现实应用中有用的特性。它是A*算法的一个扩展,通过环境的变化速度比飞行器慢得多的环境图找到最小成本路径。它将占用网格概括为沿水平和垂直方向遍历每个单元的成本图 $c \in \mathbb{R}$。对角遍历单元格的代价是 $c\sqrt{2}$。对于障碍物对应的细胞,$c = \infty$。D*算法的关键特性是它支持增量式重新规划。如果某条路径的代价高于预期,D*算法可以逐步重新规划以找到更好的路径。增量重规划比完全重规划的计算成本更低。尽管D*算法允许在成本图变化时重新计算路径,但它不支持变化的目标。它修复了图形,允许在动态环境中进行有效的更新搜索。

D*领域与D*算法一样也是一种增量搜索算法,适用于未知环境下的导航。它对未知空间进行假设,并找到一条从当前位置到目标花费最少的路径。当探索一个新的区域时,更新地图信息,如果有必要的话,需要重新规划路线。这个过程会不断重复,直到目标实现,或者发现目标无法实现(例如由于障碍)。A*算法也可以采用类似的方法[106]。

设计D*算法2.7用来局部修复图,允许在动态环境中进行有效的更新搜索,因此有了术语D*。D*最初确定从目标开始的路径,并使用稍微修改的Dijkstra搜索返回到开始。修改涉及对启发式函数的更新。每个单元都包含一个启发值 h,对于D*算法来说,它是对从特定单元到目标的路径长度的估计,而不是像A*算法那样是到目标的最短路径长度。这些 h 值会在初始Dijkstra搜索过程中更新,以反映障碍物的存在。最小启发式值 h 是对到达目标的最短路径长度的估计。h 和启发式值都将随着D*搜索的运行而变化,但它们在初始化时是相等的[86]。

算法2.7 D*算法

1. input:所有状态列表 $x \in L$
2. output:更新目标状态(如果它是可到达的)和状态列表 L,以便后退指针列表描述从开始到目标的路径。如果目标状态无法达到,返回NULL
3. 对于每一个 $x \in L$
4. $t(X)$更新
5. end for
6. $h(G)=0; 0=\{G\}; X_c=S$
7. 下面的循环是Dijkstra搜索初始路径
8. 重复
9. k_{min}=process-state$(0,L)$
10. 直到$(k_{min}>h(x_c))$ 或$(k_{min}>-1)$
11. P=Get-Pointer-list(L,X_c,G)

```
12. if P是空集,进行下一步
13. return(Null)
14. end if
15. end repeat
16. end for
17. X_c 是 P 的第二个元素,移动到 P 的下一个状态
18. P=Get-Back-Pointer-List(L,X_c,G)
19. 直到 X_c =G
20. return(X_c)
```

符号:X 表示状态;O 为优先队列;L 是所有状态的列表;S 为启动状态;$t(x)$ 为相对于优先队列的状态值① $t(x)$:如果 x 从未在 O 中,则更新;② $t(x)$:如果 x 当前在 O 中,则打开;③ $t(x)$:如果 x 在 O 中,但当前不是,则关闭。

2. 人工势场

谐波势场方法的工作原理是将目标、环境的表示和行为的约束转换为参考速度向量场[331]。

问题 2.6 求解

$$\nabla^2 V(P) = 0 \quad P \in \Omega \tag{2.99}$$

满足 $P = \Gamma$ 时 $\quad V(P) = 1, V(P_r) = 0$

利用梯度动力系统可以产生一条可证明正确的路径:

$$\dot{P} = - \nabla V(P) \tag{2.100}$$

谐波势场方法可以通过可证明正确的方式结合方向约束和区域回避约束,以规划到目标点的路径。可使用边值问题(BVP)生成导航势。

问题 2.7 解决

$$\begin{cases} \nabla^2 V(P) = 0, P \in \Omega - \Omega' \\ \nabla(\sum(P) V(P)) = 0, P \in \Omega' \end{cases} \tag{2.101}$$

满足 $P = \Gamma$ 时 $\quad V(P) = 1, V(P_r) = 0$, 即

$$\sum(P) = \begin{pmatrix} \sigma(P) & 0 & \cdots & 0 \\ 0 & \sigma(P) & \cdots & 0 \\ 0 & \cdots & 0 & \sigma(P) \end{pmatrix} \tag{2.102}$$

利用式(2.100)中的梯度动力系统,可以简单地得到一个可证明正确的目标轨迹,该轨迹执行区域回避和方向约束。该方法可以修改为考虑模糊性,这种模糊性阻止将环境划分为允许区域和禁止区域[331]。

动态力场可以根据飞行器的位置和速度来计算。该力场采用标量修正的方法在飞行器前部产生一个更大、更强的力场。因此,一架飞行器对另一架飞行器施加的力可以通过飞行器施加的力与飞行器感受到的力的差值来计算。此外,还进行

了二次计算,将施加的力缩放到力带中。这个比例是通过确定所施加的力和感受到力的飞行器轴承之间的差异来计算的。最后,将排斥力相加,按比例缩放,再加上一个恒定大小的引力。这个合成向量由最大转向速率约束,然后用来通知飞行器它的下一个机动;发送给飞行器一个新的目标路径点。

当一架飞行器接近它的目的地时,由于它开始忽略其他飞行器,因此有必要扩大它的力场,使力在更大的距离上作用于非优先级飞行器。这种组合允许优先级大的飞行器直接飞向目标,同时通过扩大的力场为其他飞行器提供早期预警。

人工势场法在文献[365]中进行了改进,以处理特殊情况,包括优先级系统和技术,以防止飞行器绕其最终目的地飞行。由于许多无人机必须在有限的高度范围内操作,因此可以施加二维限制。每个无人机系统都有一个最大的操作高度,最小的高度可能由隐身或应用要求决定。

文献[95]提出了一种基于流体力学面板法的势场障碍算法的设计与实现;用谐波模型对障碍物和无人机目标位置进行函数建模,从而避免了局部极小值的存在;该方法应用于固定翼飞机的自动控制,且仅依赖于根据飞机上传感器更新的局部环境地图。为了避免因无人机尺寸造成的碰撞可能性,扩大了检测到的障碍物。考虑到探测到的障碍物近似为矩形棱镜,其展开方式是将障碍物的面向外移动,其量等于翼展。确保清除障碍物的最小值是半跨。然后障碍物进一步扩展,形成棱镜。

3. 在线运动规划器

虚拟网络由一组有限的点 $X_e(R)$ 组成,这些点对应于一组有限的规定相对位置[400]:

$$\begin{cases} R \in \mathbb{M} = \{R_1, R_2, \cdots, R_n\} \subset \mathbb{R}^3 \\ X_e(R_k) = (R_k, 0)^{\mathrm{T}} = (R_{x,k}, R_{y,k}, R_{z,k}, 0, 0, 0)^{\mathrm{T}}, k = 1, 2, \cdots, n \end{cases} \tag{2.103}$$

式中:当速度状态为 0 时, n 为虚拟网络中的点数。

障碍物的位置和不确定性用椭球体表示。以位置 $\boldsymbol{q} \in \mathbb{R}^3$ 为中心的集合 $\mathbb{O}(\boldsymbol{q}, \boldsymbol{Q})$ 用于超越障碍物的位置:

$$\mathbb{O}(\boldsymbol{q}, \boldsymbol{Q}) = \{\boldsymbol{X} \in \mathbb{R}^6, (\boldsymbol{SX} - \boldsymbol{q})^{\mathrm{T}} \boldsymbol{Q} (\boldsymbol{SX} - \boldsymbol{q}) \leqslant 1\} \tag{2.104}$$

式中, $\boldsymbol{Q} = \boldsymbol{Q}^{\mathrm{T}}, \boldsymbol{S} = \begin{pmatrix} 1 & 0 & 0 & 0 & 0 & 0 \\ 0 & 1 & 0 & 0 & 0 & 0 \\ 0 & 0 & 1 & 0 & 0 & 0 \end{pmatrix}$。

集合 $\mathbb{O}(\boldsymbol{q}, \boldsymbol{Q})$ 可以解释障碍物和飞行器的物理尺寸以及在估计障碍物/飞行器位置时的不确定性。集合 $\mathbb{O}(\boldsymbol{q}, \boldsymbol{Q})$ 在位置方向上呈椭球形,在速度方向上无界。椭球集合,不是多面体集合,可以用来超越边界的障碍,因为椭球边界通常产生的位置估计算法,如扩展卡尔曼滤波。这个过滤器将在第 3 章中介绍。

根据算法 2.8 进行了带避障的在线运动规划。

算法 2.8 在线运动规划器

1. 确定障碍物的位置和形状(即 $\boldsymbol{q}$ 和 $\boldsymbol{Q}$)。

2. 确定生长距离。

3. 构造所有 $R_i, R_j \in \mathbb{M}$之间的图连通性矩阵;在图连通性矩阵中,如果两个顶点不连通,则对应的矩阵元素为$+\infty$。如果它们是连通的,对应的矩阵元素是 1。图连通性矩阵按元素相乘,产生一个约束代价转移矩阵。

4. 使用任何标准图搜索算法进行图搜索,确定一个连通顶点序列,$R(k) \in \mathbb{M}$,使 $R[1]$满足初始约束,$R[l_p]$满足最终约束,并使由转移矩阵的约束代价计算出的累积转移代价最小。

5. 确定路径为一个路径点序列之后,路径的执行将通过检查当前状态 $X(t)$ 是否处于与下一个参考 R^+ 对应的安全正不变集来继续进行。

4. Zermelo-Voronoi 图

在自动驾驶飞行器的许多应用中,对于监视、多个目标的最佳追踪、环境监测和飞行器航线问题,可以从与 Voronoi 划分相关的数据结构中收集到重要的信息[33-34]。一个典型的应用程序可以如下:给定一定数量的着陆地点,将区域划分为不同的重叠细胞(每个着陆地点一个),以便单元中的相应位置是在有风的情况下飞越该单元的任何飞机离着陆最近的位置(就时间而言)。类似的应用程序也适用于相同的框架,即将飞行器划分为警戒/安全区域,这样,每个特定区域内的警戒/救援飞行器可以比其他任何警戒/救援人员更快地到达指定区域内的所有点。这是广义最小距离问题,其中相关的度量是最小截距或到达时间。区域监视任务也可以使用基于频率的方法,其目标是优化两次连续访问任何位置之间的时间,即刷新时间[5]。

最近的巡逻工作可以分为以下几种[272]。

(1) 离线与在线:在传感器部署之前,离线计算巡逻,而在线算法在操作期间控制传感器的运动,并能够在环境发生变化后修改巡逻。

(2) 有限与无限:有限规划时域算法计算巡逻,在有限的时域上最大化奖励。而无限视界则在无限视界上最大化期望奖励的总和。

(3) 控制巡检与单次遍历:它是动态环境监视与环境快照的对比。

(4) 战略巡逻与非战略巡逻。

(5) 空间或时空动力学。

以时间为距离度量的广义 Voronoi 图的构造是一项困难的任务,其原因有两个:一是距离度量不对称,并且它可能无法以闭合形式表示;二是这些问题属于划分问题的一般情况,必须考虑飞行器的动力学。智能体的配置空间拓扑可以是非欧几里得的,它可能是一个嵌入在欧几里得空间中的流形。这些问题可能不能归结为文献[240]中存在的有效构造方案的广义 Voronoi 图问题。

下面将讨论不属于广义 Voronoi 图可用类的 Voronoi 类分区的构造。特别是，对于给定的有限生成元集，平面上存在类似 Voronoi 的分区。这样，分区中的每个元素在以下意义上与特定生成器唯一关联：在给定时刻驻留在分区特定集合中的飞机可以比同时位于该集合之外任何位置的任何其他飞机更快地到达与该集合关联的生成器时间的瞬间。假设飞行器的运动受到时间变化风的影响。

由于类 Voronoi 划分问题的广义距离是 Zermelo 导航问题的最短时间，所以这种构型空间的划分称为 Zermelo-Voronoi 图(ZVD)。这个问题涉及欧几里得平面相对于广义距离函数的特殊划分。这种 Voronoi 式分隔的特征考虑了在风的存在下飞行的飞行器和 Voronoi 发电机之间的接近关系。从到达时间最接近的给定集合中确定特定时刻代理的生成器的问题，减少了确定飞机在给定时刻驻留的 Zermelo-Voronoi 分区集合的问题。这就是点的位置问题。

动态 Voronoi 图问题将标准 Voronoi 图与时变风情况下的时变变换相关联。对偶 Zermelo-Voronoi 图问题导致了一个类似于 ZVD 的划分问题，不同的是对偶 Zermelo-Voronoi 图的广义距离是 Zermelo 导航问题从一个 Voronoi 发生器到平面上一个点的最小时间。Zermelo 导航问题的最小时间对于初始配置和最终配置来说不是一个对称函数。非平稳空间变化风的情况要复杂得多。

该问题的公式处理的是一个自动飞行器的运动。假设飞行器的运动由下式描述：

$$\dot{\boldsymbol{X}} = \boldsymbol{U} + \boldsymbol{W}(t) \tag{2.105}$$

已知，$\boldsymbol{X} = (x,y,z)^{\mathrm{T}} \in \mathbb{R}^3$，$\boldsymbol{U} \in \mathbb{R}^3$，$\boldsymbol{W} = (W_{\mathrm{N}}, W_{\mathrm{E}}, W_{\mathrm{D}})^{\mathrm{T}} \in \mathbb{R}^3$ 是假设随时间均匀变化的风。另外，假设 $|\boldsymbol{W}(t)| < 1, \forall t \geqslant 0$，这意味着系统式(2.105)是可控的。控制输入的容许集为 $\mathbb{U} = \{U \in U, \forall t \in [0,T], T > 0\}$。

式中：$U = \{(U_1,U_2,U_3) \in \mathbb{U} | \, U_1{}^2 + U_2{}^2 + U_3{}^2 = 1\} \, \forall t \in [0,T], T > 0\}$；关闭单元 U 是 $[0,T]$ 上的可测量函数。当 $\boldsymbol{W} = 0$ 时，Zermelo 导航问题的解决方案是控制 $\boldsymbol{U}^*(\chi^*, \gamma^*) = (\cos\gamma^* \cos\chi^*, \cos\gamma^* \sin\chi^*, -\sin\gamma^*)$，$\chi^*, \gamma^*$ 是常量。

进一步将 Zermelo 导航问题简化为三维最短路径问题，得到 Zermelo-Voronoi 图问题，即问题 2.8

问题 2.8 Zermelo-Voronoi 图问题：给定式(2.105)所描述的系统，一个目标集合 $\mathbb{P} = \{p_i \in \mathbb{R}^3, i \in \ell\}$，其中 ℓ 是一个有限索引集和一个转移代价：

$$C(X_0, p_i) = T_{\mathrm{f}}(X_0, p_i) \tag{2.106}$$

确定一个分区 $\mathbb{B} = \{\mathbb{B}_i : i \in \ell\}$

(1) $\mathbb{R}^3 = \cup_{i \in l} \mathbb{B}_i$；

(2) $\overline{\mathbb{B}}_i = \mathbb{B}_i, \forall i \in \ell$；

(3) 对于每个 $\boldsymbol{X} \in \mathrm{int}(B_i)$, $C(X,p_i) < C(X,p_j)$, $\forall j \neq i$。

假定 $\boldsymbol{W}(t)$ 在足够长的(但有限的)时间范围内提前已知。因此, $\mathbb{P}$ 是 Voronoi 发生器或站点, $\mathbb{B}_i$ 是 Dirichlet 域, $\mathbb{B}$是 Zermelo-Voronoi 图的集合。此外,两个 Dirichlet 域 $\mathbb{B}_i$ 和 $\mathbb{B}_j$, 如果它们有非空且非平凡(即单点)的交点,则它们的特征是相邻的。

Zermelo 问题也可以写成如下的移动目标问题。

问题 2.9 移动目标问题:给定系统描述

$$\dot{\boldsymbol{X}} = \dot{X} - \boldsymbol{W}(t) = \boldsymbol{U}(t), \boldsymbol{X}(0) = \boldsymbol{X}_0 \tag{2.107}$$

确定控制输入 $U^* \in \mathbb{U}$ 使得:

(1) 控制 U^* 使成本函数 $J(U) = T_{\mathrm{f}}$ 最小化,其中 T_{f} 是最终自由时间;

(2) 控制 U^* 产生的轨迹 $\boldsymbol{X}^*:[0,T_{\mathrm{f}}] \to \mathbb{R}^3$ 满足边界条件:

$$\boldsymbol{X}^*(0) = \boldsymbol{X}_0, \boldsymbol{X}^*(T_{\mathrm{f}}) = \boldsymbol{X}_{\mathrm{f}} - \int_0^{T_{\mathrm{f}}} \boldsymbol{W}(\tau)\mathrm{d}\tau \tag{2.108}$$

Zermelo 问题和问题 2.9 是等价的,Zermelo 问题的解也是问题 2.9 的解,反之亦然。问题 2.9 的最优轨迹通过时变变换与 Zermelo 问题的最优轨迹 $\boldsymbol{X}^*$ 有关:

$$\boldsymbol{X}^*(t) = \boldsymbol{X}(t) - \int_0^t \boldsymbol{W}(\tau)\mathrm{d}\tau \tag{2.109}$$

Zermelo 最小时间问题可以反过来解释为最优追踪问题,即问题 2.10。

问题 2.10 最优追踪问题:给定追踪者和满足下面运动方程的移动目标。

$$\dot{\boldsymbol{X}}_{\mathrm{p}} = \dot{\boldsymbol{X}} = U, \boldsymbol{X}_{\mathrm{p}}(0) = \boldsymbol{X}_0 \tag{2.110}$$

$$\dot{\boldsymbol{X}}_{\mathrm{T}} = -\boldsymbol{W}(t), \boldsymbol{X}_{\mathrm{T}}(0) = X_{\mathrm{f}} \tag{2.111}$$

式中: $\boldsymbol{X}_{\mathrm{p}}$, $\boldsymbol{X}_{\mathrm{T}}$ 分别为追踪者和运动目标的坐标。

求出使追踪者在最小时间 T_{f} 内拦截运动目标的最优追踪控制律:

$$\boldsymbol{X}_{\mathrm{p}}(T_{\mathrm{f}}) = \boldsymbol{X}(T_{\mathrm{f}}) = \boldsymbol{X}_{\mathrm{T}}(T_{\mathrm{f}}) = \boldsymbol{X}_{\mathrm{T}} - \int_0^{T_{\mathrm{f}}} \boldsymbol{W}(\tau)\mathrm{d}\tau \tag{2.112}$$

给出了 Zermelo 问题的最优控制:

$$\boldsymbol{U}^*(\chi^*, \gamma^*) = (\cos\gamma^* \cos\chi^*, \cos\gamma^* \sin\chi^*, -\sin\gamma^*)$$

同样的控制也是问题 2.9 中运动目标的最优控制。由于角度χ^*, γ^* 必然是常数,因此约束追踪器以恒定单位速度(恒定方位角度追踪策略)沿 $\boldsymbol{X}_0$ 发出的射线运动,而目标则沿时间参数化曲线 $\boldsymbol{X}_{\mathrm{T}}:[0,\infty] \to \mathbb{R}^3$ 运动,其中 $\boldsymbol{X}_{\mathrm{T}}(t) = \boldsymbol{X}_{\mathrm{f}} - \int_0^t \boldsymbol{W}(\tau)\mathrm{d}\tau$。

2.3.4 有移动障碍物和固定障碍物的时间最优导航问题

快速自主飞行器希望通过有风区域以到达目标区域,同时需要避开 n 架缓慢移动的飞行器和一些非常湍流的区域。将快速飞行器视为快速自治智能飞行器，将 n 个慢飞行器视为 n 个慢多智能体。假设快速飞行器预先知道 n 个慢速智能体的轨迹。目标是找到一个能在最短时间内完成任务的控制。本节研究了一种具有固定障碍物和移动障碍物的时间最优导航问题。该问题可以写成带有连续不等式约束和终端状态约束的最优控制问题。利用控制参数化技术和时间尺度变换，将问题转化为一系列具有连续不等式约束和终端状态约束的最优参数选择问题。对于每一个问题，用精确罚函数法将所有约束附加到目标函数上，得到一个新的无约束最优参数选择问题。它以非线性优化的形式求解问题[55]。

首先应用精确罚函数法构造连续不等式约束和终端状态约束的约束违逆函数；然后将其附加到控制函数中，形成一个新的代价函数。这样，每一个最优参数选择都进一步近似为受简单非负性约束或决策参数约束的最优参数选择。这一问题可以作为一个非线性优化问题来解决。

基于梯度的优化技术，如序列二次规划方法（SQP）[324]。

1. 问题描述

给定一个三维飞行场中 $n+1$ 个智能体，其中 n 架缓慢的飞行器沿着导航轨迹飞行，而最快的飞行器是自动控制的。将 n 个慢智能飞行器的轨迹记为

$$\boldsymbol{\eta}_i = \begin{pmatrix} x_i(t) \\ y_i(t) \\ z_i(t) \end{pmatrix}, \quad i = 1,2,\cdots,n;0 \leqslant t$$

三维流场中任意点 (x,y,z) 的流速度分量分别表示为 $W_{\mathrm{N}}(x,y,z,t)$，$W_{\mathrm{E}}(x,y,z,t)$，$W_{\mathrm{D}}(x,y,z,t)$。然后，自动快速飞行器的运动可以建立以下模型：

$$\begin{cases} \dot{x} = V\cos\chi\cos\gamma + W_{\mathrm{N}}(x,y,z,t) \\ \dot{y} = V\sin\chi\cos\gamma + W_{\mathrm{E}}(x,y,z,t) \\ \dot{z} = -V\sin\gamma + W_{\mathrm{D}}(x,y,z,t) \end{cases} \tag{2.113}$$

式中：V 为智能体的速度；角度 $\chi(t)$，以 $\gamma(t)$ 为控制变量，有如下限制条件：

$$|\chi(t)| \leqslant \chi_{\max},\ |\gamma(t)| \leqslant \gamma_{\max}$$

式（2.113）等价于

$$\dot{\boldsymbol{\eta}}(t) = f(\eta(t),\chi(t),\gamma(t),t),\boldsymbol{\eta}(0) = \boldsymbol{\eta}_0, t \geqslant 0 \tag{2.114}$$

式中：η_0 为快速自主飞行器的初始位置。Zermelo 问题的目标是为速度快的飞行器 A_{n+l} 找到最优轨迹，如最短路径、最快路径或最少燃料消耗到达目标区域，且不与固定障碍物及其他 n 个慢的飞行器发生碰撞。

时间最优控制问题的表达式见问题 2.11。

问题 2.11 最优控制问题：

$$\min_{\chi,\gamma} T_{\mathrm{f}}$$

约束条件为

$$\begin{cases}\dot{\boldsymbol{\eta}}(t)=f(\boldsymbol{\eta}(t),\chi(t),\gamma(t),t),\boldsymbol{\eta}(0)=\boldsymbol{\eta}_0,t\geqslant 0\\ \sqrt{(x(t)-x_i(t))^2+(y(t)-y_i(t))^2+(z(t)-z_i(t))^2}\geqslant \max\{R,R_i\}\\ \eta(t)\in\aleph=\{x_{\min}\leqslant x\leqslant x_{\max},y=2h_y,z=2h_z\}\end{cases}$$

(2.115)

式中：T_{f} 为快速飞行器到达目标区域的时间。

终止时间 T_{f} 隐式依赖于控制函数,该函数在快速自动飞行器第一次进入目标集 $\aleph$ 时定义。对于每一个 $i=1,2,\cdots,n$，R_i 为第 i 个低速飞行器的安全半径，R 为快速自主飞行器的安全半径。

2. 控制参数化和时间尺度变换

问题 2.11 是一个受连续不等式约束的非线性最优控制问题。

利用控制参数化和时间尺度变换,将该问题转化为非线性半无限优化问题,用精确罚函数法求解。控制参数化实现如下：

$$\begin{cases}\chi_p(t)=\sum_{k=1}^{p}\vartheta_k^{\chi}\chi^{c_\chi}_{\tau_{k-1}^{\chi},\tau_k^{\chi}}(t)\\ \gamma_p(t)=\sum_{k=1}^{p}\vartheta_k^{\gamma}\gamma^{c_\gamma}_{\tau_{k-1}^{\gamma},\tau_k^{\gamma}}(t)\end{cases} \tag{2.116}$$

式中：$\tau_{k-1}\leqslant\tau_k,k=1,\cdots,p$、$\gamma^c$ 和χ^c 由下式计算得到,即

$$\begin{cases}\chi^c(t)=\begin{cases}1 & t\in I\\ 0 & \text{其他}\end{cases}\\ \gamma^c(t)=\begin{cases}1 & t\in[\tau_{k-1},\tau_k]\\ 0 & \text{其他}\end{cases}\end{cases} \tag{2.117}$$

切换次数 $\tau_i^{\chi},\tau_i^{\gamma}$,$(1\leqslant i\leqslant p-1)$ 也作为决策变量。时间尺度变换将这些转换时间转换成固定的 $k/p(k=1,2,\cdots,p-1)$ 在新的时间范围[0,1]。

这可以通过以下微分方程来实现：

$$\dot{t}(s)=u^t_{(s)}\sum_{k=1}^{p}\vartheta_k^t\chi^{t_\chi}_{\tau_{k-1}^{\chi},\tau_k^{\chi}}(t) \tag{2.118}$$

恶劣天气规避机动的观察通常可揭示危险天气单元周围的反应性(战术)偏差。安全限制规定,由于危险天气,飞行器必须彼此分开。由于天气预报的误差,天气限制通常不确定。短期预测的不确定性较小,但长期预测的不确定性增加并变得相当大。模型天气约束能以天气预报模型为基础,以分段常函数为基础,建立随时间变化的确定性约束模型,并进行最近的短期天气预报。将飞行器建模为运

动中的点。它们的动力学是根据飞行器速度和加速度的大小来确定的。鉴于加速度边界产生了飞行曲率半径的边界,解的规模假定为足够大,飞行器动力学可以近似为连接在路径点上的分段线性飞行指令的单一表示。

3. RRT 变异

在文献[326]中,提出了一种基于三维 Dubins 曲线的无人机路径规划算法,以避开静态和移动障碍。RRT 的一个变体能够用作规划器。在树扩展中,树的分支是通过沿三维 Dubins 曲线传播而生成的。选择长度最短的节点序列以及连接它们的 Dubins 曲线作为路径。当无人机执行路径时,会用更新的障碍物状态检查路径是否碰撞。如果前一条路径预计会与障碍物碰撞,则会生成一条新路径。这样的检查和重新规划循环重复直到无人机达到了目标,而三维 Dubins 曲线用于模态连接的原因如下。

(1) 它允许分配无人机的初始和最终航向以及位置。

(2) 它是连接两点的最短曲线,曲率由无人机路径的转弯半径和规定的初始和最终航向决定。

为了将节点 (x_0, y_0, z_0, χ_0) 连接到 (x_1, y_1, z_1, χ_1),首先创建一条二维 Dubins 曲线 C,从 (x_0, y_0, χ_0) 到 (x_1, y_1, χ_1),然后通过赋值将其扩展到三维:

$$z = z_0 + \frac{\ell(x, y)}{\ell(x_1, y_1)}(z - z_0) \tag{2.119}$$

再到 C 中的每一个 (x, y),其中 $\ell(x, y)$ 表示从 C 到 (x_0, y_0) 到 (x, y) 的长度。

下一步是沿着三维 Dubins 曲线传播无人机模型,直到到达终点或被障碍物遮挡。如果到达终点,则传播轨迹为两个节点之间的连接;否则,由于与障碍物碰撞,连接不存在。

2.4 任务规划

任务是指飞行器在某一特定区域、某一特定时间内追逐某一特定目标的行动。路径点是自动飞行器需要飞行的地点。飞行计划定义为飞机在执行任务期间执行的一组有序路径点。在这条路径上,可能会有一些区域要观测,也有一些区域要避开。此外,任务规划策略应该是动态的,因为任务规划问题是在动态环境中创建路径。其目标是用可部署在智能自动驾驶飞行器上的合成专家取代人类专家[172,175]。

任务是通过执行不同的行动来完成的,如运动的动作、对环境的动作、信息收集等,用于执行行动的资源数量有限[192]。对于自动驾驶飞行器来说,随着任务的进行,燃料和电力水平逐渐下降,资源是有限的。任务规划使飞行适应任务需要。任务规划问题是从要实现的一组目标中选择和排序最佳子集,并确定每个目标的开始和结束时间,最大限度地提高在目标期间获得的回报,以及在满足资源和任务限制的同时最大限度地减少资源的消耗。

任务规划可以看作是一个选择问题。目标与奖励相关,奖励的价值取决于每个目标的重要性。规划必须要选择在时间和有限资源内实现的目标子集。现有的规划系统大多不适合解决智能自主飞行器的问题:它们解决了一个问题,即目标是多个目标的结合,如果目标没有实现,就会失败。而且,目标的选择并不能完全解决任务规划问题。事实上,这种选择往往基于问题资源的简化模型,而忽略了实现同一目标的各种方法。在大多数情况下,将目标的选择、计划和任务调度多层次结合起来,可以得到一个实际的解决方案:每一层都将问题定义为下一层的调度算法。与任务准备期间进行的规划不同,在线规划的特点是,找到一项计划所花的时间是判断方法质量的主要标准之一。将规划问题和相关方法形式化的模型可分为三类。

(1) 逻辑类型的表示:飞行器的动力学转换成由时间参数索引的连续状态。状态是由一组逻辑命题描述的,动作是从一个状态移动到另一个状态的操作符。计划的目的是在状态空间中综合一条轨迹,预测过程获得的奖励,选择和组织不同类型的行动来实现目标或优化奖励函数。

(2) 图类型的表示:它们提供了一种更结构化的表示。使用图的方法包括 Petri 网和贝叶斯网。

(3) 对象类型的表示:由于与面向对象编程语言的相关性,它们得到了广泛的传播。

其目的是将驾驶飞行器的技术设计成一系列有逻辑的任务,以维持对飞行器特定功能的控制。这个概念是为未来使用而设计的系统的关键组成部分。最初使用专家系统来控制飞行器的概念似乎很简单,但事实证明很难应用。专家飞行员的决策过程很难用计算机实现[348]。影响飞行器的动态环境和条件是必须适应这种专家系统的领域。控制飞行所涉及的许多任务必须分为易于管理的步骤。

任务规划的目的是选择要实现的目标,并在考虑到环境的情况下找到实现目标的方法。在可能的解决方案中,规划者必须选择一个优化标准的方案,考虑到每个目标的回报和实现它们的成本,并满足时间和资源的约束。奖励和约束是飞机执行导致实现目标的行动时,时间和资源在不同时间的非线性函数。为了实现一个目标,有一个过程的开始、过程的结束以及与目标相关的奖励获得的时候,在所有的任务目标中,任务规划者必须选择和安排一个子集的目标。它应该优化行动的选择、资源、环境、与每个目标相关的最大奖励以及与之相关的时间限制。首先设计了一些技术来解决组合优化中的经典问题,如旅行商问题(TSP)或中国邮差问题[307]、最大流量问题和独立设定点问题[343,345,347]。这些问题大多与图论密切相关。

形式上可以将问题分解为两个层次。

(1) 最高级别对应着任务的目标。

(2) 最低级别将这一成就描述为时间和资源的函数。

它形式化了一个不确定的问题,即计划目标的个数不是预先确定的。

2.4.1 旅行商问题

如果推销员想找到一条最小长度的路线,必须走访多个城市(或路口),从某一个确定的城市出发,该路线恰好穿越了每个目的地城市,并将他带回起点。将问题建模为一个包含 n 个顶点的完整图,推销员希望进行巡回或哈密顿循环,每次循环都精确访问一次,并在从他开始的城市完成[99]。一个旅行推销员问题(TSP)实例由一个节点集 $V = \{1,2,\cdots,m\}$ 上的完全图 G 给出,对于某个整数 m ,由一个成本函数为 V 中的任意 i、j 分配一个成本 c_{ij} 到弧 (i,j) ,推销员渴望使总成本最小的旅行,这里总成本是沿着旅行边的个体成本之和。

问题 2.12 对应的决策问题的形式语言:

$$\text{TSP} = \left\{(G,c,k):\begin{bmatrix} G=(V,E)\ \text{是一完整的图表} \\ c\ \text{是从}\ V\times V\to N\ \text{的函数} \\ k\in N \\ G\ \text{有推销员巡回,费用最多为}\ k \end{bmatrix}\right\}$$

数据由分配给一个有限完全图的边的权值组成,目标是找到一个哈密顿循环,一个经过图的所有顶点的循环,且总权值最小。$c(A)$ 表示子集 $A\subseteq E$ 中所有边的总代价:

$$c(A)=\sum_{(u,v)\in A}c(u,v) \tag{2.120}$$

在许多实际情况下,从地点 u 到地点 w 成本最低的方法是直接走,没有中间步骤。如果对于所有顶点 $u,v,w\in V$,代价函数 c 满足三角形不等式:

$$c(u,w)\leqslant c(u,v)+c(v,w) \tag{2.121}$$

这个三角形不等式在许多应用中都得到了满足(不是全部,这取决于选择的成本)。在这种情况下,只要代价函数满足三角形不等式,就可以用最小生成树来创建一个代价不超过最小树权值的两倍的旅程。因此,在算法 2.9 中可以给出 TSP 方法的伪代码。

算法 2.9 的第 7~11 行将每个顶点的关键点设置为∞(根 r 除外,根 r 的关键点设置为 0,以便它是处理的第一个顶点),将每个顶点的父节点设置为 NULL,并初始化最小优先级队列 Q 以包含所有顶点。该算法保持以下三部分循环不变。在第 12~17 行 while 循环的每次迭代之前。

算法 2.9 TSP 与三角形不等式

```
1. 选择一个顶点 r∈G,V 为根顶点
2. 使用 MST-PRIM(G,c,r)从根 r 计算 G 的最小生成树 T
3. 设 H 是顶点的列表,按照在 T 的顺序树行中首次访问它们时的顺序进行排序。
4. 应用状态转移规则于增量构建解决方案。
5. 回归 Hamilton 循环圈 H
6. 最小生成树:过程 MST-PRIM(G,c,r)
7. 对于每个 u∈G,V
8. u·key=∞
9. u·π 是空集
10. r·key=0
11. Q=G·V
12. while Q≠0
13. u=EXTRACT-MIN(Q)
14 . 对于每个 v∈G·Adj[u]
15 . if v∈Q 且 w(u,v)<v·key
16. v·π=u
17. v·key=w(u,v)
```

①$A = \{(\nu,v,\pi):\nu \in V - \{r\} - Q\}$

②已经放入最小生成树的顶点在 $V - Q$ 中。

③对于所有顶点 $v \in Q$,如果 $v \cdot \pi \neq \text{NULL}$,则 $v \cdot \text{key} < \infty$ 且 $v \cdot key$ 是连接 v 到某个顶点的边 (ν,v,π) 的权重,已经被放置到最小生成树中。

第 13 行标识了一个顶点 $u \in Q$,入射到过切割 $(V - Q,Q)$ 的光边上(第 1 次迭代除外,因为第 4 行, $u = r$)。将 u 从集合 Q 中移除,将其加入到树中顶点的集合 $V - Q$ 中,从而将 $(u,u \cdot \pi)$ 加入到 A 中。第 14~17 行的 for loop 更新了与 u 相邻但不在树中的每个顶点 v 的 key 和 π 属性,从而保持循环的第三部分不变。

还有其他一些近似算法在实践中表现得更好。如果代价 c 不满足三角形不等式,则在多项式时间内无法找到较好的近似路径。解决 TSP 有不同的方法,经典方法包括启发式方法和精确方法。像切平面和分支定界这样的启发式方法只能最优地解决小问题,而像马尔可夫链(MC)、模拟退火和禁忌搜索这样的启发式方法则适用于大问题[319]。此外,一些基于贪心原则的算法如最近邻算法和生成树算法也可以作为有效的求解方法。然而,求解 TSP 的经典方法通常会导致计算的复杂度呈指数增长。新的方法,如基于自然的优化算法、进化计算、神经网络、时间自适应自组织映射、蚂蚁系统、粒子群优化、模拟退火和蜂群优化是由观察自然启发

的求解技术。其他算法有智能水滴算法和人工免疫系统[93]。

在 TSP 的一个实例中，给出了 n 对点之间的距离。问题是找到每一点只访问一次的最短封闭路径。这一问题传统上通过移动机器人的分层控制器体系结构分两步解决。下面的讨论主要基于文献[223,259]。

问题 2.13 Dubins 旅行商问题(DTSP)：给定平面上的 n 个点的集合和一个数字 $L > 0$，DTSP 要求 Dubins 车辆是否存在一个访问所有这些点的行程，且长度不超过 L。

在较高的决策级别，通常不考虑自动飞行器的动力学，任务规划者通常会选择解决欧几里得度量(ETSP)的 TSP，即使用路径点之间的欧几里得距离。为此，可以直接利用图上 ETSP 的许多现有结果。第一步是确定自动飞行器访问路径点的顺序。在较低层次上，路径规划者以路径点排序为输入，设计路径之间的可行轨迹。与飞行器动力学有关的点。在本节中，假设在恒定高度的飞行器有一个有限的转弯半径，可以建模为 Dubins 的飞行器。因此，路径规划者可以解决一系列的 Dubins 最短路径问题(DSPP)之间的连续路径点。然而，即使每个问题都得到了最优解决，但由于 TSP 算法选择的点的序列在物理系统中往往很难遵循，因此将问题分成两个连续的步骤是低效的。为了提高自主飞行器系统的性能，将任务规划和路径规划步骤相结合。可以认为 Dubins 飞行器是固定翼飞行器在恒定高度上的一种可接受的近似。受到自动驾驶飞行器应用的启发，对于 Dubins 车辆，DTSP 考虑采用 TSP。

问题 2.14 给定平面上的 n 个点，经过这些点的 Dubins 最短路线是多少，它的长度是多少？

这种旅行的最坏情况是，长度随 n 线性增长，并且可以提出一种算法，其性能在最坏情况点集的最优值的常数因子内，得到了最优长度的上界[259]。研究 DTSP 的实际动机自然地出现在自动飞行器监控空间分布的兴趣点集合上。在一个场景中，感兴趣点的位置可能是已知的，并且是静态的。此外，自主飞行器的应用激发了动态行走修理工问题(DTRP)的研究，该问题要求自主飞行器访问动态变化的目标[46]。这些问题是分布式任务分配问题的例子，目前正极大地引起人们的兴趣：与自动驾驶飞行器分配问题相关的复杂性问题。监视多个移动目标、具有动态威胁的任务等的 Dubins 车辆[134]。精确算法，启发式以及多项式时间常数因子近似算法，可用于欧几里得旅行商问题。TSP 的一个变化是角度量问题。与 TSP 的其他变体不同，Dubins TSP 在有限维图上的问题没有已知的约简，从而阻止了在组合优化中使用成熟的工具。

定义 2.5 可行曲线 Dubins 车辆或 Dubins 路径的可行曲线定义为曲线 $\gamma:[0, T] \to \mathbb{R}^2$，几乎处处是二次可微的，其曲率的大小以 $1/\rho$ 为界，其中 $\rho > 0$ 为最小转弯半径。

自主飞行器构型用 $(x,y,\psi) \in SE(2)$ 三元组表示,其中 (x,y) 为飞行器的笛卡儿坐标,ψ 为飞行器的航向。令 $P=p_1,\cdots,p_n$ 是紧集 $Q \subseteq \mathbb{R}^2$ 中 n 个点构成的集合,P_n 是基数为 n 的所有点集 $P \subset Q$ 构成的集合,其基数为 n。用 ETSP(P) 表示在 P 上欧几里得的成本 TSP,也就是说,封闭路径最短的长度通过所有点 P,相应地令 DTSP(P) 表示 Dubins 路径在 P 上的代价,即具有最小转弯半径 ρ 的路径穿过 P 中的所有点的长度。初始配置假定为 $(x_{\text{init}}, y_{\text{init}}, \psi_{\text{init}}) = (0,0,0)$,令 C_P:$SE(2) \rightarrow \overline{\mathbb{R}}\ SE(2) \rightarrow \overline{\mathbb{R}}$ 联系到组合 (x,y,ψ) 表示最短的Dubins路径,定义为 F_0:$[0,\pi] \times [0,\pi] \rightarrow [0,\pi]$,$F_1$:$[0,\pi] \rightarrow \mathbb{R}$,$F_2$:$[0,\pi] \rightarrow \mathbb{R}$。

$$
\begin{cases}
F_0(\psi,\theta) = 2\arctan\left(\dfrac{\sin(\psi/2) - 2\sin(\psi/2-\theta)}{\cos(\psi/2) + 2\cos(\psi/2-\theta)}\right) \\
F_1(\psi) = \psi + \sin\left(\dfrac{F_0(\psi,\psi/2-\alpha(\psi))}{2}\right) + 4\arccos\left(\sin\left(\dfrac{0.5(\psi - F_0(\psi,\psi/2-\alpha(\psi)))}{2}\right)\right) \\
F_2(\psi) = 2\pi - \psi + 4\arccos\left(\dfrac{\sin(\psi/2)}{2}\right)
\end{cases}
\tag{2.122}
$$

其中

$$
\alpha(\psi) = \frac{\pi}{2} - \arccos\left(\frac{\sin(0.5\psi)}{2}\right) \tag{2.123}
$$

目标是设计一个算法,以提供一个可证明的很好的接近 Dubins TSP 的最优解。交替算法的工作原理如下:计算 P 的最优 ETSP,并用连续的整数将循环上的边按顺序标记。通过保留所有奇数边(除了第 n 条边),用保持点序的最小长度 Dubins 路径替换所有偶数边,可以构造一个 DTSP 遍历。该方法的伪代码在算法 2.10中给出。

算法 2.10 Dubins 旅行商问题

1. 集合$(a_1,\cdots,a_n)=P$ 的最优 ETSP 排序
2. 集合 ψ_i:线段 a_1 到 a_2 的方向
3. For $i \in 2,\cdots,n-1$ 做
   if i 是偶数,则设 ψ_i = psi_{i-1}
   else 设 ψ_i 为从线段 a_i 到 a_{i+1} 的方向
4. if n 是偶数,则设 $\psi_n = \psi_{n-1}$,否则设 ψ_n 为线段 a_n 到 a_{n+1} 的方向
5. Return 配置序列 $(a_i,\psi_i)\ i \in 1,\cdots,n$

最近邻启发式为 DTSP 产生一个完整的解决方案,包括一个路径点排序和每个点的标题。启发式首先从任意点开始,任意选择它的方向,确定初始配置;然后在每一步,找到一个点,它还没有在路径上,但根据 Dubins 度量接近最后添加的配置,把这个最近的点添加到与最优到达方向相关的路径上。当所有节点都添加到

该路径时,将添加连接最后获得的配置和初始配置的 Dubins 路径。如果为每个点选择 K 个标题,则为每个点选择一个可能的标题的先验有限集,并构造一个图,n 个簇对应 n 个路径点,每个簇包含与标题选择相对应的 K 个节点。然后,计算不同簇中对应于一对节点的配置之间的 Dubins 距离。最后,遍历计算 n 个集群,每个集群中只包含一个点,这个问题称为 nK 节点上的广义非对称旅行商人问题 ATSP。文献[239]考虑了使用一个或多个摄像机执行侦察任务的单固定翼飞行器的路径规划问题。将地面静态目标的飞行器视觉侦察问题定义为一个多边形访问 DTSP。

2.4.2 重新规划或战术和战略规划

任务参数由更高层次的自动化调度系统提供。在起飞前进行战略规划,获取有关操作环境和任务目标的先验信息,并构造一条路径,以优化给定的决策目标。战术计划包括在飞行期间根据目标和操作环境的更新信息重新评估和重新生成飞行计划。生成的计划应尽可能接近给定的最佳计划可用的规划信息。

一架自动驾驶飞行器必须选择并对目标子集进行排序,以实现所有任务目标。它应该优化自己的行动选择,了解自己的资源、环境、与每个目标相关的最大奖励以及与这些目标相关的时间限制。最高级别对应于任务的目标,最低级别将这一成就描述为时间和资源的函数。它形式化了一个具有不确定性的问题,即计划的目标数不是预先确定的。首先,静态算法离线使用产生一个或多个可行的计划。然后,在线使用动态算法,逐步为出现的风险建立正确的解决方案。“静态”和“动态”这两个词表征了规划实施的环境,经典规划假设环境是静态的,即不存在不确定性。最后,使用一种预测算法脱机生成一个单独的计划,该计划可以在不受质疑的情况下在线执行。在动态环境中,有几种技术是可用的。

(1) 保持预测离线,辅以一种或多个反应性算法,当危险线使初始计划不连贯时,就会执行该算法,对其提出质疑,并常常被迫重新计划。

(2) 考虑脱机构建阶段的不确定性:可以称为主动的方法。

(3) 计划总是可以预测的,但这一次是在线的、短期的,在移动的过程中,在这种情况下,执行将逐步解决不确定性,并允许进一步的计划步骤。

决策自主权的级别由规划委员会决定。它需要在线计算计划,称为重新规划。在线更新计划涉及混合架构的开发,包括在危险情况下新计划的爆发计算,并包括计算结果。提议的体系结构允许建立一个在线活动计划,对任务进行多层次管理。任务规划问题是在一组要实现的目标中选择和排序最佳子集,并确定每个目标的开始和结束日期,最大限度地提高目标期间获得的回报,以及最大限度地减少资源消耗的标准,同时满足对资源和任务的限制。

任务规划可以看作是一个选择问题。目标与奖励相关,奖励的价值取决于每个目标的重要性。规划必须要选择在时间和有限资源内实现的目标的一个细分。现有的规划系统大多不适合解决这样的问题:它们所处理的问题目标是多个目标的结合,如果目标没有实现就会失败。目标的选择往往基于对问题资源的简化模式,而忽略了实现同一目标的多种途径。在大多数情况下,将目标的选择、计划和任务的调度结合在一个多层次的体系结构中,可以得到一个实际的解决方案:每一层都将问题定义为下一层的调度算法。与任务准备期间进行的规划不同,在线规划的特点是,找到一项计划所花的时间是判断一种方法质量的主要标准之一。

考虑到在任务期间发生的不确定性,机载情报允许飞行器实现任务目标,并确保其生存。规划功能的目标一般有:安排各个任务区域的通行,计算各个路线元素之间的路径,安排任务的实现等。确定性/随机混合技术的使用旨在为这一问题提供解决方案。任务规划系统必须能够评估多个目标;处理不确定性;计算效率高。

由于需要对多个决策目标(如安全目标和任务目标)进行优化,任务规划任务是非平凡的。例如,安全目标可以根据空中碰撞风险标准和向第三方提出的风险标准进行评估。安全目标的满意程度是由组成标准的聚合得到的。约束是指施加在单个决策标准(决策变量)上的限制,例如最大允许风险。

对于某些应用、任务(如喷洒作物或执行监视)是在目的地进行的。另一个重要的考虑是在线或飞行中的重新规划。一个在生成时是最优的计划可能会因为改变飞行计划中的假设而失效或变为次优。例如,未预料到的风况可能会增加燃料消耗,到达一个路径点可能需要很长时间,并且随着新信息的出现,任务目标可能会发生变化。

与有人驾驶飞行器一样,无人机平台的可靠性和完整性可能会受到内生和外生事件的影响。有许多与安全相关的技术挑战必须解决,包括提供安全着陆区检测算法,该算法将在无人机紧急情况下执行。任何安全算法的一个关键考虑因素是剩余飞行时间,这可能会受到电池寿命、燃料可用性和天气条件的影响。无人机剩余飞行时间的估计可以用于在安全关键事件发生时协助自主决策[346]。

2.4.3 路线优化

通常,路径选择方法包括将一般路径选择问题简化为最短路径问题。践径选择的规范本身就是一个问题。如果将路由网络建模为有向图,那么路径选择问题就是在图中寻找路径的离散问题,在求速度曲线之前必须先解决这个问题[258]。

1. 经典方法

自动化任务规划可以使各种操作场景具有高度的自主性[156,223]。完全自主操作需要任务规划者位于智能自主飞行器上。飞行计划的计算需要考虑多个因素。它们可以分为连续的和离散的,包括非线性飞行器性能、大气条件、风预测、飞行器结构、起飞燃料量和操作限制。此外,在飞行计划中必须考虑多个不同特征的作战阶段。飞行规划问题可以看作轨迹优化问题[380]。任务规划必须确定一系列的步骤来确定飞行路线。在自主飞行器任务规划的背景下,该计划必须相对于位移。然后,平面图包含所考虑的几何空间中的一系列路径点。为在几何空间中研究飞行器当前位置,以最佳方式避开障碍物,寻找一条可行的路径。调度算法必须集成到嵌入式架构中,以允许系统根据其状态和动态环境调整其行为[155]。

该方法通过在线重新规划和在规划过程中纳入公差,减少了动态环境中固有的不确定性[327]。运动计划受到飞行器动力学和环境/操作约束的限制。此外,计划的路径必须满足多个可能相互冲突的目标,如燃油效率和飞行时间。在由上述所有决策变量组成的高维搜索空间中进行规划在计算上是不可行的。相反,在世界空间 (x,y,z,t) 中规划路径是很常见的,方法是将决策变量合并成一个单独的、非二进制的成本项。

整合必须考虑到激活计算计划是由事件触发的,任务期间可能会发生随机事件,而事件的发生日期是不可预测的。自治系统有两个主要目标。

(1) 在继续运作的同时确定它的任务。

(2) 对任务、环境或系统的不确定性做出反应。

嵌入式体系结构必须通过组织任务的物理任务和推理任务来满足这两个目标。这种反应的条件是在控制体系结构的执行过程中包含计划。每个控制器由一组算法组成,用于规划、监控、诊断和执行。该体系结构可以应用于复杂问题的解决,使用分层分解。采用层次分解方法将问题在时间和功能上分解成更小的部分。这种方法为实时、闭环规划和执行问题提供了可行的解决方案。

(1) 较高的级别创建的计划具有最大的时间范围,但在计划活动中的详细程度较低。

(2) 较低层次的时间范围减少,但它们在计划活动的细节上增加。

注 2.6 态势感知包括监测和诊断。计划的生成和执行是分组的。选择分层规划方法是因为它能够快速有效地响应动态任务事件。

必须对任务进行职能和时间分析,确定需要进行的活动。随着任务问题逐渐分解为更小的子问题,职能活动就出现了。在分解的最低层次,功能活动以秒为单位进行操作。这些活动在树形结构中相互关联,由最低层(叶)节点向制导、导航和控制系统提供输出命令。

对于自主飞行器,其状态至少由三个位置坐标、三个速度坐标、三个方向角和三个方向速率角给出,总共有 12 个变量。飞行器的动态特性决定了系统的尺寸,许多系统可以使用一组简化的变量来充分描述飞行器的物理状态。通常考虑具有耦合状态的较小状态空间,或扩展状态空间以包括高阶导数。

规划方法可分为显性方法和隐性方法。

(1) 隐式方法是指先确定飞行器的动态特性,然后根据飞行器与环境的相互作用推导出从初始构型到目标构型所需的轨迹和执行器输入。这种方法最著名的例子是势场法[195]及其推广。其他一些例子包括应用随机化方法[317]或图论[86]的方法。

(2) 显式方法试图找到轨迹和驱动器输入的显式解决方案。在这个过程中。显式方法可以是离散的,也可以是连续的。离散方法主要集中在几何约束和在无碰撞的最终状态之间寻找一组离散构型的问题上。

从人工智能、控制理论、形式化方法和混合系统的角度考虑了任务规划问题。一类复杂目标对给定系统的轨迹施加时间约束,也称为时间目标。它们可以用像线性时态这样的正式框架来描述逻辑(LTL),计算树逻辑和μ-微积分。规范语言、飞行器模型的离散抽象和规划框架取决于所解决的特定问题和所需的保证类型。不幸的是,只有线性近似的飞行器动力学可以纳入。多层规划用于混合系统的安全性分析,具有可达性规范和涉及复杂模型与环境的运动规划。该框架利用问题中存在的离散结构,在搜索过程中引入离散成分。

该框架由以下步骤组成。

(1) 构建系统的离散抽象。

(2) 使用来自低级计划者的规范和探索信息对抽象进行高层次的规划。

(3) 使用物理模型和建议的高层计划进行基于抽样的低级规划。

高级和低级规划层之间存在双向信息交换。由于时间目标而产生的约束通过协同作用从高级规划层系统地传递到低级规划层。离散抽象的构造和层之间的双向交互是影响该方法总体性能的关键问题。

2. 动态多分辨率路径优化

本节介绍了一种自动飞行器动态路径优化方法[370]。提出了一种基于B样条基函数的轨迹多分辨率表示方案,该基函数采用无量纲参数进行参数化。以反馈条件下的在线多分辨率优化为例,提出了一个多速率退化层问题。底层的优化问题用一个随时进化计算算法来解决。通过选择特定的基函数系数作为优化变量,可以将计算资源灵活地分配到最需要关注的轨迹区域。允许无人机在飞行过程中动态地重新优化其路线的表示形式是人们比较关注的问题。一种流行的路线优化技术是动态规划,通常与其他方法相结合。由动态程序生成的路径点可以作为最优控制方法或虚势场方法的输入。势场法模拟了由弹簧和阻尼器连接的点质量路径。威胁和目标模型采用虚拟的斥力和吸引力力场。优化后的路径对应于该机械当量的最低能量状态。

一般的要求是风的最佳路线,由于一些原因要避开某些地区,尽量减少燃料成本,并考虑到所需的到达时间。动态规划方法可用于预期的应用程序。然而,动态规划是一个全局优化方法,应首选更加灵活的方法。

1) 路由优化问题的制定

路径用路径点序列表示:$(x_k,y_k,z_k,t_k)_{k=1}^{K}$,其中$(x_k,y_k,z_k)$为路径点的笛卡儿坐标,$t_k$为路径点预定到达时间。

问题 2.15 路径优化问题可以表示为

$$\boldsymbol{X}=\arg_{X\in D_X}\min J(\boldsymbol{X}) \tag{2.124}$$

式中:X为包含路径点参数的列表;J为路由最优索引;D_x为允许路由的域。人们所关注的路径优化问题可能涉及数千个路径点。

因此,式(2.124)在机载加工约束条件下是不可能直接求解的。优化集限于由样条函数表示的轨迹的参数族。轨迹由无量纲参数u进行参数化,由$x(u)$、$y(u)$、$z(u)$三个样本表示。

注 2.7 考虑到飞行器的机动性和速度,必须仔细选择整个路线的跨度u。

假设速度恒定,一个固定的Δu所张成的距离沿路线应该大致相同。由于$\Delta u=1$所跨越的距离较小时,优化会改变路径点的位置,因此产生不可飞行的航线的可能性较大,路径点所需的转弯可能会超过飞行器的机动能力,$\Delta u=1$跨越的距离太大,无法灵活地找到最佳路线。路由参数化使用如下B样条展开:

$$\begin{cases} x(u)=\sum_{n=0}^{N_{\max}} a_n\widetilde{\psi}(u-n)+x_0(u) \\ y(u)=\sum_{n=0}^{N_{\max}} b_n\widetilde{\psi}(u-n)+y_0(u) \\ z(u)=\sum_{n=0}^{N_{\max}} c_n\widetilde{\psi}(u-n)+z_0(u) \end{cases} \tag{2.125}$$

式中:$\widetilde{\psi}(u-n)$为基函数;$(x_0(u),y_0(u),z_0(u))$为路径(从离线任务规划)的初始近似值。使用以下二阶B样条基函数:

$$\widetilde{\psi}(w)=\left\{\begin{matrix} 0 & w<0 \\ w^2 & 0\leqslant w\leqslant 1 \\ -2w^2+6w-3 & 1\leqslant w\leqslant 2 \\ (3-w)^2 & 2\leqslant w\leqslant 3 \\ 0 & w\geqslant 3 \end{matrix}\right\} \tag{2.126}$$

该基函数在区间$w\in[0,3]$上有支持。表示式(2.125)定义了三维轨迹。这必须由飞行器位置的时间依赖性来补充(用于评估转弯约束)。假设速度V是恒定的:

$$\dot{s}=V \tag{2.127}$$

轨迹的起点是 $u=0$ 到路径上由 $u=w$ 参数化的点，即

$$s(w)=\int_{u=0}^{w}\sqrt{\left(\left(\frac{\mathrm{d}x}{\mathrm{d}u}\right)^{2}+\left(\frac{\mathrm{d}y}{\mathrm{d}u}\right)^{2}+\left(\frac{\mathrm{d}z}{\mathrm{d}u}\right)^{2}\right)}\mathrm{d}u \tag{2.128}$$

通过式(2.127)、式(2.128)求解 w，可以生成一条路径，用 K 个有时间戳的路径点 $(x_k,y_k,z_k,t_k)_{k=1}^{K}$ 表示。

2）反馈在线优化

大多数现有的飞行器航线优化都是离线使用的，在任务之前给出了路线优化的准则，并预先计算了路线，提出了一种在计算时间限制内对航路进行再优化的算法。滚动时域控制问题在文献[370]中表述和解决。在每个样本上，利用在线优化算法对路径进行更新，同时考虑情况的变化和干扰。考虑此时位于路径点 $u=k$，$u\geqslant k$ 路径规划可定义为

$$\begin{cases}x_{k+1}(u)=\sum\limits_{n=0}^{N_{\max}}a_n\widetilde{\psi}(u-n-k)+x_k(u)+\Delta x_k(u)\\y_{k+1}(u)=\sum\limits_{n=0}^{N_{\max}}b_n\widetilde{\psi}(u-n-k)+y_k(u)+\Delta y_k(u)\\z_{k+1}(u)=\sum\limits_{n=0}^{N_{\max}}c_n\widetilde{\psi}(u-n-k)+z_k(u)+\Delta z_k(u)\end{cases} \tag{2.129}$$

式中：$x_{k+1}(u),y_{k+1}(u),z_{k+1}(u)$ 是更新前计算的轨迹；$\Delta x_k(u),\Delta y_k(u),\Delta z_k(u)$ 是针对扰动的修正。通过求解类似式(2.124)的优化问题，每一步重新计算扩展权值 a_n,b_n,c_n。式(2.129)中引入修正 $\Delta x_k(u),\Delta y_k(u),\Delta z_k(u)$，是因为在 $u=k$ 时刻飞行器的位置和速度与标称轨迹 $x_k(k),y_k(k),z_k(k)$ 给出的位置和速度不同。修正允许航线优化器从飞行器的实际位置生成一条新的航线。设在航迹点坐标 $u=k$ 处，飞行器制导导航系统与原计划航路相比，确定了一个位置偏差 $\Delta x_k(u),\Delta y_k(u),\Delta z_k(u)$ 和一个速度偏差 $\Delta V_x(k),\Delta V_y(k),\Delta V_z(k)$，然后根据飞行器的位置调整航线。由于 B 样条近似方程式(2.125)和式(2.126)给出的轨迹是分段的二阶多项式，计算修正的自然方法也是分段的二阶多项式样条。通过匹配 $u=k$ 处的轨迹坐标和导数，可以计算出修正量：

$$\begin{cases}\Delta x_k(u)=\Delta x(k)\widetilde{\alpha}(u-k)+\Delta V_x(k)\widetilde{\beta}(u-k)\\\Delta y_k(u)=\Delta y(k)\widetilde{\alpha}(u-k)+\Delta V_y(k)\widetilde{\beta}(u-k)\\\Delta z_k(u)=\Delta z(k)\widetilde{\alpha}(u-k)+\Delta V_z(k)\widetilde{\beta}(u-k)\end{cases} \tag{2.130}$$

其中

$$\begin{cases} \tilde{\alpha}(w) = \begin{cases} 1 - 0.5w^2 & 0 < w \leqslant 1 \\ 0.5\,(w-2)^2 & 1 < w \leqslant 2 \end{cases} \\ \tilde{\beta}(w) = \begin{cases} w - 0.75w^2 & 0 < w \leqslant 1 \\ 0.25\,(w-2)^2 & 1 < w \leqslant 2 \end{cases} \end{cases} \tag{2.131}$$

在点 $u = k$ 时,滚动时域更新计算形式即式(2.129)的轨迹,式中膨胀权值 a_n,b_n,$c_n(n = 1,\cdots,N_{\max})$,以最小化形式方程式(2.124)的修正最优性指标。修正后的最优性指数只考虑了轨迹 $u \geqslant k$ 的"未来"部分。

3) 多尺度路由表示

航线必须在飞行中动态更新,以补偿干扰和总体任务结构的变化,如威胁和目标的出现或消失。在当前位置附近的路线规划通常可以做得很详细,因为可以预期当前的本地信息是可靠的。也必须在飞行器飞得太远之前尽快完成。长期规划在当前也不那么重要。在使用多尺度表示的有限计算资源的情况下,不同优化视野之间的最佳平衡可以得到影响。使用一种类似于小波展开的技术,因为它提供了一种有效的方法来表示信号,例如在多个时间和频率尺度上随时间变化的轨迹。

2.4.4 模糊规划

许多传统的形式化建模、推理和计算工具具有快捷、确定性和精确性好的特点。然而,大多数实际问题涉及的数据包含不确定性。在概率论、模糊集理论、粗糙集理论、模糊集理论、灰色集理论、直觉模糊集理论和区间数学等方面已有大量的研究。软集及其各种扩展已被应用于处理决策问题。它们涉及对所有作为决策选择的对象的评估。

约束的施加,如飞行器动态约束和风险限制,对应于技能水平决策[32]。计算路径代价的评价函数是基于规则的,反映了规则的级别。另外,评价函数的选择和计划活动的调度,如在一个任意时间框架下,模拟知识的层次。

启发式搜索算法的主要作用是减少搜索空间,从而引导决策者在短时间内找到令人满意或可能最优的解决方案。它适用于任务规划,因为飞行计划倾向于遵循标准的飞行轮廓。此外,由于在线重新规划的时间压力,可以使用令人满意的启发式搜索算法快速找到一条可协商的路径,而不是延迟交付最优解决方案。

规划者可以考虑作为决策标准的障碍:道路,地面坡度,风和降雨。在启发式搜索算法中,将决策变量聚合为单个成本值。以雨准则为例,用隶属函数表示小雨、中雨、大雨。然后使用 IF-THEN 规则将隶属度关联到移动性(穿越难度)宇宙上的输出隶属度函数。通过识别向量邻域,可以有效地克服航迹角分辨率的限制,保证航迹的最优性。不确定性通常通过在线重规划、多目标决策和将公差纳入规划路径中来缓解。

在任务规划的背景下,每一个决策准则都有一个约束和理想值。例如,有一个理想巡航速度和最大和最小空速限制。约束可以通过简单的边界检查来执行,并与认知技能水平相对应。而对所选路径进行优化,则需要对多个决策规则按规则级别进行评估。安全目标可分解为风险准则、禁飞区准则、风速和最大速度约束。此外,需要对飞行器的动态约束进行近似计算,以确保最后的问题是可穿越的。每个隶属度函数目标可以分解为单独的决策准则[371,375]。

1. 飞行轨迹的模糊决策树克隆

文献[393]提出了一种基于图的任务设计方法,涉及大量纵倾轨迹之间的机动。在这种方法中,图不是一般动力学的近似,而是每个节点由一个可用的机动组成,如果在纵倾轨迹之间有一个低成本的过渡,则存在一个连接。该方法可分为两个主要阶段:离线任务规划阶段和机载阶段。任务规划步骤在计算上相对复杂,包括创建、编目和有效存储机动和边界条件,以及描述离散动力学和燃料估算之间的关系。而机载过程快速利用地面完成的工作并存储在内存中,使用搜索和校正方法快速生成传输。机载和离线部分是彼此的互补图像:任务规划阶段将连续系统动态转换和压缩为离散表示,而机载部分搜索和选择离散信息并重建连续轨迹[59,73,115]。

轨迹优化的目标是定义最佳的飞行程序,从而实现时间/能源效率高的飞行。文献[394]使用决策树算法从一组使用 MILP 优化的二维避障轨迹中推断出一组语言决策规则。预测 A 的方法利用模糊决策树构造不连续函数,可以很好地逼近优化行为,大大减少了计算量。决策树可以推广到比训练数据更复杂的新场景,并在时间尺度上做出决策,使其能够在实时系统中实现。基于规则的方法的透明性有助于理解控制器所表现出的行为。因此,当使用合适的优化技术(如 MILP)生成的数据进行训练时,说明了决策树有潜力成为有效的在线避障控制器。

自适应动态规划(ADP)和强化学习(RL)是处理决策问题的两种方法,其中性能指标必须随着时间的推移而优化。它们能够处理复杂的问题,包括不确定性、随机效应和非线性等特征。自适应动态规划通过开发最优控制方法来应对这些挑战,以适应不确定系统的时间。强化学习采用智能体的视角,通过与最初未知的环境交互并从收到的反馈中学习来优化其行为。

该问题是控制一架自主飞行器到达被一个或多个威胁遮挡的目标,通过遵循接近最优轨迹,路径长度最小,并受到代表飞行器动力学的约束。这条路必须始终远离已知的威胁区域。假设威胁大小不变,威胁和目标是固定的。此外,假设飞行器以恒定的高度和速度飞行,并配备自动驾驶仪跟随一个参考航向输入。控制器的输出应该是所要求的航向 $\Delta\chi$ 的变化,输入形式为 $\{R_{\text{target}},\theta_{\text{target}},R_{\text{threat}},\theta_{\text{threat}}\}$,

其中 $R_{target}, \theta_{target}$ 是对目标的距离和角度，$R_{threat}, \theta_{threat}$ 是对任何存在威胁的距离和角度。所有角度都与自主飞行器当前的位置和航向相关。

系统有学习和运行两种模式。当处于学习模式时，使用 MILP 生成航向偏差决策。航向偏差与当前航向相加，作为飞行器的参考输入，一旦进行了足够的训练运行（如文献[394]中进行了 100 次训练），就将优化输入记录在训练集中，在运行模式中，决策树可以用来生成航向偏差命令和性能评估。

预测航向偏差并选择固定相对于飞行器航向的参考系，可以得到在全局平移和旋转下不变的数据表示。这些基本转换的独立性减少了问题空间，并通过允许将许多不同的场景映射到单个表示上来改进泛化。

利用线性近似的飞行器动力学方法，优化求解了到达目标的最短时间路径。变量为在预测步骤 $k = 0,1\cdots,N-1$ 时，到达目标 N 的时间和加速度 $a(k)$。

问题 2.16 优化问题可表述为

$$\min_{N,a(k)} \left[N + \widetilde{\gamma}\sum_{k=0}^{N} \| a(k) \|^2\right] \tag{2.132}$$

约束条件是 $\forall k \in \{0,\cdots,(N-1)\}$，则

$$\begin{cases} \boldsymbol{R}(0) = \boldsymbol{R}_0, \boldsymbol{V}(0) = \boldsymbol{V}_0 & (2.133a) \\ \boldsymbol{V}(k+1) = \boldsymbol{V}(k) + \boldsymbol{a}(k)\delta z & (2.133b) \\ \boldsymbol{R}(k+1) = \boldsymbol{R}(k) + \boldsymbol{V}(k)\delta z + \dfrac{1}{2}\boldsymbol{a}(k)\delta z^2 & (2.133c) \\ \| \boldsymbol{a}(k) \|_2 \leqslant a_{max}, \| \boldsymbol{V}(k) \|_2 \leqslant a_{max} & (2.133d) \\ \| \boldsymbol{R}(N) - \boldsymbol{R}_{target} \|_\infty \leqslant D_T \quad \| \boldsymbol{R}(k) - \boldsymbol{R}_{threat} \|_2 \geqslant R_0 & (2.133e) \end{cases}$$

代价方程式(2.132)主要是将到达目标 N 的时间以 δz 为步骤最小化，加速度量级上的权重 $\widetilde{\gamma}$ 较小，以确保唯一解。式(2.133a)为定义位置、航向和速度的初始条件约束。式(2.133b)和式(2.133c)是飞行器动力学和运动学的正欧拉近似。式(2.133d)是对最大加速度和速度的约束。式(2.133e)确保飞行器在时间 N 时在给定的目标容差内，并且飞行器到障碍物的距离 r_{threat} 始终在障碍物半径 R_0 之外。这些是非凸约束，使问题的解决变得困难。式(2.133e)的 2 范数约束是通过用线性约束中的一个来近似实现的，并使用二元变量选择性地放松除其中一个之外的所有约束。得到的优化结果是一个混合线性整数规划。

通过计算当前航向与优化后预测航向的差值，得到航向偏差指令 $\Delta\chi$。优化预测的标题是由速度向量 $\boldsymbol{V}(k+1)$，这是其输出的一部分。计算航向偏差来代替所需的航向，以获得平移和旋转不变性。采用如下算法 2.11 将优化结果与模型相结合。

算法 2.11　滚动时域 MILP 控制器

1. 转移目标 $\{R_{\mathrm{target}},\theta_{\mathrm{target}},R_{\mathrm{threat}},\theta_{\mathrm{threat}}\}$ 到 $\{r_{\mathrm{target}},r_{\mathrm{threat}}\}$
2. 解决优化问题
3. 从优化输出得到初始航向偏差 $\Delta\chi$
4. 设置新的航向 χ_{k+1}
5. 运行模拟 δz,即优化的一个时间步骤
6. 回到步骤 1

语言决策树是由一组描述系统的属性组成的语言规则的树状结构集合。假设分支为真,树的叶节点表示覆盖目标变量的一组描述性标签 $\mathbb{L}_t$ 上的条件概率分布。该算法在训练数据中表示的每个变量的随机集分区上,以最大限度地减少训练数据库中熵为基础构造的决策树。这些规则是由一组标签(LA)确定的,这些标签描述了提供当前状态信息的每个属性。对于一个给定的实例,一个特定的标签 L 的恰当程度量化了 L 可以被恰当地用来描述 X 的定义。用一个自动算法来定义最佳划分数据的恰当度量。同一个宇宙的焦点元素集合 $\mathbb{F}$被定义为可以同时用来描述给定 X 的所有标签集合。

定义 2.6　熵是衡量一个分布的紧凑性的标量值。当用一个概率分布来表示知识时,该分布的熵越小,越多的概率质量被分配到状态空间的更小的区域,因此该分布关于状态的信息越多。变量 X 上的多元高斯概率分布的熵 $h(X)$ 可由其协方差矩阵计算,即

$$h(X)=\frac{1}{2}\lg((2\pi e)^n|P|) \tag{2.134}$$

为了尝试模拟最接近真实飞行器的数据,并实现旋转和平移不变性,用距离和方位将威胁位置与飞行器位置联系起来。每个描述当前状态的属性,即 $\{R_{\mathrm{target}},\theta_{\mathrm{target}},R_{\mathrm{threat}},\theta_{\mathrm{threat}}\}$,都包含在一组标签或焦点元素中。

在实践中,最多可以使用 20 个焦点元素来捕捉最终细节,该应用程序的目标属性是飞行器航向偏差 $\Delta\chi$,它由一组类似的标签覆盖。可以认为焦点元素的成员关系是一个特定标签,对属性的给定值进行适当描述。成员关系用于使特定分支能够很好地描述当前模拟状态。

注 2.8　轴承数据的特点是它是圆形的。这可以通过合并线性域的两个边界模糊集来实现,从而在极坐标图中给出一个覆盖范围,其中角度表示方位,半径表示每个焦点元素的属性隶属度。

2. 消防飞行器模糊逻辑

本节的重点是使用模糊逻辑规划路径的单一消防飞行器。在这种情况下,系统使用基本的启发式算法,以达到一个不断更新的目标,同时避免各种,静止的或

移动的障碍[368]。在消防场景中,飞行器能够实时执行规避操作是非常重要的。所有相关主体之间的有效合作可能会在一个交流可以最小化的情况下变得困难,因此,避障是至关重要的。

该方法在一个模糊决策函数的监督下进行多解分析,将消防问题的知识纳入算法中。本研究探讨使用模糊逻辑来获得一个可以表示消防启发式的规则库。在消防场景中,使用来自地面部队和事件指挥官关于目标空投位置 $(x_t, y_t, z_t)^{\mathrm{T}}$ 和系统当前位置 $(x_0, y_0, z_0)^{\mathrm{T}}$ 的信息,系统驱动其航向角和与目标的角度之间的差为零。该系统具有一个感应范围,认为能够感应到一定半径 $\left(\pm\frac{\pi}{2}\mathrm{rad}\right)$ 内的障碍物。当探测到该区域内的障碍物时,系统利用障碍物的距离和角度以及目标的位置信息改变速度和航向角,以避开障碍物,然后从障碍物中恢复。同样,当系统到达目标位置时,目标减速并施加阻燃剂。

在该系统中,模糊化接口可以使用四个输入,在模糊化后给出两个输出。系统的输入包括到障碍物的距离、到障碍物的角度、航向角误差和到目标的距离。利用这些输入和一个规则库,得到控制输入,即从模糊推理系统输出的最大速度和航向角的百分比,作为系统的输入。当控制器的感知范围内没有障碍物时,控制器的主要目标是规划一条直接到达目标的路径。以惯性系为参照系,测量航向角 θ 为无人机当前航向与水平方向的夹角,测量目标角 χ 为目标与水平方向的夹角。因此,有了关于智能体位置 (x_0, y_0, z_0) 和目标位置 $(x_{\mathrm{t}}, y_{\mathrm{t}}, z_{\mathrm{t}})$ 的信息,相应的角度由下式计算:

$$\chi = \arctan\left(\frac{y_0}{x_0}\right), \quad \phi = \arctan\left(\frac{y_{\mathrm{t}}}{x_{\mathrm{t}}}\right), \quad e = \phi - \chi \tag{2.135}$$

无人机试图通过根据简单的 IF-THEN 规则进行小的航向角调整来将航向角误差 e 驱动到零。由于认为目标位置是已知的,因此在距离公式和给定信息下,很容易确定目标距离 D_{t}。当感应范围内没有障碍物时,控制目标简单。一旦药剂到达目标,它就会减速,将其阻燃剂应用到该位置。一旦完成了这一步,新的目标位置就是飞行器基地,以便加油和重新装填。如果无人机在通往目标的路上感觉到障碍物,它必须减速并改变方向以避免碰撞。障碍物距离 D_0 和角度 β 从智能体的传感器信息中获取。

模糊逻辑控制器的输入输出规则以 IF-THEN 语句的形式建立,并基于启发式和人类经验。在文献[368]中,总共有 40 条规则可以将这种设置分为两种情况:是否存在感应范围内的障碍物。如果没有检测到障碍物,默认设置为“非常远”且向目标前进是智能体的主要目标。然而,当障碍物在射程内时,智能体必须减速并改变路线来避开它。同样,一旦它清除了这个障碍,它就可以继续朝着目标前进。障碍角可以用 NB(负大)、NM(负中)、NS(负小)、PS(正小)、PM(正中)和 PB(正大)来描述。与障碍物的距离可以用近、中、远或非常远(超出范围)来描述。同样,目标角分为NB(负大)、NM(负中)、NS(负小)、ZE(零)、PS(正小)、PM(正中)或PB(正大)。输出速度缓慢、快速或非常快,且输出角度变化与目标角度平行,认为采用的传感半径是安全距离。前两组规则的输入是非常远的障碍物距离,而目标距离和航向角是不同的。第二组描述了在检测到障碍物时航向速度和角度的变化。最后一组是当障碍物处于极端角度且不构成碰撞威胁的情况。

2.4.5 覆盖问题

未知环境的覆盖也称为清扫问题,或者未知环境的映射。基本上,这个问题可以通过首先提供定位和地图构建的能力来解决,或者通过直接推导一个不需要明确映射区域就可以执行扫描的算法来解决,可以使用平均事件检测时间,而不是覆盖度量来评估算法。

1. 巡逻问题

在文献[200—201]中,解决了以下基地周界巡逻问题:无人机和远程定位操作员合作执行周界巡逻任务。警戒站由无人值守的地面传感器(UGS)组成,位于周边的关键位置。一旦探测到入侵,UGS就会发出警报。假设警报到达过程的统计信息是已知的。一架配备摄像头的无人机沿着边界进行连续巡逻,并负责检查UGS并发出警报。一旦无人机到达触发的UGS,它捕捉附近的图像,直到控制器指示它继续前进。目标是最大限度地获取信息,同时减少对其他地方警报的预期响应时间[334]。通过考虑有限个固定数量m的UGS位置的离散时间演化方程,简化了该问题。假设无人机能够获得关于每个警戒站警报状态的实时信息。由于无人机一直在巡逻并为触发的无人值守地面传感器提供服务,因此问题是离散时间控制排队系统领域中的循环轮询系统。巡逻的边界是一个简单的封闭曲线,有$N \geqslant m$个节点在空间上均匀分离,其中m个是警戒站(UGS位置)。

其目标是找到一种既能使服务延迟最小化又能使漫游时获得的信息最大化的策略。因此考虑了一个随机最优控制问题[376]。求解一个马尔可夫决策过程(MDP)以确定最优控制策略[67,182]。然而,由于其规模庞大,难以采用精确的动态规划方法。因此,采用一种基于状态聚集的近似线性规划方法来构建可证明良好的次优巡逻策略[382]。对状态空间进行划分,并将最优成本或值函数限制为每个分区上的一个常数。由此得到的受限线性不等式系统包含了一个低维的MC族,其中一个MC族可以用来构造最优值函数的下界。周界巡查问题具有一种特殊的结构,使其可以用线性规划公式求解更小的下界。

定义2.7 马尔可夫链离散时间MC是元组$\mathcal{M} = \langle S, P, s_{\text{init}}, \Pi, L\rangle$,式中$S$是

状态的可数集合，$P:S\times S\rightarrow[0,1]$ 是任何状态的跃迁概率函数 $s\in S$，$\sum_{s'\in S}P(s,s')=1$，$s_{\text{init}}\in S$ 是初始状态，Π 是原子命题的集合，$L:S\rightarrow 2^{\Pi}$ 是标号函数。

将一个可观测的一阶离散 MC 编码为状态转移性质的矩阵。它的行和为 1，但列不一定是这样。当 $a_{ii}=1$ 时一个状态 在 MC 中 S_i 可以被吸收。否则，这种状态就称为瞬态。

定义 2.8 隐马尔可夫模型：隐马尔可夫模型（HMM）是一种状态被隐藏的马尔可夫模型。而不是访问 HMM 的内部结构，所有可用的是由底层马尔可夫模型描述的观察结果。隐马尔可夫模型 λ 表示如下。

（1）N 表示模型中的状态数。

（2）M 表示每个状态的显著观测符号数。个体符号为 $V=\{V_1,V_2,\cdots,V_M\}$。

（3）A 表示状态转移概率分布。对于 MC，$A=\{a_{ij}\}=\text{Prob}(q_t=S_j\mid q_{t-1}=S_i)$。

（4）B 表示状态 $\boldsymbol{B}=\{b_{ij}\}=\text{Prob}(V_k(t)\mid q_j=S_i)$ 的观测符号概率分布，$\boldsymbol{B}$ 称为发射矩阵。

（5）π，初始状态分布，$\pi=\{\pi_i\}=\text{Prob}(q_1|S_i)$。

定义 2.9 马尔可夫决策过程（Markov decision process，MDP）由元组 $\langle S,A,T,R\rangle$ 定义，式中：

（1）S 为有限个环境状态集合；

（2）A 为有限个动作集合；

（3）$T:S\times A\rightarrow S$ 为状态转移函数。每个变迁都与一个变迁概率 $T(s,a,s')$ 相关联，即在状态 s' 结束的概率，因为智能体从 s 开始并执行动作 a；

（4）$R:S\times A\rightarrow S$ 是在从特定状态采取特定动作后收到的立即奖励函数。

定义 2.10 有限马尔可夫决策过程：一个特定的有限马尔可夫决策过程由其状态集和行为集以及环境的一步动力学来定义。给定任何状态 s 和动作 a，每个可能的巢态 s' 的概率为

$$P_{ss'}^{a}=\text{Prob}\{s_{t+1}=s'|s_t=s,a_t=a\}\tag{2.136}$$

式中：$P_{ss'}^{a}$ 为转移概率；t 为有限时间步长。

在 MDP 中，$P_{ss'}^{a}$ 的值不依赖于过去的状态转换历史。智能体每次执行这一步操作都会收到一个奖励 r。给定当前状态 s 和动作 a，以及下一个状态 s'。下一个奖励的期望值是

$$R_{ss'}^{a}=E[r_{t+1}|s_r=s,a_t=a,s_{t+1}=s']\tag{2.137}$$

式中：$P_{ss'}^{a}$ 和 $R_{ss'}^{a}$ 适用于有限 MDP 的动力学。在有限的 MDP 中，智能体遵循策略 Π。策略 Π 是每个状态 s 和行为 a 与状态 s 下采取行为 a 的概率 $\Pi(s,a)$ 的映射。在随机规划计算中，根据 MDP 决定策略，使值函数 $V^{\Pi}(s)$ 最大化。$V^{\Pi}(s)$ 表示从 S

开始，然后从 Π 继续的期望回报。$V^{\Pi}(s)$ 的定义为

$$V^{\Pi}(s) = E_{\Pi}\left[\sum_{k=0}^{\infty}\gamma^{k}r_{t+k+1} \mid s_{t} = s\right] \tag{2.138}$$

式中：E_{Π} 为无人机遵循策略 Π 时给出的期望值；γ 为折现率，$0<\gamma<1$。如果 $P_{ss'}^{a}$ 和 $R_{ss'}^{a}$ 的值已知，则使用动态规划计算使值函数 $V^{\Pi}(s)$ 最大化的最佳策略 Π。当 $P_{ss'}^{a}$ 和 $R_{ss'}^{a}$ 的值未知时，通过在线强化学习等方法可以在学习环境中获得最佳策略 Π。规划计算完成后，选择动作值 a 使 $V^{\Pi}(s)$ 最大的贪婪策略为最优策略。

定义 2.11 通过 MDP 的路径是一系列状态，即

$$\omega = q_0 \xrightarrow{(a_0,\sigma_{a_0}^{q_0})(q_1)} q_1 \rightarrow \cdots q_i \xrightarrow{(a_i,\sigma_{a_i}^{q_i})(q_{i+1})} \cdots \tag{2.139}$$

式中：每个跃迁是由当前步骤 $i>0$ 的动作选择引起的；路径 ω 的第 i 个状态分别用 $\omega(i)$ 表示，用 $\mathrm{Path}^{\mathrm{fin}}$和 Path 表示所有有限和无限路径的集合。

控制策略定义了 MDP 的每个状态下的操作选择。控制策略也称为时间表或对手，其正式定义如下。

定义 2.12 控制策略：MDP 模型$\mathbb{M}$的控制策略 μ 是映射有限路径的函数，即 $\omega^{\mathrm{fin}}=\mathbb{M}$中的 $q_0,q_1,\cdots,q_n$ 在$\mathbb{A}(q_n)$ 中。策略是函数：$\mu:\mathrm{Path}^{\mathrm{fin}}\rightarrow \mathrm{Act}$ 指定了每个有限路径，下一个要应用的动作。如果一个控制策略只依赖于 ω^{fin} 的最后一种状态，那么就称为平稳策略。

对于每一个策略 μ，由 μ 下的所有路径集合上的概率测度 Prob_u，得到了 Path_u。它由一个无限状态 MC 构造而成：在 μ 策略下，一个 MDP 成为一个 MC，记为 D_{μ}，其状态为 MDP 的有限路径。在 MDP 中，D_{μ} 的路径和路径集 Path_u 之间有一一对应的关系。因此，在路径集 $\mathrm{Path}_{u^{\mathrm{fin}}}$ 上的一个概率测度 Prob_u 可以定义为 $\omega^{\mathrm{fin}}\in \mathrm{Path}^{\mathrm{fin}}$ 的概率等于 D_{μ} 中相应跃迁概率的乘积[396]。

利用模糊逻辑，表示成本要素为模糊隶属函数，反映了与规划轨迹、路径上的障碍物和飞行器在地形中导航时需要执行的机动相关的固有不确定性。如果使用算法 A*，可以使用启发式知识的目标状态与当前状态的接近度来指导搜索。每个搜索单元 n 的代价由两部分组成：从开始单元到单元 n 的最小代价路径（到目前为止的搜索中找到的路径）的代价，以及从单元 n 到目标单元的最小代价路径的启发式（即估计）代价。给定一个搜索状态空间，初始状态（开始节点）和最终状态（目标节点），算法 A* 将找到从开始节点到目标节点的最优（最小代价）路径，如果该路径存在的话。生成的单元路径通过滤波算法进一步优化和平滑。

滤波后的路线是一系列连续的路径点，自动飞行器可以通过这些路径点进行导航。监控模块读取任务的目标和状态，并根据这些信息配置搜索引擎，并为路由的三个成本组件分配权重。此外，监控模块根据飞行器的当前状态，即飞行器是静止的，还是已经在向一个目的地航行，需要重新定向到另一个目的地，为搜索引擎

选择启动单元和目标单元。学习支持模块从特定地图地标处的搜索引擎获取路径成本数据,并更新成本数据库,以便以后提供更好的启发式算法来指导搜索引擎。因此,必须解决两点边值问题(TPBVP)来创建一个参考路径以供跟踪系统跟踪。

2. 路径问题

无人机传感器选择与路径问题是由定向问题延伸出的。在这个问题中,单架飞行器从起点出发,必须在时间 T 之前到达指定的目的地。除了起点和终点,还存在一系列地点,飞行器可能会获得相关的收益。可以把任务规划视为路径规划的复杂版本,其目标是访问一系列目标以实现任务的目标[99-100]。集成的传感器选择和路由模型可以定义为 MILP 公式[339]。

在文献[171]中,开发了一种路径规划方法来感知一组紧密间隔的目标,利用传感器足迹提供的规划灵活性,同时在飞行器的动态约束下操作。路径规划的目标是最小化查看所有目标所需的路径长度。在解决这一性质的问题时,必须解决三个技术挑战:路径段之间的耦合,传感器足迹的利用和确定或查看目标的顺序。一个成功的路径规划算法应该产生一条不受终点或航向限制的路径,并且充分利用飞行器传感器的能力,满足飞行器的动态约束。这些功能可以由离散时间路径提供,该路径是通过组装基本转弯和直线段形成的可飞行的路径。对于这项工作,离散阶梯路径中的每个基本段都具有指定的长度,并且是一个转弯或一条直线。将左转弯、右转弯和直线原语组合可以创建一个棵飞行路径树。因此,路径规划者的目标是在路径树中搜索在最短的距离内完成预期目标的分支。实时学习 A* 算法可以用来学习已定义路径树的哪个分支最好地完成所需的路径规划目标。

实地作业应尽量缩短在地面上的时间和行程。三维覆盖路径规划具有极大的潜力,可进一步优化现场作业,并提供更精确的导航[160]。

一个例子是:给定地形(自然、城市或混合)中的一组固定地面目标,目标是计算侦察机的路径,以便它能够在最短时间内拍摄所有目标,因为地形特征可能会产生遮挡,影响可见性。因此,为了对目标拍照,飞行器必须定位在距目标足够近的地方,以满足照片的分辨率,并且目标不被地形阻挡。对于给定的目标,所有这些飞行器位置的集合称为目标的可见区域。由于风、空域限制、飞行器动力学约束以及机体自身遮挡能见度等因素,使得飞行器路径规划复杂化。然而,在简化的假设下,如果将飞机建模为 Dubins 车辆,则目标可见性区域可以用多边形近似,并且路径是闭合的[344]。那么,二维侦察路径规划可以简化为:对于 Dubins 车辆,寻找最短的平面封闭行程,该行程至少访问一组多边形中的一个点。将其称为"访问波兰的 Dubins 旅行商问题"(PVDTSP)。基于采样的路线图方法通过对目标可见区域的有限离散姿态集(位置和构型)进行采样,从而通过有限集合旅行商问题(FOTSP)逼近 PVDTSP 实例。有限单集旅行商问题是寻找一个成本最低的封闭路径,该路径在一个有限集合的簇中至少经过一个顶点,簇是互斥的有限顶点集。一旦构建了路线图，该算法就会将 FOTSP 实例转换为 ATSP 实例，以便应用标准算解器。

另一个例子是必须跟踪、保护或提供地面目标监视的无人机。在已知目标轨迹的情况下，可以通过求解确定性优化或控制问题得到可行的无人机轨迹。文献[18]的目标是发展一个反馈控制政策，允许无人机在没有充分了解当前目标位置或其未来轨迹的情况下，最理想地保持与目标的标称距离。假设目标运动是随机的，用一个二维随机过程来描述。一针对固定速度和固定高度的无人机，提出了一种最优反馈控制方法，以预测其未来未知轨迹的方式，保持与地面目标的标称距离。在问题中引入了随机性，假设目标运动可以建模为布朗运动，这就解释了未知目标运动学的可能实现。跟踪飞行器应达到并保持与目标的标称距离 d。为此，给出了一个无限视界成本函数的期望最小化，并带一个折现因子和惩罚进行控制。此外，由于假设目标观测时间的持续时间是指数分布的，因此考虑了观测中断的可能性，从而产生了两种离散的运行状态。利用与随机运动学一致的基于近似 MC 的 Bellman 方程，计算了基于标称无人机目标距离的成本函数期望值最小的最优控制策略。

3. 飞行器网络离散随机过程

本节考虑自动驾驶飞行器的网络。每一架飞行器都配备了某种机载传感器，例如一台照相机或不同的传感器，用于拍摄地面区域的快照[406]。该网络的一般目标是探索某一特定地区，即利用若干应用程序覆盖该地区：在未知地区定位或探测和跟踪，监测地理上无法进入的地区或危险地区（如野火或火山），或在发生灾害时协助紧急救援人员。

目的是提供一种简单的分析方法，从覆盖率分布的角度评价不同的移动模式的性能。为此，可以使用 MC 提出一个随机模型。状态是飞行器的位置，过渡由感兴趣的机动性模型决定。该模型可用于随机行走、随机方向等独立的移动模型。

然而，在协作网络中，每架自主飞行器根据从其通信范围内的其他飞行器接收到的信息来决定向何处移动，创建一个普通的马尔可夫模型并非易事。因此，除了提供随机行走和随机方向的必要转移概率外，还提出了对这些概率的近似。当一个或多个自主飞行器相遇时，选择了直观的运动路径规则，该模型可以进行扩展，以合并其他规则。

人们最近提出了几种自主智能体的移动模型。其中一些是合成的，如随机行走和随机方向，另一些是真实的，所有这些主要用于描述用户在给定环境中的移动。在自主飞行器领域中，这些模型能够很好地比较不同的方法，但在自主飞行器执行协同任务时，可能会给出不正确的结果。移动性可以增加吞吐量、能源效率、覆盖率和其他网络参数。因此，对移动模型的分析已经成为一个热点，如何设计节点的移动，以提高网络的重要性。

1）马尔可夫链

人们提出了一种离散时间离散值随机过程，用于分析自主飞行器网络的覆盖性能。节点可以独立运行，也可以协同运行。将系统区域建模为一个二维网格，在每个时间步长中，自主飞行器从一个网格点移动到另一个网格点。假设一架自动驾驶飞行器只能移动到四个最近的网格点：半径为 1 的冯·诺伊曼邻域。移动到邻近网格点的概率由移动模型决定。该模型的两个主要组成部分为状态概率和跃迁概率。

在这个模型中，把状态定义为[当前位置，以前的位置]。根据位置的不同，关联状态的数量也不同。如果当前位置在一个角落，边界或中间网格点，有 2~4 个关联状态，分别为 P_f, P_b, P_l, P_r，分别为向前、向后、向左和向右移动的概率。这个 MC 的稳态概率记为 $\boldsymbol{\pi} = [\boldsymbol{\pi}(i,j,k,l)]$，跃迁概率矩阵记为 $\boldsymbol{T}$，其中矩阵的实体为状态 $[(i,j);(k,l)]$ 之间的跃迁概率。因此，在时间步长 n 时，瞬态概率用 $\boldsymbol{\pi}^{(n)} = [\boldsymbol{\pi}_{i,j,k,l}^{(n)}]$ 表示。稳态概率和瞬态概率的关系如下：

$$\begin{cases}\boldsymbol{\pi} = \boldsymbol{\pi} \cdot \boldsymbol{T}, \text{稳态} \\ \boldsymbol{\pi}^{(n)} = \boldsymbol{\pi}^{(0)} \boldsymbol{T}^n, \text{瞬态} \\ \lim_{n\to\infty} \boldsymbol{\pi}^{(n)} = \boldsymbol{\pi}\end{cases} \tag{2.140}$$

式中：$\sum \boldsymbol{\pi}_{i,j,k,l} = 1$。

初始状态 $\boldsymbol{\pi}^{(0)}$ 可以选择为$[1,0,\cdots]$，因为 $\boldsymbol{\pi}$ 的解与初始条件无关。由这些线性方程，可以得到稳态和瞬态概率，从而确定给定迁移模式的覆盖范围。

2）覆盖率度量

$a \times a$ 区域的稳态覆盖概率分布记为 $P = [\boldsymbol{P}(i,j)], 1 \leqslant i \leqslant a, 1 \leqslant j \leqslant a]$。概率矩阵表示给定位置 (i,j) 被占用时间的百分比，通过将式（2.140）得到的相应稳态概率相加计算得出：

$$\boldsymbol{P}(i,j) = \sum_{k,l} \boldsymbol{\pi}(i,j;k,l) \tag{2.141}$$

$(k,l) = \{(i-1,j),(i,j-1),(i+1,j),(i,j+1)\}$ 无边界。边界状态的 (k,l) 对可以用一种直接的方式确定。瞬态覆盖概率分布为

$$\begin{cases}\boldsymbol{P}^{(n)} = [\boldsymbol{P}(i,j)], 1 \leqslant i \leqslant a, 1 \leqslant j \leqslant a] \\ \boldsymbol{P}^{(n)} = \sum_{k,l} \boldsymbol{\pi}^{(n)}(i,j;k,l)\end{cases} \tag{2.142}$$

利用得到的 $P^{(n)}$，可以计算时间步长覆盖位置 (i,j) 的概率如下：

$$C^{(n)}(i,j) = 1 - \prod_{V=0}^{n} (1 - \boldsymbol{P}^{(v)}(i,j)) \tag{2.143}$$

在多架自主飞行器的情况下，可以计算状态概率。假设自主飞行器 k 的稳态覆盖分布矩阵为式（2.141）得到的 P_k 个实体，假设移动独立/解耦，则 m - 自主飞

行器网络的稳态覆盖分布为

$$p^{\text{multi}}(i,j) = 1 - \prod_{k=1}^{m}(1 - \boldsymbol{P}_k(i,j)) \tag{2.144}$$

同理,用式(2.142)~式(2.144)代入瞬时覆盖概率矩阵 $\boldsymbol{P}^{(n)}(k)$ 的 (i,j) 项,可以计算 m - 飞行器网络的瞬态行为。除了移动模型在网格中的覆盖分布外,现在定义了一些潜在的感兴趣的指标(对于大小为 $a \times a$ 的网格,在时间步长 n 时),具体如下。

(1) 平均覆盖率:

$$E[C^{(n)}] = \frac{1}{a^2}\sum_{i,i} C^{(n)}(i,j) \tag{2.145}$$

(2)完整的覆盖范围:

$$\varepsilon^{(n)} = \Pr(C^{(n)} = \mathbf{1}_{a\times a}) = \prod_{i} C^{(n)}(i,j) \tag{2.146}$$

式中:$\mathbf{1}_{a\times a}$ 是一个 $a \times a$ 的单位矩阵。这些度量标准包含一些关于覆盖性能的有价值的信息,例如,一个给定的点被覆盖的程度,整个区域被覆盖的程度,以及覆盖整个区域需要多少时间。

3) 转移概率:独立迁移

首先讨论随机游动和方向迁移模型的状态转移概率,其中的转移概率非常直观。对于随机游动,不需要知道之前的位置。因此,分析工具 (i,j,k,l) 的状态可以进一步简化为 (i,j)。对于随机游动,假设在每一个时间步长,自主飞行器都能以等概率到达邻近的任意一个网格点。显然,相邻点的数量会随着位置的变化而变化。另外,对于随机方向模型,只有当自主飞行器到达网格边界时才会改变方向。因此,需要考虑之前的位置,也就是晶格的方向。对于这两种方案,以及在边界和角落的协作方案,下一个位置在可用的邻近点中以等概率随机选择。

4) 转移概率:协同迁移

本节提出了一种近似协作移动网络覆盖性能的方法。在这样一个网络中,节点之间相互作用:无论何时它们相遇都交换信息。目标是提出一个适当的转移概率矩阵,可以使用所提出的随机工具。对于独立机动,所提出的 MC 可以很容易地扩展到多自主飞行器。然而,对于协同移动,这个 MC 不足以对交互进行建模。精确模拟所有交互作用的 MC 状态将随着自动驾驶飞行器的数量呈指数增长[359]。因此,我们可以提出一种近似方法来模拟飞行器的行为,从而将合作机动性视为独立机动性[397]。

为解耦飞行器的行为,对 m - 飞行器网络定义如下概率:

$$P_X = \sum_{k=0}^{m-1} P_{X|k}\Pr(k+1\text{ 个节点相遇}), X \in \{\boldsymbol{B},\boldsymbol{F},\boldsymbol{L},\boldsymbol{R}\} \tag{2.147}$$

其中,后、前、左、右转弯的概率由合作机动性的决策度量 $P_{X|k}$ 和将相遇的飞行器数量给出。假设任意节点都可以在网格的任意位置,且概率相等,则总共 m 架飞行器中正好有 k 架飞行器也处于 (i,j) 的概率由二项分布给出:

$$\Pr(k+1\text{ 个节点相遇}) = \binom{m-1}{k}\left(\frac{1}{a^2}\right)^k\left(1-\frac{1}{a^2}\right)^{m-1-k} \tag{2.148}$$

给定决策度量 $P_{X|k}$,利用式(2.147)和式(2.148)计算相应转移概率矩阵的项。

4. 多目标搜索跟踪应用中的传感器任务

本节讨论了计划和执行情报监视侦察(ISR)任务的不确定性和复杂性管理问题。这种智能监视侦察任务使用无人机传感器资源网络。在这样的应用中,重要的是要设计均匀的覆盖动态,使传感器足迹减少重叠,并且传感器足迹之间留下很小的空间。传感器范围必须均匀分布,从而使目标难以躲避检测。对于静止目标的搜索,目标位置的不确定性可以用固定的概率分布来表示。光谱多尺度覆盖算法使传感器运动,使传感器轨迹上的点均匀采样该平稳概率分布。均匀覆盖动力学与传感器观测相结合有助于减少目标位置的不确定性。

覆盖路径规划确定了确保自由工作空间中完全覆盖的路径。由于飞行器必须飞越自由工作空间的所有点,覆盖问题与覆盖推销员问题有关。覆盖率可以是一个静态的概念;也就是说,它是一种衡量智能体的静态配置如何覆盖一个域或抽样概率分布的方法。覆盖范围也是一个动态的概念;也就是说,它是测量传感器轨迹上的点覆盖域的程度。随着智能体访问或接近访问域中的每个点,覆盖范围会变得越来越好。均匀覆盖采用受动力系统遍历理论启发的度规。试图实现均匀覆盖的算法的行为本质上是多尺度的。保证先检测到尺寸较大的特征,然后检测到尺寸越来越小的特征[388,390,392]。

定义 2.13　遍历动力学:如果一个系统以等于该子集度量的概率访问相空间的每个子集,就说它展示了遍历动力学。为了很好地覆盖静止目标,要求任意集合中的移动传感器所花费的时间与找到该集合中的目标的概率成正比。为了更好地覆盖移动目标,要求在某些管组中花费的时间与在管组中找到目标的概率成比例。

保证了目标的运动模型,以构建这些管集并为覆盖定义适当的度量。利用随机模型可以近似得到目标的运动模型,并且可以捕捉到无法获得精确信息的目标的动力学。利用这些统一覆盖的指标,为移动传感器的运动推导出集中式反馈控制律。

对于使用移动传感器网络进行环境监测的应用来说,生成温度或污染物浓度等标量场的精确时空图是非常重要的。有时候,绘制一个区域的边界很重要。在文献[275]中,多车辆采样算法生成非平稳时空场的非均匀覆盖轨迹,其特征是空间和时间去相关尺度分别随空间和时间变化。采样算法采用非线性坐标变换,使现场局部平稳,使现有多车控制算法能够提供均匀覆盖。当转换回原始坐标时,采样轨迹集中在短时空去相关尺度的区域。

对于多智能体持续监控的应用,目标可以是在巡逻整个任务域的同时,使任务域内所有目标的不确定性趋于零[381]。假设每个目标点的不确定性随时间呈非线性演化。给定一条封闭路径,通过优化智能体的移动速度和路径上的初始位置,可以实现多智能体以最小的巡逻时间持续监控[126,401]。

注 2.9 多智能体持续监控和动态覆盖的主要区别在于,动态覆盖任务是在所有点都达到满意的覆盖水平时完成的,而持续监控则会一直进行。

1) 静止目标覆盖动态

一阶或二阶动力学假设有 N 个移动智能体在移动。需要一个适当的度量来量化轨迹在给定概率分布 μ 下的采样情况。假设 μ 在矩形域 $\mathbb{U}\in\mathbb{R}$ 以外为零,并且多智能体的轨迹被限制在域 μ 内。一个轨迹所花费的时间的分数必须等于集合的度量。设 $\boldsymbol{B}(\boldsymbol{X},R)\{R:\|\boldsymbol{Y}-\boldsymbol{X}\|\leqslant R\}$ 球集,$\chi(\boldsymbol{X},R)$ 为集合 $B(\boldsymbol{X},R)$ 对应的指标函数。给定轨迹 $\boldsymbol{X}_j:[0,t]\to\mathbb{R}^n,(j=1,2,\cdots,N)$,集合 $B(\boldsymbol{X},R)$ 中多智能体所花费的时间的分数为

$$d^t(\boldsymbol{X},R)=\frac{1}{Nt}\sum_{i=1}^{N}\int_0^t\chi(\boldsymbol{X},R)(\boldsymbol{X}_j)(\tau)\mathrm{d}\tau \tag{2.149}$$

集合 $B(\boldsymbol{X},R)$ 的度量表示为

$$\overline{\mu}(\boldsymbol{X},R)=\int_{\mathbb{U}}\mu(\boldsymbol{Y})\chi(\boldsymbol{X},R)(\boldsymbol{Y})\mathrm{d}\boldsymbol{Y} \tag{2.150}$$

对于遍历动力学,必须验证以下关系:

$$\underbrace{\lim}_{t\to\infty}d^t(\boldsymbol{X},R)=\overline{\mu}(\boldsymbol{X},R) \tag{2.151}$$

由于上面的方程对几乎所有的点 $\boldsymbol{X}$ 和半径 R 都是正确的,这就促使定义度量:

$$E^2(t)=\int_0^R\int_{\mathbb{U}}(d^t(\boldsymbol{X},R)-\overline{\mu}(\boldsymbol{X},R))^2\mathrm{d}\boldsymbol{X}\mathrm{d}R \tag{2.152}$$

$E(t)$ 是一个度量,它量化了在球集中的个体所花费的时间的分数与球集中的度量值之间的距离。设分布为

$$C^t(\boldsymbol{X})=\frac{1}{Nt}\sum_{j=1}^{N}\int_0^t\delta(\boldsymbol{X}-\boldsymbol{X}_j(\tau))\mathrm{d}\tau \tag{2.153}$$

设 $\phi(t)$ 为 $s=\dfrac{n+1}{2}$,负指标 H^{-1} 的 Sobolev 空间范数所给出的 C^t 到 μ 的距离,即

$$
\begin{cases}
\phi^2(t) = \| C^t - \mu \|_{H^{-s}}^2 = \sum_K \Lambda_k \, |s_k(t)|^2 \\
s_k(t) = C_k(t) - \mu_k, \Lambda_k = \dfrac{1}{(1 + \| k \|^2)^s} \\
C_k(t) = \langle C^t, f_k \rangle, \mu_k = \langle \mu, f_k \rangle
\end{cases}
\tag{2.154}
$$

式中：f_k 为带有波数向量 $\boldsymbol{k}$ 的傅里叶基函数；度量 $\phi^2(t)$ 量化了傅里叶基函数的时间平均值偏离其空间平均值的程度，但对大规模模态比小规模模态更重要。

考虑了传感器在一阶动力学下运动的情况：

$$
\dot{\boldsymbol{X}}_j(t) = U_j(t) \tag{2.155}
$$

目标是设计反馈规律：

$$
\boldsymbol{U}_j(t) = \boldsymbol{F}_j(\boldsymbol{X}) \tag{2.156}
$$

所以行为主体符合遍历动力学。摘要提出了一个模型预测控制问题，使覆盖尺度 $\phi^2(t)$ 在短时间视界结束时的衰减率最大化，并导出了视界后退到零时的极限反馈律。可以将代价函数认为是 $\phi^2(t)$ 在视界末端的第一次时间导数 $[t, t + \Delta t]$：

$$
C(t, \Delta t) = \sum_k \Lambda_k s_k(t + \Delta t) \dot{s}_k(t + \Delta t) \tag{2.157}
$$

当 $\Delta t \to 0$ 时的极限反馈律为

$$
\begin{cases}
\boldsymbol{U}_j(t) = - U_{\max} \dfrac{\boldsymbol{B}_j}{\| \boldsymbol{B}_j(t) \|_2} \\
\boldsymbol{B}_j(t) = \sum_K \Lambda_k s_k(t) \, \nabla f_k(\boldsymbol{X}_j(t))
\end{cases}
\tag{2.158}
$$

而 $\nabla f_k(t)$ 是傅里叶基函数 f_k 的梯度场。

2）移动目标的覆盖动态

设目标运动用一组确定的常微分方程来描述：

$$
\dot{\boldsymbol{Z}}(t) = V(\boldsymbol{Z}(t), t) \tag{2.159}
$$

式中：$\boldsymbol{Z}(t) \in \mathbb{U}$，$\mathbb{U} \subset \mathbb{R}^3$ 是目标运动被限制在周期 $[0, T_{\mathrm{f}}]$ 内的区域。

设 T 为描述目标位置演化的对应映射；也就是说，如果目标在 $t = t_0$ 时刻位于点 $Z(t_0)$，则其位置 $\boldsymbol{Z}(t_{\mathrm{f}}) = \boldsymbol{T}(\boldsymbol{Z}(t_0), t_0, t_{\mathrm{f}})$。

给定集合 $\mathbb{A} \in \mathbb{U}$，其在 $\boldsymbol{T}(\cdot, t_0, t_{\mathrm{f}})$ 变换下的逆像为

$$
\boldsymbol{T}^{-1}(\cdot, t_0, t_{\mathrm{f}})(\mathbb{A}) = \{ \boldsymbol{Y} : T(\boldsymbol{Y}, t_0, t_{\mathrm{f}}) \in \mathbb{A} \} \tag{2.160}
$$

目标位置的初始不确定性由概率分布来表示，即

$$
\mu(0, \boldsymbol{X}) = \mu_0(\boldsymbol{X})
$$

设 $[P^{t_0, t_{\mathrm{f}}}]$ 为变换 $\boldsymbol{T}(\cdot, t_0, t_{\mathrm{f}})$ 对应的 Perron-Frobenius 算子族，即

$$\int_{\mathbb{A}}[P^{t_0,t_f}]\mu(t_0,\boldsymbol{Y})\mathrm{d}\boldsymbol{Y}=\int_{\mathbb{A}}\mu(t_f,\boldsymbol{Y})\mathrm{d}\boldsymbol{Y}=\int_{T^{-1}(\cdot,t_0,t_f)(\mathbb{A})}\mu(t_0,Y)\mathrm{d}Y \quad (2.161)$$

在时刻 t,考虑半径为 R 且中心 X 的球集 $\boldsymbol{B}(X,R)$ 以及相应的管集:

$$H^t(\boldsymbol{B}(\boldsymbol{X},R))=\{(\boldsymbol{Y},\tau):\tau\in[0,t],\boldsymbol{T}(Y,\tau,t)\in\boldsymbol{B}(X,R)\} \quad (2.162)$$

管集 $H^t(\boldsymbol{B}(X,R))$ 是扩展时空域的子集,是这些集的并集:

$$\boldsymbol{T}^{-1}(.,\tau,t)(\boldsymbol{B}(\boldsymbol{X},R))\times\{\tau\},\forall\tau\in[0,t] \quad (2.163)$$

可以认为这个管集是扩展时空域中的所有点的集合,当根据目标动力学向前演化时,这些点在时间 t 处最终位于球形集合 $\boldsymbol{B}(X,R)$ 中。

在管集的任何时间段内找到目标的概率是相同的,即

$$\mu(\tau_1,\boldsymbol{T}^{-1}(.,\tau_1,t)(\boldsymbol{B}(\boldsymbol{X},R)))=\mu(\tau_2,\boldsymbol{T}^{-1}(.,\tau_2,t)(\boldsymbol{B}(\boldsymbol{X},R)))=\mu(t,B(X,R))$$
$$\forall\tau_1,\tau_2\leqslant t \quad (2.164)$$

这是因为没有任何可能的目标轨迹离开或进入管集 $H^t(\boldsymbol{B}(\boldsymbol{X},R))$。设传感器轨迹为 $H^t(\boldsymbol{B}(\boldsymbol{X},R))$,传感器轨迹 $\boldsymbol{X}_j:[0,t]\to\mathbb{R}^2,\forall j=1,\cdots,N$ 所花费时间 $(\boldsymbol{X}_j(t),t)$ 在管集 $H^t(\boldsymbol{B}(\boldsymbol{X},R))$ 中的设为

$$d^t(\boldsymbol{X},R)=\frac{1}{Nt}\sum_{j=1}^{N}\int_0^t\chi\boldsymbol{T}^{-1}(.,\tau,t)(\boldsymbol{B}(\boldsymbol{X},R))(X_j(\tau))\mathrm{d}\tau \quad (2.165)$$

或

$$d^t(\boldsymbol{X},R)=\frac{1}{Nt}\sum_{j=1}^{N}\int_0^t\chi\boldsymbol{B}(\boldsymbol{X},R)(T(\boldsymbol{X}_j(\tau),\tau,t))\mathrm{d}\tau \quad (2.166)$$

$\chi(\boldsymbol{B}(\boldsymbol{X},R))$ 是集合 $(\boldsymbol{B}(X,R))$ 上的指示函数。$d^t(\boldsymbol{B}(\boldsymbol{X},R))$ 可以计算为球积分:

$$d^t(\boldsymbol{X},R)=\int_{B(X,R)}C^t(\boldsymbol{Y})\mathrm{d}\boldsymbol{Y} \quad (2.167)$$

$\boldsymbol{C}^t(\boldsymbol{X})$ 覆盖率分布定义为

$$C^t(\boldsymbol{X})=\frac{1}{Nt}\sum_{j=1}^{N}\int_0^t P^{\tau,t}\delta\boldsymbol{X}_j(\tau)(x)\mathrm{d}\tau \quad (2.168)$$

式中:$\delta\boldsymbol{X}_j(\tau)$ 为 $\boldsymbol{X}_j(\tau)$ 点处有质量的额外分布;$C^t(\chi)$ 可以认为是移动传感器根据目标动态随时间向前演化所到达的点的分布。

为了对目标轨迹进行均匀采样,要求传感器在管内的轨迹所花费的时间百分比必须接近于在管内找到目标轨迹的概率,即

$$\mu(t,\boldsymbol{B}(\boldsymbol{X},R))=\int_{B(X,R)}\mu(t,\boldsymbol{Y})\mathrm{d}\boldsymbol{Y}=\int_{T^{-1}(\cdot,0,t)(B(X,R))}\mu_0(\boldsymbol{Y})\mathrm{d}\boldsymbol{Y} \quad (2.169)$$

这就促使我们定义度量标准:

$$\boldsymbol{\Psi}^2(t)=\|C^t-\mu(t,\cdot)\|_{H^{-s}}^2 \quad (2.170)$$

对静止目标采用相同的滚动时域控制方法，得到与式(2.158)类似的反馈规律。

在搜索任务中，有效利用飞行时间需要飞行路径最大限度地提高探测概率。找到目标的能力基于无人机传感器信息检测到目标的概率。在不同的搜索区域，由于不同的环境元素，如变化的植被密度或光照条件，可能无人机只能检测到部分目标。在文献[325]中，提出了一种算法，以难度图的形式考虑部分检测。它给出了近似于最优解收益的路径，将路径规划视为一个离散优化问题。该算法采用模式优度比启发式算法，并采用混合高斯模型对搜索子区域进行排序。该算法在不同分辨率的参数空间中寻找有效路径。任务难度图是传感器探测概率的空间表示，定义了不同难度级别的区域，

2.4.6 自动驾驶飞行器团队的资源管理器

气象特性的知识是许多决策过程的基础。如果相关的测量过程能够以完全自动化的方式进行，这是非常有用的。如果有证据表明发现了有趣的物理现象，自动驾驶飞行器可能展示的第一种合作是相互支持。第二种合作当飞行器出现故障或可能出现故障时，飞行器可以通过控制算法进行展示。如果飞行器内部诊断显示出可能的故障，它就会向其他飞行器发出全方位的请求，以帮助它完成任务。每架自动驾驶飞行器都将计算其提供帮助的优先级。自动驾驶飞行器将优先提供帮助的信息发回给请求的飞行器。请求者随后发送一条消息，告知该组优先级最高的飞行器的 ID。高优先级的飞行器会继续帮助请求者。辅助飞行器提供的支持可以采取不同的形式。如果请求者怀疑其传感器出现故障，辅助器可能会测量一些最初由有疑问的自动驾驶飞行器测量的相同点。这将有助于确定请求者的传感器的状态。如果附加的抽样表明请求程序出现故障，并对组造成不利影响，则返回基组。在这种情况下，支持者可以接管请求者的任务[379]。

支持者是否对请求者的所有剩余样本点进行抽样，随后是否放弃原始样本点取决于抽样点的优先级。如果确定请求者没有出现故障，或者请求者仍能对任务的成功做出贡献，则它可以留在外地完成目前的任务[141]。

1. 单架飞行器有多个加油站的航线

这里主要介绍具有多个加油站的单一自主飞行器航线问题。飞行器可以在任何加油站加油。该问题的目标是为无人机找到一条路径，使每个目标至少被飞行器访问一次，沿该路径，燃料永远不会违反约束，并且无人机所需的总燃料是最小的。人们提出了问题的近似算法，并提出了快速构造和改进启发式的解[386]。

由于小型自动驾驶飞行器通常有燃料限制，因此在其中一个加油站加油之前，它们可能无法完成监视任务。例如，在一个目标监视任务中，一架飞行器从一个仓库出发，需要访问一系列目标。假设无人机在给定路径上行驶所需的燃油与路径

长度成正比。为了完成这个任务，飞行器必须从一个加油站出发，访问一个目标子集，然后到达另一个加油站加油，再开始新的路径。如果目标是访问每一个给定的目标一次，无人机可能不得不在访问所有目标之前重复访问一些补给站。在这种情况下，会出现以下问题。

问题 2.16 路径问题：给定一组目标和加油站，以及最初驻扎在一个加油站的无人机，为无人机找到一条路径，以便每个目标访问至少一次，无人机的路径上永远不会违反燃油限制，飞行器的旅行成本最低。旅行成本定义为飞机在其路径上行驶时消耗的总燃油。

这一问题的难点主要是组合问题[319]。只要能有效地计算出从原点到目的地的最短路径，飞行器的运动约束就不会使问题复杂化。这种无人机可以建模为 Dubins 飞行器。如果在每个目标上指定了最优的航向角，那么寻找最优的待访问目标序列的问题就简化为 TSP 的泛化[356]。

自主飞行器必须以指定的航向角访问每个目标。因此，自动驾驶飞行器的旅行成本可能是不对称的。对称意味着从目标 A 出发、航向为χ_A，到达目标 B、航向为χ_B 的旅行成本可能不等于从目标 B 出发、航向χ_B，到达目标 A、航向χ_A 的成本。

定义 2.14 优化问题的 α -近似算法是一种算法，运行时间为多项式，并找到一个可行的解，其代价最多为该问题每一个实例的最优代价的 α 倍。

这种保证 α 也称为算法的近似因子。这个近似因子为任何问题实例的算法产生的解的质量提供了一个理论上界。这些上界是已知的。由近似因子提供的界通常是保守的。

设 $\mathbb{T}$为目标集合，$\mathbb{D}$为仓库集合，$s \in \mathbb{D}$为无人机最初所在的加油站。该问题是在 $\mathbb{V}=\mathbb{T}\cup\mathbb{D}$的完全有向图 $G(\mathbb{V},E)$ 上得到的。设f_{ij} 表示飞行器从顶点 $i \in \mathbb{V}$飞行到顶点 $j \in \mathbb{V}$所需要的燃料量，假设燃料成本满足三角形不等式，即对于所有的不同的 $i,j,k \in \mathbb{V}, f_{ij}+f_{jk} \geqslant f_{ik}$。让 L 表示飞行器的最大燃料容量。对于任意给定目标 $i \in \mathbb{I}$，假设存在仓库 d_1 和 d_2，使$f_{d_1 i}+f_{id_2} \leqslant aL$，其中 $0 < a < 1$ 为固定常数。它还假设从一个加油站到另一个加油站的旅行总是可能的（直接或间接地，通过一些中间加油站，而不违反燃料限制）。给定两个不同的加油站 d_1 和 d_2，让 $\ell'_{d_1d_2}$ 表示从 d_1 到 d_2 所需的最低燃料。那么，设β 为一个常数，对不同的 d_1 和 d_2，$\ell'_{d_1d_2} \leqslant \beta \ell'_{d_1d_2}$。飞行器的旅程由一系列顶点 $\boldsymbol{T}=(s,v_1,v_2,\cdots,v_p,s)$ 表示。其中 $v_i \in \mathbb{V}$ $(i=1\cdots p)$ 访问所有目标可以转换为访问所有目标和初始加油站，反之亦然。

问题 2.17 这个问题的目标是找到旅行 $\boldsymbol{T}=(s,v_1,v_2,\cdots,v_p,s)$，使 $\mathbb{T}\subseteq(v_1, v_2,\cdots,v_p)$，任意顶点序列 $(d_1,t_1,t_2,\cdots,t_k,d_2)$ 所需的燃料从一个加油站 d_1 开始，在下次访问一个加油站 d_2 结束，同时访问一系列目标 $(t_1,t_2,\cdots,t_k) \in \mathbb{T}$最多等于 L，即

$$f_{d_1t_1} + \sum_{i=1}^{k-1} f_{t_it_{i+1}} + f_{t_kd_2} \leqslant L \tag{2.171}$$

旅行费用$f_{sv_1} + \sum_{i=1}^{p-1} f_{v_iv_{i+1}} + f_{v_ps}$是最小值。设$x_{ij}$为一个整数决策变量，决定网络中从顶点$i$到顶点$j$的有向边数，如果顶点$j$或顶点$i$是目标，则为$x_{ij} \in \{0,1\}$。

由公式选择的边集合必须反映这样一个事实：从加油站到每个目标都必须有一条路径。在这些流量约束中，飞行器在加油站收集$|T|$单位的商品，并在沿其路径行驶时向每个目标花费一单位的商品。p_{ij}表示从顶点i流向顶点j的商品数量，r_i表示飞行器剩余的燃料，当第i个目标为可观的。

问题 2.18 该问题可以写成 MILP，即

$$\min_{(i,j)\in\mathbb{E}} f_{ij}x_{ij} \tag{2.172}$$

约束条件为

$$\begin{cases} \sum\limits_{i\in V/\{k\}} x_{ik} = \sum\limits_{i\in V/\{k\}} x_{ki}, \forall k \in \mathbb{V} & (2.173\text{a}) \\ \sum\limits_{i\in V/\{k\}} x_{ik} = 1, \forall k \in \mathbb{T} & (2.173\text{b}) \end{cases}$$

容量和流量限制为

$$\begin{cases} \sum\limits_{i\in V/\{s\}} (p_{si} - p_{is}) = |T| \\ \sum\limits_{j\in V/\{i\}} (p_{ji} - p_{ij}) = 1, \forall i \in \mathbb{T} \\ \sum\limits_{j\in V/\{i\}} (p_{ji} - p_{ij}) = 0, \forall i \in \mathbb{D}/\{s\} \\ 0 \leqslant p_{ij} \leqslant |T|x_{ij}, \forall i,j \in \mathbb{V} \end{cases} \tag{2.174}$$

燃料约束为

$$\begin{cases} -M(1-x_{ij}) \leqslant r_j - r_i + f_{ij} \leqslant M(1-x_{ij}), \forall i,j \in \mathbb{T} & (2.175\text{a}) \\ -M(1-x_{ij}) \leqslant r_j - L + f_{ij} \leqslant M(1-x_{ij}), \forall i \in \mathbb{D}, \forall j \in \mathbb{T} & (2.175\text{b}) \\ -M(1-x_{ij}) \leqslant r_i - f_{ij}, \forall i \in \mathbb{T}, \forall j \in \mathbb{D} & (2.175\text{c}) \\ x_{ij} \in \{0,1\}, \forall i,j \in \mathbb{V}; i \text{ 或 } j \text{ 为目标点} & (2.175\text{d}) \\ x_{ij} \in \{0,1,2,\cdots,|T|\}, \forall i,j \in \mathbb{D} & (2.175\text{e}) \end{cases}$$

式(2.173a)表示每个顶点的入度和出度必须相同，式(2.173b)保证飞行器访问每个目标一次。这些方程式允许飞行器多次访问一个油库加油。约束式(2.174)确保从一个仓库运送$|T|$单位的商品，并且飞行器在每个目标点交付了恰好一个单位的商品。式(2.175)中M是一个较大的常数，可以选择等于$L + \max_{i,j\in\mathbb{V}} f_{ij}$。如果无人机从目标$i$移动到目标$j$，式(2.175a)确保飞行器到达目标

$r_j = r_i - f_{ij}$ 后剩余的燃料。若无人机从堆场 i 飞向目标 j，式(2.175b)可保证飞行器到达目标 j 后剩余燃料为 $r_j = L - f_{ij}$。如果无人机直接从任何目标旅行到仓库，式(2.175d)必须至少等于所需的数量，以到达仓库。

一种使用 MILP 和 A* 算法修改的自动飞行器轨迹生成方法，以优化动态环境下的路径，特别是具有已知未来出现概率的弹出窗口。每个弹出窗口都会导致一个或多个可能的规避机动，其特征是在整数线性规划模型中使用一组值作为决策参数，该模型通过选择最合适的替代轨迹，根据所施加的约束(如油耗和花费的时间)优化最终路线。决策变量为无人机的状态变量，即位置和速度。约束来自于无人机的简化模型和它必须飞行的环境[367]。

2. 多架飞行器多个加油站航线

多自主飞行器的路径问题也可以考虑。给定一组异构飞行器，根据无人机访问目标的顺序，确定每个无人机要访问的目标，使无人驾驶飞行器至少访问每个目标一次，所有无人机在访问目标后返回各自的加油站，能够最小化自动飞行器集合的总距离。

问题 2.19 设 n 个目标和 m 架飞行器分别位于不同的加油站，设 $\mathbb{V}(T)$ 为飞行器(目标)初始位置对应的 m 个顶点集合，$\mathbb{V}=\{V_1,\cdots,V_m\}$ 表示飞行器(即顶点 i 对应第 i 个飞行器)，$T=\{T_1,\cdots,T_n\}$，表示目标。设 $\mathbb{V}^i=\mathbb{V}_i\cup T$ 为第 i 个飞行器对应的所有顶点的集合，令 $\dot{C}^i:\mathbb{E}^i\to\mathbb{R}^+$，$C^i$：表示代价函数 $C^i(a,b)$ 表示飞行器 i 从顶点 a 到顶点 b 的代价，认为代价函数是不对称的，即 $C^i(a,b)\neq C^i(b,a)$。一架飞行器要么不访问任何目标，要么访问一组目标$\mathbb{T}$。如果第 i 架飞行器没有访问任何目标，则其 $\mathrm{TOUR}_i=\varnothing$，其对应的环 $C(\mathrm{TOUR}_i)=0$。如果第 i 架飞行器访问至少一个目标，则其访问可以用一个有序集 $\{V_i,T_{i_1},\cdots,T_{r_i},V_i\}$ 其中 $T_{i_\ell},\ell=1,\cdots,r_i$ 对应第 i 架飞行器按照该序列访问的 r_i 不同目标。有一个成本 $C(\mathrm{TOUR}_i)$ 与第 i 架飞行器参观至少一个目标定义为

$$C(\mathrm{TOUR}_i)=C^i(V_i,T_{i_1})+\sum_{k=1}^{r_i-1}C^i(T_{i_k},T_{i_{k+1}})+C^i(T_{i_{r_1}},V_i) \tag{2.176}$$

找到飞行器的路线，使每个目标都能准确地到达，通过一些飞行器和整体定义的成本 $\sum_{i\in\mathbb{V}}C(\mathrm{TOUR_i})$ 最小。

其方法是将路由问题转化为单一的 ATSP，并使用 ATSP 可用的算法来解决路由问题[343]。

在广义 TSP 中，一个主要问题是它的数学公式涉及连续和整数决策变量[143]为了解决这个问题，有必要确定以下几方面，使任务完成时间最小化。

(1) 参观各点的顺序。

(2) 起飞的次数以及每次起飞和降落之间必须访问的点数。

(3) 飞行器必须遵循的连续路径。

多准则决策分析(MCDA)技术是一种允许在多个潜在冲突的准则存在的情况下做出决策的过程。决策分析过程中的常见元素是一组设计选择、多个决策标准和偏好信息,这些信息代表了决策者对某一标准的偏好态度,通常是在权重因素方面。由于偏好的不同和信息的不完全,决策分析过程中总是存在不确定性[385]。

为了有效地为给定的决策问题选择最合适的决策分析方法,可以提出以下步骤组成的方法:

(1) 定义问题;

(2) 定义评估标准;

(3) 计算出适当性指数;

(4) 评价决策分析法;

(5) 选择最合适的方法;

(6) 进行灵敏度分析。

文献[104]提出了一种基于图论的解决合作决策控制中死锁问题的综合方法。车辆组可以包含一组固定翼无人机,具有不同的操作能力和运动学约束。由于异构性,一个任务不能由异构组中的任意车辆执行。任务分配问题可以描述为一个组合优化问题。分配多个车辆在多个目标上执行多个任务的每一个任务都是一个候选解决方案。以任务完成所需的执行时间作为最小化目标函数。对目标执行多个任务的车辆需要改变路径,如果另一个目标需要改变路径,则需要等待另一个执行前一个任务或同时执行的任务尚未完成或到达的车辆。这会产生死锁的风险。由于任务间资源共享和优先级约束,两辆或多辆车辆可能会陷入无限等待的状态。人们构造并分析了用于检测死锁的解的任务优先图。此外,还利用拓扑分类任务对车辆的路径延伸进行了计算。因此,得到无死锁解,并完成路径坐标。

重点是找到一种方法来管理非死锁条件和时间约束。据此,可以处理组合优化问题。所有初始分配都是根据一个方案编码的,该方案使候选解满足约束条件。任务的每一个可行分配都是组合优化问题的一个可行解。在生成初始赋值之后,必须检查它是否编码死锁,因为非死锁条件是后续进程的先决条件。根据两种类型的任务关系,将初始任务处理为两组。第一个子图是任务执行子图,由基于车辆的任务组导出。第二个子图是任务约束子图,由目标任务派生。

2.5 小结

本章的第一部分介绍了路径和轨迹规划。微调是关于在固定控制的情况下保持飞行平衡的能力。而后,针对前一节介绍的系统,推导出了二维和三维开环路径规划的算法。接着,讨论了 Zermelo 导航问题。根据初始和最终构型,研究了参数路径。基于连续的路径曲率和挠率的导数,可以得到更光滑的路径。只有在连接两条纵倾航线时才应保持机动。最后给出了多项式、毕达哥拉斯速度图和 η^3 样条等参数曲线。

在本章的第二部分,针对静态和动态环境,研究了导航和碰撞/避障问题。在作者看来,没有哪个算法比其他算法更好。只有因为任务的不同,才会有一些算法的性能比其他算法的性能更好。即只有实践者才能选择更适合他们案例研究的算法。

本章的最后一部分介绍了任务规划:路线优化、模糊规划、覆盖问题以及资源管理等,这是本章主要讨论的。

第3章 定向与覆盖问题

3.1 引言

本章的内容涉及定向运动和覆盖等通用空中机器人问题,实际应用中具体指的是监视、搜索和救援、地理位置定位、勘探和地图构建等问题。使用无人机(UAV)代替地面机器人具有许多优势。无人机具备飞行的能力,因而可以避障并鸟瞰。障碍物的闵可夫斯基(Minkowski)和会根据无人机的大小扩展障碍物,与此同时,无人机会缩小为一个参考点。在宽阔的户外环境中,闵可夫斯基和表示无人机的不可达区域。如果不同障碍物的闵可夫斯基和是相交的,则它们将合并为一个无人机的封闭不可达区域。联合区域之外的空间被视为无人机的自由空间,因此,无人机可以沿着其中的路径飞行[225]。如果无人机的体积很小,那么它们可以在狭小的室外和室内环境中航行,这也表明它们代表的入侵危害是有限的。在继续探讨定向运动和覆盖之前,本章首先介绍无人机飞行任务所涉及的一些运筹学知识,如车辆路径问题(VRP)、旅行商问题(TSP)、邮递员问题和背包问题。

3.2 运筹学预备知识

本节介绍了无人机任务规划中的一些基本算法,例如交通工具寻径问题、旅行商问题及其变体、邮递员问题及背包问题。

3.2.1 交通工具寻径问题

通用交通工具寻径问题(GVRP)是找到不同的可行巡游路径的问题,该路径会使利润最大化。这里的利润是由交通工具服务的所有订单的累计收入减去巡游路径的运营成本得到的[151]。在 GVRP 中,运输请求由非空集的取件、交货和/或服务位置、访问这些位置的时间窗及运输请求得到满足时获得的收入指定。这些服务位置须由同一交通工具按特定顺序进行访问。GVRP 是负载接受和路径选择的综合问题,它囊括了 VRP 和取件与交货问题(PDP)[297]。

定义 3.1 交通工具的巡游是指从该运动体的起始位置开始到最终位置结束,以正确的顺序经过它必须访问的所有其他位置,并以正确的方式经过分派给该工具的每个运输请求的位置的旅程。

定义 3.2 一个巡游可行指的是下达给该巡游的所有指令的相容性在此巡游的时间窗口的每个点上满足且容量约束也满足。

目标是要找到使利润最大化的可行路径,这取决于所有服务运输请求的累计收入再减去运营这些路径的累计成本。

研究最广泛的 VRP 是带容量约束的 VRP 和带时间窗的 VRP(VRPTW)。可变邻域搜索(VNS)是基于在搜索过程中系统地更改邻域结构的思想的一种元启发法。VNS 系统地利用以下观察结果。

(1) 相对于另一邻域结构不需要局部最优。

(2) 对于所有可能的邻域结构全局最优是局部最优。

(3) 对于许多问题关于一个或几个邻域的局部最优彼此相对近似。

3.2.2 旅行商问题

最基本的策略问题通常是如何在一组可能的位置中选择无人机航路点的顺序。

问题 3.1 旅行商问题:给定平面上的 n 个点,TSP 询问是否存在巡游,使无人机一次访问所有这些点。

通常,旅行商问题包括两种不同的类型。

(1) 对称旅行商问题(STSP):城市 A 和城市 B 之间的距离等于城市 B 和城市 A 之间的距离。

(2) 非对称旅行商问题(ATSP):没有这种对称性,并且两个城市之间可能有两种不同的成本或距离。

TSP 是组合问题的一大类问题的代表,也是其中最重要的一种,它易于描述,但难以解决。TSP 有许多变体,在这些问题中必须找到最短的巡游路径,该巡游路径精确地穿过每个目标位置一次。

(1) 欧几里得旅行商问题(ETSP)是 TSP 中的一种,其中顶点之间的距离恰好是平面上目标位置的欧几里得距离。

(2) 杜宾旅行商问题(DTSP)是指运动受限的交通工具,如恒定高度的飞机。

(3) 带邻域的 TSP(TSPN)将 TSP 扩展到允许巡游的每个顶点在给定区域中移动的情况。这种方法考虑了无人机的通信范围或传感器的覆盖范围。

(4) 带邻域的欧几里得旅行商问题(ETSPN)寻找通过指定区域的最短欧几里得路径。

(5) 送货员问题或最小等待时间问题,目的是在给定的图上找到巡游路径或哈密顿圈,以使总巡游时间加上每个客户的等待时间总和最小(对某些固定的节点)。

(6) 动态旅行修理工问题(DTRP)是分布式任务分配问题的一个例子,其中无人机需要访问动态变化的目标集[46]。

(7) k 旅行修理工问题(k-TRP)具有不同的等待时间,这是 TRP 和 TSP 随累积成本的变化而变化。客户 k 的等待时间或延迟时间是旅程中通往 k 的路径 1 所涉及的总时间,也可以认为是服务的延迟。巡游时间有时被视为修理工的等待时间。给定无向图 $\boldsymbol{G}=(\boldsymbol{V},\boldsymbol{E})$ 和源顶点 $s \in \boldsymbol{V}$,k-TRP 此时也称为最小等待时间问题,它要求进行 k 次巡视,每个巡视始于 s ,并覆盖所有顶点,从而使客户所经历的等待时间之和是最小的。客户 p 的等待时间定义为第一次访问 p 之前经过的距离。

在较高的决策层上,通常不考虑无人机的动力学特性,任务规划器通常可以选择解决 ETSP。第一步确定无人机应访问的航点的顺序。在较低的决策层上,路径规划器将这种航路点排序作为输入,并在遵从无人机动力学特性的情况下设计航路点之间的可行轨迹。但是,即使每个问题都能得到最优解,由于物理系统难以遵循由 TSP 算法选择的点序列,将两个连续的步骤分开也可能是无效的。为了提高无人机系统的性能,应该同时考虑任务规划和路径规划[134]。

1. 确定性的旅行商问题

旅行商必须访问几个城市(或路口)。从某个城市开始,旅行商希望找到一条最短的路径,该路径恰好经过每个目的地城市一次就回到起点。将问题建模为具有 n 个顶点的完全图,旅行商希望进行巡游或找到哈密顿回路,每个回路恰好访问一次,然后回到最初的城市。一个 TSP 实例可由节点集 $\boldsymbol{V}=\{1,2,\cdots,m\}$ (这里 m 是正整数)上的完全图 G 以及一个成本函数给出,该函数将成本 c_{ij} 分配给弧 (i,j),其中 i,j 是 $\boldsymbol{V}$ 中的任意点。旅行商希望进行总费用最小的巡游,其中总费用是沿边巡游的各边费用的总和。

注 3.1 解决 TSP 的方法有很多。经典方法包括启发式方法和精确方法。诸如切平面和分支定界之类的启发式方法只能给出小规模问题的最优解,而马尔可夫链和禁忌搜索能处理大规模问题的求解。此外,可以引入一些基于贪婪原理的算法,如最近邻算法和生成树算法作为有效的求解方法。进化计算、神经网络、蚁群系统、粒子群优化、模拟退火、蜂群优化、智能水滴算法和人工免疫系统等基于自然的新的优化算法都是受观察自然启发的求解技术[93]。

$\boldsymbol{G}$ 有一个旅行商巡游,费用最多为 k。给定一个具有 m 个节点的 TSP 实例,任何一次穿越任何城市的巡游都是可行解,并且会尽可能降低成本的上限。在多项式时间内构造 m 个可行解,从而得到最优解上界的算法称为启发式算法。通常,这些算法可以提供解决方案,但不能只是描述该方案的结果与最小种之间的代价差异。如果可以证明返回解的成本对于某些实数 $k>1$ 始终小于 k 乘以最小可能成本,则启发式算法称为 k 近似算法。数据由分配给有限完全图的边的权重组成,目标是找到哈密顿回路,该回路穿过图的所有顶点,同时具有最小的总权重。$c(\boldsymbol{A})$ 表示子集 $\boldsymbol{A} \subseteq \boldsymbol{E}$ 中边的总代价,即:

$$c(\boldsymbol{A})=\sum_{(u,v)\in A} c(u,v) \tag{3.1}$$

在许多实际情况下,从地点 u 到地点 w 的最小代价的方法是不通过中间步骤直接抵达。如果对于所有顶点 $u,v,w \in \boldsymbol{V}$,代价函数 c 满足如下的三角不等式:

$$c(u,w) \leqslant c(u,v)+c(v,w) \tag{3.2}$$

三角不等式(3.2)在许多应用中都是成立的,其取决于所选的代价函数。在这种情况下,只要成本函数满足三角不等式,就可以使用最小生成树来创建成本不超过最小树权重 2 倍的巡游。TSP 方法的伪代码如算法 3.1 所示。

算法 3.1 带三角不等式的 TSP

1. 选择一个顶点 $r\in \boldsymbol{G},\boldsymbol{V}$ 作为根顶点
2. 使用 MST-PRIM($\boldsymbol{G},c,r$)从根 r 计算 $\boldsymbol{G}$ 的最小生成树 $\boldsymbol{T}$
3. 令 $\boldsymbol{H}$ 为顶点列表,根据这些顶点在 $\boldsymbol{T}$ 的前序遍历树中首次访问的时间进行排序
4. 应用状态转换规则来逐步构建一个解
5. 返回哈密顿圈 $\boldsymbol{H}$

最小生成树:过程 MST-PRIM($\boldsymbol{G},c,r$)
1. 对于每个 $u\in \boldsymbol{G},\boldsymbol{V}$
2. $u\cdot$key=∞
3. $u\cdot\boldsymbol{\pi}$=NULL
4. $r\cdot$key=0
5. $\boldsymbol{Q}=\boldsymbol{G}\cdot\boldsymbol{V}$
6. 当 $\boldsymbol{Q}\neq 0$
7. u=EXTRACT-MIN($\boldsymbol{Q}$)
8. 对于每个 $v\in\boldsymbol{G}\cdot$Adj[u]
9. if $v\in\boldsymbol{Q}$ 且 $w(u,v)<v\cdot$key
10. $v\cdot\boldsymbol{\pi}=u$
11. $v\cdot$key=$w(u,v)$

算法 3.1 中流程 MST-PRIM 的第 1~5 行将每个顶点的 key 设置为 ∞（根 r 除外，其根的 key 设置为 0，因此它是第一个被处理的顶点），将每个顶点的父节点设置为 NULL，并初始化最小优先级队列 $\boldsymbol{Q}$ 以包含所有顶点。在第 6~11 行的 while 循环的每次迭代之前[56]。该算法保持以下三部分循环不变。

(1) $\boldsymbol{A} = \{(\nu, v, \pi) : \nu \in \boldsymbol{V} - \{r\} - \boldsymbol{Q}\}$。

(2) 最小生成树中的顶点是 $\boldsymbol{V} - \boldsymbol{Q}$ 中的顶点。

(3) 对于所有顶点 $v \in \boldsymbol{Q}$，如果 $v \cdot \pi \neq \mathrm{NULL}$，则 $u \cdot \mathrm{key} < \infty$，且原英文稿件中是 $v.\mathrm{key}$，引文中为 $v \cdot \mathrm{key}$ 应为 $v \cdot \mathrm{key}$ 是将 v 连接到某个顶点的轻边 (ν, v, π) 的权重，该顶点已经置于最小生成树中。

第 7 行识别了与分割 $(\boldsymbol{V} - \boldsymbol{Q}, \boldsymbol{Q})$ 相交的轻边上的顶点 $u \in \boldsymbol{Q}$。从集合 $\boldsymbol{Q}$ 中删除 u，并将 u 添加到树中顶点的集合 $\boldsymbol{V} - \boldsymbol{Q}$ 中，从而将 $(u, u \cdot \pi)$ 添加到 $\boldsymbol{A}$ 中。第 8~11 行的 for 循环更新与之近邻但不在树中的每个顶点 v 的 key 和 π 属性 u，从而使循环的第三部分保持不变。

TSP 的常用形式是动态系统的 DTRP[181]。在 DTRP 方法中，客户是在边界区域 $\boldsymbol{R}$ 中动态随机产生的，当客户到达时，这些客户等待修理工访问他们的位置并提供一定随机时长的服务。修理工被建模为一个动态系统，其输出空间包含 $\boldsymbol{R}$，目标是客户必须等待的被服务的平均时长。这些问题出现在搜救或监视任务中[44,47]。进一步考虑了这样一种场景[118]：目标点是动态生成的，仅在其位置上具有先验统计信息，并且设计了一种策略以最小化目标等待访问的期望时长。它（指代[118]中的上述场景）是 DTRP 的变体，对无人机的运动增加了不同的约束。该分析可以分为两种限制情况。

(1) 轻载：偶尔会生成目标。主要的挑战在于设计巡航策略，使得当目标出现时，该策略能够使距离目标最近的无人机到达目标的期望用时最短。它减少了对等待位置的选择，并且可以从位置优化相关的文献中获得求解方法。这些结果可以用来求解如无人机均匀展开探查环境在内的覆盖问题。

(2) 重载：目标快速产生。非完整约束的运载工具的最优策略取决于欧几里得旅行商对大量目标的巡游。该策略能够生成有效的协同方案，使得多个无人机穿过给定的目标点并完成协同避开障碍物和威胁的任务。

2. 随机旅行商其变本

在无人机应用中，TSP 通常不是确定性的，并且在决策时尚不确定某些参数。随机模型已用于表示这种不确定性，包括考虑存在客户的概率、需求水平和客户现场的服务时间等，这里通常假设已知分布相关的某些参数。就侦察任务规划而言，在指派无人机飞越危险目标之前，飞行时间、燃料消耗和飞行路径上的禁区通常是不确定的，只能获得这些参数的置信度[308]。为了精确地解决 VRP，基于列生成和拉格朗日松弛的算法是最新技术。通常，主程序是一个集合分区，子问题是具有资源约束的最短路径问题(SPP)的变体[295]。

TSP 和 SPP 具有确定的弧代价,但拓扑结构不确定,假设任意弧都以一定概率存在,并且由一组弧连接的路径只有成功或失败两种可能。先验地选择的路径中,由于缺少额外的其他信息,任何单个弧的不存在或故障都将会导致整个路径的失效。为了衡量失效的风险并找到具有可接受水平的可靠性的最低代价路径,假定每个弧的伯努利试验彼此独立。在受风险约束的随机网络流量问题中,这些模型的行程代价和可靠性对决策者而言至关重要。例如,在城市遭受地震的情况下,需要快速紧急响应,通过最有效的路径将救援人员和物资运送到受灾地区。如果不考虑余震、繁忙的交通和天气状况等不确定因素而造成道路中断的可能性,就会导致大量物资不能及时送达。因此,需要预先规划更可靠的路径,以期望的置信度来防止路径故障。另外,在最小化总成本和最大化可靠性之间总是存在一个权衡。上述模型对应的问题的解决有利于这一权衡的实现。通过设置不同的置信度可以获得相应的最优成本,因此可以在总成本和风险水平之间进行权衡。通过稍微降低路径的可靠性可以大大节省成本;另外,通过选择总成本较高的另一条路径可以大大降低风险。在考虑所有弧的独立故障时,可靠的路径问题的场景数量将随输入网络中弧的数量呈指数增长,这使得大规模的网络问题难以解决[173]。

这里介绍随机 TSP,其中从均匀分布中随机且独立地采样了 n 个目标。动态 TSP 说明如下。

一个随机 TSP 指的是拥有几个独立、随机且均匀分布的采样目标,动态随机 TSP 问题则可以如下定义:

问题 3.2 动态随机旅行商问题:给定一个随机过程来生成目标点,是否有一项策略可以保证未访问点的数量不会随时间变化?如果存在这种稳定的策略,那么新目标在被 UAV 访问之前等待的最短期望时间是多少?

算法 3.2 随机 TSP 算法

---

1. 在算法的第一阶段,构建具有以下属性的巡游。

a. 一次访问所有非空珠。

b. 按从上到下的顺序访问所有行,从左到右以及从右到左的交替遍历访问一行中的所有非空珠。

c. 当访问非空珠时,至少访问其中一个目标。

2. 如果不考虑单个珠,而是考虑由两个珠组成并以类似于第一阶段的方式进行的元珠,则它们具有以下特性。

a. 巡游访问所有非空元珠一次。

b. 按从上到下的顺序访问所有元珠行,从左到右以及从右到左的交替、遍历访问所有非空元珠。

c. 当访问非空元珠时,至少访问其中一个目标。

随机 TSP 可以考虑由均匀概率分布函数随机生成 n 个目标点的情况。算法 3.2 所提出的访问这些点的递归算法由一系列阶段组成,每个阶段都会构建一条封闭的路径[259],迭代过程中,每个阶段都考虑了由上一个阶段的两个近邻元珠组成的元珠。递归阶段之后使用交替算法访问剩余目标。

随机路径问题是弧路径方法延伸的问题。考虑一个定义在具有几个节点的完全图 $\boldsymbol{G}=(\boldsymbol{V},\boldsymbol{E})$ 上的路径问题。如果节点集 $\boldsymbol{V}$ 的每个可能子集在优化问题的任何给定实例上可能存在或不存在,则存在 2^n 个可能实例,即 $\boldsymbol{V}$ 的所有可能子集。设实例 $\boldsymbol{S}$ 的发生概率为 $\mathrm{prob}(\boldsymbol{S})$。给定方法 $\mathbb{U}$ 将原始图形 $\boldsymbol{G}=(\boldsymbol{V},\boldsymbol{E})$ 上的先验解 f 更新为满规模优化问题,则 $\mathbb{U}$ 将为问题实例 $\boldsymbol{S}$ 产生值 $L_f(\boldsymbol{S})$ 的可行解 $t_f(\boldsymbol{S})$。在 TSP 的情况下,$t_f(\boldsymbol{S})$ 将是遍历节点子集 $\boldsymbol{S}$ 的巡游,而 $L_f(\boldsymbol{S})$ 则是该巡游的长度。进一步设已经选择了更新方法 $\mathbb{U}$,则先验解决方案 f 的自然选择是使期望代价最小,即:

$$E[L_f]=\sum_{S\subseteq V}\mathrm{prob}(\boldsymbol{S})L_f(\boldsymbol{S}) \tag{3.3}$$

式(3.3)是对 $\boldsymbol{V}$ 所有子集的求和。该方法通过将更新方案 $\mathbb{U}$ 应用于先验解 f,获得所有问题的 $L_f(\boldsymbol{S})$ 最小化的加权平均值。

概率 TSP 本质上是一个 TSP,其中每个问题实例中要访问的点数是一个随机变量。考虑通过 n 个已知点的集合进行路径规划问题,在该问题的任何给定实例上,仅由 $|S|=k$ 组成的子集 $\boldsymbol{S}$ 必须访问 n 个点中的 k 个 $(0\leqslant k\leqslant n)$。理想地来看,许多情况下都应对每个实例重新优化巡游,然而重新优化非常耗时。一个替代方案是在所有 n 个点上都找到先验巡游,并对相应问题的任一实例以相同的顺序访问存在的 k 个点。因此,概率 TSP 的更新方法是按照与先验巡游相同的顺序访问每个问题实例上的点,而跳过该问题中不存在的那些点。概率 TSP 将为每个 UAV 设计一条先验路径,其严格地遵循该路径,只需跳过不需要访问的位置,以找到一个期望代价最低的先验巡游。总的来说,概率 TSP 是一种明确考虑了随机因素策略规划模型,对有 n 个节点且服务需求在节点之间是独立的覆盖问题,先验巡游是其中以最小预期长度访问节点的巡游,它是一种按照给定顺序访问节点并且跳过需要访问节点的过程[226]。

3.2.3 邮递员问题

邮递员问题分为中国邮递员问题(CPP)和农村邮递员问题(RPP)两方面。

1. 中国邮递员问题

本节重点介绍 CPP 及其变体,其中包括构建沿每条道路以最短距离行驶的道路网络的巡游。从给定点开始,邮递员试图找到一条最短路径,至少横穿每条街道一次并返回邮局。CPP 寻求一条最优路径，该路径至少访问一次图边缘的预定义子集。在给定当前图形信息的情况下，最优路径定义为最低代价覆盖路径。通常，道路网络映射到无向图 $\boldsymbol{G}=(\boldsymbol{V},\boldsymbol{E})$ 且边权重 $w:\boldsymbol{E}\rightarrow\mathbb{R}^{+}$，其中道路由边集 $\boldsymbol{E}$ 表示，道路交叉口由节点集 $\boldsymbol{V}$ 表示。每条边根据道路的长度或通过道路所需的时间进行加权。CPP 算法首先要从路网图构造偶图。该偶图具有一组顶点，这些顶点具有偶数个连接边。这在穿过任何一个交叉路口时是必需的，因为任一交叉路口都意味着在进入一条路的同时离开另一条路，这也意味着只有偶数条边的巡游才能产生一个“进入”和“离开”对。由于道路网络图中路口可能具有奇数条边，因此选择了一些道路在图形中进行重复。该技术选择组合长度最短的一组道路，以最大程度地减少这些重复。偶图的遍历是通过确定图的欧拉遍历来计算的，对于重复的边缘，该遍历恰好访问每个边缘一次或两次。CPP 非常适合于需要遍历空间每个部分的应用。

算法开始之前，以先验地图信息获取环境信息。具体做法是将该先验地图转换为图结构，其中目标位置作为图中的节点，目标之间的路径作为图中的边缘。解决覆盖问题的第一步是假设先验的地图正确无误，并生成一个包含覆盖图中所有边的巡游。该 CPP 伪代码可以表示为算法 3.3。它的最优巡游至少遍历图形中的所有边一次并在同一节点处开始和结束。

算法 3.3　中国邮递员问题算法

```
1. input:s(起始顶点),G(每个边都有成本值的连接图)
2. out put:P(如果找到行程,或者没有找到行程则为空值)
3. 对于 For i∈2,…,n-1
4. If sEven(G),则 P=FindEulerCycle(G,s)
5. else
     O=FindOddVertices(G)
O′=FindAllPairsShortestPath(O)
6.    Mate=FindMinMatching(O′)
        G′=(G,Mate)
     P=FindEulerCycle(G′,s)
7. end
8.return P
```

算法 3.3 的第一步是计算每个顶点的度。如果所有顶点的度都相等，则该算法使用末端配对技术找到欧拉巡游。如果任何顶点具有奇数度，则使用所有对的奇数个顶点的最短路径图，找到奇数个顶点之间的最小加权匹配。由于匹配算法需要一个完全图，因此所有对的最短路径算法是一种最优连接所有奇数顶点的方法。匹配的目的是找到连接奇数节点的边的最小成本集。最后，该算法在新的欧拉图上找到一个巡游。末端配对技术用于从图中生成欧拉回路,包括两个步骤。

(1) 建立与至少一个顶点相交的回路。

(2) 通过在一个相交的顶点将一个回路添加到另一个回路中,将回路一次合并到两个回路中。

回路构建步骤由算法 3.4 给出。在算法 3.4 的每个步骤中,都将边添加到路径序列中,并从图形中删除,直到遇到路径的起始节点为止。在原末端配对算法中,用于选择要添加到序列中的下一条边的启发式方法包括选择入射到当前节点的随机边。为了保持较小的覆盖率,选择边的方式应远离起始点的同时始终巡游在最远的来访问的边上,直到到达起始点才停止。本质上,覆盖路径应始终沿覆盖子图的边界,这将使起点周围的边缘尽可能地连通的同时分开覆盖子图和巡游子图。

算法 3.4　回路构建算法

---

1. input:s(起始顶点),G(图形)

2. output:C(找到回路)

3. Begin

4. $C = s$

5. $i = s$

6. $e = NextEdgeHeuristic(\boldsymbol{G}, s, i)$

7. $i = OtherEndPoint(e, i)$

8. 当 $i \neq s$ 时执行

9. $e = NextEdgeHeuristic(G, s, i)$

10. $i = OtherEndPoint(e, i)$

11. $C = [C; i]$;

12. $RemoveEdge(G, e)$

13. end

14. Return C

在线发现环境变化时,将在更新后的图上使用不同的起始和结束顶点进行重新规划。为了纠正这种差异,从当前 UAV 位置 c 向图的末尾顶点 s 添加了人造边,并为该边 (c, s) 分配了较大的成本值,以防止其在解决方案中翻倍。这一修改后的图,可以找到从 s 到 s 的巡游。然后从图形和巡游中删除边 (c, s)。算法 3.5 会调整覆盖路径,以便从当前位置开始到达结束位置。

注 3.2　如算法 3.5 所示,如果连接了新问题中未访问的边,则运行 CPP 算法;否则,运行 RPP 算法。

Reeb 图可以用作 CPP 的输入,以计算欧拉回路,该路径由一条闭合路径组成,且至少遍历每个单元一次。Reeb 图是源自 Morse 理论的结构,用于研究在拓

算法 3.5　在线覆盖算法

1. input：s(起始顶点)，c(当前顶点)，$\mathbf{G}=(\mathbf{C},\mathbf{T})$（每个边都有标签和成本值的图），**C** 是覆盖边的子集，**T** 是覆盖边的子集的行程边，**OTP** 是最优巡游路径(**OTP**)的子集。
2. output：找到巡游 P
3. Begin
4. $\mathbf{G}'=\mathbf{G}$
5. If $c\neq s$，则 $\mathbf{G}'=[\mathbf{G},(c,s,\mathrm{INF})]$
6. If sConnected($\boldsymbol{C}$)，则 P=CPP(s,$\mathbf{G}'$)
7. else P=RPP(s,$\mathbf{G}'$,OTP)
8. If $c=s$ 并且 $P\neq[\,]$，则
9. RemoveEdge[P,(c,s,INF)]
10. end
11. Return $\boldsymbol{P}$

扑空间上定义的实值函数。Morse 函数的结构可以通过绘制水平集各组成部分的演变图来获得。Reeb 图是编码形状拓扑的基本数据结构，它是通过将网格上定义的功能的水平集(也称为轮廓)的连接组件收缩到一点而获得的。Reeb 图以确定曲面是否已正确重建，可以指示问题区域并可以用于对模型进行编码和动画处理。Reeb 图已在各种应用中用来研究噪声数据，这启发我们利用该图来定义这些结构之间的相似度。欧拉回路可以通过将 Reeb 图的选定边加倍来实现，尽管不需要重复任何边。欧拉回路是如下线性规划问题的解：

$$\text{Minimize } z=\sum_{e\in E}c_e\cdot x_e \tag{3.4}$$

$$\sum_{e\in E}a_{ne}\cdot x_e-2w_n=k_n;(\forall n\in\boldsymbol{V},x_e\in\mathbb{N},\forall e\in\boldsymbol{E},w_n\in\mathbb{N}) \tag{3.5}$$

式中：$\sum_{e\in E}a_{ne}\cdot x_e$ 是节点 $n\in\boldsymbol{V}$ 增加的边数，要成为欧拉回路，必须对奇数度的节点添加奇数个边，对偶数度的节点添加偶数个边；如果节点 n 与边 e 相交，则 $a_{ne}=1$，否则，$a_{ne}=0$；x_e 是边 e 的复制个数；w_n 是一个整数变量，它将强制 $\sum_{e\in E}a_{ne}\cdot x_e$ 对于奇数节点为奇数，对于偶数节点为偶数；对于奇数度的节点，$k_n=1$，否则，$k_n=0$；c_e 是实数表示边 e 的代价。

为了防止重复覆盖，将与 2 倍 Reeb 图边缘相对应的像元拆分为不重叠的顶部和底部子像元。单元分裂方案通过在原始单元的边界临界点之间和上、下边界之间进行插值[310]，来保证子单元与其父节点共享相同的临界点。在分析阶段的最后，所得的欧拉回路概述了穿过环境中所有连接的单元的回路路径。

对于使用多个无人机的路网搜索,需要典型 CPP 算法的变体,以便它可以在搜索问题中考虑无人机的操作和物理特性。固定翼无人机由于物理限制而不能立即改变航向角,因此轨迹必须满足无人机的速度和转弯限制。

可以使用不同的指标,例如顶点之间的欧几里得距离,图中连接的覆盖组件的数量,分区集中的 OTP 数量,搜索树中的分支数量,用 CPP 代替 RPP 的重新规划调用的百分比,以及计算时间以秒为单位[17]。计算需求通常是实时轨迹优化算法能力的限制因素。随着无人机执行更高自治水平的复杂任务,轨迹优化算法需要高效且具有适应不同任务的灵活性。

CPP 算法有很多变体,如有容量限制的 CPP(CCPP)可以限制总边缘代价,或者中国乡村邮递员问题可以访问特定路径,但不必访问所有路径。另外还有风扰中国邮递员问题,根据行进方向不同,同一边缘可能具有不同的值。k-CPP 算法可处理多个邮递员的分匹问题。

问题 3.3 k-CPP 可以表示为给定一个加权连通图 $\boldsymbol{G}$ 和整数 p 与 k,确定是否至少存在 k 条闭路,使得 $\boldsymbol{G}$ 的每个边都包含在其中至少一个闭路上,并且闭路边的总权重最多为 p。

MM k-CPP 算法用于多智能体道路网络搜索。MM k-CPP 是 k-CPP 的变体,它考虑了相似长度的路径。如果要求无人机以最短的时间完成道路搜索任务,则可能需要这种算法。

2. 乡村邮递员问题

实际应用中空间中的每一部分并不都要进行遍历。RPP 使用额外的图边作为所需边之间的巡游连接,寻找遍历图边的所需子集的巡游。将 RPP 描述为整数线性规划问题,进而用分支定界法可以求得最优解法。另一种方法引入了新的主导关系,如在图的连通组件上计算最小生成树,以解决大型问题。此外,许多 TSP 启发式方法在 RPP 问题中得到应用[307]。有必需的和可选的两种类型的图边集,所需的边定义为覆盖边,可选的边定义为移动边,任何解都包括覆盖边、移动边或者它们的某些组合。

定义 3.3 覆盖或移动顶点是图中仅与覆盖边或巡游边相关的顶点。边界顶点是图中至少与一个覆盖边和一个巡游边相关的顶点。巡游路径是连接一对边界顶点的巡游弧段和巡游顶点的序列。

分支定界法是一种通过迭代解决方案集找到最优解的方法。

(1) 在分支步骤中,该算法形成子问题的 n 个分支,其中每个子问题都是该分支定界树中的一个节点。通过任何子问题的解都能求出原始问题的解。

(2) 在定界步骤中,算法计算子问题的下界。

这些下界使分支定界法能够保证解是最优的,而不必搜索所有可能的子问题。分支定界法是处理复杂问题的一种通用方法,对于低复杂度问题有轻微的偏差。

OTP 是连接一对边界顶点的巡游路径,使得它是顶点之间的最低代价路径,并且顶点不在同一聚类中。OTP 是覆盖段聚类之间的最短路径,它们不会穿过覆盖聚类的任何部分。所有 OTP 都是通过在不同的聚类中找到每对边界顶点 V_i 和 V_j 之间的最低代价路径 $\boldsymbol{P}_{ij}$ 来计算的。如果 $\boldsymbol{P}_{ij}$ 是一条巡游路径,则将其保存为 OTP;如果它不是一条巡游路径,那么 V_i 和 V_j 之间没有 OTP,此时 P_{ij} = NULL。($\boldsymbol{P}_{ij}$ = NULL)。OTP 成为分区集。OTP 的迭代是在分支和绑定框架内设置的;在每个分支步骤中,算法通过包含或排除 OTP 生成一个新的子问题。

算法 3.6 乡村邮递员问题

1. input:*s*(起始顶点),**G** = (**C**,**T**)(每个边都有标签和代价值的图),**C** 是覆盖边的子集,**T** 是巡游边的子集,OTP 是最优巡游路径的子集
2. Out put:*P*(找到巡游)
3. Begin
4. PQ=[ ]
5. **G**=[**G**,OTP],其中∀OTP,cost(P_{ij})=0
6. *P*=CPP(*s*,**G′**),加 到 *PQ*(*PQ*,[**G′**,*P*])
7. While Empty(PQ)
8. [**G′**,*P*]=PopLowestCost(PQ)
9. P_{ij}=FindMaxOTP(**G′**)
10. If $\boldsymbol{P}_{ij}$=[ ],*Return* P;
11. **G″**=IncludeEdge(G′,P_{ij})
12. P_1=CPP(*s*,**G′**)
13. AddTo*PQ*(*pq*,[**G″**,P_1])
14. RemoveEdgee(**G′**,P_{ij})
15. P_2=CPP(*s*,**G″**)
16. AddTo*PQ*(*pq*,[**G″**,P_2])
17. end
18. return *P*

算法 3.6 给出了 RPP 的伪码。在开始时,代价 0 被分配给未标识的 OTP,并使用如算法 3.3 所示的 CPP 算法解决了所有 OTP 作为所需边的问题。本问题和 CPP 问题的代价被推到一个优先级队列上。由于所有 OTP 都有零代价,所以 CPP 代价是问题的下界。当队列不空时,从队列中选择代价最低子问题。对于子问题,算法选择具有最佳路径代价的未标识 OTP,即 P_{ij}。通过采用“关闭具有最高路径代价的 OTP”这一策略,下界会被以最高量提高,这有助于将搜索集中到正确的分支上,并防止无关的探索。一旦选择出 OTP,即 P_{ij} ,就会生成两个分支:(1) 第一

个分支包括解决方案中的 $\boldsymbol{P}_{ij}$，这一次分配了实际路径成本；(2)第二个分支从解决方案中省略了 $\boldsymbol{P}_{ij}$。

使用 CPP 算法找到每个分支的解。由于每个解的生成成本为 0，分配给子问题中的未标识 OTP，因此包含和排除 CPP 解决方案的代价分别低于使用 $\boldsymbol{P}_{ij}$ 和不使用 $\boldsymbol{P}_{ij}$ 进行巡游的 RPP 的代价。这些新的子问题被添加到优先级队列中，算法迭代直到队列中的最低代价问题不包含 OTP 时停止。这个问题的解是 RPP 的最优解，因为它包含或排除了解中的每个 OTP，并且具有等于或低于其他分支下界的路径代价。RPP 的分支定界算法是一种具有复杂度 $O(|V|^3 2^t)$ 的指数算法，其中 t 是 OTP 的数量，$|V|$ 是图中的顶点数。

虽然大多数关于弧路径问题的研究都集中在静态环境上，但也有一些工作涉及动态图，如动态乡村邮递员问题(DRPP)。当环境与原始地图不同时，就会发生动态变化。有两类规划器可处理这些差异[244]，具体如下。

(1) 应急规划器对环境中的不确定性进行建模，并为所有可能的场景进行规划。

(2) 假设规划器认为感知的世界状态是正确的，并基于这一假设进行规划。

如果出现差异，感知状态就会被纠正，并进行重新规划。为了实现可行解的快速求解，采用了较低复杂度的假设规划。在所提出的规划中，基于环境的图找到了一个初始规划。当无人机在遍历过程中发现地图和环境之间的差异时，算法将它们传播到图结构中。这可能需要一个简单的图修改，如添加、删除或更改边的代价值。它也可能生成更严重的图重构。这些可能会将最初的规划问题转化为一个完全不同的问题。对于覆盖问题，无人机实际飞过这些空间时，大多数环境上的改变可以被发现。这些在线的变化通常不是在无人机的起始位置而是在覆盖路径的中间位置时，被检测到的。此时，一些边缘已经被访问。因为没有必要重新访问已经遍历的边，所以前面规划中访问的边被转换为巡游边。

1) 聚类算法

聚类算法基于聚类第一、路径次之的原则。首先，将边缘集 **E** 划分为 k 个聚类，然后计算每个聚类的巡游。该算法伪码可以表示为一种构造成的启发式方法，并由算法 3.7 描述。

算法 3.7　聚类算法

---

1. 确定每个交通工具的聚类 $\boldsymbol{F}_i$ 的 k 个代表边缘 $f_1,\cdots,f_k$ 的集合。令 f_1 为距站点的距离最大的边，f_2 为距 f_1 距离最大的边。通过最大化到现有代表的最小距离来连续确定其余连续边。然后，根据 e 和 f_i 之间的加权距离将其余边缘分配给聚类。考虑代表边和站点之间的距离，分配给聚类 $\boldsymbol{F}_i$ 的边的数量以及聚类的代价。

2. 纳入用于连接的边。在每个顶点和站点之间添加边，并确定最小生成树，该最小生成树

包括每个聚类中用于边之间连接的原始边。

3. 中国乡村邮递员问题：通过常规的 CPP 计算出总边中所需边子集的 CPP 路径。

2) 中国乡村邮递员问题

与聚类算法不同的是，第一路径算法遵循路径优先、聚类次之的原则。首先，计算覆盖所有边的邮递员巡游，然后这个巡游被分割成 k 个具有相似长度的巡游片段。该方法在算法 3.8 中描述。

算法 3.8　中国乡村邮递员算法

1. 使用常规的 CPP 计算最优邮递员路径 C^*。

2. 计算分割节点：确定 C^* 上 $k-1$ 个分割节点 $v_{p_1},\cdots,v_{p_{k-1}}$，这些分割节点使得 C^* 的各个巡回段具有大致相同的长度。通过使用最短路径巡游下界 $s_{\max}$ 计算近似巡游段长度 L_j，

$$s_{\max}=\frac{1}{2}\max_{e=u,v\in E}w(SP(v_1,u))+w(e)+w(SP(v_1,v_1)) \tag{3.6}$$

$$L_j=\frac{j}{k}(w(C^*-2s_{\max}))+s_{\max},1\leqslant k\leqslant N-1 \tag{3.7}$$

式中：N 表示无人机的数量；$w(\alpha)$ 表示子路径 α 的距离，SP 表示考虑道路网络的节点之间的最短路径。然后，将分割节点 v_{p_j} 确定为最后一个节点，使得 $w(C^*_{v_{p_j}})\leqslant L_j$，$C^*_{v_n}$ 是 C^* 的子行程，从子节点开始到 v_n 结束。

3. k—邮递员巡游：通过将具有最短路径的巡游航段连接到站点节点，构造 k 个巡游段 $\boldsymbol{C}=(\boldsymbol{C}_1,\cdots,\boldsymbol{C}_k)$。

3.2.4　背包问题

与地面车辆不同，无人机只能沿着给定的航线飞行，只覆盖未连接的某一边。这种改进的搜索问题可以表述为一个多选择的多维背包问题，其目的是，最小化飞行时间的寻找最优解。经典多维背包问题是为背包拾取最大总价值的物品，同时总物品不超过背包的资源约束。为了将多维背包问题应用于路网搜索，假设无人机为背包，要搜索的道路是资源，每架无人机有限的飞行时间或能量是背包的容量。多维背包问题的制定允许考虑每架无人机飞行时间和不同类型的航线，飞机特性和最小转弯半径的限制，得到协调道路搜索分配的次优解。此外，对于固定翼无人机，杜宾斯路径规划考虑到它们的动态约束，产生最短和可飞的路径，因此使用杜宾斯路径计算修改后的搜索问题[13]的代价函数。

经典背包问题定义如下。

问题 3.4　背包问题：给定背包集 $\mathbf{C}>0$ 与物品集 $\mathbf{I}=\{1,\cdots,n\}$，且利润 $P_i\geqslant$

0 和权重 $w_i \geqslant 0$,则背包问题指的是寻找总质量不超过容量的物品的最大利润子集。可以使用以下混合整数线性规划(MILP)来解决此问题:

$$\max\{\sum_{i\in I} p_i x_i : \sum_{i\in I} w_i x_i \leqslant \mathbf{C}, x_i \in \{0,1\}, i \in \mathbf{I}\} \tag{3.8}$$

式中:当且仅当项目 i 拾入背包时,每个变量 x_i 取值为 1。

解决这一问题的两种经典方法是分支定界以及动态规划[138]。这些算法分前向与回溯两个阶段工作:在前向阶段计算利润函数的最优值;在回溯阶段使用这种最优利润确定实际解。与 TSP 类似,背包问题有在线和离线两个版本。假设项目之间的权重相同,则背包问题的离线版本变得易于求解:可以使用贪婪算法,逐个选择具有最大值的一个物品,直到没有更多的物品可以添加。然而,当项目的值不能提前完全知道时,具有相同权重的背包问题是许多应用问题中一个有趣的问题。对象类型的盈利能力是其利润与权重的比率。在无人机领域,可以包含许多目标函数,如时间、能量和飞行时间等。可以讨论不同的、更复杂的模型,包括二进制多准则背包问题、多约束多周期问题以及时间相关模型。

3.3 定向问题

一架无人机在兴趣点(POI)上的路径问题可以表述为定向问题。定向问题是 TSP 的延伸。它是在一个图上定义的,其中顶点表示可以收集奖励的地理位置。定向问题包括 TSP 和背包问题[304]。

定义 3.4 定向问题定义在一个网络上,其中每个节点表示一个 POI,每个弧表示两个节点之间的行程。每个节点可以关联一个权重,每个弧可以关联一个行程时间。目标是找到一个最大的奖励路径与巡游时间。定向问题可以延伸到具有时间窗口约束的情况。

定义 3.5 时间窗口是以任务可以开始的最早时间开始,以任务可以结束的最晚时间结束的时间间隔。如果没有给出最早时间,则将最晚时间称为截止时间。如果同时给出开始时间和结束时间,则表示关闭时间窗口。

3.3.1 定向问题描述

定向问题代表了一个 VRP 族,它考虑到了实际情况,即为客户提供服务是可选的,如果在时限内完成,则会产生利润。以图的顶点表示客户,定向问题的目标是选择一个顶点的子集,并设计一条不超过预先规定时间的限制的路径,以最大化总利润。位于站点的一组无容量限制的交通工具必须为一组常规客户提供服务,而另一组为可选客户提供潜在服务。如果对其进行服务，每个可选客户产生一个利润。该问题的目的是设计时间不超过预先规定限制的交通工具巡游，为所有常规客户和一些可选客户提供服务，以获取最大的总利润[253]。

1. 标称定向问题

首先考虑了标称定向问题，其中所有输入参数都假定为确定性的。如果 N 表示目标集，$|N|$ 是其基数，则无人机补给站的位置可由 $0 \notin N$ 顶点和 $N^+ = N \cup \{0\}$ 表示，每个目标 $i \in N$ 与值 p_i 相关联，定向问题可由具有 $|N| + 1$ 个顶点的完全图 $G = (N^+, A)$ 上描述。权重 f_{ij} 表示目标 i、j 之间的期望燃料消耗与记录目标 j 所需的期望燃料之和，这里 f_{ij} 与每个弧 $(i,j) \in A$ 相关联。无人机的燃料容量用 F 表示。为每个弧 $(i,j) \in A$，引入一个二进制决策变量 x_{ij}，如果在巡游中使用弧 (i,j)，则令 $x_{ij} = 1$。引入辅助变量 u_i 来表示顶点 i 在巡游中的位置。标称定向问题的目标是找到一个满足燃料约束的最大收益巡游、此巡游开始、结束于恢复点。基于这些定义，标称定向问题的形式描述如下。

问题 3.5 定向问题(OP)：

$$\max \sum_{i \in N} P_i \sum_{j \in N^+\{i\}} x_{ij} \tag{3.9}$$

满足

$$\sum_{(i,j) \in A} f_{ij} x_{ij} \leqslant F, \text{容量约束} \tag{3.10}$$

$$\sum_{i \in N} x_{0i} = \sum_{i \in N} x_{i0} = 1, \text{巡游开始和结束于站点(恢复点)} \tag{3.11}$$

$$\sum_{i \in N^+\{j\}} x_{ji} = \sum_{i \in N^+\{j\}} x_{ij} \leqslant 1, \forall j \in N \tag{3.12}$$

流量守恒，确保每个顶点最多被访问一次。

$$u_i - u_j + 1 \leqslant (1 - x_{ij})|N|, \quad \forall i,j \in N, \text{防止创建子巡游} \tag{3.13}$$

$$1 \leqslant u_i \leqslant |N|, \quad \forall i \in N, \text{边界约束} \tag{3.14}$$

$$x_{ij} \in \{0,1\}, \quad \forall i,j \in N, \text{完整性约束} \tag{3.15}$$

注 3.3 定向问题可视为 TSP 的变体。与 TSP 相比，TSP 的目标是最小化访问所有目标的巡游长度，定向问题的目标则是在收集奖励的巡游不超过指定的巡游预算。最大化收集到的奖励的总和。因此，当访问所有的目标不可行时，即给定旅行预算时，定向问题是更合适的描述并解决问题的方法。

在运筹学中环境覆盖可行解是将环境表示为一个图，并使用 TSP 或邮递员问题等算法来求解获得。图中的节点是环境中的位置，图中的边是位置之间的路径。每个边都有一个分配给它的代价值，它可以表示某种度量，如位置之间的欧几里得距离、区域可遍历性、巡游时间或者几种度量的组合。此外，每个边都是无向的。一种可行的解决方法是寻找一条访问图[234]的所有边或指定边子集的路径。

为了提高侦察任务的效率,重要的是访问尽可能多的感兴趣的目标地点,同时考虑与燃料使用、天气条件和无人机续航时间有关的操作限制。鉴于操纵环境的不确定性,需要鲁棒性优良的规划解决方案[120]。在信息收集方面,某些位置可能比其他位置更有优势,因此要优先处理这些更具优势的位置。为了优化数据收集,无人机应该在含有更高优先级的目标位置进行一次巡游,且开始、结束于恢复点。巡游规划可以建模为定向问题,其中目标位置对应于节点,利润与节点关联以建模目标位置优先级,弧表示从一个目标位置到另一个目标位置的飞行路径,并且这种飞行路径的燃料消耗由关联弧上的权重建模。站点代表无人机的回收点。所涉地区经常存在障碍。一种常见的处理是将环境中的障碍视为静态的。这允许覆盖区域被分解成通畅的几个区域,然后对每个区域进行单独处理并独立覆盖。这种方法的主要缺点是需要事先绘制环境和内部障碍图。相对于执行任务的交通工具,分解的区域很可能太小。其他限制包括覆盖范围的过度重叠和从一个单元到另一个单元的时间浪费。

处理动态障碍的方法测量到一种本不应该存在的障碍。在障碍较大的情况下,最好将覆盖区域分割成小区域。另外,对于 Voronoi 图,其中路径是图中的边,路径交点是节点。这是连续空间覆盖[157]问题中生成最优路径的一种方法。一般来说,路径选择方法是将一般路径问题转化为 SSP 问题。路径的规范本身就是一个问题。如果路径网络被建模为一个有向图,路径选择问题就是一个离散的在图中寻找路径的问题,这是在求速度剖面之前必须解决的问题[258]。

2. 鲁棒定向问题

实际中无人机规划问题的输入参数可能是不确定的。由于无人机在动态且不确定的环境中运行,有效的任务规划应该能够应对环境变化和期望的不断变化。事实上,像风这样的天气环境对无人机的油耗有很大的影响。由于重新规划的成本可能很大,所以重要的是要生成鲁棒性好的无人机巡游规划。因此,引入鲁棒定向问题(ROP)。在无人机任务规划中,初始规划的可持续性(鲁棒性)受到高度重视。更具体地说,在无人机飞行实际开始之前构建的飞行规划的设计应使访问所有计划目标的概率足够高。该 ROP 适合于设计无人机的初始规划,因为它提供了一种工具来平衡初始规划的可行性概率与规划巡游的收益价值。实际的燃料消耗在规划阶段不能精确确定。在无人机的实际飞行过程中,是否能访问所有计划的目标取决于这些燃料的实际消耗。ROP 显式地考虑了弧 f_{ij} 权重的不确定性,假定其实现位于区间 $[\bar{f}_{ij}-\sigma_{i,j},\bar{f}_{ij}+\sigma_{i,j}]$,其中 $\bar{f}_{ij}$ 是从目标 i 到 j 弧上的期望油耗。在模拟无人机实际飞行时,期望油耗 $\bar{f}_{ij}$ 是基于当前的天气情况(风速和风向的),弧的权重之间可能的相关性已经在这些期望值中被确定,因此可将假定与期望值的偏差为不相关的噪声。包含对燃料不确定性的鲁棒性的 ROP 的描述如下。

问题 3.6 鲁棒定向问题

$$\max \sum_{i \in N} p_i \sum_{j \in N^+ \{i\}} x_{ij} \tag{3.16}$$

满足

$$\sum_{(i,j) \in A} \bar{f}_{ij} x_{ij} + \sum_{s \in S} \rho_s \parallel y^s \parallel_s^* \leqslant F, \text{容量约束} \tag{3.17}$$

$$\sum_{s \in S} y_{ij}^s = \sigma_{ij} x_{ij}, \forall (i,j) \in A \tag{3.18}$$

$$\sum_{i \in N} x_{0i} = \sum_{i \in N} x_{i0} = 1, \text{巡游开始、结束于站点} \tag{3.19}$$

$$\sum_{i \in N^+ \{j\}} x_{ji} = \sum_{i \in N^+ \{j\}} x_{ij} \leqslant 1, \forall j \in N \tag{3.20}$$

流量保护,确保每个顶点最多被访问一次。

$$u_i - u_j + 1 \leqslant (1 - x_{ij}) |N|, \quad \forall i,j \in N, \text{防止创建子巡游} \tag{3.21}$$

$$1 \leqslant u_i \leqslant |N|, \quad \forall i \in N, \text{边界约束} \tag{3.22}$$

$$x_{ij} \in \{0,1\}, \quad \forall i,j \in N, \text{完整性约束} \tag{3.23}$$

$$y_{ij}^s \in \mathbb{R}, \quad \forall s \in S, (i,j) \in A \tag{3.24}$$

约束方程式(3.17)可能导致问题变成非线性的,然而对于定义在 L^∞、L^2、L^1 球面和这些球面交集上的不确定集问题仍然是容易处理的。可以引入一种规划方法,以敏捷性原则补充鲁棒性无人机巡游。可以使用三种不同的策略,具体如下。

(1) 从一组可用的目标中选择收益最大的目标。

(2) 选择收益值与所需总期望燃料的比率最高的目标,飞抵该目标并在记录目标后飞回原点。

(3) 再优化策略。在这种策略中,期望燃料消耗用来寻找巡游的剩余部分,这对于标称燃料消耗的确定性情况是最优的。只选择最优标称巡游的第一个目标作为下一个访问的目标。

关于这一实现的更多细节见文献[120]。ROP 可以扩展到敏捷性原则,用于在无人机飞行过程中做出决策。首先考虑燃料实际消耗,初始巡游将尽可能长地被跟随,这意味着无人机必须在达到所有规划目标之前返回到补给站点。在某些燃料富余情况出现时,可以利用富余的燃料增加整个任务期间的总收益。由于主要目的是访问规划的目标,所以只有在到达规划旅行的最终目标后才考虑额外的目标。不确定集的设计是通过考虑一定的不确定参数来找到解决方案因此鲁棒优化允许通过选择不确定性集来调整保守性水平。

3. 无人机队定向问题

在团队定向问题中,m 个无人机的团队被安排为一组节点服务,每个节点都与奖励相关联。该问题的目标是在每条路径的巡游时间限制在一个给定范围内时最大限度地获得总收益。团队定向问题定义在一个完全图 $G=(V,E)$ 上,其中 $V=$

$\{0,1,\cdots,n+1\}$ 是节点集 $E=\{V(i,j)\mid i,j\in G\}$ 是边集，c_{ij} 是边 $(i,j)\in E$ 的巡游时间，r_i 是节点 i 的奖励；一条可行的路径必须从节点 0 开始，在节点 $n+1$ 处完成；且其旅行时间不能超过时间限制 $T_{\max}$。

问题 3.7 团队定向问题：设 $R(x_k)$ 为路径 $x_k\in\Omega$ 上获得的总收益，团队定向问题为如何最大化总收益，即：

$$\max\sum_{x_k\in\Omega}R(x_k)y_k \tag{3.25}$$

满足

$$\sum_{x_k\in\Omega}a_{ik}y_k\leqslant 1;\quad i=1,\cdots,n \tag{3.26}$$

$$\sum_{x_k\in\Omega}y_k\leqslant m;y_k\in\{0,1\} \tag{3.27}$$

式中：Ω 是所有可行路径的集合，如果路径 x_k 访问节点 i，则 $a_{ik}=1$；否则，$a_{ik}=0$。如果路径 $x_k\in\Omega$ 被遍历，则 $y_k=1$；否则，$y_k=0$。

第一个约束意味着每个节点最多只能访问一次，第二个约束确保可行解最多有 m 条路径。人们已经开发了几种精确的次优算法，然而目前还没有能够找到最优解的算法。另一种方法是元启发式的，其目的是在合理的时间[203]内产生一个满意的解决方案。

这个问题的一个扩展是多时间窗口的多约束团队定向问题。通常在出现时间窗口违规的情况下使用软时间窗口的同时在目标函数中加入惩罚项。然而，在无人机任务规划的情况下存在硬时间窗口。在动态情况下设计无人机巡游时应考虑在飞行紧急记录过程中有可能知道并执行新的目标，这些新目标可能是时间敏感的目标或者优先于期望的目标。只有在紧急反应时间由任务类型定义期望的时限内访问它们才有价值。因此，考虑到前往目标所需时间的不确定性，无人机将尽可能快速到达这样的目标。在这种动态的情况下，无人机要么前往预定目标的途中，要么前往刚出现的新目标的途中，要么正在记录或在目标处等待开始记录，要么在返回站点的途中。收益是通过记录及时到达的期望目标而获得的，记录可以不间断地完成。可用的任务时间将有一部分用于新目标，有一部分用于可预见的目标。一方面，当规划对期望目标进行的巡游是故意位于期望出现新目标位置附近时，如果新目标出现，则无人机可能会及时记录新目标；另一方面，当规划的巡游没有事先考虑新目标的可能位置时，从期望目标中获得的期望收益可能会更高。因此，在规划巡游时应预先重视强调这些新的、时间敏感的目标：具有时间窗口和时间敏感目标的在线随机无人机任务规划问题。

在文献[109]中开发了一种基于将定向问题分解为背包问题（将有价值的任务分配给预算有限的无人机）和随后的 TSP（选择分配任务的最有效路径）的不同类型的快速算法。快速背包算法是基于选择任务每个额外的资源成本的边际收益。对于定向问题,资源成本很难评估,因为它需要随后的 TSP 的解决。因此,在算法 3.9 中开发了一种基于生成树的方法,该方法允许估计增加的资源成本,从而为每个无人机执行的任务提供了一种快速算法。

算法 3.9 定向背包算法

1. 初始化:关注的任务范围应该限制在源节点的往返距离内。区域被圈均匀地进行划分,并计算每个扇区中存在的任务的总报酬。目标是使得树具有一定的地理多样性,并预测存在较高价值任务的方向。

2. 树生成:从源节点开始,使用贪婪的背包方法生成一棵树。奖励-连接收益率用于选择下一个适当的顶点。在不存在一棵可以不超过预算估计树的情况下,添加额外的顶点,并对每棵树细化巡游成本,通过树的深度优先遍历中强加的拓扑顺序来估计巡游成本。

3. 巡游构建:从第一阶段产生的树,树生成,识别一组顶点 S 与应该被执行的任务。

4. 巡游改进:奖励-增量收益率用于取消选择每个与巡游相关的节点,在旅游成本满足预算约束的情况下,按收益率由大到小的顺序插入顶点。

5. 巡游细化:在将更多的节点插入到巡游中之后,所获得的巡游可能不是这个扩大的节点子集上的最优 TSP 巡游。在这种情况下,必须为当前节点子集找到一个新的巡游,并重复巡游改进步骤,直到无法进一步改进为止。在大多数情况下不需要这一步,但这是一个易于实现的步骤。

杜宾斯定向问题是固定翼无人机[245]定向问题的延伸。其目的是通过固定翼无人机访问给定目标位置的子集,最大限度地提高获得的总收益的同时,汇集巡游的长度不超过给定的巡游预算。因此,杜宾斯定向问题的解决需要确定目标位置的特定航向角,以最小化目标之间杜宾斯机动的长度。在计算复杂性方面,可以认为杜宾斯定向问题比欧几里得定向问题更具挑战性,因为在收益汇集路径中只改变一个航向角或目标位置通常会强制改变附近相关目标位置的所有航向角。

在文献[121]中提出的解决方案首先是利用现有信息构建巡游,从而确定要访问的第一个目标。在完成这一目标的记录后,如果没有出现时间敏感的目标,则根据过去的巡游和记录时间实现重新规划行程,确定下一个可预见的访问目标。这种重新规划是基于带时间窗口的最大覆盖随机定向问题(MCS-OPTW)。MCS-OPTW 规划方法提供了从当前位置到站点的路径,且仅包含可预见的目标。规划访问的下一个目标是这条路径中的第一个目标。在执行这一重新规划过程中,MCS-OPTW 平衡了两个目标:通过记录期望目标获得最大化的期望收益和最优化的路径期望加权位置覆盖(WLC)。WLC 将弧的距离与预期出现新目标的位置联系起来。因此,通过第二个目标,MCS-OPTW 选择了预期的目标,以便将无人机发送到预期出现新目标的区域。在这两个目标中,期望值是根据先验的旅行概率分布和记录时间来确定的。

3.3.2 无人机传感器选择

无人机传感器选择和路径问题是定向运动问题的延伸。

问题 3.8 无人机传感器的选择和路径问题:单个无人机从一个起始位置开始,必须在时间 T 前到达指定的目的地。除了起始点和结束点,还存在一组无人机可能收集的相关于收益的位置。在给定传感器的情况下找到无人机定向的最优路径。

任务规划可以看作路径规划的复杂版本,其通过访问一系列目标来完成任务。集成传感器选择和路径模型可以定义为一个 MILP 描述[234]。成功的路径规划算法应产生一条不受端点或航向约束的路径,该路径应利用飞机传感器的全部信息并满足无人机的动态约束。

文献[171]开发了一种感知一组紧密间隔目标的路径规划方法,该方法利用传感器覆盖提供的规划弹性,同时在无人机的动态约束下工作。路径规划目标是最小化访问所有目标所需的路径长度。在处理这种问题时必须解决如下的三个技术挑战。

(1) 路径段之间的耦合;

(2) 传感器覆盖区的利用;

(3) 确定目标的访问顺序。

对于杜宾斯交通工具,功能可以由离散的时间路径提供,这些路径是通过将原始转弯和直线段组合起来形成一个可飞行的路径。对于这项工作,离散步长路径中的每个原始段都是指定的长度,并且要么是转弯,要么是直线。将左转弯、右转弯和原始直线段组合起来创建了一个可飞行路径树。因此,路径规划器的目标是在最短的距离内构建预期目标的分支搜索路径树。也可以使用其他参数曲线,如笛卡儿多项式、不同类型的样条和毕达哥拉斯矢端曲线[56]。实时 A^* 算法可以用来学习定义路径树的哪个分支最能完成所需的路径规划目标。

问题 3.9 给定地形(自然、城市或混合)中的一组固定地面目标,由于地形特征可以遮挡能见度,因此其目标是计算无人机侦察的路径,以便它能够在最短时间内拍摄所有目标。

因此,为了拍摄目标,无人机必须位于距离目标足够近无遮掩的范围内,以满足摄像机的分辨率要求,完成拍摄。对于给定的目标,所有这些无人机位置的集合称为目标的能见度区域。无人机路径规划可能因风、空域约束、动态约束和无人机本身能见度而复杂化。然而,在简化假设下如果无人机被建模为杜宾斯车辆,那么目标的能见度区域可以用多边形近似,路径则是封闭的巡游[239]。固定翼无人机的二维侦察路径规划也称为杜宾斯车辆,因为其有限的曲率可以被简化为问题 3.10。

问题 3.10 对于杜宾斯车辆,可以找到一个最短的平面封闭巡游,访问每一组多边形中的每个多边形至少一个点。这称为多边形访问杜宾斯旅行商问题(PVDTSP)。

基于采样的路径图方法通过对目标可视化区域中有限离散的姿态集(位置和配置)进行采样,以便采用旅行商问题(FOTSP)中的有限实例逼近 PVDTSP 实例。FOTSP 是寻找一个最小代价封闭路径的问题,该路径在每个有限的聚类中通过至少一个顶点,且聚类是相互排斥的有限顶点集。一旦构建了路径图,就可以应用标准求计算法将 FOTSP 实例转换为 ATSP 实例。

固定翼无人机的期望行为是最大限度地扩大目标的传感器覆盖范围。驱动这种行为的目标函数是单独目标的加权和,即:

$$J = \int_{t_0}^{t_f} (W_1 u_1^2 + W_2 u_2^2 + W_3 u_3^2 + W_4 u_4^2)\,\mathrm{d}t + \int_{t_0}^{t_f} (W_5[(r_x - r_x^d)^2 + (r_y - r_y^d)^2 + (r_z - r_z^d)^2])\,\mathrm{d}t \tag{3.28}$$

式中:$W_1 \sim W_5$ 是给定的权重;$u_1 \sim u_4$ 是控制输入,(r_x, r_y, r_z) 是实际的三维位置;(r_x^d, r_y^d, r_z^d) 表示与目标距离的平方。

式(3.28)前四项表征的是控制效果,第五项是目标距离平方的加权。该问题的约束包括运动方程和动态限制。目标位置和速度向量连续地提供给算法。在计算路径规划时,风速为常数。考虑使用标准的 VRP,但是有需求,需求本质上是概率性的而不是确定性的。此时,该问题是确定一组具有最小期望长度收益的固定路径,对应于固定路径的预期总长度加上可能需要的额外旅行距离的期望值。额外的距离将可能对一条或多条路径有需求,这些路径有时可能超过车辆的容量,并迫使车辆在继续行驶之前返回站点。

可以定义以下两种求解方法。

(1) 在方法 $\mathbb{U}_a$ 下,无人机以与先验巡游相同的固定顺序访问所有节点,但只服务于在特定问题实例中需要服务的位置点。旅行的总期望距离对应于先验巡游的固定长度加上路线上的需求超过车辆容量时必须覆盖的额外距离的期望值。

(2) 方法 $\mathbb{U}_b$ 的定义类似于 $\mathbb{U}_a$。与之不同的是,在无人机巡游的特定实例上没有需求的位置点被简单地跳过。

如果每个点 x_i 以一个独立于其他点的概率 p_i 被访问,且无人机的容量记为 q,那么必须找到通过 n 个点的先验巡游。在任何给定的实例中,子集中出现的点将按照它们在先验巡游中出现的相同顺序进行访问。此外,如果路线上的需求超过无人机的容量,无人机必须回到恢复点,后才能继续其巡游。寻找这种最小期望总长度的巡游的问题定义为一个容量一定的概率 TSP。

3.4 覆盖

机器人技术中的覆盖算法是一种关于如何使用一组传感器和一个机器人来覆盖给定区域的所有点的策略。它描述了无人机应该如何移动以在考虑风扰的情况下以安全、节能和有效的方式完全覆盖一个区域。最初,重点是结构化和半结构化的室内区域[252,298]。随着全球定位系统的引入,焦点转向户外覆盖;然而,由于附近的建筑物和树木,全球定位系统信号经常被遮挡。室外环境的非结构化性质使得覆盖室外区域的所有障碍的同时执行可靠的定位,成为一个困难的任务[237]。

注 3.4 未知环境的覆盖也称为扫描问题,或未知环境的地图构建。这个问题基本上可以通过提供定位和地图构建的能力来解决,或者直接推导出一种在不显式映射区域的情况下执行扫描的算法。事件的平均检测时间可以用来代替覆盖度的测量从而评估该算法。

开发一个能够在室内外环境中处理具有不同运动学和动力学约束的无人机平台系统,以完成任何覆盖任务,是一个挑战。评估每个任务并为该任务找到最合适的算法是必要的。然而,这些任务中的一部分可以分在同一个类别中使用相同的覆盖方法。在户外环境中工作有许多挑战,如天气条件、照明条件和非结构化环境等。在许多实际应用中,覆盖区域内的障碍物的出现增加了问题的复杂性。出于安全考虑,必须躲避障碍物。此外,操作点附近的大障碍物往往会遮挡最常用的 GPS 定位信号。因此,采用其他可替代的定位技术是需要考虑的。

注 3.5 覆盖一词也应用于环境中分配一组移动传感器单元的问题,使它们的定位达到对感兴趣区域的最大覆盖。这些方法大多数假设移动单元在到达所需位置后不会移动,除非环境的配置在运行时被改变。

TSP 的目标是在给定的网络上确定成本最小的哈密顿巡游。在这个 TSP 中,必须准确地访问网络的所有节点一次。在一个节点的子集上识别一个巡游,以便其他节点可以位于某个巡游站点的合理距离内。时间约束的最大覆盖旅行者问题的目标是找到一个巡游访问的子集的需求点,以便最大限度地满足需求的时间约束。假定在巡游中顶点的需求被完全覆盖,而在距离巡游站点指定距离的顶点的部分求则被部分覆盖。无人机路径收集针对入侵者的信息是这一问题[242]的完美应用。将覆盖概念纳入路径方案的第一个问题是覆盖旅行者问题。它指的是在一个顶点子集上确定一个最小长度的哈密顿巡游问题,这里的顶点指的是位于回路上或距某个被访问过的顶点一定距离内的点。推广是为巡游访问的每个节点产生额外的成本,而每个节点与一个加权需求相关联,表示必须覆盖的最小次数。它可以分为三类:距离约束下的利润最大化,利润约束下的距离最小化或距离最小化和利润最大化的组合。

覆盖规划问题与覆盖旅行商问题有关，智能体必须访问每个城市的一个社区。覆盖算法可以分为启发式算法或完全式算法，这取决于它们是否可保证了自由空间的完全覆盖。分类方法如下[139]。

(1) 经典精确区域分解方法：将自由空间分解成简单的、不重叠的区域，称为单元。所有单元的结合正好填补了自由空间。这些区域没有障碍物，很容易被覆盖，可以由无人机使用简单的运动进行扫描。

(2) 基于莫尔斯的区域分解方法：基于莫尔斯函数的临界点。莫尔斯函数的临界点是非简并的。临界点是一个值，该点处函数不可微或者它的所有偏导数都为零。通过选择不同的莫尔斯函数得到不同的单元形状。

(3) 基于地标的拓扑覆盖方法：使用更简单的地标来确定一个精确的区域分解称为切片分解。由于使用更简单的地标，切片分解可以处理更多的环境。

(4) 基于网格的方法：使用分解为统一网格单元集合的环境的表示。大多数基于网格的方法都是分辨率完备的，即它们的完整性取决于网格映射的分辨率。

(5) 基于图形的覆盖方法：对于可以表示为图形的环境是很有趣的。特别是，它可以考虑到以前作为图提供的地图信息可能是不完整的，考虑到环境中的环境限制，例如图中某些方向的限制，以及在无人机传感器在执行覆盖场景时检测到图中的变化时提供在线重新规划的策略。

(6) 在不确定性场景下的覆盖方法：该方法适用于当缺乏全球定位系统时，使无人机此时量测积累漂移，导致其姿态的不确定性增加。虽然拓扑表示(如邻接图)的容忍一定的定位误差，但覆盖算法的性能仍然会受到影响。

(7) 最大加权覆盖方法：该方法也适用于当有限数量的基地开放时，可使组合覆盖最大化[204]。它也称为最大覆盖位置问题。

交换局部搜索方法迭代地改进初始可行解，方法是关闭打开的基子集，并打开具有严格增加覆盖率的不同基子集。这两个子集的选择使得它们具有相同的基数。简化步骤和由此产生的实例转换可以描述如下。

(1) 去掉不必要的基地和需求点。

(2) 在基地和需求点之间创建双投影。

(3) 利用覆盖问题固有的对称性。

(4) 简化实例的结构。

另一种覆盖分类可分为障碍覆盖、周界覆盖和区域覆盖三类。使用无人机需要覆盖路径规划算法和协调巡逻规划[4]。周界监视任务可以看作一个沿着明确的路径，即周界巡逻的任务。区域监测任务可分为区域覆盖路径规划问题和沿该路径的巡逻任务。一种基于频率的巡逻方法指的是如果必须一次又一次地覆盖该地区，则以访问频率作为优化参数。覆盖路径规划试图为无人机建立一个有效的路径，这确保了区域中的每个点都可以从路径上的至少一个位置进行监视。挑战在于,假设每个传感器的覆盖范围是已经定义的,则要最大限度地利用给定数量的传感器覆盖该区域。

3.4.1 栅栏覆盖

在入侵者监视应用中,栅栏覆盖是一种检测入侵者的覆盖模型。栅栏是横跨整个感兴趣领域的一系列传感器。栅栏中两个近邻传感器的传感范围重叠,从而保证了入侵者的检测。栅栏覆盖最大限度地减少了未被发现的入侵者在形成栅栏[294]的无人机静态布置中通过该布置的概率。

定义 3.6 如果一条路径 P 它至少拦截一个不同的传感器,则被称为 1-覆盖。

定义 3.7 当一个传感器网络满足如下条件时则称为 1-障碍强覆盖,有

$$P(\text{任何穿越路径都是 } 1-\text{覆盖}) = 1 \tag{3.29}$$

传感器网络的栅栏覆盖提供了保护关键基础设施边界的传感器栅栏[84]。可以考虑许多因素:一些方法从栅栏检测能力的角度研究了弱/强栅栏和 k-栅栏,而另一些方法侧重于栅栏的网络寿命,并试图通过减少栅栏成员的数量来延长栅栏的网络寿命。还有一些关注栅栏建造的费用,并利用移动摄像机传感器的移动性来减少建造栅栏所需的传感器数量。k-栅栏通过构建 k-弱/强栅栏来检测入侵者。可以分析所需传感器数量与栅栏构建成功率之间的关系,以找到在随机部署环境中分散的传感器的最佳数量。近邻传感器之间的协作和信息融合减少了栅栏成员的数量,并使用睡眠唤醒计划延长了栅栏的网络寿命。

1. 栅栏覆盖方法

栅栏覆盖问题按区域类型分类[309]。

(1) 沿地标的栅栏覆盖可以沿其上的一条线或一个点制定。沿 W 方向 θ 栅栏覆盖问题描述如下:

$$\boldsymbol{W} = \{p \in \mathbb{R}^2 : \boldsymbol{u}^{\mathrm{T}} p = d_1\}, \bar{\theta} = \beta + \pi/2 \tag{3.30}$$

式中:$\boldsymbol{u} = [\cos\beta, \sin\beta]$ 是一个单位向量;给定的 $\beta \in [-\pi/2, \pi/2]$ 相对于 x 轴测量;d_1 是一个与 $\boldsymbol{W}$ 相关联的给定标量。无人机应从 W 制造长度为 L 的栅栏,并通过最大长度 L 均匀地部署。

(2) 两个地标之间的栅栏覆盖:在这个问题中,传感器的栅栏应该确保两个地标之间的覆盖。两个地标 $\boldsymbol{L}_i$ 和 $\boldsymbol{L}_j$ 之间的栅栏覆盖问题描述如下。

问题 3.11 设 $\boldsymbol{u}$ 是与 $\boldsymbol{L}_i$、$\boldsymbol{L}_j$ 相关联的单位向量,$\boldsymbol{u} = \dfrac{\boldsymbol{L}_i - \boldsymbol{L}_j}{\|\boldsymbol{L}_i - \boldsymbol{L}_j\|}$。满足 $\beta \in [-\pi/2, \pi/2]$ 的单位向量 $\boldsymbol{u} = [\cos\beta, \sin\beta]$ 表征了 $\boldsymbol{L}_j$ 相对于 $\boldsymbol{L}_i$ 的方位。关联标量

也定义为$\bar{\theta}=\beta+\pi/2$。使用$\boldsymbol{L}_i$和$\boldsymbol{L}_j$将线$\boldsymbol{L}$定义为$\boldsymbol{L}=\{p\in\mathbb{R}^2:(\boldsymbol{L}_j-\boldsymbol{L}_i)^{\mathrm{T}}\boldsymbol{u}^{\perp}=0\}$。在$\boldsymbol{L}$上定义$n$点$h_i$为有$n$个无人机和两个不同的地标$\boldsymbol{L}_1$和$\boldsymbol{L}_2$。然后,如果几乎所有初始传感器位置都存在集合$\{1,2,\cdots,n\}$的置换$\{z_1,z_2,\cdots,z_n\}$,则制定地标之间栅栏覆盖的分散控制律,使得条件$\lim_{k\to\infty}\|p_{z_i}(kT)-h_i\|$成立。

栅栏覆盖问题可根据所采用的方法加以分类:

(1) 近邻规则:只需将每个训练实例存储在内存中。方法的力量来自检索过程。给定一个新的测试实例,根据某种距离度量找到最近的存储训练用例,记录检索到的案例的类,并预测新实例将具有相同的类。在这个基本算法上存在许多变体。另一个版本检索为k-最近似实例,根据加权投票进行基本预测,其中包含每个存储实例与测试用例的距离。这种技术通常称为k-最近邻算法。然而,这种方法虽然简单但效果却好。

(2) 人工势场:主要特点是其标量势场,它既代表来自障碍物的排斥力,又代表对目标的吸引力。因此,无人机从起始位置到目标的路径是通过穿越势场的山谷来找到的。原理比较简单,但在多数情况下能取得较好的效果。然而,由于有时会产生潜在的局部极小值,无人机在这种情况下还没有达到目标就被困住了。此外,在包含凹形对象的复杂环境中,势场的生成可能需要大量的计算时间。然而,为了避免局部最小值的出现,许多组合的方法相继被提了出来。

(3) 虚拟力场:该技术基于重力场。它整合了障碍物表示的确定性网格和导航的势场两个已知的概念。它具有简单性、在线适应性和实时性的特点,是一类广受欢迎的方法。

(4) 广义非均匀覆盖:其可能涉及边界巡逻问题,在二维或三维环境中进行自适应采样,其中采样场中的非均匀性在一维中占主导地位。这也与信息采集和传感器阵列优化问题密切相关。

最初位于任意位置$x_1(0),\cdots,x_n(0)$的n个无人机集位于区间$[0,1]$中。每个点的信息密度由函数$\rho:[0,1]\to(0,\infty)$测量,该函数有界,$\rho_{\min}\leqslant\rho\leqslant\rho_{\max}$。度量由$d_\rho(a,b)=\int_a^b\rho(z)\mathrm{d}z$定义。这个度量扩展了$\rho$值大的区域,缩小了$\rho$值小的区域。

定义 3.8 点覆盖集:相对于密度场ρ的一组点$x_1,\cdots,x_n$的覆盖定义为

$$\boldsymbol{\Phi}(x_1,\ldots,x_n,\rho)=\max_{y\in[0,1]}\min_{i=1,\cdots,n}d_\rho(y,x_i) \tag{3.31}$$

最佳(最小)可能的覆盖范围为

$$\boldsymbol{\Phi}^*=\inf_{(x_1,\cdots,x_n)\in[0,1]^n}\boldsymbol{\Phi}(x_1,\cdots,x_n,\rho) \tag{3.32}$$

利用不均匀覆盖问题可以通过变换来实现均匀化,可以设计一个可能的控制律[224]。

2. 传感器部署和覆盖

在覆盖问题中传感器必须放置在一定的区域,以检索有关环境信息。由于无人机对周围环境的感知对算法的演化有很大的影响,因此需要对传感器模型进行详细的阐述。现有的覆盖结果大多考虑具有对称、全方位视场的传感器,直到最近,才考虑了具有各向异性和基于视觉的传感器的智能体。覆盖算法在实际应用中的主要挑战是无人机之间的通信和信息交流。下面介绍对相关问题有用的一些定义。

定义 3.9 视场可以在任何给定时间收集的可观测世界的范围。

在平面应用中,对集合 $\mathbb{R}^2$ 进行如下划分:

$$\begin{cases} \boldsymbol{R}_1 = \{s \in \mathbb{R}^2 : s_x \leqslant 0\} \\ \boldsymbol{R}_2 = \{s \in \mathbb{R}^2 : s_x > 0 \text{ 且 } \|s\| \leqslant 1\} \\ \boldsymbol{R}_3 = \{s \in \mathbb{R}^2 : s_x > 0 \text{ 且 } \|s\| > 1\} \end{cases} \tag{3.33}$$

定义 3.10 能见度定义为

$$\text{vis}_{I_3}(s) = \begin{Bmatrix} 0 & s \in R_1 \\ s_x & s \in R_2 \\ \dfrac{s_x}{\|s\|} & s \in R_3 \end{Bmatrix} \tag{3.34}$$

由于区域 $\boldsymbol{R}_1$ 位于智能体的背面,所以 $\boldsymbol{R}_1$ 中所有点的能见度为零。在 $\boldsymbol{R}_2$ 中的点位于智能体的前面并靠近它,因此能见度随着与智能体的距离逐渐减小和智能体视野中心的逐步靠近而增加。

在具有移动传感器能力的无人机的辅助下,静止无线传感器的屏障覆盖问题,在文献[84]被提出。假设 n 个传感器最初是任意分布在线段障碍上的,每个传感器覆盖与其传感区域相交的障碍部分。由于初始位置不正确,或一些传感器死机,障碍物没有完全被传感器覆盖。假设 n 个传感器 $s_1, s_2, \cdots, s_n$ 位于长度 L 的线段 $[0,L]$ 上,端点为 0 和 L 各传感器分布在 $x_1 \leqslant x_2 \leqslant \cdots \leqslant x_n$ 的位置上。假定所有传感器的范围是相同的,等于正实数 r。因此,位于 x_i 位置的传感器 s_i 限定了长度为 $2r$ 的闭区间 $[x_i - r, x_i + r]$,中心是传感器的当前位置 x_i,在该区间中它可以检测到侵入对象或感兴趣的事件。传感器的总范围足以覆盖整个线段 $[0,L]$,即 $2rn \geqslant L$。间隙是 $[0,L]$ 的封闭子区域 g,使得 g 中的任何点都不在传感器的范围内。显然,传感器的初始位置可能有间隙。如果没有留下间隙,传感器提供 $[0,L]$ 的完整覆盖[96]。

3.4.2 周界覆盖

1. 圆覆盖

在使用最大速度不相同的移动传感器的无人机网络覆盖圆时,目标是将无人机部署在圆上,使从移动传感器网络到圆上任何点的最大到达时间最小化。这一问题的动机是,在实践中具有相同移动速度的无人机的假设往往无法满足实际需求,且在任务领域发生的事件只持续有限的时间。当移动传感器的传感范围相对于圆的长度可以忽略不计时,从传感器网络到圆上点的最大到达时间的减少将增加在圆上发生的事件消失之前捕捉它们的可能性。为了将传感器驱动到最优位置,从而优化传感器网络的整体感和性能,为具有有限感知和通信能力的移动传感器开发了基于 Voronoi 分区的梯度下降覆盖控制律,以最小化位置优化函数。Voronoi 图是欧几里得空间的一个细分,根据给定的有限组生成点,使得每个生成点被分配一个 Voronoi 单元,其中包含比任何其他生成点更近似这个生成点的空间。

定义 3.11 平面普通 Voronoi 图:给定欧几里得平面上一组数量有限的点,该空间中的所有位置都与欧几里得距离最近的成员相关联。结果是将该平面分割成一组与点集成员相关联的区域。这种细分曲面称为点集生成的平面普通 Voronoi 图,构成 Voronoi 图的区域是 Voronoi 多边形。圆边是多边形的边界。Voronoi 边的端点是 Voronoi 顶点。

注 3.6 定义中也可使用除了欧几里得距离之外的其他度量。这些 Voronoi 图可以通过多种方式加以延伸:对点进行加权,考虑与点的子集相关的区域而不是单独的点,包括空间中的障碍、与点以外的几何特征集相关的区域以及在网络和移动点上检查 Voronoi 图[240]。

1) 质心 Voronoi 图。

定义 3.12 质心:给定一个区域 $U \subset \mathbb{R}^N$ 和在 U 中定义的密度函 ρ , U 的质心定义为

$$z^* = \frac{\int_U y\rho(y)\,\mathrm{d}y}{\int_U \rho(y)\,\mathrm{d}y} \tag{3.35}$$

在 $\boldsymbol{U}$ 中给定 k 个点 $z_i,(i = 1,\cdots,k)$ 的 Voronoi 区域 $\{\hat{U}_i\}$ 定义为

$$\hat{\boldsymbol{U}}_i = \{s \in \boldsymbol{U};|x - z_i| < |x - z_j|;j = 1,2,\cdots,k,j \neq i\} \tag{3.36}$$

上式中质心 Voronoi 细分曲面对应于以下情况:

$$z_i = z^*,i = 1,2,\cdots,k \tag{3.37}$$

2) 气泡识别。

定义 3.13 气泡是网格的点集,使得区域 ρ (如密度)的值低于集合中所有点的预定义阈值,并且通过沿模型的方向移动,可以从同一集合的任何点开始到达集合的每个点。

两个气泡永远不会共享点,否则,它们就会融合在一个气泡中。这种类型的气

泡的识别就像聚类识别问题。聚类识别过程为每个不同的格子点聚类分配唯一的标签。一旦一个气泡被识别出一个独特的标签,就可以被识别出它的质心。Delauna 三角剖分只涉及拓扑性质,可以从三角形的中心开始计算。为了区分位于两个 Voronoi 单元之间边界的节点和位于顶点的节点,计算了沿框架的间隙数。区分近邻和次近邻是十分重要的。对两个不同三角剖分的比较,利用了一个合适的同构连接两个三角剖分图。给定邻接列表,可以检查差异,提取拓扑变化的位置。

一维覆盖的一个基准问题是均匀覆盖问题,其中近邻识别过程之间的距离需要达成一致性。假设直线或圆上所有点的信息密度相同,当传感器均匀地部署在线路或圆上时,同构传感器网络的传感性能最大化。当信息密度在任务空间上不均匀时,均匀覆盖通常是不可取的,应该在信息密度高的区域部署更多的传感器。与圆覆盖控制问题密切相关的问题包括圆形成和多智能体一致性。在圆形成问题中,需要一组移动智能体在圆上形成一个编队,并且通常预先规定近邻识别过程之间的期望距离。在覆盖控制问题中,传感器之间的期望距离事先是未知的,取决于要优化的覆盖代价函数[269]。人们针对圆上的异构移动传感器网络开发了一种分布式覆盖控制方案,在保持圆上移动传感器顺序的同时最小化覆盖代价函数。移动传感器最大速度的不同性会造成如下的困难。

(1) 对于最大速度相同的移动传感器网络,最佳配置是传感器在圆上的均匀部署。然而,当部署的是最大速度不相同的移动传感器网络时,在什么条件下覆盖代价函数被最小化仍然不清楚。

(2) 由于每个传感器存在不相同的最大速度,对移动传感器的控制输入施加了不同的约束。考虑到移动传感器的输入约束和顺序保守性,使得移动传感器的顺序保守性证明和分布式覆盖控制方案的收敛性分析变得更加复杂。

(3) 应考虑环境条件带来的影响,如风和雷电。

2. 动态边界覆盖

贝叶斯搜索侧重基于概率理论估计目标的运动和位置。贝叶斯搜索的假设是搜索区域可以划分为有限单元/图,每个单元对应于一个单独的个检测概率(PD)。目标是根据 PDF 确定寻找丢失或移动目标的最佳路径。贝叶斯搜索目标的步骤如下。

(1) 根据运动信息(如飞行动力学和漂移数据)计算先验的 PDF。

(2) 根据传感器信息计算后验 PDF。

(3) 移动到最高概率单元格,扫描此区域并将后验 PDF 更新为先验的 PDF。

重复上述三个步骤直到找到目标。两个优化目标是最大化 PD 或最小化检测的期望时间(ETTD)。贝叶斯搜索的优点是可以将不完善的感知检测和目标运动建模为概率分布,并根据实时感知数据更新每个单元的概率[299]。

在动态边界覆盖任务中,无人机编队必须根据所需的配置或密度在区域或对象的边界周围进行配置。这是一个动态边界覆盖问题,其中无人机异步地加入一个边界,然后充电或执行其他任务。在随机覆盖方案(SCS)中,无人机依据概率选择边界上的位置。

(1) SCS 能够对无人机位置的联合 PDF 识别的不同类别的输入进行图的概率分析。

(2) SCS 允许对自然现象进行建模,如随机顺序吸附(RSA)、食品周围蚂蚁的聚类和 Renyi 停车场,这是一组汽车在停车场没有碰撞的过程。

每架无人机都可以在局部感知其环境,并与附近的其他无人机进行通信。无人机可以区分其他机器人和感兴趣的边界,但它们缺乏全球定位:高度有限的车载电源可能排除使用 GPS,或者它们可能在无 GPS 的环境中工作。无人机也缺乏环境的先验信息。每架无人机都表现出随机运动。例如,编程来执行概率搜索和跟踪任务,或者来自固有的传感器和执行器噪声引起的运动。这种随机运动在无人机遇到边界的位置上产生不确定性。当无人机附着在边界上时,它选择边界长度为 R 的一个完全位于边界内的区间。

定义 3.14 SCS 是边界上多个随机点的选择。从形式上讲,SCS 是在边界上实现的一维点过程(PP)。

PP 的一个特殊情况是无人机配置在预定义位置的边界上了。在泊松点过程(PPP)中,无人机独立地附着在边界上,一方面,它可概括为马尔可夫过程。在 PPP 中的独立性使它们易于分析。另一方面,无人机之间的相互作用更难处理,需要对 PPP[214] 进行概括。泊松 Voronoi 图是一个无限的 Voronoi 图,指的是根据均匀的 PP 随机地配置空间中的点的情况。

3.4.3 区域覆盖

1. 预备知识

无人机的区域覆盖问题可以使用两种方法来解决。

(1) 线覆盖算法,该方法中要覆盖的区域是先验未知的,必须进一步地发现障碍,计算它们的路径,避免碰撞。Voronoi 空间分区和覆盖都可以分布式方式处理,通信开销最小。

(2) 离线算法,该方法中无人机有区域和障碍物的地图,可以规划覆盖整个区域的路径。

地图的有用性不仅取决于它的质量,还取决于应用程序。在某些领域,某些错误可以忽略不计或不那么重要。这就是为什么没有一个测量地图质量的方法。地图的不同属性应分别测量,并根据应用的需要进行权重分配[261]。这些属性包括以下内容：

(1) 覆盖范围：多少区域被遍历/访问。

(2) 分辨率质量：什么级别/细节是可见的特征。

(3) 全局精度：全局参考框架中特征位置的正确性。

(4) 相对精度：地图参考框架校正(初始误差)后特征位置的正确性。

(5) 局部一致性：不同局部特征组相对于彼此的位置的正确性。

(6) 失效：地图多久失效一次。也就是说，它的多少个分区是通过旋转偏移相互之间是不能进行对齐的。

区域覆盖算法研究的目标如下。

问题 3.12 给定平面中的一个区域，并给出分割器的形状，找出分割器的最短路径，使区域内的每个点都被分割器覆盖在沿路径上的某个位置。

在多无人机系统中，每架无人机都具有通信、导航和感知能力，使其成为移动传感器网络的一个节点，可以引导到感兴趣的区域。协作问题涉及两个挑战。

(1)无人机应该交换哪些信息；

(2) 每架无人机应该如何读取这些信息。

为了确保无人机通过一个环境中的每个点，覆盖路径规划是确定无人机路径必须采取的方法。

定义 3.15 覆盖和 k-覆盖：给定一个在二维区域 $\boldsymbol{X}$ 中包含的 n 架无人机的集合 $\boldsymbol{U}=\{u_1,u_2,\cdots,u_n\}$。位于 $\boldsymbol{X}$ 区域内，坐标是 (x_i,y_i) 的每架 UAV $u_i(i=1,\cdots,n)$ 具有 r_i 的感知范围，称为感知半径。如果 $\boldsymbol{X}$ 在 u_i 的感知范围内，则称该点被 u_i 覆盖；如果 $\boldsymbol{X}$ 中的任何点至少在 k 架无人机的感知范围内，则称 X 被覆盖。

相机传感器网络中的定向 k - 覆盖问题的目标是让一个对象被 k 个相机捕获。

定义 3.16 连通性：当两个无人机 u_i 和 u_j 位于 $\boldsymbol{X}$ 区域内时，如果 u_i 和 u_j 可以相互通信，则它们是连通的。

定义 3.17 通用敏感度：u_i 在任意点 P 的通用敏感度定义为

$$S(u_i,P)=\frac{\lambda}{d(u_i,P)^K} \tag{3.38}$$

式中：$d(u_i,P)$ 是无人机 u_i 与点 P 之间的欧几里得距离；正常数 λ 和 K 是传感器技术参数。

当无人机只需到达围绕某一地点的轨道某一点以覆盖周围区域时，通过放置和排序轨道中心，将其数量和轨道间运动代价降到最低，就可以获得有效的覆盖范围。在高层次上，策略可描述如下[107]。

(1) 传感足迹大小的圆覆盖的区域。

(2) 为图巡游发生器提供访问点，产生轨道序列。

(3) 为每辆车和巡游方向选择最近的巡游点。

(4) 按照轨道顺序与每辆车平行行驶。

(5) 将无人机返回到它们的起始位置。

一类复杂的目标对给定系统的轨迹施加时间限制,也称为时间目标。它们可以使用形式框架来描述,如线性时间逻辑(LTL)、计算树逻辑和 μ -演算。规范语言、无人机模型的离散抽象和规划框架取决于所解决的特定问题和需要的保证类型。然而,只有进行线性近似的无人机模型被纳入这一规划方法中。多层规划用于混合系统的安全分析,具有可达性规范和涉及复杂模型和环境的运动规划。

覆盖路径规划确保自由工作区中完整覆盖的路径。由于无人机必须飞越自由工作区的所有点,覆盖问题与覆盖旅行商问题有关。

(1) 静态:衡量无人机的静态配置如何覆盖一个区域或者样本的概率分布。

(2) 动态:衡量传感器轨迹上的点覆盖区域的程度。随着智能体访问或接近访问域内的每一个点,覆盖范围越来越高。

(3) 均匀性:它是使用由动力系统遍历理论启发的度量。试图实现均匀覆盖的算法的行为是多尺度的。

(4) 在持续监测中,目标可以是在将任务域中的所有目标的不确定性驱动到零的同时对整个任务域进行巡逻[268]。假设每个目标点的不确定性在时间上是非线性演化的。给定一个封闭路径,通过优化智能体的移动速度和路径上的初始位置,可以实现具有最小巡逻周期的多智能体持续监视[280]。

保证大尺寸的特征首先被检测到,其次是小尺寸的特征[290,292,297]。

定义 3.18 如果一个系统访问相位空间的每个子集,它的概率等于该子集的度量,则认为其表现出遍历动力学。对于固定目标的良好覆盖,意味着要求移动传感器在任意集合中花费的时间与在该集合中找到目标的概率成正比。对于移动目标的良好覆盖,意味着需要在某些管组中花费的时间与在管组中找到目标的概率成正比。

一个模型是确定的运动目标,以构建这些管组和定义适当的度量覆盖。目标运动的模型可以是近似的,可以用随机模型来捕捉没有精确了解的目标的动态特性。利用这些指标进行均匀覆盖,推导出了移动传感器运动的集中式反馈控制律。对于移动传感器网络在环境监测中的应用,重要的是生成标量场的精确时空地图,如温度或污染物浓度。有时,绘制一个区域的边界也是很重要的。

依据环境划分的不同,可以提出一种不同的覆盖策略,其目的是最小化无人机必须执行的旋转量而不是最小化总行程距离。改进的策略是减少覆盖路径的总长度。另一种方法选择了一组预先计算的运动策略,以尽量减少重复覆盖。基于网格的方法可用于生成树公式规划完整的覆盖路径。解决方案是将环境分解成具有预先确定分辨率的网格。覆盖范围也可以通过将环境划分为网格来实现。生成树技术可以扩展到多无人机编队,以实现高效的基于网格的覆盖[311]。一般来说,用于某些区域的分布式覆盖的大多数技术都是基于区域分解的。要覆盖的区域根据智能体的相对位置划分。协作覆盖的方法有两种,一种是基于概率的,另一种是基于精确的区域分解的。也可以检查具有不均匀遍历性的区域[251]。

为了便于自主检查,无人机必须配备必要的精确控制单元、适当的传感器系统和相关的全局路径规划智能。这种路径规划算法应该能够快速计算有效的路径,从而实现对要检查结构的全覆盖,同时满足传感器的局限性以及合适的对象运动学约束。由于覆盖问题,仍然对所提出的解决方案的性能、效率和实际适用性有很大限制,特别是当考虑三维结构时。路径规划算法采用两步优化范式来计算好的视点,这些视点共同提供了全覆盖,同时生成了一条低成本的连接路径。为了实现真实三维结构的路径规划,先进的算法采用了一种两步优化方案,在检查场景方面被证明是更通用的。

(1) 计算覆盖整个结构的最小视点集:美术馆问题(AGP)。

(2) 计算所有这些视点的最短连接旅行:TSP。

这些概念的应用允许 AGP 中的一些冗余,使得它能够在后处理步骤中改进路径。该算法可以处理三维场景。近邻最优解是以固有的高计算效率为代价得到的。在每一次迭代中都会选择一组更新的视点配置,从而实现将所有视点全覆盖相结合,降低相应车辆配置与相邻视点配置之间的旅行成本。随后,重新计算了最佳连接和无碰撞巡游。所提出的方法为要检查的结构网格中每个三角形选择一个可接受的视点。计算采用了迭代重采样方案,因此允许低成本连接视点的存在。在每次重采样之间,重新计算连接当前视点的最佳路径。视点的质量是通过在最近的旅行中连接到它们各自的邻居的成本来评估的。这种成本在随后的重新采样中被最小化,从而生成局部优化的路径。对视点的初始化是任意的,以便在这一阶段为未优化的视点提供全覆盖[57]。

注 3.7 映射区域中的被动目标的大类监视问题可以转换为 TSP,这些问题可以离线求解,以提供离线存储的几种替代解决方案,供在线使用[189]。人们构建了端到端框架,在可用的情况下集成现有算法,并在必要时开发其他算法,以解决这类问题。在 TSP 的一个实例中,给出了任意一对 n 点之间的距离。问题是找到准确访问每个点一次的最短的封闭路径。这一问题在机器人学中经常遇到,传统上是用无人机的通用分层控制器体系结构分两步解决[223,259]。

在对无人机在不同路径点之间的路径进行决策操作之前,对路径点的选择进行策略层面决策。这两个决策操作与无人机的航程和耐力、地形和通信以及任务要求等因素密切相关。为解决该问题,已经开发了不同的方法,如创建生成树并生成覆盖路径作为其周围边界的方法。针对覆盖算法提出了许多不同类型的基本路径模式,最常见的模式是平行的板条,也称为平行铣削图案,或锯齿形模式。播种机算法通过让机器人来回移动、割草机运动或扫地运动提供了一种高效、确定性和完全覆盖的简单区域策略。标准搜索模式如下。

(1) 割草机搜索:包括沿直线行走,最后 180°转弯。根据清扫方向,有两种类型的割草机。

① 平行轨迹搜索。如果搜索区域大且水平,而且只知道目标的大致位置,并希望得到均匀覆盖,则使用这种搜索。

② 线搜索如果搜索区域窄而长,并且目标的位置可能位于搜索轨道的两侧,则创建线搜索。

(2) 螺旋搜索和扩展平方搜索:如果搜索区域很小,并且目标位置在接近的范围内已知则用这种搜索。

(3) 扇形搜索:与扩展正方形搜索相似,它集中覆盖在搜索区域的中心附近,比从多个角度扩展正方形搜索和搜索区域的视图更容易飞行。

(4) 轮廓搜索:用于巡视障碍物,通常假定为多边形。

Boustrophedon 蜂窝分解(BCD)算法是种子扩展算法的扩展,它具有多种控制莫尔斯函数,保证了有界环境的完全覆盖。其他典型的模式包括内向螺旋和外向螺旋,随机游动和墙壁跟随或轮廓跟随。但这些规划器需要绝对定位信息,或者忽略了无人机的运动学约束,也不能有效地处理避障问题。在任务方面,无人机运动不是主要任务,但在执行主要覆盖任务时却是必要的。当使用多架无人机时,需要预先对区域进行分解以实现覆盖。常用的两种方法为精确的区域分解和近似的区域分解。在此任务之后,计算每架无人机覆盖指定区域的路径。

2. Boustrophedon 区域分解

BCD 允许获得覆盖路径,这种技术意味着在较小的子区域中的区域划分,可以用简单的来回方法覆盖。该方法可扩展到通信有限的多无人机系统[85]。BCD 是对非多角形障碍物的梯形分解的扩展。精确的区域分解是构成目标环境的非交联单元的结合。每个单元都被简单的来回运动所覆盖。一旦每个单元格被覆盖,整个环境就会被覆盖。因此,覆盖被简化为通过图找到一个穷举路径,它表示 BCD 中单元格的邻接关系。该方法由算法 3.10 解决[306]。

算法 3.10 Boustrophedon 区域分解

1. 将工作区的可访问区域分解为不重叠的单元格。

2. 构造一个相邻的图,其中每个顶点是一个单元格,每个边连接两个对应于两个相邻单元格的顶点。

3. 基于深度优先类图搜索算法,确定一个详尽的遍历相邻图,使每个顶点至少访问一次。设 V 是表示遍历相邻图的连续顶点序列的列表,如下:

a. 从分解产生的任何单元格开始。将其添加到 V 中,并将其标记为已访问。

b. 移动到当前单元格相邻单元格中的第一个逆时针方向未访问的单元格。将此单元格添

加到 V 中并标记为已访问的单元格。

c. 重复前面的步骤,直到到达一个单元,其相邻的单元都已被访问。

d. 回溯并将每个已访问的单元格添加到 V 中,直到到达具有未访问的相邻单元格的单元格为止。转到步骤 b.。

e. 如果在回溯过程中没有发现具有未访问的相邻单元的单元,则路径是 V 中的连续顶点序列。

4. 当 V 被确定时,驱动无人机从 V 的第一个顶点对应的第一个单元开始,并将其移动到基于 V 的下一个单元。只有当无人机进入未访问的单元时,才能使用 Boustrophedon 运动来执行覆盖任务。重复移动和覆盖,直到到达 V 中最后顶点对应的单元格。

注 3.8 一个好的策略是,假设存在一个矩形边界,该矩形的边与工作空间的多边形中的一条边共线,则矩形平行于工作空间的一边运动。采用一种尽可能长的直线模式,减少方向变化的次数,以减少探测时间。另一种好的策略是考虑主导风的方向,以避免横向风效应。另一种方法是将覆盖方向与自由空间的分布直接对齐,假设扫线的长度将沿自由空间的主轴最大化。给定自由空间像素坐标的特征空间分解,覆盖方向正交设置为最大特征值对应的特征向量的方向。

该算法需要的一个关键参数是覆盖足迹,它测量来回运动路径中连续平行扫描线之间的间距。不同的因素有助于覆盖足迹的定义,这取决于具体的应用情况:足迹宽度决定了无人机将到达已完成单元的顶部还是底部边界。可以增加另一个额外的扫线来避免这个问题。Boustrophedon 系列算法确保了对未知环境的完全覆盖,尽管这些算法都没有对覆盖路径的最优性提供任何保证。

注 3.9 使用带有接触传感器的方形机器人对未知直线环境的完整覆盖策略可以实现自由空间的在线分解,其中可以使用与墙壁平行的往复播种运动来覆盖每个生成的矩形单元。

利用随机轨迹优化运动规划来重塑标称覆盖路径[140],使其适应通过车载传感器现场感知的实际目标结构。该算法通过生成噪声轨迹来探索初始轨迹周围的空间,然后将这些轨迹组合起来,在每次迭代中产生具有较低成本的更新轨迹。它基于平滑性和于具体应用场景相关的成本(如障碍和约束)的组合来优化代价函数。由于此算法不使用梯度信息。因此,无法获得导数的一般代价函数可以包含在有代价函数中。

3. 螺旋路径

另一种替代 Boustrophedon 运动的方法是螺旋运动模式,这些类型的运动适用于多种场景,如规则或不规则区域,低密度或高密度的障碍物。螺旋由初始点、初始方向和模式方向三个参数定义。可以研究不同的探测区域,以确定这些参数。螺旋算法被设计成从区域内部开始,并执行逆时针旋转到区域的边界上。在区域内开始搜索对在完全未知的地形中执行搜索是有用的,但如果无人机最初部署在现场边界上搜索效率可能会很低。

(1) 初始点 (C_x,C_y) 是无人机启动螺旋路径的节点,这个节点的位置取决于区域的特征(形状或奇偶性),它对螺旋的其他特征(初始方向、模式方向或最终点)有影响。

(2) 初始方向决定了无人机的第一次运动。该算法对该参数只使用两个值:当区域是一个正方形或一个列比行多的矩形时,无人机顺时针方向运动;当区域是一个行比列多的矩形时,无人机逆时针方向运动。这些初始选择以这种方式定义,以减少转弯次数。

(3) 模式方向定义为路径接近区域限制时的动向;这确保了螺旋的每个回路比前一个更接近边界。如果运动在其他方向,那么到区域极限的距离不会改变。只有当无人机在模式方向移动时,路径与边界之间的距离才会减小。

例如,考虑使用无人机定位无人地面车辆(UGV)的问题[11],最大限度地提高了找到地面车辆的概率。无人机与地面车辆在 $T=0$ 时刻之间的螺旋长度是一个重要参数。已知螺旋 $r=m\theta$ 的描述,其长度 L 由下式给出,即

$$L=\frac{m}{2}\theta_{\max}\sqrt{1+\theta_{\max}^2}+\frac{1}{2}\ln\left|\theta_{\max}+\sqrt{1+\theta_{\max}^2}\right| \tag{3.39}$$

利用式(3.39)和无人机的平均速度 V_{a} 可以确定无人机导航到地面车辆起点的时间,即

$$t=\frac{L}{V_{\mathrm{a}}} \tag{3.40}$$

需要预测经过一段时间后地面车辆的位置。一种可能的位置可以用以下半径 r 的圆描述,即:

$$r=V_{\mathrm{g}}t \tag{3.41}$$

焦距 f 为:

$$f=\frac{\mathrm{ccd}_y/2}{\tan(\pi/7)} \tag{3.42}$$

摄像机的视角可定义为

$$\begin{cases}\mathrm{aov}_x=2\arctan\mathrm{ccd}_x/(2f)\\ \mathrm{aov}_y=2\arctan\mathrm{ccd}_y/(2f)\end{cases} \tag{3.43}$$

此时的视野可以描述为

$$\begin{aligned}\mathrm{fov}_x&=h\tan(\mathrm{aov}_x)\\ \mathrm{fov}_y&=h\tan(\mathrm{aov}_y)\end{aligned} \tag{3.44}$$

需要确定的最大化因子是无人机的高度,即

$$h=\max\left(\frac{\mathrm{fov}_x}{\tan(\mathrm{aov}_x)},\frac{\mathrm{fov}_y}{\tan(\mathrm{aov}_y)}\right) \tag{3.45}$$

最大化捕获地面车辆的概率意味着视场必须大于或等于描述地面车辆可能位置的圆形区域。

1）三维地形重建

三维地形重建是一个两级问题：第一级考虑获取空中图像，第二级考虑三维重建。假设摄像机安装在无人机上，以获得完全覆盖感兴趣区域的图像。由于这些图像将用于地形重建，考虑以下几个因素。

（1）重叠：连续的图片应该有一定比例的重叠。重叠越大，三维模型的精度就越高。

（2）时间连续性：当地形相邻区域的图片在类似的时间拍摄时，三维纹理的质量会更高；否则，可能会出现不相关的阴影或视觉差异，导致更困难的重建和质量较低的纹理。

（3）方向：希望在相同的方向上拍摄图片，因为它简化了三维重建的阶段。

无人机将始终朝着相同的方向飞行，并将在需要时横向和向后移动。所拍摄的图片方向都是相同的，以方便重建。该算法返回一条路径，然后以锯齿形运动或来回运动对该路径进行遍历，运动由纵向（行）、横向和微小的对角线移动组成[296]。产生来回运动需要两行之间的距离，其计算取决于定义的垂直重叠和摄像机足迹。设 v 是垂直重叠，w 是相机足迹的宽度，行间距离 d 是两个脚印之间的垂直距离，考虑到垂直重叠，计算 d 的方式如下：

$$d = w(1 - v) \tag{3.46}$$

为了拍摄给定的多边形转向次数 n 取决于 d、w 和 l_s 的值，其中 l_s 是算法 3.11 针对单个凸多边形覆盖范围给出的最佳直线扫描方向的长度。

算法 3.11　最佳直线扫描方向

1．距离 (e,v)：边缘 e 和顶点 v 之间的欧几里得距离

2．对于多边形中的所有边都执行

a．max-dist-edge = 0

b．对于多边形中的所有顶点

i．如果 distance(edge,vertex) ≥ max-dist-edge，那么

ii．max-dist-edge = distance(edge,vertex)

iii．opposed-vertex = vertex

iv．结束条件判别循环

c．结束 for 循环

3．如果 max-dist-edge ≤ optimal-dist 或是第一条边缘

a．optimal-dist = max-dist-edge

b．直线扫描 = 从边缘到对立顶点方向

c．结束条件判断循环

4．结束 for 循环

对于每一段,需要两个转折点,从而总的转向次数为:

$$n = \begin{cases} 2[z/d] & z \text{ 除 } d \text{ 的余数} \leqslant w/2 \\ 2([z/d]+1) & z \text{ 除 } d \text{ 的余数} > w/2 \end{cases} \tag{3.47}$$

式中:$z = l_s - w/2$。匝数取决于 z,因为当图像所需的分辨率固定时对应的 d 也是固定的。根据两个指标确定覆盖替代方案:考虑当前方向的直线扫描或相反的方向,构造覆盖路径的方式为:顺时针(第一个转向向右)或逆时针(第一个转向向左)。

2) 信号搜索方法

信号搜索方法分为覆盖区域优化和覆盖路径规划两个步骤。任务的总体流程如下。

(1) 为工作区形状找到一个小区域封闭矩形的解决方案。

(2) 计算得到的边界矩形方向。

(3) 根据传感器覆盖范围对现场进行点采样。

(4) 计算具有确定方向的运动模式。

该过程的伪代码在算法 3.12[144] 中给出。

算法 3.12　信号搜索算法

```
1. r←有效区域覆盖(折线)
2. Φ←Extract orientation(r)
3. r←Way-point sampling(r,sensor range)
4. r←Motion pattern(x,Φ)
5. 返回 p
```

如果考虑一个不规则区域,离散化过程中使用的主要方向对于减少无人机在任务期间访问的单元数量变得非常重要。事实上,如果这个方向是探索方向,那么覆盖的区域可能是最优的。此外,这个方向可能对任务定义产生影响,因为它可以与导航信息一起用于制导目的。也就是说,它允许更平滑的路径,它确保无人机在一条直线上从路径上的一点到路径上的另一点。小面积封闭矩形问题是指寻找包含多边形的最小矩形(最小面积矩形)。这种方法可以用旋转卡尺或最小边界矩形等方法在 $O(N)$ 中求解。无人机在搜索过程中的航向是从小面积封闭矩形主方向[302]得到的。

4. 分布式覆盖

分布式覆盖控制在连续域上得到了广泛研究。一个多无人机生成树覆盖公式可以应用于一般的基于单元格的自由空间表示,其他则应用遗传算法和视觉地标来提高覆盖速度。还研究了一种关于自由空间六角网格表示的信息论路径规划器,CPP 的一个变体解决了边界覆盖问题,其目标是覆盖环境中障碍物边界周围的直接区域。另一种方法是利用势场来驱动无人机远离附近的无人机和障碍物。还有一种流行的方法是将底层的位置优化问题建模为一个连续的 p-中值问题,并使用如算法 3.13 所示的劳埃德算法。因此,无人机被驱动到局部最优位置,即质心 Voronoi 配置,其中空间中的每个点被分配给最近的智能体,每个无人机位于其自身区域的质量中心。该方法后来被扩展到和通信距离受限且功率有限的无人机上,以及覆盖非凸区域的异构无人机中。此外,人们通过结合自适应控制和学习的方法,放宽了对传感密度函数的要求,研究了以图表示的离散空间的分布覆盖控制。一种可能的方法是通过成对 Gossip 算法或异步贪婪更新来实现图的质心 Voronoi 分区。

定义 3.19 传感器的 Voronoi 区域 V_i^* 是由所有在考虑的距离度量意义上比。其他传感器更接近的传感器的集合。当用欧几里得距离度量时,与其生成器 p_i 相关的 Voronoi 区域如下:

算法 3.13 劳埃德法

---

1. 在位置 z_i 给定一个多边形 P 和一组 k 生成点
2. 循环
a. 为点$\{z_i\}$构造 Voronoi 图$\{\boldsymbol{V}_i\}$
b. 计算每个 Voronoi 单元$\{\boldsymbol{V}_i\}$的质心$\{c_i\}$
c. 将每个点$\{z_i\}$设置为其相关质心$\{c_i\}$的位置
d. 如果这组新的点满足某种收敛准则,则终止
3. 结束循环

$$\boldsymbol{V}_i = \{\boldsymbol{q} \in \mathbf{Q}, \|\boldsymbol{q} - \boldsymbol{p}_i\| \leqslant \|\boldsymbol{q} - \boldsymbol{p}_i\|, \forall j \neq i\} \tag{3.48}$$

定义 3.20 对于各向异性情况,智能体 i 的 Voronoi 分区为

$$\boldsymbol{V}_i^* = \{\boldsymbol{q} \in \mathbf{Q}, \|\boldsymbol{q} - \boldsymbol{p}_i\|_{L_i} \leqslant \|\boldsymbol{q} - \boldsymbol{p}_i\|_{L_i}, \forall j \neq i\} \tag{3.49}$$

各向异性 Voronoi 分区不仅取决于传感器的位置,还取决于传感器的方向[158]。

定义 3.21 质心 Voronoi 构型:给定点 $\boldsymbol{P} \in \mathbf{Q}$ 的集合,$\boldsymbol{C}_{V_i^*}$ 是各向异性 Voronoi 分区的质心(质心)。如果满足以下条件,则 Voronoi 细分曲面称为各向异性质心 Voronoi 构型:

$$\boldsymbol{p}_i = \boldsymbol{C}_{V_i}, \forall i \tag{3.50}$$

式(3.50)表明点 $\boldsymbol{P}$ 既是生成器,又是各向异性 Voronoi 细分曲面的质心。

简单质心 Voronoi 变换算法的一个问题是它需要一个凸的和无障碍的环境,以确保运动对质心总是可行的;否则,它可能不会收敛到一个稳定的状态。

另外,离散空间上的分布式覆盖控制可以在博弈论框架中进行研究。具有可变足迹的传感器可以在离散空间上实现功率感知的最优覆盖,并且可以在图上驱

动一组异构移动智能体,以最大限度地覆盖节点的数量[312]。直线多边形环境下的多无人机覆盖算法,侧重于根据每个无人机的能力按比例分配分区。该算法将自由空间划分为简单区域,并集中于选择一个最小转弯次数的单区域覆盖模式。

1) 最优覆盖

时变密度函数的最优覆盖算法一般可用于影响无人机团队,使人类操作员与大型无人机团队进行交互成为可能。在搜索和救援任务中,密度函数可以表示一个迷路的人在一个地区的某个点上的概率。为了讨论最佳覆盖范围,成本 ϕ 必须与描述给定区域覆盖程度的无人机配置相关联。

问题 3.13 覆盖问题涉及将 n 架无人机放置在 $D \subset \mathbb{R}^2$ 中,其中 $p_i \in D,(i=1,\cdots,n)$ 是第 i 架无人机的位置。此外,将域本身划分为优势区域 $P_1,\cdots,P_n$,形成 D 的适当分区,其中第 i 个 UAV 必须覆盖 P_i。假设在两个参数中有界且可连续微分的关联密度函数 $\Phi(q,t)$ 捕获了在时间 t 点 $q \in D$ 的相对重要性。

对于非缓慢变化的密度函数,必须在无人机的运动中包含定时信息[221]有

$$\frac{\mathrm{d}}{\mathrm{d}t}\left(\sum_{i=1}^{n}\int_{v_i}\|q-c_i\|^2\Phi(q,t)\mathrm{d}q\right)=0 \tag{3.51}$$

第 i 个 Voronoi 单元格 V_i 的质量 m_i 和质心 c_i 分别表示为

$$\begin{cases} m_{i,t}(p,t)=\int_{v_i}\Phi(q,t)\mathrm{d}q \\ c_{i,t}=\dfrac{1}{m_{i,t}}\int_{v_i}q\Phi(q,t)\mathrm{d}q \end{cases} \tag{3.52}$$

解可以通过以下方式给出

$$\dot{p}_i=c_{i,t}-\left(k+\frac{m_{i,t}}{m_{i,0}}\right)(p_i-c_{i,0}) \tag{3.53}$$

2) Zermelo-Voronoi 图

在无人机的许多应用中,可以从与 Voronoi 类分区[33]相关的数据结构中收集到重要的见解。一个典型的应用场景为:给定一些着陆点,将该区域划分为不同的不重叠单元(每个着陆点一个),使在有风的情况下该单元中对应的站点是距离任意在该单元上空飞行的无人机最近的着陆站点(就时间而言)。适用于同一框架的一个类似应用是将飞机细分为警卫/安全区的任务,以便居住在每个特定区域内的警卫/救援飞机能够比其区域外的任何其他警卫/救援飞机更快地到达其指定区域的所有点。这是广义最小距离问题,其中相关度量是最小截距或到达时间。还可以使用基于频率的方法来处理区域监测任务,其目标是优化连续两次访问任何位置之间的时间也即刷新时间[5]。

以时间作为距离度量的广义 Voronoi 图的构造通常是一项困难的任务,原因有以下两个。

(1) 距离度量标准不是对称的,并且可能无法用封闭形式表示。

(2) 这些问题通常属于必须考虑无人机动力学的分区问题。

假设无人机的运动受风变化的影响。由于类 Voronoi 的分区问题的广义距离是 Zermelo 问题的最短处理时间,因此这种配置空间的分区称为 Zermelo-Voronoi 图(ZVD)。这个问题涉及欧几里得平面的特殊划分,具体涉及广义距离函数。点定位问题指的是从一个到达时间最接近的集合到一个指定时刻智能体的决定生成器问题转换为给定驻留时间的无人机的 Eermelo-Voronoi 分划集合的生成问题。如在随风变化的情况下,动态 Voronoi 图问题将标准 Voronoi 图与随时间变化的变换相关联。对偶 ZVD 问题导致了类似于 ZVD 的分划问题,不同之处在于对偶 ZVD 的广义度量指的是 Zermelo 问题从 Voronoi 生成器到飞机上某个点的最短时间。关于初始和最终配置,Zermelo 导航问题的最短时间不是对称函数。

3) 环境多边形障碍物问题

基于任务空间划分的覆盖控制问题的解决方案忽略了一个事实,即通过共享多个传感器所做的观测,可以提高整体感知性能。不仅如此,在许多方法中还假定具有一致的感知质量和无限的传感范围。许多技术方案还基于集中式控制器,这与传感器网络的分布式通信和计算结构不一致。此外,问题的组合复杂性限制了这种方案在有限规模网络中的应用。而另一个被忽视的问题是传感器的运动,它不仅影响传感性能,而且影响无线通信(由于车载功率和计算能力有限,传感器网络不仅需要感知,还需要收集和传输数据)。因此,在控制传感器的部署时,需要同时考虑感知质量和通信性能。

问题 3.14 具有多边形障碍的覆盖:任务空间 $\Omega \in \mathbb{R}^2$ 是一个非自相交多边形。任务空间可能包含障碍物,这些障碍物可能会干扰传感器节点的移动以及事件信号的传播。这些障碍的边界建模为 m 个包含在 Ω 中的非自相交多边形:

$$\max_{s}\int_{\Omega} R(x)P(x,s)\,\mathrm{d}x\ ,\ s_i \in F(i=1,\cdots,N)$$

式中,$P(x,s)$ 可定义为

$$P(x,s) = 1 - \prod_{i=1}^{N}\hat{p}_i(x,s_i)$$

其中

$$\hat{p}_i(x,s_i) = \begin{cases} p_i(x,s_i) & x \in V(s_i) \\ \tilde{p}_i(x,s_i) & x \in \bar{V}(s_i) \end{cases} \tag{3.54}$$

和

$$p_i(x,s_i) = p_0 \mathrm{e}^{-\lambda_i \| x-s_i \|}$$

式中：$\widetilde{p}_i(x,s_i) \leqslant p_i(x,s_i)$ 。

考虑到感知概率模型中障碍物引入的不连续性[314]，开发了一种基于梯度的运动控制方案，以最大限度地提高这类任务空间中随机事件的联合检测概率。优化方案只需要每个节点的局部信息。还提出了修改后的目标函数，以便在必要时实现更均衡的覆盖。

4）非凸环境中的区域覆盖

非凸域提出了具有非凸约束的非凸优化问题。文献[66]提出了一种基于劳埃德算法和切线 bug 算法的方法。切线 bug 算法是具有避障行为的局部路径规划器。控制策略由两层组成摘录如下：

（1）劳埃德算法提供基于连续计算 Voronoi 区域及其质心在上层的目标更新。大地测量距离有助于无人机在到达目标的途中保持在环境区域内。大地测量距离测量法计算了沿边界的路径，避免了与障碍物碰撞。

（2）切线 bug 算法将无人机路径规划到下一级质心目标位置。它是一种简单而有效的基于传感器的规划器，能够通过使用距离传感器来处理未知的环境。该算法显示了两种特征行为：

① 目标方向运动，梯度下降的一种形式。

② 边界跟踪，障碍物边界的一种探索形式。

算法 3.14 详细描述了已实现的导航算法，算法 3.15 给出了切线 bug 算法子程序。所提出的控制策略只使用虚拟生成器计算劳埃德算法。

算法 3.14　非凸环境的覆盖

1. 在环境 Q 中初始位置为 $p_i^s, i = 1,\cdots,n$ 的无人机的集合，并且每个无人机都具有：

a. Q 的定位和信息。

b. Voronoi 区域计算

c. 子程序切线 bug 算法

2. 在时间 $T_i^s = 0$ 初始化 $g_i^{real} \leftarrow p_i^s, g_i^{virt} \leftarrow p_i^s$

3. 循环

a. 获取 k 个邻居的位置 p_i 和 $\{g_j^{virt}\}_{j=1}^{k}, j \neq i$ 。

b. 使用 g_j^{virt} 构建 Voronoi 区域 V_i 。

c. 计算 Voronoi 区域的质心 C_{V_i}，并更新虚拟目标位置 $t_i^{virt} \leftarrow C_{V_i}$ 。

d. 运行切线 bug 算法。

4. 结束循环

5. 计算与 g_i^{real} 相关的最终 Voronoi 区域

算法 3.15　切线 bug 算法

1. 在环境 Q 中初始位置为 $p_i^s, i = 1,\cdots,n$ 的 n 个无人机的集合，并且每个无人机都具有：

a. 避障：感应和计算。

b. 虚拟目标 t_i^{virt} 和 $\text{var} \leftarrow t_i^{\text{virt}}$ 。

2. 循环

a. If V_i 是 Voronoi 边界的障碍物，则

b. 将 t_i^{virt} 投影到 ∂Q 上的点 p_i^* 并设定 $\text{var} \leftarrow p_i^*$

c. 结束 If

d. 更新真实目标位置 $t_i^{\text{real}} \leftarrow \text{var}$

e. 执行下一步，向真实目标 t_i^{real} 运动，应用避障来驱动到下一个位置 p_i

f. 更新实际发生器位置 $g_i^{\text{real}} \leftarrow p_i$

g. 模拟朝向下一个运动目标 t_i^{virt} 并且更新虚拟发生器位置 g_i^{virt}

3. 结束循环

4. 返回虚拟发生器 g_i^{virt}

在分布式移动传感应用中，关于驱动以及身体和感官足迹的异构智能体网络通常通过使用功率图来建模：具有加性权重的广义 Voronoi 图。利用功率图识别无碰撞多机器人配置，提出了一种将全驱动盘形机器人的覆盖控制和避免碰撞相结合的约束优化框架[25]。

大多数加权 Voronoi 区域假设正确的权重是先验已知的，人们基于这一想法，只使用无人机传感器测量值与其邻居测量值的差值[246]，提出了一种算法来适应在线信任权重。传感器测量差值的度量被集成到团队的代价函数中，并用于推导出每个无人机的适应律，以在线改变其信任权重，同时执行基于 Voronoi 的覆盖控制算法，该权重则作为评估无人机之间信任和提高团队整体感知质量的一种适应性方法。

给定一个凸形或非凸形区域 $A \subset \mathbb{R}^2$，由有限的一组规则单元 $C = \{c_1,\cdots,c_n\}$ 近似分解，使得 $A \approx \cup_{c \in C^c}$；具有连续路径点 P 的有限集合的覆盖轨迹 P 可以写成 $P = \cup_{p \in P}$，其中路径点对应于相应单元格的质心，一个单元格对应于一个图像样本，因此，$\dim(P) = \dim(C)$，这是一组具有姿态和位置控制并且能够进行航点导航的无人机，每架无人机都有位置 $[x,y,z]$ 和方向 $[\phi,\theta,\psi]$。要最小化的目标变量是以 P 表示的转数，它对应于无人机围绕 z 轴的旋转数（偏航运动）。面向细分曲面任务的区域覆盖问题可以抽象描述如下[301]。

问题 3.15　对于编队中的每架无人机，可以通过以下方式计算出最佳轨迹：

$$\min_{\psi}\left(J(\psi) = K_1 \times \sum_{i=1}^{m} \psi_k^i + K_2 \quad k \in \{0,\pi/4,\pi/2,3\pi/4\}\right) \tag{3.55}$$

式中：$\psi_{\pm3\pi/4} > \psi_{\pm\pi/2} > \psi_{\pm\pi/4} > \psi_0$ 并且 $K_i \in \mathbb{R}$ 是权重，使得 $K_2 > K_1$。

覆盖问题的几何性质要求在节点之间适当地划分空间，使用适当的度量，以便每个节点的控制动作都应该依赖于空间的一部分，而不需要网络状态的全局信息。假设同构传感器网络，区域 A 可以在 n 个节点之间划分成多边形单元格 $V_i(i = 1, \cdots, n)$。细分曲面是基于标准欧几里得度量定义为

$$\boldsymbol{V}_i = \{\boldsymbol{q} \in \boldsymbol{A}; \|\boldsymbol{q} - \boldsymbol{p}_i\| \leqslant \|\boldsymbol{q} - \boldsymbol{p}_j\|, j = 1, \cdots, n\} \tag{3.56}$$

式(3.56)表明在欧几里得意义上将 A 中的点分配给最近的节点。

定义 3.22 测地线 Voronoi 分划定义为

$$\boldsymbol{V}_i^g = \{\boldsymbol{q} \in \boldsymbol{A}; d(\boldsymbol{q} - \boldsymbol{p}_i) \leqslant d(\boldsymbol{q} - \boldsymbol{p}_j), j = 1, \cdots, n\} \tag{3.57}$$

它根据测地线而不是欧几里得距离在节点之间分配部分监视空间。一般来说，测地线 Voronoi 单元的边界由线段和双曲线组成。大地测量 Voronoi 图由环境 $\boldsymbol{A}$ 的细分曲面组成，而每个大地测量 Voronoi 单元 $\boldsymbol{V}_i^g$ 在处理非凸环境时，与欧几里得的单元格相反，总是一个紧凑的集合[293]。

5) 扩展网格覆盖

考虑采用一种只使用无人机之间的局部交互的方法来协调一个没有中央监督的无人机团队[17]。采用这种分布式的方法时，节省了大部分的通信开销，无人机的硬件可以更简单，实现了更好的模块化。设计得当的系统应易于扩展，通过冗余实现可靠性和鲁棒性。团队必须覆盖网格中可能随着时间的推移而扩展的未知区域。这一问题与移动或逃避目标后的分布式搜索问题密切相关。一般来说，用于分布式覆盖任务的大多数技术都使用某种区域分解[208]。

在协作清洁案例研究中，一组机器人合作可以达到清洁脏地板的共同目标。清洁机器人具有有限的内存量，它只能在周围环境中观察地板的状态，并根据这些观察决定其运动，因此机器人不知道地板污染的总体拓扑结构。机器人使用基于信号和传感的间接通信手段，因此清洁整个地板的期望目标是多机器人合作的新特性。

(1) 在静态协同清洁问题中，地板的脏污不会因为污染的扩散而生长。地板的形状是 $\mathbb{R}^2$ 中的一个区域，被表示为无向图 $\boldsymbol{G}$。设 $\boldsymbol{V}$ 为 $\boldsymbol{G}$ 中的顶点集合。在 $\boldsymbol{V}$ 中的每个元素都是一块地板砖，并表示为一对 $v = (x, y)$。设 $\boldsymbol{E}$ 是 $\boldsymbol{G}$ 中的边集，每个边都是一对顶点 (v, w)，使得 v 和 w 通过邻域关系连接起来。污染区 $\boldsymbol{F}_t$ 是 $\boldsymbol{G}$ 的子图，其中 t 表示时间。在初始状态下，$\boldsymbol{G}$ 被假定为一个没有孔或障碍物的单个连接部件，$\boldsymbol{F}_0 = \boldsymbol{G}$，所有的机器人都是相同的，并且机器人之间没有显式的通信（只允许在局部环境中进行广播和操作）。所有的机器人在同一个顶点开始和完成它们的任务。此外，整个系统应该支持容错，即使几乎所有的机器人在完成任务之前停止工作，其余的机器人最终也能完成任务[291]。

(2) 在动态协同清洁问题中时间是离散的。设无向图 $\boldsymbol{G}(\boldsymbol{V}, \boldsymbol{E})$ 表示二维整数网格 $\mathbb{Z}^2$ 顶点具有污染的二进制属性。设 $\mathrm{Cont}_t(v)$ 是顶点 v 在时间 t 处的污染

状态,取值 1 或 0,设 $\boldsymbol{F}_t$ 为时间 t 时顶点的污染状态,则

$$\boldsymbol{F}_t = \boldsymbol{v} \in \boldsymbol{G} \mid \mathrm{Cont}_t(v) = 1 \tag{3.58}$$

假设 $\boldsymbol{F}_0$ 是个单连通分支,该算法在整个进化过程中都保持这一特性。设一个可以在网格 $\boldsymbol{G}$ 上移动的 k 个无人机组成的编队,在 t_0 时刻该编队位于 $P_0 \in F_t$ 处的后上。每架无人机都配备了一个传感器,该传感器能够告诉直径 7 的数字球体中所有顶点的污染状态。也就是说在所有顶点中,它们与无人机的曼哈顿距离小于或等于 3。无人机也感知到位于这些顶点的其他无人机,它们都能具有共同的方向。每个顶点可以同时包含任意数量的无人机。当无人机移动到顶点 v 时,它有可能清洗这个瓷砖(即使得 $\mathrm{Cont}_t(v)$ 变为0)。除了它是一个单一和简单连通分支外无人机没有子图 $\boldsymbol{F}_0$ 的形状或大小的任何先验信息。假设污染区 $\boldsymbol{F}_t$ 在其边界处被橡胶状弹性障碍包围,可以动态重塑自身,以适应污染区随时间的演变。由于无人机的内存有限,该障碍物的目的是保证后的简单连通性,这是至关重要的。当无人机清洗受污染的顶点时,障碍会退却,以适应先前被已清洁顶点占据的空隙。在每一步中污染扩散,也就是说,如果对于某个正整数 n, $t = nd$,则

$$\forall v \in F_t, \forall u \in \{4 - \mathrm{Neighbors}(v)\}, \mathrm{Cont}_{t+1}(u) = 1 \tag{3.59}$$

式中:$4 - \mathrm{Neighbors}(v)$ 仅表示与顶点 v 相邻的四个顶点。

当污染扩散时,弹性障碍延伸,同时保持区域的简单连通性。对于沿 $\boldsymbol{F}$ 顶点飞行的无人机,障碍信号是受污染区域的边界。无人机的目标是清理 $\boldsymbol{G}$ 完全消除污染。需要明确的是,这里不允许中央控制,系统是完全分布式的,所有无人机都是相同的,不允许无人机之间的显式通信。除了无人机的简单性外,这种方法的一个重要优点是容错性:即使一些无人机在完成前不再处于良好的飞行状态,其余的无人机也会尽可能地完成任务。文献[17]提出了一种清洗算法,用于探索和清洗一个未知污染的子网格 F ,每 d 时间步长扩展一次。该算法在保持连通性的同时对受污染区域的不断遍历,直到区域被完全清除。在满足完成任务的条件之前,每个无人机都要经过以下顺序的命令。算法 3.16 给出了伪码。

算法 3.16 清洁算法

1. 每个无人机在当前时间计算其所需目的地。
2. 每个无人机计算它是否应该优先考虑位于同一顶点并希望移动到同一目的地的另一个无人机。
3. 当两个或多个无人机位于同一顶点,并希望向同一方向移动时,已进入该顶点的无人机首先离开顶点,而其他无人机则等待。
4. 在实际移动之前,每个获得移动许可的无人机现在必须与其邻居实现局部同步移动,以避免同时移动可能损害区域连通性。
5. 当无人机不被任何其他智能体延迟时,它会执行其所需的运动。

注 3.10 如果条件改变,任何等待的无人机都可能再次处于活动状态。有关此实现的更多细节可在参见文献[17]。

6) 覆盖控制

无人机任意维度运动的三个相关问题是覆盖、搜索和导航。要求无人机在一个未知环境中完成与运动相关的任务,其几何形状是由无人机在导航[68]中学习的。在标准覆盖控制问题中,无人机编队的目标是渐进地达到智能体位置 $\lim_{t\to\inf}\boldsymbol{p}_i(t)\ (i\in[n])$ 的配置并最小化捕获某些事件覆盖质量的以下性能度量:

$$E_n(\boldsymbol{p}) = E[\min_{i\in[n]} f\|\boldsymbol{p}_i - \boldsymbol{Z}\|] \tag{3.60}$$

式中:$f:\mathbb{R}_{\geqslant 0}\to\mathbb{R}_{\geqslant 0}$ 是一个递增的连续可微函数;$\boldsymbol{Z}$ 表示工作空间中发生的感兴趣事件的位置。为了解释相关性即式(3.60),在位置 z 处用在位置 7 处无人机维修事件的成本用 $f(\|\boldsymbol{p}_i - \boldsymbol{Z}\|)$ 来衡量,并且事件必须由最接近此事件位置的无人机维修。例如,在监测应用中,$f(\|\boldsymbol{p}_i - \boldsymbol{Z}\|)$ 可以用到事件的距离来测量传感性能的退化。在 VRP 中这种成本可能是无人机前往事件位置的时间,即 $f(\|\boldsymbol{p}_i - \boldsymbol{Z}\|) = \|\boldsymbol{p}_i - \boldsymbol{Z}\|/v_i$,假设连续事件之间有足够的时间[222]。通常情况下,分区是为了优化成本函数,该函数测量在所有区域提供的服务质量。覆盖控制还优化了无人机在区域内的定位。机器人网络中的许多分区和覆盖控制算法都是建立在劳埃德的优化量化器选择算法的基础上的。算法 3.13 给出了基本伪代码。也有基于市场原则或拍卖的多智能体分划算法。分布式劳埃德方法是围绕单独的分划和中心步骤建立的[113]。

7) 时变图的航路点覆盖

动态图表示无人机的高度动态网络。考虑了动态地图访问问题(DMVP),无人机在导航过程中,环境可能处于迅速且不可预测地变化,因此一组无人机必须尽快访问关键位置的集合。DMVP 将高动态图或时变图(TVGS)的公式应用于图导航问题。当将动力学结合到 DMVP 中时,对于如何约束或建模图的动力学有许多选择。动力学可以是确定性的,也可以是随机的。确定性方法对于某些变化预测是可行的,并且图必须在任何时候都是连接的。事实上,要使完整的地图访问成为可能,每个关键位置最终都必须能够到达。然而,在实际应用中,在任何给定的时间图中的路径点都可能断开。有三类 TVG:边最终必须再现,边必须在一定的时间范围内出现,边外观是周期性的。每一类都对边动力学施加约束,这些类已被证明对 TVG 的分类至关重要。

注 3.11 动态图是一个五元组 $\boldsymbol{G} = (\boldsymbol{V},\boldsymbol{E},\tau,\rho,\Xi)$,其中 $\tau\subset\mathbb{T}$ 是系统的生命周期,存在函数 $\rho(e,t)=1$ 意味着边 $e\in\boldsymbol{E}$ 在时间 $t\in\tau$ 时可用,并且延迟函数 $\Xi(e,t)$ 给出了从时间 t 开始穿越 e 所花费的时间。图 $\boldsymbol{G} = (\boldsymbol{V},\boldsymbol{E})$ 称为 $\boldsymbol{G}$ 的基础图,$|V| = n$。

设 $\mathbb{T}=\mathbb{N}$,无向边的离散情况,所有边在任何时候都具有相同的旅行成本

$\Xi(e,t)=1$。如果智能体 a 在 u ,并且边 (u,v) 在时间 τ 上是可用的,那么智能体 a 可以在这个时间步骤中采取 (u,v) ,在时间 $\tau+1$ 访问 v 。作为遍历 $\boldsymbol{G}$,两者都访问并覆盖其遍历中的顶点。一个 TVG G 的时间子图的结果是将 $\boldsymbol{G}$ 的生命期 τ 限制为某个 $\tau' \subset \tau$ 。静态快照是一个时间子图,其中每个边的可用性不会改变,即边是静态的。

定义 3.23 $\boldsymbol{J}=\{(e_1,t_1),\cdots,(e_k,t_k)\}$ 是旅程 $\Leftrightarrow\{e_1,\cdots,e_k\}$ 在 G 中的巡游(称为 $\boldsymbol{J}$ 的底层巡游),对于所有 $i<k$ 都有 $\rho(e_i,t_i)=1$ 且 $t_{i+1}\geqslant t_i+\Xi(e_i,t_i)$ 。$\boldsymbol{J}$ 的拓扑长度为 k ,即遍历的边数。时间长度是旅程的持续时间:到达日期-出发日期。

问题 3.16 给定一个动图 $\boldsymbol{G}$ 和一组起始位置是 $\boldsymbol{S}$ 的 k 个 $\boldsymbol{G}$ 中的智能体,TVG 最前面的覆盖或 DMVP 是为这些 k 个智能体查找从时间 0 开始的旅程任务,使得 V 中的每个节点都在某个旅程中,并且所有 k 程中的最大时间长度被最小化。决策变量询问是否可以找到这些旅程,以使旅程不会在时间 t 之后结束。令 $T=\sum_{i=1}^{m}t_i$ 。

对于 DMVP 最小化问题$(\boldsymbol{G},\boldsymbol{S})$和相应的决策问题$(\boldsymbol{G};\boldsymbol{S};t)$,将输入视为一系列图表 $\boldsymbol{G}_i$,每个图表 $\boldsymbol{G}_i$表示为邻接矩阵,并带有相关的整数持续时间 t_i ,即 $\boldsymbol{G}=(\boldsymbol{G}_1,\boldsymbol{t}_1),(\boldsymbol{G}_2,\boldsymbol{t}_2),\cdots,(\boldsymbol{G}_m,\boldsymbol{t}_m)$,其中 $\boldsymbol{G}_1$ 最初出现在零时刻[1]。

8) 多个无人机持续覆盖

持续覆盖不同于静态和动态覆盖,因为环境的覆盖持续衰减,无人机必须不断移动以保持所需的水平;也就是说,它需要重复冗余的行动。因此,在这种情况下任务一般永远无法完成。动态覆盖是通过使用移动传感器网络来定义的,并且是传感器一致移动性的结果。当传感器在周围移动时,开始时被发现的位置将在稍后的时间被覆盖,因此,随着时间的推移,更广泛的区域被覆盖,在固定的传感器网络中可能永远不会发现的入侵者现在可以被移动传感器检测到。

问题 3.17 多智能体持续监测和动态覆盖的主要区别在于,当所有点达到满意的覆盖水平时,就完成了动态覆盖任务,而永远持续监测。

覆盖水平可以看作测量的质量,从这个意义上讲持续覆盖通常称为持续监视或环境监视。特别地,对无人机来讲,这种方法更加动态、灵活并且适合于多源定位,但是需要解决许多具有挑战性的技术问题,例如所有无人机的耐久性、规划、协调、通信、合作和导航[38]。持久性覆盖问题的解决方案旨在得出结果,该结果适用于无限时间,由于分布式系统需要离散通信这一事实,所以在离散时间内提出了这个问题[243]。无人机形成由通信图 $\boldsymbol{G}^{\mathrm{com}}(k)=(\boldsymbol{V}(k),\boldsymbol{E}(k))$ 定义的网络。图的顶点 $\boldsymbol{V}(k)$ 是在时间 $k\geqslant 1$ 时无人机 $i(i=1,\cdots,N)$ 的位置 $\boldsymbol{p}_i(k)\in\boldsymbol{Q}$ 。边 edge $(i,j)\in\boldsymbol{E}(k)$,如果 $\|\boldsymbol{p}_i(k)-\boldsymbol{p}_j(k)\|\leqslant r^{\mathrm{com}}$,其中 r^{com} 是通信半径,即两个 UAV 之间可以通信的最大距离。在第 k 时刻,无人机 i 的邻居为 $N_i(k)=\{j=1,\cdots,N;(i,j)\in\boldsymbol{E}(k)\}$。使用时变区域 $\boldsymbol{Z}(q,k)$ 对环境的覆盖范围或覆盖函数或全局地

图进行建模。

问题 3.18 持续覆盖：令 $Q \subset \mathbb{R}^2$ 为有界环境，由一组 N 个无人机持续覆盖，假设为完整的：

$$\boldsymbol{p}_i(k) = \boldsymbol{p}_i(k-1) + \boldsymbol{u}_i(k-1), \ \| \boldsymbol{u}_i(k) \| \leqslant u^{\max}$$

无人机编队的目的是保持期望的覆盖水平 $Z^*(\boldsymbol{q}) > 0, \forall \boldsymbol{q} \in \boldsymbol{Q}$。式(3.61)给出了每个时刻 k 的覆盖函数：

$$Z(q,k) = d(q)Z(q,k-1) + \alpha(k) \tag{3.61}$$

式中：$0 < d(\boldsymbol{q}) < 1$ 为衰减增益。UAV 将覆盖值增加 $\alpha(k)$。

第一步，在每个通信时间 k，每个 UAV 生成其映射到通信的 $Z_i^{\mathrm{com}}(k)$ 可表示为

$$Z_i^{\mathrm{com}}(k) = dZ_i(k) + \alpha_i(k) \tag{3.62}$$

每个无人机将其地图通信发送给其邻居并接收其地图。利用此信息，通过将地图分为：覆盖区域 $\boldsymbol{\Omega}_i(k)$ 和地图的其余部分两部分来执行更新的第一步。无人机根据以下公式更新每个区域：

$$\begin{cases} Z_i^-(k) = Z_i^{\mathrm{com}}(k) + \sum\limits_{j \in N_i(k)} (\max(Z_j^{\mathrm{com}}(k) - dZ_i(k-1)), 0), \forall \boldsymbol{q} \in \boldsymbol{\Omega}_i(k) \\ Z_i^-(k) = \max(Z_j^{\mathrm{com}}(k), dZ_i(k-1)), \forall \boldsymbol{q} \notin \boldsymbol{\Omega}_i(k) \end{cases} \tag{3.63}$$

为了减小估计的误差，执行第二更新步骤。首先，每个无人机提取其覆盖区域与另一个无人机重叠的区域，然后将其在该区域的覆盖功能发送给其邻居：

$$\beta_i(k) = \beta_i(q, p_i(k)) = \alpha_i(q, p_i(k)), \forall q \in \boldsymbol{\Omega}_i^0(k) \tag{3.64}$$

式中：$\boldsymbol{\Omega}_{\mathrm{i}}^0(k) = \{q \in \boldsymbol{\Omega}_i(k) \cup \boldsymbol{\Omega}_j(k) \mid j \in \boldsymbol{N}_i(k)\}$ 是无人机 i 与它的邻居的重叠区域。

无人机与邻居交换重叠的区域，并与收到的区域进行最终更新：

$$Z_i(k) = \begin{cases} Z_i^-(k) & \forall \boldsymbol{q} \in \boldsymbol{\Omega}_i(k) \\ Z_i^-(k) - \max\limits_{j \in N_i(k)} b_j(k) + \sum\limits_{j \in \boldsymbol{N}_i(k)} \beta_j(k) & \forall \boldsymbol{q} \notin \boldsymbol{\Omega}_i(k) \end{cases} \tag{3.65}$$

最后一步将未考虑的贡献相加，并结束估算，如算法 3.17 所示。

算法 3.17 局部地图更新

1. 计算关系为式(3.62)的地图进行通信的 $Z_i^{\mathrm{com}}(k)$
2. 与邻居进行地图通信
3. 关系为式(3.63)的局部地图 $Z_i^-(k)$ 更新
4. 提取重叠的产品 $\boldsymbol{\beta}(q, p_i(k))$，关系为式(3.64)
5. 与邻域进行沟通
6. 根据关系式(3.65)更新局部地图 $Z_i(k)$

可以考虑用摄像机调度无人机来监测大城市道路交通的问题。通常,无人机的航程有限,只能在空中停留有限时间。交通事件,如拥堵往往有很强的局部相关性;也就是说,如果一个交叉口的车辆密度很高,那么在附近的交叉口也可能是如此。因此,按照路网的拓扑结构顺序访问交叉口可能提供的增量信息很少。由于无人机不限于沿着道路行驶,经过精心选择的路线,不一定是相邻的交叉口可能提供更好的每单位行驶距离的整体交通信息。在这种情况下自然会出现以下问题:如何为无人机规划最好的巡游,以便它们能够收集每架飞机的最大交通信息。由于空间和时间的变化,这一问题可能是高度复杂和动态的。然而,在涉及大空间域的应用中,底层空间域通常不会发生变化。观察允许工作的前提是,附近的节点大多具有时间不变的空间相关性,即使总体可能随着时间的推移而发生显著变化。利用这些相关性,在任何给定的时间都可以从相邻节点[313]的值推断某一节点上的区域值。

多车辆采样算法[275]生成具有不同时空去相关尺度特征的非平稳时空场的非均匀覆盖轨迹。采样算法采用非线性坐标变换使场局部平稳,使现有的多车辆控制算法能够提供均匀的覆盖范围。当转换回原始坐标时,采样轨迹集中在短空间和时间去相关尺度的区域。使用二维规划器,三维结构是近似使用多个二维层单独处理。

1) 连续目标覆盖

针对非凸环境的协调算法的设计需要解决一些问题,例如障碍导致的信号衰减或可见性损失。欧几里得足迹/测地线(不可见)和能见度传感器已分类为不同类型的传感设备。从非凸域到凸域的转换是最早的技术之一。然后,通过逆变换获得无人机的真实轨迹。为了对非凸环境进行基于边界的探索,将非凸环境转换为星形区域。还可以提出另一种基于劳埃德算法的解决方案,以及一种在凹形环境中部署一组节点的路径规划方法。但是,此方法并非对所有类型的环境都有效,因为它最大化了允许环境的凸包的覆盖范围,而不是环境本身的覆盖范围。在另一解决方案中,每个无人机沿由其他无人机和/或障碍物接收的排斥力确定的方向移动。但是,此控制方案可能导致次优拓扑。这一事实促使将吸引力结合到相应的 Voronoi 单元的质心中。大地测量 Voronoi 图允许在非凸环境中进行部署。该算法假定传感器性能根据测地线的平方而不是欧几里得距离而下降。在另一种控制策略中,假设每个节点都移动到其测地 Voronoi 单元的几何质心在环境边界上的投影,所考虑的关注域是未知的,因此,将熵度量用作密度函数,允许节点同时探索并覆盖该区域。但是,在非凸环境的区域覆盖领域中引入了基于可见性的 Voronoi 图,并为无限制范围,全向基于可见性的传感器的无人机编队采用了基于劳埃德算法的算法。该问题的三维案例也适用于配备了无限感应范围的全向可见性传感器的无人机编队。假设根据距离的平方降低了基于可见性的传感器性能,则通过最小化感知不确定性来协调同构无人机群的非平滑优化技术[202]。

2) 环境分区覆盖。

UAV 网络的分布式区域划分问题包括设计单独的控制和通信法则,以便团队将一个空间划分为多个区域。通常分区可优化成本函数,该函数可衡量团队提供的服务质量。覆盖范围控制还可以优化无人机在区域内的位置。可以为一组无人机描述分布式覆盖控制算法,以优化该团队在图形表示的环境中为请求服务的响应时间。最优性是根据成本函数定义的,成本函数取决于无人机的位置和图中的测地距离。与所有多 UAV 协调应用一样,挑战来自降低通信需求:所提出的算法仅需要 Gossip 通信,即异步和不可靠的成对通信[112]。

问题 3.19 给定一个具有有限感知和通信能力的 N 个无人机团队,以及一个离散化的环境,将环境划分为较小的区域,并为每个智能体分配一个区域。目标是通过代价函数来衡量覆盖的质量,代价函数取决于当前的分区和智能体的位置。

无人机部署和环境划分的覆盖算法可以描述为分区空间上的动态系统。劳埃德算法是解决设施位置和环境划分问题的一种方法。劳埃德的算法计算质心 Voronoi 分区作为一个重要的目标函数类,称为多中心函数的最优配置。

定义 3.24 $\boldsymbol{Q}$ 的 N 分区,由 $\boldsymbol{v}=(\boldsymbol{v}_i)_{i=1}^{N}$ 表示,是 $\boldsymbol{Q}$ 的 N 个子集的有序集合,具有以下属性:

1. $\cup_{i\in\{1,\cdots,N\}}\boldsymbol{v}_i=\boldsymbol{Q}$
2. $\mathrm{int}(\boldsymbol{v}_i)\cap\mathrm{int}(\boldsymbol{v}_j)$ 对于所有 $i,j\in\{1,\cdots,N\}$,$(i\neq j)$ 都是空的,并且
3. 每个集合 $\boldsymbol{v}_i$,$i\in\{i=1,\cdots,N\}$ 是封闭的并且具有非空内部

$\boldsymbol{Q}$ 的 N 分区集由 $\boldsymbol{V}_N$ 表示。

定义 3.25 设 $\boldsymbol{Q}$ 为完全有序集,$p_i\in\mathbb{C}$,p_i 广义质心定义如下:

$$\mathrm{Cd}(p_i)=\min\{\mathrm{argmin}_{i=1,\cdots,N}H_1(h,p_i)\} \tag{3.66}$$

式中:$H_1(h,p_i)$ 是一个中心函数,定义为

$$H_1(h,p_i)=\sum_{k\in p_i}d_{p_i}(h,k)\phi_k \tag{3.67}$$

式中:ϕ_k 是有界正权函数。

令 $\boldsymbol{p}=(p_1,\cdots,p_N)\in\boldsymbol{Q}^N$ 表示 N 个 UAV 在环境 $\boldsymbol{Q}$ 中的位置。给定 N 个 UAV 团队和一个 N 分区,每个 UAV 都有与组件一一对应的分区;$\boldsymbol{v}_i$ 是 UAV$i\in\{1,\cdots,N\}$ 的优势区域。在 $\boldsymbol{Q}$ 上将密度函数定义为有界可测量的正函数:$\boldsymbol{Q}\rightarrow\mathbb{R}_{\geqslant 0}$,而将性能函数定义为局部 Lipschitz,单调递增和凸函数 $f:\mathbb{R}_{\geqslant 0}\rightarrow\mathbb{R}_{\geqslant 0}$。利用这些概念,多中心功能定义如下:

$$H_{\mathrm{multicenter}}(\boldsymbol{v},\boldsymbol{p})=\sum_{i=1}^{N}\int_{v_i}f(\|\boldsymbol{p}_i-\boldsymbol{q}\|)\phi(\boldsymbol{q})\mathrm{d}\boldsymbol{q} \tag{3.68}$$

由于封闭集是可测量的,因此该函数能很好地定义。必须相对于分区 $\boldsymbol{v}$ 和位置 $\boldsymbol{p}$ 最小化目标函数 $H_{\mathrm{multicenter}}$。

注 3.12 基于劳埃德算法的分布式覆盖律有一些重要的局限性,它仅适用于沿 Delaunay 图的所有边缘具有同步和可靠通信的无人机网络。

为了生成 Delaunay 图,在计算域的边界上选择了一些有代表性的点。对于这组给定的边界点,对于二维情况存在唯一的三角剖分,对于三维情况存在四面体网格划分。以这种方式生成的网格定义为给定移动网格问题的 Delaunay 图。该图涵盖了给定配置的整个计算域,包括内部元素。这种三角剖分或四面体化是唯一的,使三角形或四面体的最小角度最大化。Delaunay 图提供了从给定边界点到粗非结构化网格的唯一映射。所有无人机都有预先确定的共同通信时间表,在每一轮通信中,每个无人机必须同时可靠传输其位置。因此出现了一些问题,具体如下。

(1) 是否可以使用异步、不可靠和延迟通信优化无人机的位置和环境分区。

(2) 如果通信模型是 Gossip 智能体模型,即任意时刻只有一对无人机可以通信的模型。

人们提出了一种基于分区的 Gossip 方法,其中机器人的位置基本上不起作用,相反,优势区域被迭代更新,如算法 3.18 所示。当两个具有不同质心的智能体通信时,它们的优势区域演化如下:通过超平面将两个质心之间的段平分[71],将两个优势区域的并集划分为两个新的优势区域。

算法 3.18 Gossip 覆盖算法

对于所有 $t \in \mathbb{Z}_{\geq 0}$,每个智能体 $i \in 1,\cdots,N$ 在内存中保留一个优势区域 $\boldsymbol{v}_i(t)$。集合 $(\boldsymbol{v}_1(0),\cdots,\boldsymbol{v}_N(0))$ 是 $\boldsymbol{Q}$ 的任意多边形 N 分区。在每个 $t \in \mathbb{Z}_{\geq 0}$ 时,有一对通信区域 $\boldsymbol{v}_i(t)$ 和 $\boldsymbol{v}_j(t)$ 通过确定的或随机的过程来选择。每个智能体 $k \notin i,j$,设置 $\boldsymbol{v}_k(t+1):=\boldsymbol{v}_k(t)$。智能体程序 i 和 j 执行以下任务:

1. 智能体 i 将其优势区域 $\boldsymbol{v}_i(t)$ 传输给智能体 j,反之亦然
2. 两智能体分别计算质心 $C_d(\boldsymbol{v}_i(t))$ 和 $C_d(\boldsymbol{v}_j(t))$
3. 如果 $C_d(\boldsymbol{v}_i(t))=C_d(\boldsymbol{v}_j(t))$,那么
4. $\boldsymbol{v}_i(t+1):=\boldsymbol{v}_i(t)$ 并且 $\boldsymbol{v}_j(t+1):=\boldsymbol{v}_j(t)$
5. 否则
6. $\boldsymbol{v}_i(t+1):=(\boldsymbol{v}_i(t)\cup\boldsymbol{v}_j(t))\cup H_{\mathrm{bisector}}(C_d(\boldsymbol{v}_i(t));C_d(\boldsymbol{v}_j(t)))$
7. $\boldsymbol{v}_j(t+1):=(\boldsymbol{v}_i(t)\cup\boldsymbol{v}_j(t))\cup H_{\mathrm{bisector}}(C_d(\boldsymbol{v}_j(t));C_d(\boldsymbol{v}_i(t)))$

---

9) 覆盖孔检测

可以构造 Delaunay 三角剖分来发现网络的拓扑性质。Delaunay 三角剖分是计算几何中的一个重要数据结构,它满足空圆性质:对于 Delaunay 三角剖分中的每一边,可以确定一个通过这一边的端点的圆而不包围其他点[219]。本节所提出的检测和定位覆盖孔的方法包括如下四个阶段。

(1) 覆盖孔的检测:每个节点都基于空穴检测算法来检测其周围是否存在覆盖孔。

(2) 覆盖孔的合并:通过指示孤立覆盖孔的位置和形状,可以提供一种孔的合并方法来表示覆盖孔的全局视图。

(3) 局部覆盖孔尺寸估计:内切空圆用于估计每个局部覆盖孔的尺寸。

(4) 树描述:对于每个孤立的覆盖孔,用线段连接每一对内切空圆的中心。如果可以识别分离的树,则可以专门确定包含该树的相应覆盖孔。

10) 概率方法

令 S 表示无人机需要访问的潜在位置的所有节点的集合。在每个问题实例中仅需要访问属于子集的节点。集合 s 需要访问的概率由 $p(s)$ 给出。如果先验巡视 τ 可用,则 $L_\tau(s)$ 表示巡视的长度,其中,根据先验巡游的顺序访问 s 中的所有节点,跳过不需要巡游的节点; $E[L_\tau]$ 表示先验巡游 τ 的预期长度:

$$E[L_\tau(s)] = \sum_{s \in S} p(s) L_\tau(s) \tag{3.69}$$

$E[L_{\mathrm{PTSP}}] = \min_\tau[E[L_\tau]]$ 表示最佳先验巡游的预期长度。L_{TSP} 在 s 中表示节点上的最佳 TSP 长度,而 $E[\Sigma]$ 表示在已知问题实例后,使用重新优化技术生成的最佳 TSP 行程的预期长度:

$$E[\Sigma] = \sum_{s} p(s) L_{\mathrm{TSP}}(s) \tag{3.70}$$

启发式算法基于最小生成树发展而来,解决匹配问题,再将每个节点连接到其代表并形成循环,或使用扫描算法 3.11 和算法 3.19 在每个组中构造先验巡游。应该知道在 n 个节点上的最佳概率 TSP 解决方案,这是一个先验巡游。选择参数 $\beta > 1$。根据节点在先验巡游中的顺序及其覆盖概率,将它们聚类。聚类的伪代码在算法 3.19 中给出,其中 $G_i(i=1,\cdots,m)$ 代表获得的编队。之后必须对各组设计路径:中位数位置 $\boldsymbol{Y}_1,\boldsymbol{Y}_2,\cdots,\boldsymbol{Y}_m$ 是组 $\boldsymbol{G}_1,\boldsymbol{G}_2,\cdots,\boldsymbol{G}_m$ 的代表,并且使用 Christofides 启发式方法在所有代表 $\boldsymbol{Y}_1,\boldsymbol{Y}_2,\cdots,\boldsymbol{Y}_m$ 中构造一个巡游。Christofides 启发式方法依靠最小生成树的生成,然后解决匹配问题,再将每个节点连接到其代表并形成回路,或使用扫描算法 3.11 和算法 3.19 在每个组中构造先验巡游。

算法 3.19 聚类算法

1. 令 $m = \max\left\{\left|\dfrac{\sum_i p_i}{\beta}\right|, 1\right\}$,其中下限函数$\lfloor x \rfloor$表示不超过 x 的最大整数。
2. 如果$\sum_i p_i \leqslant \beta$,则所有节点都聚集在一组中;否则,执行步骤 3。
3. 选择 k 个节点,直到 $\sum_i p_i < \dfrac{1}{m}\sum p_i$ 且 $\sum_{i=1}^{j} p_i \geqslant \dfrac{1}{m}\sum_{i=1}^{j} p_i$ 。如果 $\sum_i p_i > \dfrac{1}{m}\sum p_i$,则

将 X_j 分为两个节点 X_j' ,X_j'' 。X_k' 的覆盖概率为 $\dfrac{1}{m}\sum_i p_i - \sum_{i=1}^{j-1} p_i$,而 X_k'' 的覆盖概率为 $\dfrac{1}{m}\sum_{i=1}^{j} p_i - \sum_i p_i$ 。重复此过程,直到获得 m 组节点。

3.5 小结

本章的第一部分介绍了运筹学的基本知识,如 TSP、(中国、乡村)邮递员问题以及背包问题。这些问题是定向和覆盖任务的根源。

本章第二部分介绍了由 TSP 问题和背包问题延伸出的无人机定向问题。这是无人机在 POI 上的路径问题。

本章第三部分介绍了覆盖任务的基本思想。如何使用一架或多架载有不同传感器组的无人机覆盖给定障碍/周界/区域中的所有点。

第4章 部署、巡航和搜寻

4.1 引言

在本章中,操作涉及一般的机器人问题,如部署、巡航和搜寻。这是机器人技术、人工智能和运筹学研究的一个核心领域。

首先,在部署方面,在一个已知或未知的环境中找到一组无人机的分布是多机器人系统所面临的挑战之一。一个挑战是如何平衡无人机之间的工作负载,或将环境划分为多个区域,并为每个区域分配一架无人机。目标覆盖的主要问题是通过在覆盖区域内调度和部署分布式传感器节点来完成对目标覆盖的监控和信息收集。目标覆盖研究包括低功耗、实时性、目标覆盖能力、算法的通用性和连通性。

其次,在巡逻方面,大量无人机是覆盖大片地理区域的理想选择。它们可以在分散完成后保持对环境的覆盖。可覆盖范围的大小与无人机规模成正比。在地图无人机部署后,控制巡逻无人机相当于一个覆盖控制问题。

(1) 无人机应该如何移动,以确保在勘测环境的所有区域巡逻时最坏情况延迟最小。这可能只需要简单的本地策略,而不涉及复杂的协议或计算来协调移动组件的运动,同时仍然实现完全覆盖,并且对被调查的位置具有小的延迟。通过仅携带低分辨传感器的多无人机系统进行结构化探测,可以实现对未知区域的完全覆盖。

(2) 在小区或地区巡逻应该使用什么地方政策。这项任务的自然选择是最近访问最少(LRV)的方法,其中每个单元跟踪自上次从巡逻无人机访问以来所经过的时间。巡逻的无人机政策引导它以最小的延迟移动到邻近的单元。这相当于跟踪地区的访问时间[227]。

最后,搜寻是使机器人探索、导航和物体识别、操作和运输于一体的广义问题。在多机器人系统中,搜寻是研究机器人合作的一个典型问题。锚定问题是自主机器人系统中基于符号和感官过程之间联系的一个重要方面。锚定实际上是如何在时间上创建和维护同一物理对象的符号与信号级表示之间的联系的问题。

4.2 空中部署

部署问题考虑了特定情况(如目标、场景、约束条件)所需的无人机数量及其初始位置。部署问题是决定无人机的数量以及它们在使用控制策略执行任务之前最初的位置。在不同的主题中,覆盖一个区域是部署问题中的一个重要目标。在这个问题中环境被划分为多个区域,团队的每个无人机都应该负责覆盖在其指定区域内发生的事件。基于如三角形、方形、菱形和六边形格子简单的几何结构,将无人机放置在预定的区域是简单的[255]。环境可能会随着时间的推移而发生变化,因此,必须周期性地重复部署,以便重新分配无人机。覆盖范围和连通性是部署策略中的基本考虑因素之一。在文献[288]中,通过考虑部署策略、睡眠调度机制和可调整的覆盖半径,对覆盖范围和连通性进行了研究。也可以探索在一个源上的多智能体部署的问题。基于热偏微分方程和极值求解,可以设计一种源求解控制算法,将群智能体部署在源周围。

4.2.1 部署问题

为了衡量任何特定解决方案的性能,部署函数表示无人机在场域的分布质量。这样的函数可以根据无人机到环境中各点的距离来定义,这种距离必须最小化。因此,部署问题可以转换为最小化问题[15]。

第一类多无人机部署控制方案是基于人工势场或虚拟力场。此外,一组移动智能体中基于图的非线性反馈控制律可以用来使图始终保持连通。

第二类是基于常见的覆盖控制方法,通过定义关于 Voronoi 区域质心的反馈控制律。基于劳埃德算法可以实现优化部署无人机的分布式方法。每架无人机都遵循一个控制律,该控制律是一个梯度下降算法,可以最小化编码部署质量的函数。在非凸环境中,可以使用测地线距离度量来解决非凸区域问题,而不是欧式距离。

1. 部署方式

根据环境,部署问题中的最先进技术被分为连续设置和离散设置。其中一个有用的预处理技术是将工作空间建模为一种图的形式,然后这个问题就转化为图划分问题。在图表示中,部署问题可以解释为 p 中值问题,其中将有限数量的设施分配给客户。p 中值问题是一个基本的离散选址问题。如果必须对新设施的位置做出决定,那么问题被归类为属于位置域。一般来说,位置问题的目标或目的与新设施和必须定位的空间中其他元素之间的距离有关。

位置模型可分为连续模型、离散模型和网络模型三组[233]。节点间较大的距离会削弱通信链路,降低吞吐量,增加能耗。在传感器部署的最优节点布置中提出了几种启发式方法来寻找固定拓扑的次优解决方案,根据诸如距离和网络连通性的结构质量度量来评估候选位置的质量。另外,一些方案主张动态调整节点位置,因为根据网络状态和各种外部因素,初始位置的最优性在网络运行期间可能变得无效[285]。离散环境中的集中覆盖算法,可以在相应的网格单元上应用生成树覆盖(STC),以划分图并指导无人机覆盖环境。多目标问题可以表述为一个混合线性整数规划,有两个目标:在环境中找到最佳位置来部署无人机,以及最小化无人机路径从初始到结束位置的长度。文献[273]采用目标重叠区域和贪婪算法设计了基于目标权值的最优部署算法,实现了对离散目标的最优覆盖监控,确保了节点监控网络的连通性。与二维平面的圆形覆盖模型不同,三维空间的覆盖模型选择节点位置作为球的中心,感知距离作为球的半径。

基于 Voronoi 的覆盖控制通过梯度下降(移动到质心定律)沿着效用函数以固有的分布式方式独特地结合了部署和分配,最小化了预期的事件感测成本,以自适应地实现质心 Voronoi 配置。对同质点无人机和具有不同传感器-电机能力的异质无人机群的应用通过功率图的方式存在差异:具有附加权重的广义 Voronoi 图。基于 Voronoi 的覆盖控制涉及点无人机的避免碰撞,因为无人机在两两不相交的 Voronoi 单元中移动,但有限尺寸无人机的安全导航必须采用附加的避免碰撞策略。现有的覆盖控制和避免碰撞相结合的工作通常使用基于斥力物和相互速度避障的启发式方法,导致无人机收敛到远离最优感知配置的配置;或者当无人机到达其分区单元边界时,向量场的投影引入了不连续源[24]。

1) 任务分配的分类法

合作是一种任务分配问题,它会分配有限数量的智能体来尽可能有效地完成有限数量的任务。这个问题可以通过集中式或分散式方案来解决。单个智能体的任务分配相对简单;当分散算法用于所有无人机之间的一致性时,就会出现困难。基于拍卖的解决方案是基于共识的拍卖算法(CBAA),它解决了单个智能体任务的 TAP,这些任务被定义为需要单个智能体才能完成的任务。CBAA 允许智能体对任务进行投标,并提供了一个关于分配的分散共识系统,从而提供了一个无冲突的解决方案。基于共识的捆绑算法解决了 TAP 的一个扩展,其中智能体对它们将完成的任务进行排队:单个智能体接受可用的任务,并计算给定其当前任务队列的每个排列,其中回报最高的排列成为它们对该任务的出价。这样,智能体会不断地删除和修改新任务,因为其他智能体发现它们可以使用该任务创建一个更有价值的序列。该算法可以扩展到需要智能体合作完成单个任务的多智能体任务[174]。

以下有用的定义摘自文献[211]。

定义 4.1 如果任务 t 可以表示为一组子任务 σ_t，且满足 σ_t 中子任务的某个特定组合 ρ_t，则该任务 t 是可分解的。满足 t 的子任务组合可以用一组关系 ρ 表示，该关系 ρ 可以包括子任务之间的约束或关于需要哪些子任务或需要多少子任务的规则。该对(σ_t , ρ_t)也称为 t 的分解。

“分解”也可以用来指分解任务的过程。

定义 4.2 如果 t 有多个可能的分解，那么任务 t 是可多重分解的。

定义 4.3 元素(或原子)任务是一种不可分解的任务。

定义 4.4 可分解的简单任务是可以分解为元素任务或可分解的简单子任务的任务，前提是不存在多(智能体)可分配的任务分解。

定义 4.5 简单的任务要么是基本任务，要么是可分解的简单任务。

定义 4.6 复合任务 t 是一种可以分解为一组简单或复合子任务的任务，要求 t 有一个固定的完全分解(复合任务在任何分解步骤都不能有任何可多重分解的任务)。

定义 4.7 复杂任务是一个多重可分解的任务，至少有一个分解是一组多(智能体)-可分配的子任务。复杂任务分解中的每个子任务可以是简单的、复合的或复杂的。

相互依赖程度用具有四个值的单一分类变量来表示。

(1) 无依赖性：这些是具有独立的智能体任务实用程序的简单或复合任务的任务分配问题。智能体对任务的效用并不依赖于系统中的任何其他任务或智能体。

(2) 计划内相关性：这些是简单或复合任务的分配问题，智能体任务实用程序对这些任务具有计划内相关性。智能体对任务的有效效用取决于智能体正在执行的其他任务。任务间的约束可能存在于单个智能体的调度中，也可能影响智能体的整体调度。

(3) 跨计划相关性：这些是简单或复合任务的任务分配问题，智能体任务实用程序对这些任务具有计划间相关性。一个智能体对于一个任务的有效效用不仅取决于它自己的调度，还取决于系统中其他智能体的调度。对于该类，允许的依赖关系是简单的依赖关系，因为任务分解可以在任务分配之前被最优地预先确定。不同智能体的调度之间可能存在约束。

(4) 复杂相关性：除了对简单或复杂任务的任何计划内和跨计划相关性外，智能体任务实用程序还具有针对复杂任务的跨计划相关性。智能体对任务的有效效用取决于系统中其他智能体的调度，其方式由特定选择的任务分解决定。因此，最优任务分解不能在任务分配之前进行决定，但必须与任务分配同时确定。此外，在不同智能体的调度之间可能存在约束。

2）通信方面的约束条件

合作的无人机必须在没有通信基础设施的帮助下保持相互通信的同时完成任务。在真实和复杂的环境中，最初部署和确保移动自组织网络是困难的，因为两个无人机之间的连接强度会随着时间的推移而迅速变化甚至消失。关于无人机数量及其初始位置的错误决策可能会极大地危及任务。使用集中式和随机初始部署的覆盖算法评估得出结论，使用随机初始部署的算法收敛较慢，但会对于稀疏拓扑，带来更好的整体覆盖。在实际情况下，有必要确保系统的几个约束。如果网络支持多跳连接，这种约束就可能会显著增加随机分布的复杂性，因为它不仅取决于通信约束，还取决于无人机的数量和自身的位置。而且随机部署可能会造成部署不平衡，从而增加需要的无人机数量和能量消耗。可以在允许的最大覆盖时间内覆盖部署区域的解决方案是通过基于启发式改变组的数量和大小来迭代确定的。当主要目的是在区域覆盖场景中分散无人机时，无人机从紧凑配置开始的初始部署工作良好。多无人机系统中的容错可以用双连通来概括，这意味着网络中的每对节点之间至少有两条不相交的路径。因此，任何单个节点的故障都不会对网络进行分区。尽管双连接网络提供了积极的结果，但可以引入互补策略，如吸引力、冗余或传输功率自适应，以保持移动自组网的连通性。此外，在无线传感器网络（WSN）中，双连通特性可以推广到多连通，或 k -连通（ $k \in \mathbf{N}$ ）[94]。

3）作为决策问题的无人机部署

该团队由一组在单层或多层运行的 N 架无人机组成，因此每架无人机都有一个无线电范围 R 。每架无人机都能够处理一组来自特定需求区域的连续请求的 K 个用户。请求数 S_r 的到达率为 λ ，每个服务请求的平均数据包大小为 $1/\mu$ 。无人机在异构网络中的部署模型可以考虑两个方面。

（1）具有多个无人机的单层：无人机的数量是根据与宏基站的连接连通性和来自特定需求区域的用户请求数量来决定的。对于单层模型，基站与需求区之间连接的无人机数量计算为 $|N| = Z/R$ ，其中 Z 为过度需求区距基站的距离，R 为半径范围。对于无人机和基站之间的全容量链路，$|N| = S_r/S_u$ ，其中 S_u 是单个无人机可以处理的服务请求数。

（2）每层有多架无人机的多层模型：考虑高度来区分不同层的无人机。每个基站的无人机数量有限。在该模型中，上层无人机充当下层无人机和基站之间的主枢纽，这些中枢无人机可以通过充当空中基站来支持许多无人机。该模型在无人机故障或基站故障的情况下非常有用。

在这种基于决策的方法中，基站根据用户的请求将整个区域划分为优先区域。用户请求的上限由网络模型中定义的无人机可以处理的请求上限决定。对于区域 A ，设 $A_1, A_2, \cdots, A_{|B|}$ 是产生额外用户请求的需求区域。如果待处理请求的数量始终小于或等于单个无人机支持的请求数量，则根据特定区域中待处理请求的数

量为整个请求区域分配优先级值。网络拓扑的决策完全基于优先级值。未包括在需求区内的区域部分将使用多层模型进行处理,或者分配一些无人机与基站直接连接[264]。

具有特定目标函数的 UAV-UGV 团队的定位和路由问题可以表述为一个混合整数线性问题,目的是使无人机飞行路线从访问的感兴趣点收集的总得分最大化。这些路线来自与感兴趣点的访问顺序同时确定的指定基站[282]。理想情况下,为了获得最低成本的任务计划,这些决策将通过单一的优化问题。为了解决优化问题的复杂性,在给定任务参数的情况下,多阶段优化算法可以计算每个无人机要访问的位置的任务计划。

在第一阶段将地面车辆的最优部署位置问题表述为一个混合整数线性规划问题,目的是最小化从每个地面车辆位置到相关援助请求的距离的总和。在第二阶段确定地面车辆从最初位置到目的地的最佳路线,从而使总行驶时间最短,确定了无人机沿着援助请求位置的最佳轨迹。一旦确定了任务计划,路径点就会被发送到各自的自动驾驶车辆上。路径点作为车辆导航的输入,因此能够实现自动部署,并为每辆车提供自主操作的能力。

2. 部署策略

1) 初始部署

本节研究了地面无人机的初始部署,以及搜索区域后无人机的重新部署,以降低能源成本和搜索时间。下面比较三种可扩展和去中心化的策略,它们需要较低的计算和通信资源。这些策略利用环境信息来减少不必要的运动,并减少收益递减和无人机之间的干扰。

(1) 线性时间增量部署(LTLD):这种策略每次部署一架无人机,在连续发射之间有固定的时间间隔。较长的发射间隔 λ 减缓了部署,但减少了并发无人机的数量。通过利用从扩展的网络获取的环境信息来减少空间干扰和不必要的飞行。一旦搜索了环境的一个子区域,无人机就为探险者重新部署到新的未探索区域。在重新部署开始之前,可能会有多个探险者飞到这个不需要它们的子区域,这随着发射间隔的延长而减少。因此,LTLD 通过减少干扰和不必要的移动来降低能耗。

(2) 单增量部署(SID):这种策略类似于 LTLD,每次部署一架无人机,但要等到前一架无人机成为信标后再发射下一架。单次增量部署减少了不必要的飞行时间,因为下一架无人机只有在信标网络感知到环境并感知到是否需要新信标以及在哪里需要新信标时才会部署。因此,探索者总是直接飞到期望的部署位置。为了实现 SID,网络在探索者飞行时进行通信。这可以通过在信标网络上传播本地消息来实现。信标向整个团队发出信号,如果它们感知到一个探索者,无人机只有在没有收到信号的情况下才会部署。为了确保一次只部署一架无人机,使用了随机超时。当没有飞行探索者信号出现时,无人机会等待一小段随机时间。如果在这段时间后没有飞行探索者信号,无人机可以部署。

(3) 自适应群体规模(AGS):该策略自适应无人机的密度,最初每 2~3s 快速部署无人机。探索者使用其相对定位传感器测量相邻无人机的密度,如果密度高于预定阈值,则可能着陆。这降低了无人机的比例,减少了回报和干扰。当附近没有无人机飞行时,已经着陆的无人机再次发射。

2) 恒高度下的最佳部署

飞行区域可以表示为一个离散的平行六面体,它的高度满足 $h_{\min} \leqslant h \leqslant h_{\max}$,宽度为 $y_{\max}$,长度为 $x_{\max}$,其中 U 为一系列可用的无人机,其中每个无人机 u 的坐标为 (x_u, y_u, z_u) ,T 为所要监控的目标集合,其中 $t_i = (X_{t_i}, y_{t_i})$ 存在一个距离定义 $D_{t_i}^{x_u, y_u} = \sqrt{(X_{t_i} - x_u)^2 + (Y_{t_i} - y_u)^2}$。

必须做出以下两个主要决定。

(1) 决策变量由下式给出:

$$\delta_{x,y,h}^{u} = \begin{cases} 1 & \text{无人机 } u \text{ 位于 } (x,y,h) \\ 0 & \text{其他} \end{cases} \tag{4.1}$$

(2) 无人机 u 要监控的目标 $t_i \in T$ 为

$$\delta_{t_i}^{u} = \begin{cases} 1 & \text{目标 } t_i \text{ 被无人机 } u \text{ 观测到} \\ 0 & \text{其他} \end{cases} \tag{4.2}$$

目标是用至少一架无人机监视所有目标,最小化无人机数量或总能耗。每架无人机消耗的能量:

$$E = (\beta + \alpha k)t + P_{\max}(k/s) \tag{4.3}$$

式中:α 为电机转速乘数;β 为悬停所需的最小功率;t 为工作时间。

问题 4.1 部署问题可以通过以下目标进行说明:

$$\min f(\delta) = \sum_{(x,y,h)} \sum_{u \in U} \delta_{xyh}^{u} + E \tag{4.4}$$

满足

$$\sum_{x,y,h} \delta_{x,y,h}^{u} \leqslant 1, \forall u \in U \tag{4.5}$$

此约束可确保无人机 u 最多位于一个位置。

$$\gamma_{t_i}^{u} \leqslant \sum_{x,y,h} \delta_{x,y,h}^{u} \left(\frac{r^{h_u}}{D_{t_i}^{uxy}} \right), \forall u \in U, t_i \in T \tag{4.6}$$

此条件用于设置变量 $\gamma_{t_i}^{u}$ 的值,它可以根据半径设置值 0 或 1

$$\sum_{u \in U} \gamma_{t_i}^{u}, \forall t_i \in T \tag{4.7}$$

每个目标至少由一架无人机观察。

可以提出启发式方法来求解此非线性混合整数优化问题[289]。

3）广义离散劳埃德指数下降

多智能体系统由相互连接的子系统或智能体组成。在无人机的控制中，其目的是通过智能体之间的局部交互来获得整个系统的协调行为。智能体之间的通信通常发生在具有有限容量的无线介质上[7]。对续集有用的一些定义介绍如下。

定义 4.8 地标是对一个点或一个感兴趣的小区域的抽象，它必须被观察到，而且可能是一个更大的表面。一个地标被正式地定义为元组 $\ell=(q,\hat{m})$，其中 $q\in\mathbb{R}^3$ 是地标的位置，$\hat{m}\in S^2$（单位球面）是地标的方向。更具体地说，m 是表征地标方向的朝向。

定义 4.9 移动传感器是一个元组 $s=(p,\hat{n},f)$，其中 $q\in\mathbb{R}^3$ 是传感器的位置，$\hat{n}\in S^2$ 是方向，$f:(\mathbb{R}^3\times S^2)^2\to\mathbb{R}^+$ 是传感器的足迹。传感器的方向是与传感器所指向的方向相对应的单位向量。移动传感器的足迹是一种描述传感器对周围环境的感知的功能。

由一组移动传感器获得的有限地标集的覆盖范围是基于传感器之间的地标划分，并由每个传感器对其地标子集获得的覆盖范围的总和给出。

定义 4.10 由一组移动传感器获得的有限地标覆盖范围：考虑一组移动传感器 $S=(s_1,\cdots,s_N)$，一组有限的地标 $L=\{\ell_1,\cdots,\ell_N\}$ 和一个分区 $P=\{P_1,\cdots,P_N\}$，所以每个子集 L_i 被分配给传感器 s_i，集合 S 就分区 P 所获得的集合 L 的覆盖范围，作为 s_i 所获得的 L_i 的覆盖范围的总和，对于 $i\in\{1,\cdots,N\}$ 有

$$\operatorname{cov}(S,P)=\sum_{i=1}^{N}\operatorname{cov}(s_i,L_i)=\sum_{i=1}^{N}\sum_{\ell\in L}\operatorname{per}(s_i,\ell_i) \tag{4.8}$$

式中

$$\operatorname{per}(s_i,\ell_i)=f(p_i,\hat{n}_i,q_i,\hat{m}_i) \tag{4.9}$$

问题 4.2 其目标是找到一个分区 $P=\{P_1,\cdots,P_N\}$ 以及传感器的位置和方向，使得集合对分区获得的集合 L 的覆盖范围最小化。

算法 4.1 旨在逐步迭代地调整传感器和分区 P 的位置和方向。通过迭代地调整传感器和分区 P 的位置和方向来提高覆盖范围。通过在每个分区上考虑一对传感器 s_i 和 s_j，并重新排列 $L_i\cup L_j$ 中的地标，使每个地标被分配给 s_i 和 s_j 之间的传感器。较低的覆盖价值相对于更好的覆盖范围。

考虑在单位范围内设置 M 个设施的问题，以使受到最近分配和覆盖约束的任何设施所面临的最大需求最小化。通过最小化设施所面临的需求，最繁忙和最不繁忙设施之间需求率的差异是公平的位置问题（ELP）。

算法 4.1　广义离散劳埃德指数下降

---

1. 给移动传感器 $S=(s_1,\cdots,s_N)$ 分配 $s_i=(p_i,\hat{n}_i,f_i)$

2. 分配地标 $L=\{\ell_1,\cdots,\ell_N\}$

3. 分配一个分区 $P=\{P_1,\cdots,P_N\}$

4. 对 $\{s_i\}$，$i\in\{1,\cdots,N\}$，分配 $\varepsilon>0$，并设置 Z_i

5. while $z_i\neq 0$ 对于一些 $i\in\{1,\cdots,N\}$

6. 选择 s_i，使 Z_i 非空

7. 选择 $s_i\in Z_i$

8. for $\ell\in L_i$

9. if $\mathrm{per}(s_j,\ell)<\mathrm{per}(s_j,\ell)-\varepsilon$，那么

10. 将 ℓ 从 L_i 转移到 L_j

11. end if

12. end for

13. if 一个或多个地标已经被转移，那么

14. $Z_i\leftarrow S\backslash\{s_i\}$

15. $Z_j\leftarrow S\{s_j\}$

16. $(p_i,\hat{n}_i)\leftarrow\mathrm{optcov}(s_i,L_i,\Omega_i)$

17. $(p_j,\hat{n}_j)\leftarrow\mathrm{optcov}(s_j,L_j,\Omega_j)$

18. else

19. remove

20. end if

21. end while

定义 4.11　如果对所有设施的需求率相同，即如果 $\lambda_{\max}=\lambda/M$，其中 λ 是总需求率，则位置向量 x 表示公平的设施配置（EFC）。

设 x_j 表示设施 j 的位置向量，$x_j\in P$，如果设施 j 离 x 最近，则令 $I_x^j=1$，否则令 $I_x^j=0$。设 $R(x_j)=\max\limits_{x\in P}\|xx_j\|I_x^j$ 是客户分配给设施 j 的最大行程距离，假设每个 $x\in P$，客户需求率为 $\lambda(x)$，且 $\int_{x\in P}\lambda(x)\mathrm{d}x=\Lambda<\infty$，则 $\lambda_{x_j}=\int_{x\in P}I_x^j\lambda(x)\mathrm{d}x$ 为到达设施 j 的到达率。设 r 为外生给定距离，即从客户到设施的最大分许距离，令 ε 表示不同设施之间的最小允许距离。与第 i 个设施相关联的 Voronoi 区域由 V_i 表示。那么，对该设施的需求率是：

$$\lambda_{x_i}\int_{x \in V_i} \mathrm{d}x \cdot \mathrm{d}y, \forall i = 1,\cdots,M \tag{4.10}$$

假设给出了(维诺)Voronoi 图,则 ELP 可表示如下。

问题 4.3 公平选址问题设 P 为一个装备有某种范数的空间 $P \subset \mathbb{R}^2$, $M > 0$ 表示设施数量。给定 M 个设施,具有给定距离范数的最近分配约束,使用该距离范数的 Voronoi 图将平面划分为 M 个区域,找到公平的位置配置。

$$\min \lambda^{\max} \tag{4.11}$$

满足

$$\begin{cases} \lambda_{x_i} \leqslant \lambda^{\max}, \forall i = 1,\cdots,M \\ \| x_i, x_j \| \geqslant \varepsilon, \forall i,j = 1,\cdots,M, i \neq j \\ \| x_i, x \| \leqslant r, \forall i = 1,\cdots,M, x \in V_i \end{cases} \tag{4.12}$$

当 M 和 r 的值较小时, ELP(M) 不可行,因此不存在可行的 EFC。在文献[36]给出了最接近赋值约束条件下 EFC 存在的充分条件。

注 4.1 确定性可行的公平设施位置是随机容量和设施位置问题(SCFLP)的一个主要组成部分。

SCFLP 关注客户产生需求的时间、地点和实际数量三个不确定性来源。此问题优化了要定位的设施数量、这些设施的位置和每个设施的服务能力三种类型的决策变量。

解决 SCFLP 的方法基于以下内容:对于给定的 M , ELP 为设施提供最佳位置和设施的最大需求率 $\lambda_{\max}$;利用 Voronoi 图[240],研究具有统一需求的 ELP 在单位方块上的解。

4) 基于团队的优化方案

位置优化函数可以转化为感知性能最大化问题:

$$H(P,Q) = \sum_{i=1}^{N} \int_{W_i} f(\| q - p_i \|) \Phi(q) \mathrm{d}q \tag{4.13}$$

其中,对于 n 个团队, $N = \sum_{t=1}^{n} n_t$ 和 P 是所有无人机的集合。无人机 i^{th} 被分配到区域 W_i ,通过寻找无人机的最佳位置和它们所分配的联合为 Q 的区域 W_i ,成本函数 H 被最小化。文献[2]提出了一种基于团队的智能体划分方法,将智能体视为多个团队的集合,追求各自的任务或目标。优化问题被分解成两个相互关联的函数,这样每个问题的解决方案代表了团队及其相关智能体的最佳配置。让 $L = (\ell_1, \ell_2, \cdots, \ell_n)$ 定义团队的集合,其中每个 $\ell_t, t = 1,\cdots,n$ 代表团队 t 的核心函数,智能体在相关团队中的位置为 $\ell_t = g(p_{t_1},\cdots,p_{t_{n_t}})$。 多面体 Q 被划分成一组(维诺)Voronoi 单元: $V(L) = \{V_1,\cdots,V_n\}$, 其中每个组成元素被认为是给定空间中具有固定位置的一组智能体的最优划分。其具体表述如下:

$$V_t = \{q \in Q, \| q - \ell_t \| \leqslant \| q - \ell_s \| \} \tag{4.14}$$

然后,将获得的与团队核心相关联的 Voronoi 单元视为凸多面体集合,以部署其相关联的智能体。由属于 i^{th} 组的智能体 $p_{t_1}, \cdots, p_{t_{n_t}}$ 生成的 Voronoi 分区 $V_t(P_t) = \{V_{t_1}, \cdots, V_{t_{n_t}}\}$ 定义为

$$V_{t_m} = \{q \in V_t, \| q - p_{t_m} \| \leqslant \| q - p_{t_r} \| \} \tag{4.15}$$

式中:p_{t_m} 表示 m^{th} 在团队 t^{th} 中的位置,如 $m \in \{1, \cdots, n_t\}$。

Voronoi 分区的基本特征如下。

(1) 关联的质量:

$$M_{V_{t_m}} = \int_{V_{tm}} \Phi(q) \mathrm{d}q \tag{4.16}$$

(2) 质心:

$$C_{V_{tm}} = \frac{1}{M_{V_{t_m}}} \int_{V_{t_m}} q \Phi(q) \mathrm{d}q \tag{4.17}$$

(3) 极性惯性矩:

$$J_{V_{tm}, p_{t_m}} = \int_{V_{t_m}} \| q - p_{t_m} \|^2 \Phi(q) \mathrm{d}q \tag{4.18}$$

该团队的 Voronoi 单元的特征可以推导为

$$M_{V_t} = \sum_{m=1}^{n_t} M_{V_{tm}} \tag{4.19}$$

$$C_{V_t} = \frac{1}{M_{V_t}} \int_{V_t} q \Phi(q) \mathrm{d}q \tag{4.20}$$

团队的核心是智能体位置的函数:

$$\ell_t = \frac{\sum_{m=1}^{n_t} M_{V_{t_m}} p_{t_m}}{\sum_{m=1} n_t M_{V_{t_m}}} \tag{4.21}$$

它是智能体在团队中位置的代表,可以看作智能体绘制团队 V_t 的 Voronoi 图的集体位置。部署任务可以通过求解一个两级优化问题来解决。

第一个要最小化的函数表示将主空间划分为分区的相关成本,该分区与智能体团队有关,即

$$G_t(P_t, Q_t) = \sum_{i=1}^{n_t} \int_{Q_{tm}} f(\| q - p_{t_m} \|) \Phi(q) \mathrm{d}q \tag{4.22}$$

第二个优化问题的求解结果是在团队内部以最佳的方式部署智能体:

$$G(L, Q) = \sum_{i=1}^{n} \int_{Q_t} f(\| q - \ell_t \|) \Phi(q) \mathrm{d}q \tag{4.23}$$

式中：$f(\| q - p_i \|)$ 为传感性能。

劳埃德算法的扩展可以用来解决这一问题。

5）合作性的任务分配

在环境和通信通道中存在多种不确定性的情况下必须实现无人机的协同。本段考虑的具体应用涉及分散的任务分配，其中无人机只能从其他车辆接收延迟的测量，并且环境干扰能够破坏计划的行动序列[142]。无人机需要在具有已知位置的静止目标上执行不同的任务。考虑了在通信延迟、测量噪声和风扰动情况下任务分配的最优无冲突分散计算。无冲突是指正确分配给无人机，其中给定的任务只分配 1 架无人机，同一目标上的任务需要按特定的顺序执行。无人机只会与无人机或邻居的一个子集进行通信。每架无人机将估计每架其他无人机的位置，并获得该组的分配列表。局部估计的位置和对其他无人机位置的估计都受到零均值传感器白噪声的影响。需要一个协调的分配计划，以确保每个任务只执行一次。这是为了防止同一个目标上的同一个任务被两个不同的运动体所承载，或者在计划中发生冲突，而不会执行给定的任务。最小化成本函数是无人机执行所有必要任务的累积距离：

$$J = \sum_{i=1}^{N_u} D_i > 0 \tag{4.24}$$

一组 N_u 架无人机，一组目标 $\{1,2,\cdots,N_t\}$ 并考虑每个目标要执行 N_m 个任务，且每个任务都与一个整数值相关联，则 $N_s = N_t N_m$ 是单次分配的数量，$S = \{1,2,\cdots,N_s\}$ 表示阶段的集合。定义决策变量 $g_{i,j,k} \in \{0,1\}$，使得当无人机 $i \in U$ 在 $k \in S$ 阶段对目标 $j \in T$ 执行任务时为 1，否则为零。直到阶段 k，这组作业由列表 $G_k = \{\bar{g}_1, \bar{g}_2, \cdots, \bar{g}_k\}$ 表示，其中 $\bar{g}_k = [i,j]$ 使得 $g_{i,j,k} = 1$。合作多任务分配的公式可以表示如下：

$$\min\left(J = \sum_{i=1}^{N_u} \sum_{j=1}^{N_t} \sum_{k=1}^{N_s} d_{i,j,k}^{G_k} g_{i,j,k}\right) \tag{4.25}$$

满足

$$\sum_{i=1}^{N_u} \sum_{j=1}^{N_t} g_{i,j,k} = 1, k \in S \tag{4.26}$$

$$\sum_{i=1}^{N_u} \sum_{lk=1}^{N_s} g_{i,j,k} = N_m, j \in T \tag{4.27}$$

约束条件保证在任何给定的阶段只分配一个任务，并且在每个目标上精确地执行 N_m 个任务。在同一目标上执行的任务的特定顺序显著增加了该优化问题的复杂性。为了运行基于任务距离成本的分散任务分配算法，每架无人机需要估计队友的当前位置，还希望避免无人机之间持续或频繁的通信。在合理增加计算成本的情况下，每架无人机将实现所有无人机动力学模型，包括其自身。每一阶段的任务分配都是基于一个成本矩阵，该矩阵评估每架无人机执行每项当前任务的预期成本。由于通信延迟和其他不确定性，无人机可能会执行不同的分配计划。一种用于估计和解决可能冲突的算法是基于在优化问题的任何给定阶段，当代价矩阵的输入接近最小值时，生成新的事件。为了解决一个估计的冲突，无人机在特定的阶段投标它们最好的任务。其投标代表了它们在投标任务上的累计成本。因为这些是代表执行先前任务和冲突任务的预期距离的实数，所以无人机投标完全相同成本的概率非常低。这种方法在减少无人机间通信和实现无冲突任务计划之间取得了平衡。

4.2.2 移动传感器网络

为了推动移动传感器节点（MSN）的发展，研究者提出了多种方案来优化节点的部署，以提升资源利用率。其中文献[263]整理归纳出了一些方法，主要分支有基于布局策略如随机策略、确定性策略。

基于用法如障碍物、地毯式、区域覆盖和面向目标和基于部署区域如室外（开阔的区域）和室内。

1. 空中网络

在二维平面空间的情况下，最大覆盖问题可以被映射到圆形区域的包含上；然而在三维空间的情况下，映射关系转变为球形区域，在三维空间中采用二维平面的映射算法的难度为 NP-hard。在环境观测的任务中需要解决三维空间覆盖问题，此时环境中放置的网络节点数量和位置会受到外部观测环境以及节点自身接收范围的限制。除了上述约束，还需要考虑无人机动态拓扑网络和飞行中的通信约束。文献[10]根据网络节点的不同能力提出一种无线传感器和执行器网络结构的无人机网络节点定位策略，其中的定位算法原理基于化学中价电子互斥（VSEPR）理论，利用分子几何形状和分子中原子数量之间的相关性对节点定位。根据 VSEPR 理论，使用这种轻量级的分布式算法能将网络结构中的节点汇聚围绕于中央节点，形成一个自组织网络。

1） 传感器数量最小化

在扫描覆盖问题中，通常需要保证对给定兴趣点（关注点）集合实现覆盖式扫描，同时又要让使用的传感器数量最小，达到节约能耗的目的。因此，需要合理分配静态和动态的传感器资源。

定义 4.12 T-扫频覆盖：当且仅当至少一个移动传感器在每个时间周期 T 内访问某一点时，该点才被称为 T-扫频覆盖，其中 T 称为该点的扫描周期。

文献[153]提出的算法中，输入参数为静态传感器 λ 和动态传感器 μ 各自的

图 G 、速度 v 、扫描周期 T 以及单位时间的能量消耗。输出结果为静态传感器的数量和部署位置、动态传感器的数量和移动时间表。

2）规避路径

在最小的传感器网络问题中，采用只融合多个弱传感器的局部测量数据解决全局问题。考虑球型区域的动态传感器网络问题时，传感器无法测量自己的位置，但是能够知道何时与附近的传感器重叠。移动入侵者如果能规划出避免被传感器探测到的路径，此时的路径就称为规避路径。规避问题也可以被描述为追逃问题：在连续有界域中存在多个探测传感器和移动入侵者，入侵者以任意速度连续移动躲避传感器的探测；探测传感器任意移动但是不受控制，同时传感器的位置随时间连续变化但无法测量。基于问题描述，给予初始信息确定移动入侵能否避开探测传感器是重要的。由描述中，传感器覆盖的区域和未覆盖的区域都随时间变化。文献[78]提出一种基于图论的“之”型持久同调理论，提供支持流式方式的计算条件。然而，任何以时变连通性数据作为输入的方法都不能给出规避路径存在的充分必要条件。因为规避路径的存在不仅取决于传感器覆盖区域的类型，还取决于传感器在空间、时间上的布局。同样，对于传感器覆盖的区域和未覆盖的区域都随时间变化以及测量弱旋转和距离信息的平面传感器的情况，文献[8]中提给出了规避路径存在的充分必要条件。

3）地毯式覆盖

在地毯式覆盖问题的类别中，主要目标是总检测面积的最大化。这个问题被定义为如何在特定的兴趣区域（ROI）中显示拓扑定位或部署传感器，实现覆盖百分比最大化以及漏洞最小化。节点的部署分为随机和确定性的部署。考虑节点的确定性部署情况，在部署传感器节点之前，通过制订细致的方案，规划传感器在感兴趣区域中的位置，以此来提高传感器网络的覆盖范围。若采取网格化的传感器网络建模，此时的感兴趣区域分成正方形单元，部署传感器在正方形单元的中心就能达到覆盖范围最大化，同时这样的部署方案，正方形单元内部的传感器数量应少于放置在网格交叉点的传感器数量。在基于网格的部署情况下，由于单元的对称性，标准化每个节点的覆盖率，传感器网络的覆盖问题简化为单元格及其邻格的覆盖问题[266]。

问题 4.4　给定 N 个移动节点，它们的各向同性径向范围为 R_s，各向同性无线通信范围为 R_c，应采取何种部署方案，使得每个节点在至少有 K 个邻居的约束下最大化传感器网络覆盖范围。

定义 4.13　如果两个节点之间的欧几里得距离小于或等于通信范围 R_c，则称这两个节点为邻居节点。

下面引入三种度量方式来评估部署算法的性能[248]。

(1) 每个节点标准化的覆盖范围定义为

$$\text{cov} = \frac{\text{网络覆盖净面积}}{N\pi R_s^2} \tag{4.28}$$

(2) 传感器网络中至少有 K 个邻居的节点百分比。

(3) 传感器网络图的平局度。

上述的部署算法中,通过构建节点之间的虚拟力场,使得每个节点可以吸引或排斥其邻节点。第一种虚拟力为斥力,给节点添加相互排斥力以增加它们的覆盖范围;第二种虚拟力为引力,给节点添加引力,当节点间处于断开的边缘时相互吸引来限制节点的度。通过使用这些力的组合,使每个节点覆盖的范围最大,同时保持至少为 K 的度。

4) 静态无人机节点的最优部署

在传感器网络中使用网络连通性作为性能指标,为了找到固定位置上作为通信中继的无人机最佳位置。在传感器网络中,随着节点数量的增加,网络复杂性也随之增加。因此,最小生成树的概念可以用来获得成功率最高的传输网络,同时网络中的连接链路最少,节约资源。生成树是一个子图,它本身是一棵树,将图的所有顶点连接在一起。对于成功的传输,每个图节点权重定义为

$$W_{ij} = -\log P_r^{ij} \tag{4.29}$$

式中:边的权重值越小,成功传输的概率就越高。

如果给定各个节点的位置,根据定义好的权重值 W_{ij} 来构造最小生成树。此时图的全局信息连通性的性能指标定义为

$$J = \sum_{i=1}^{n} \sum_{j=1}^{n} A_{ij} W_{ij} \tag{4.30}$$

式中:$A \in \mathbb{R}^{n\times n}$ 代表给定节点位置后生成的最小生成树的邻接矩阵。这样的部署优化在给定环境中的实现可以集中进行[206]。

5) 任务执行

在多无人机系统中总任务可以被分为不同的子任务,系统中的无人机被分配执行不同的子任务最终完成总任务。这些任务可能在任务执行阶段前就已分配给了无人机,也可能在执行期间动态出现。在诸如探索类型的任务中,无人机探测的可能是预定的目标,也可能探测的是部分地形的未知部分。因此,挑战是如何优化无人机的任务分配,最终达到优化总体性能指标的目的。在多无人机任务分配问题中,通常采用基于市场的算法的分布式方式解决,典型的如使用拍卖算法解决计算和通信方面的问题。单轮组合拍卖算法上,无人机和任务的信息被定义成数字投标,并由每个无人机并行计算。对于单任务分配问题,每个无人机最多只能处理一个任务,同时又采用单任务方式拍卖。每个无人机对单独拍卖的任务进行投标,出价最高的无人机赢得任务并且只能自己完成。然而,对于多任务指派问题,系统

中无人机能够处理多个任务,问题就落入组合优化的范畴。无人机与任务之间存在很强的协同关系。在拥有协同关系的任务分配问题上,研究表明,协同执行一组任务的总代价会小于单独执行各自任务的代价之和,因此,协同关系对降低代价有积极作用,独立关系则相反。此时,采用多任务方式拍卖,将一组任务近乎最优地分配给无人机组,投标方式也由单任务竞标转变为任务组竞标。通过计算当前无人机全部访问执行任务组的无人机集群的最小路径代价来定义竞标价格。

并行的单项拍卖方式将每个任务独立于其他任务处理,每个无人机并行投标每个任务。这种机制可有效提高计算和通信效率。但是,这种方法没有考虑到任务之间的任何协同关系,很可能导致局部最优的问题。总的来说,多任务多轮次的拍卖同时拥有单轮组合拍卖的优势,以及并行单项拍卖计算和通信效率的优势。通过多轮次的拍卖,在每一轮中每个无人机都对未分配的任务进行投标。增加最小的路径代价,并且具有最小总体投标的无人机被优先分配相应的任务。重复多个轮次,直到分配完所有的任务[287]。

2. 视觉覆盖

视觉覆盖问题在以下几个方面不同于标准覆盖。

(1) 虽然标准覆盖假设各向同性传感器,但摄像机传感器具有各向异性。

(2) 摄像机传感器的图像采集过程涉及从三维空间到二维平面的非线性投影,这点在监视三维空间问题中尤为重要。

(3) 摄像机传感器不提供任何物理量,而温度或辐射传感器能够逐渐模拟采样环境中每个点的重要性标量字段。

因此,在考虑三维空间中分布方向可控的视觉传感器来监测二维环境的情况下,视觉覆盖问题中的计算机视觉技术必须与控制方案相结合,以提取传感数据的含义[128]。在这种情况下,控制变量,即旋转矩阵必须约束在李群 SO(3) 上。此时,问题被直接表述为 SO(3) 上的优化,梯度下降算法被应用于矩阵流形。视觉传感器具有包含光敏器件阵列的图像平面,其像素提供反映入射光量的数字。由传感器 i 最小化的目标函数由传感性能函数和在点 $q \in E$ 的密度函数定义。传感性能函数描述关于 $q \in E$ 的采集数据的质量,同时传感密度函数表示 $q \in E$ 的相对重要性。这些函数表示累积在场景 E 的像素中心投影,也反映视觉传感器的离散化特性。假设描述图像相对重要性的图像密度通过混合高斯函数的形式给出,则导出梯度。梯度下降法是覆盖控制的标准方法,旋转会在此渐变的方向上更新[162]。

视觉传感器网络(VSN)由许多可自我配置的视觉传感器组成,这些视觉传感器具有有限角度的可调节球形扇区,目的是在覆盖部署区域内随机定位的多个目标视场。多视觉传感器网络的基本问题之一是用最少的传感器覆盖最大数量的目标。视觉传感器网络组可分为两类:过供应系统,传感器数量足以覆盖所有目标,在这个覆盖任务中除了最大化覆盖之外传感器数量尽量最小化。欠供应系统,传感器数量不足时,应最大化目标覆盖范围,而不考虑使用数量。

考虑采用以下两种方法[286]。

(1) 面向传感器的方法:通过指定摄像机传感器,确定每个摄像机在不同视场下的精确覆盖。在计算覆盖范围时,考虑相邻摄像机的重叠区域,将冗余覆盖降至最低。

(2) 面向目标的方法:对于目标所在的区域,分析部分目标可能位于部署区域的困难角落,分配单个摄像机传感器对其覆盖。为了最大限度地扩大目标覆盖面,首先覆盖这些难点目标。方法是根据覆盖漏洞对目标进行优先排序,使用最少的摄像机传感器按照优先顺序覆盖目标。

无人机摄像机传感器能够定位目标的距离定义为

$$h = H\frac{f}{d} \tag{4.31}$$

式中:f 是焦距; h 是摄像机传感器高度; d 是传感器到远平面的距离; H 是截锥体到远平面的高度。

视锥体是一个三维容积,定义了模型如何从相机空间映射到投影空间。目标必须位于三维容积内才能可见。超过这个范围的目标点是不可见的。

定义 4.14 功能覆盖范围是指摄像机传感器模组覆盖的面积与要重建的面积之比。

为了确定给定的一组摄像机传感器所覆盖的区域,根据地理位置和从摄像机到远平面的距离来定义每个摄像机观测的三维空间。每个摄像机可见的地形点由遮挡测试确定,测试包括将视锥体中的点云反射到远离摄像机的球面上。任何未反射的点都不包含在视锥体中,但视锥体包含所有可见点的集合。从传感器到感兴趣对象的距离决定了最终模型的分辨率。在调整每个摄像机的过程中,同时应用几个变量和约束集,以找到最佳坐标、位置、高度和最佳飞行路径[254]。

问题 4.5 传感器活动周期的时间表如下:

① 一组目标 $T = \{t_1, t_2, \cdots, t_m\}$ 及其相应的权重 $W = \{w_1, w_2, \cdots, w_m\}$;

② 一套同类型的相机 $S = \{s_1, s_2, \cdots, s_n\}$ 随机部署在二维平面上;

③ 通过可辨识性测试计算的子集 $F = \{S_{i,j}, 1 \leqslant i \leqslant n, 1 \leqslant j \leqslant q\}$ 以及子集 $S_{i,j}s \subseteq T$;

④ 对于指定任务所需的覆盖级别 C_L ,其中

$$\max_{k \in \{1,\cdots,m\}} w_k \leqslant C_L \leqslant \sum_{k \in \{1,\cdots,m\}} w_k \tag{4.32}$$

问题是安排每个摄像机传感器的运行周期,使得有效覆盖的所有目标的权重之和在任何时候都至少为 C_L,同时传感器网络寿命最大化。

该问题可以分为确定每个节点的方向(动态传感器)和为其分配睡眠-唤醒的时间表两个子问题。文献[166]中提出了一种启发式方法来解决这个问题。

1) 可见度地标的 Voronoi 方法

本小节考虑对于一个无人机编队 $a_i \in \mathbb{A}$,其中 $i=1,2,\cdots,m$ 以及 $m \in N$,无人机组的姿态表示为 $\boldsymbol{A}=(A_1,A_2,\cdots,A_m)$。这组地标 S 的 m 个不相交的分区为 $\boldsymbol{P}=(\boldsymbol{P}_1,\boldsymbol{P}_2,\cdots,\boldsymbol{P}_m)$。这种情况下,每个无人机 a_i 负责集合 $\boldsymbol{P}_j(j=1,2,\cdots,m)$ 与 $\boldsymbol{P}_i \cap \boldsymbol{P}_j=\varnothing$。地标的可见度是相对于负责该地标无人机 a_i 的姿态 $\boldsymbol{A}_i$ 来计算的。无人机 a_i 的覆盖率定义为

$$C(\boldsymbol{A}_i,\boldsymbol{P}_i)=\sum_{s_k \in P_i} \operatorname{vis}(\boldsymbol{A}_i,s_k) \tag{4.33}$$

式中:点 $\boldsymbol{s} \in R^2$ 相对于具有通常姿态 A 的无人机 a 的可见性可以导出为

$$\operatorname{vis}(A,\boldsymbol{s})=\operatorname{vis}_{\mathbf{I}_3}((\boldsymbol{A}^{-1}\tilde{\boldsymbol{s}})_{xy}) \tag{4.34}$$

式中:点 s 的齐次坐标为 $\tilde{\boldsymbol{s}}=[s_x,s_y,1]^{\mathrm{T}}$,而且有

$$\operatorname{vis}_{\mathbf{I}_3}(\boldsymbol{s})=\begin{cases} 0 & \boldsymbol{s} \in \boldsymbol{R}_1 \\ \boldsymbol{s}_x & \boldsymbol{s} \in \boldsymbol{R}_2 \\ s_x/\|\boldsymbol{s}\|^2 & \boldsymbol{s} \in \boldsymbol{R}_3 \end{cases}$$

对于 $\mathbb{R}^2$ 的划分为

$$\boldsymbol{R}_1=\{\boldsymbol{s} \in \mathbb{R}^2 : s_x \leqslant 0\}$$

$$\boldsymbol{R}_2=\{\boldsymbol{s} \in \mathbb{R}^2 : s_x > 0 \text{ 且 } \|\boldsymbol{s}\| \leqslant 1\}$$

$$\boldsymbol{R}_3=\{\boldsymbol{s} \in \mathbb{R}^2 : s_x > 0 \text{ 且 } \|\boldsymbol{s}\| > 1\}$$

整个无人机编队的覆盖率为每个无人机覆盖率之和,定义为

$$C(\boldsymbol{A},\boldsymbol{P})=\sum_{i=1}^{m} C(\boldsymbol{A}_i,\boldsymbol{P}_i) \tag{4.35}$$

为了使该算法将地标分区为 Voronoi 方法,同时提高每个地标的可见性,从而提高整体覆盖率,算法必须被设计用于处理无人机组之间的非平凡交互,以及不同无人机对之间的同时通信。初始化过程完成后,所有无人机首先从它们当前的位置计算它们自己的集合 P_i 中每个地标的可见性,然后优化姿态,以便最大化该集合上的覆盖率。优化过程中,无人机组的界标集合 P 发生改变,即每当两个无人机像算法 4.2 中那样成功地交易某个地标。

算法 4.2　无人机 a_i 姿势优化算法

1. old_{score}:旧覆盖率
2. new_{score}:新覆盖率
3. p:无人机当前位置
4. ψ:无人机当前姿态
5. p_n:无人机的优化位置
6. ψ_n:无人机的优化姿态
7. (p_n,ψ_n) :在 (p,ψ) 的优化算法
8. 当 $s_k \in \boldsymbol{P}$ 时,重复以下步骤
9. 计算点 s_k 在 (p_n,ψ_n) 中的可见度
10. 根据 (p_n,ψ_n) 计算无人机的覆盖率分数
11. if $new_{score} > old_{score}$,则
12. 新的航点 $\leftarrow (p_n,\psi_n)$
13. else
14. 新的航点 $\leftarrow (p,\psi)$
15. end if
16. end for

交易算法是覆盖任务的主要部分,将在算法 4.3 中重点描述。这一部分涉及无人机组之间的实际通信,交换关于每个代理的当前姿态和每个无人机当前拥有的地标分区的信息。无人机只有在到达优化算法生成的最后一个航点时才能开始交易算法。如果航点和无人机当前位置之间的距离低于某个阈值,则认为该航点已到达。为了保持关于正在进行的覆盖任务的信息的一致性,一个交易程序一次只能涉及两个无人机。

算法 4.3　客户端无人机 a_i 交易算法

1. o_w:由算法 4.2 生成的最后一个航点
2. q_c:无人机客户端
3. q_s:无人机服务端
4. A_c:q_c 的姿态
5. q_c:的分区

6. P_c:q_c 初始化

7. state$_c$ s←(A_c,$\boldsymbol{P}_c$)

8. if o_w 达到，则

9. 选择项目 $q_i \in \boldsymbol{Q}_c$

10. $q_i \leftarrow q_s$

11. 发送到 q_s 状态

12. if q_s 可达并且至少有一个地标可交易

13. 调用算法 4.2

14. $\boldsymbol{Q}_c = \boldsymbol{Q}_c q_s$

15. else, if $\boldsymbol{Q}_i = \varnothing$，则

16. 所有可能的交易完成

17. end if

18. end if

2） 带孔的多边形环境的可见度覆盖

在可控姿态的视觉传感器分布在三维空间上以监控二维环境的情况下，可以考虑视觉覆盖问题。在这种情况下，控制变量，即旋转矩阵必须约束在李群 SO(3) 上。此时，问题被直接表述为 SO(3) 上的优化，梯度下降算法应用于矩阵流形。视觉传感器具有包含光敏器件阵列的图像平面，其像素提供反映入射光量的数字。由传感器 i 最小化的目标函数由传感性能函数和在点 $q \in E$ 的密度函数定义。传感性能函数描述关于 $q \in E$ 的采集数据的质量，同时传感密度函数表示 $q \in E$ 的相对重要性。这些函数表示累积在场景 E 的像素中心投影，也反映视觉传感器的离散化特性。假设描述图像相对重要性的图像密度通过混合高斯函数的形式给出，则导出梯度。梯度下降法是覆盖控制的标准方法，旋转会在此渐变的方向上更新[162]。

在另一种情况下，无人机从一个共同的点开始部署，不具备环境的先验知识，只在视线传感和通信下运行。部署的目标是让无人机组实现环境的完全可见性覆盖，同时保持彼此的视线连接。这是通过逐步将环境划分为不同的区域来实现的，每个区域都可以对某些无人机组完全可见。解决可见性覆盖问题的方法可以分为两类。

(1) 在环境是先验已知的地方，如美术馆问题中，确定最少需要在多边形内放置多少名警卫，才能让他们的视野覆盖整个多边形。

(2) 在环境未知的地方,使用同步定位和地图(simultaneous localization and mapping,SLAM)构建探索并建立整个环境的地图,然后使用集中程序来决定向哪里部署无人机。例如,部署位置可以由人类用户在建立初始地图后选择,不过在放置代理之前等待构建整个环境的完整地图可能是不可取的。

问题 4.6 基于可见性的分布式连接部署问题:为无人机网络设计一个分布式算法,部署到一个未映射的环境中,这样从它们的最终位置,环境中的每个点都可以被一些无人机看到。无人机从一个公共点开始部署,它们的可见性图 $G_{\mathrm{vis},E}(P)$ 将保持连接,并且它们将仅使用来自本地观测和视线通信的信息进行操作。每个无人机都能够感知其可见间隙和视线内物体的相对位置。此外,还做了以下主要假设。

(1) 环境 E 是静态的,由简单的多边形外边界和不相交的简单多边形孔组成。意味着,每个多边形都有一个边界分量,它的边界不与自身相交,边的数量是有限的。

(2) 除了其唯一标识符外,无人机性能都相同。

(3) 无人机不妨碍其他无人机的视线或移动。

(4) 无人机能够在本地建立一个共同的参考框架。

(5) 无人机之间没有通信错误,也没有数据包丢失。

使用集中式算法将环境 E 递增划分为有限的一组开放不相交的星形凸多边形单元。算法通过每一步在环境中未覆盖区域的边界上选择一个新的据点,然后计算该据点要覆盖的单元(每个据点在其对应单元的核心)。随着越来越多的据点对的增加,区域边界最终被推至覆盖整个环境。据点对形成了一个有向根树结构,称为划分树[238]。

3. 无线传感器网络

无线传感器网络(WSN)是通过无线链路相互连接的传感器节点分布式系统。传感器收集关于物理世界的数据,并通过单跳或多跳通信将这些数据传输到一个中心。无线传感器节点具有能源有限的集成电池。传感器节点可以作为一个整体加入系统,也可以在部署过程中依次放置。部署规划需要考虑几个目标,如能源消耗、感知覆盖、网络寿命和网络连通性。这些目标经常相互冲突,必须在网络设计时权衡。在预先确定的部署中节点的位置是指定的。当传感器昂贵或其运行受到位置因素的影响时,就会采取预设定的部署方式。基于传感器自身的移动性,提出了自部署技术。基于势场或虚拟力场的方法能将传感器从紧凑或随机的初始配置向外扩张,直到覆盖未知区域[3]。

1) 无线传感器网络部署策略

无线传感器网络部署策略主要的设计步骤是选择性地决定传感器的位置,以便最大化目标区域的覆盖面积。传感器网络部署策略的关键参数有基于传感器能力、基站选项、初始能量分配、传感器位置和流量生成模式。大多数具有固定接收器的部署策略都尝试优化路由/传输功率，目的是最大限度地扩大覆盖面，同时将传感器数量保持在最低水平。另一个策略是在某些点使用冗余传感器来实现冗余。部署策略可以介绍如下。

(1) 覆盖最大化；

(2) 连通性最大化；

(3) 能效和寿命优化；

(4) 多目标部署。

常见的方法如下[300]。

(1) 在部署过程中，无人机可以测量接收信号强度指示器(RSSI)的平均值，如果测量的 RSSI 值的平均值低于预定阈值，则停止并放置无线传感器节点。

(2) 确定每个传感器节点之间的固定距离。

在多无人机系统上实现自主部署能节省大量时间。在文献[22]中，时间的含义是复杂部署任务的持续时间。

2) 凸域中的服务优化

设 Q 是 $\mathbb{R}^2$ 中的凸域，n 个无人机随机分布在 Q 中，其中第 i 个无人机的位置用 p_i 表示。设 $\Phi:Q\to\mathbb{R}^+$ 是一个优先级函数，表示在任意一点 $q\in Q$ 发生事件的可能性，这个函数反映场景中不同点的相对重要性。设严格增凸函数为 $f_i:\mathbb{R}\to\mathbb{R}^+$，$f_i(q)=\alpha_i\|p_i-q\|^2(i=1,\cdots,n)$ 表示第 i 个无人机为发生在 q 点的事件提供的服务代价，α_i 是预先设定的严格正系数。代价函数是对服务于场景任何点所需的旅行时间或能耗进行编码。在二维场景中用 S 表示一组 n 个不同的加权节点 $\{(S_1,w_1),\cdots,(S_n,w_n)\}$，$w_i>0$ 是与节点 $(S_i,w_i)(i=1,\cdots,n)$ 关联的加权因子。

定义 4.15 点 q 到节点 $(S_i,w_i)(i=1,\cdots,n)$ 的加权距离为

$$d_w(q,S_i)=\frac{d(q,S_i)}{w_i}\tag{4.36}$$

式中：$d(q,S_i)$ 表示 q 和 S_i 之间的欧几里得距离。

问题 4.7 服务优化问题：目标是开发一个合适的无人机部署算法，使以下代价函数最小，即

$$H(P,W)=\sum_{i=1}^{n}\int_{W_i}f_i(q)\Phi(q)\mathrm{d}q\tag{4.37}$$

式中：集合 $W=\{W_1,W_2,\cdots,W_n\}$ 表示将场景 Q 划分 n 个区域，第 i 个无人机负责服务区域 W_i 中所有的点。

最小化上述代价函数意味着最大化网络的整体效率。当 f_i 依赖于无人机时，传统的 Voronoi 分区不再是最优的。改进的多重加权 Voronoi 图划分描述为每个

区域只包含一个节点,并且是到该区域内任何点的加权距离的最近节点。具体描述如下:

$$\Pi_i = \{q \in \mathbb{R}^2; d_w(q,S_i) \leqslant d_w(q,S_j), j = 1,\cdots,i-1,i+1,\cdots,n\} \tag{4.38}$$

定义 4.16 给定二维平面上的两个点 A 和 B 以及一个正数 k,阿波罗圆 Ω_{S_i,S_j,w_i,w_j} 是任意点 E 的轨迹,有 $AE/BE = k$ 。

由阿波罗圆生成的包含第 i 个节点的最小区域是第 i 个多权重-Voronoi 图。

定义 4.17 区域 W_i 相对于优先函数 Φ 的质量和质心分别定义如下:

$$M_{W_i} = \int_{W_i} \Phi(q)\,\mathrm{d}q \tag{4.39}$$

$$C_{W_i} = \frac{1}{M_{W_i}} \int_{W_i} q\Phi(q)\,\mathrm{d}q \tag{4.40}$$

文献[262,305]提出了一种双积分器动态的分布式覆盖控制律。

4.3 巡航

巡航是解决安全威胁的标准方式。保护公民、基础设施、森林以及野生动物的安全是全世界的一个重要问题。

定义 4.18 巡航是为了安全而定期在一个区域周围走动或穿过的活动。巡逻的目标是反复访问一组位置,并努力将访问之间的停机时间最小化。

然而,安全资源往往有限或昂贵,在任何时候都无法实现完全的安全覆盖。相反,可以有效地分配和调度这些有限的安全资源,同时考虑对手对安全覆盖的响应以及对此类偏好和能力的潜在不确定性。它涉及一个或多个决策者对要实现的行动过程进行推理,以便尽可能快地覆盖整个环境[69]。

巡航环境一般通过导航图抽象出来,许多研究通过探索生成树或图划分来计算最小成本周期,为每个无人机在巡逻任务中分配有效的路线。拍卖和市场协调、任务分配、人工力、高斯过程理论、进化算法和线性规划建模也很流行。智能体可以竞价交换巡逻图的顶点,以提高总体巡逻性能。基于环境的拓扑表示,利用全局/集中信息,通过求解旅行商问题,最终可以得到单一无人机情况下的最优巡航。对于多无人机场景,性能的优化取决于环境拓扑和无人机的个数。在理论上,无论是最优 k 向图划分,还是对于多智能体或具有不平衡边的图,都可以获得更好的性能;或者让所有无人机遵循相同的旅行商问题循环,在时间和空间上平均分布,特别是在智能体数量较少或平衡图中。旅行商问题和图划分问题都是 NP-hard 问题。因此,解决这些问题并不简单,特别是在稀疏拓扑结构中,这也是大多数现实世界环境的情况[249]。

对于多无人机持续监控，目标可以是在巡逻整个任务域的同时，将任务域内所有目标的不确定性降为零[268]。假设每个目标点的不确定性随时间呈非线性演化。给定一个封闭路径，通过优化无人机的移动速度和路径上的初始位置，可以实现多无人机最小巡航时间的持续监控[280]。

最近有关巡航的工作可以分为[272]以下几个方面。

(1) 离线与在线：离线算法在传感器部署之前计算巡航，而在线算法在操作期间控制传感器的运动，并能够在环境发生变化后修改巡航路线。

(2) 有限与无限：有限规划地平线算法计算在有限地平线上最大化奖励的巡逻，而无限地平线在无限地平线上最大化期望奖励的总和。

(3) 控制巡检与单次遍历：这是动态环境监视而不是环境的一个快照。

(4) 战略巡航与非战略巡航。

(5) 空间或时空动力学。

4.3.1 边界巡航

在边界巡航任务中，可以假设无人机沿着定义的路径——边界巡逻任务[256]。目标定位的主要挑战是在传感器覆盖区域内保持所有潜在目标的轨迹和发展平台轨迹，从而使目标定位误差最小化。由于某些因素，如有限的无人机机动性、有效载荷范围限制和环境扰动(如风或湍流)，维持传感器在目标上的视场是极具挑战性的。由于误报、数据关联模糊、检测概率低、目标突发机动、目标轨迹封闭且多次漏检等不确定因素的存在，进一步影响了空中侦察任务中多目标跟踪的功能。

巡逻问题有一个图结构：V 是图的顶点集，E 是边集。设 $\boldsymbol{L}$ 为 $|V| \times |V|$ 矩阵，其中 L_{ij} 为实数，表示 $[i,j] \in E$ 是从 i 到 j 所需要的时间，否则为无穷大。每个顶点 i 都有一个非负的权重 w_i。闲置可以作为一种性能度量。顶点 i 的空闲时间 τ_i 表示自最后一次访问该顶点的无人机的时间。当且仅当无人机当前在顶点 i，且当时间 $(t,t+\Delta t)$ 内没有访问 i 时，$\tau_{i+1} = \tau_i + \Delta t$，空闲度为0。由于闲置是一个无界量，使用指数闲置 $k_i^t = b\tau_i^t, 0 < b < 1$。它可以看作是伯努利随机变量的期望值，$k_i^t$ 是随机变量在 t 时刻为1的概率，b 是 k_i 随时间衰减的速率。如果在时间间隔 $(t,t+\Delta t)$ 内没有访问 i，则概率演变为 $k_i^{t+\Delta t} = k_i^t b\Delta t$。如果一个带噪声观测的无人机在时间 t 访问 i，当概率 $b < (1-a) \leqslant 1$ 时，闲置变为0，其中 a 是当无人机访问一个顶点时闲置不变为0的概率。如果在时间 $t+\Delta t$ 时 n 个无人机访问顶点 i，且自时间 t 以来无访问，则

$$k_i^{t+\Delta t} = k_i^t b\Delta t + 1 - a^n \tag{4.41}$$

巡航问题的一个实例是一个元组 $\langle \boldsymbol{L}, \boldsymbol{w}, a, b \rangle$，分别由边长矩阵 $\boldsymbol{L}$，重要权向

量 $\boldsymbol{w}$ 和参数 a、b 组成。在巡逻任务中,必须对一些场景的状态进行监测[229]。如果无人机必须靠近一个位置才能正确地监测它,而无人机的数量不允许同时覆盖每个地点,就会出现路径规划问题。

问题 4.8 无人机应该如何访问这些地点,以确保所有地点的信息尽可能准确。

一种巡航算法是基于图的巡航公式,智能体在特定的马尔可夫决策过程上使用强化学习。马尔可夫决策过程定义在一个可数的无限状态空间上,假设无人机通过在图的节点上留下消息进行通信,导致不切实际的通信模型。反应性算法,如蚁群算法,已被证明表现良好; 然而,这种方法依赖于依赖信息素的简单通信模型。当所有位置都同样重要时,最短的哈密顿回路是单一无人机的最优解。无论是什么图,使用唯一周期的多智能体策略都是最好的。然而,由于有些地方可能比其他地方更重要,不访问不那么重要的地方,有时可能是有利的。

在文献[200,201]中,解决了以下边界巡航问题。

问题 4.9 一个(或多个)无人机和远程操作员合作执行周界巡航任务。警戒站由无人值守的地面传感器(UGS)组成,位于沿着周界的关键位置。一旦探测到其区域内的入侵,UGS 就会发出警报。假设警报到达过程的统计信息是已知的。一架配备摄像头的无人机在周界地区持续巡逻,并负责检查无人看管并发出警报的地面传感器。一旦无人机到达一个触发无人值守的地面传感器,它就会捕捉附近的图像,直到控制器指示它继续前进。

在边界上有 m 个警报站/站点,当入侵者在附近突破边界时,会被 UGS 标记。在检测到该部门的入侵后,UGS 会发出一个警报。配备摄像头的无人机沿着边界进行持续巡逻,它们的任务是通过警报检查 UGS。要确定由 UGS 标记的入侵是假警报还是真正的威胁,巡逻无人机飞到警报地点调查警报。无人机在警戒地点停留的时间越长,它收集的信息就越多; 然而,这也增加了响应其他警报的延迟。无人机的决策问题是确定无人机的停留时间,以使无人机的期望收益最大化。这个周界巡逻问题属于离散时间控制排队系统的范畴。利用随机动态规划的方法可以得到巡逻机器人的最优策略。客户是标记的 UGS/警报等待服务,无人机是服务器。只考虑单元/单个缓冲区队列,因为 UGS 要么发出警告,要么不发出警告。一旦它标记一个警报,即使其他触发事件发生,它的状态也不会改变,直到标记被一个徘徊的无人机重置。这样,这个边界巡逻问题就构成了一个带有确定州际旅行和服务时间的多队列多服务器、单元缓冲的排队系统。由于无人机经常在巡逻或维护触发的无人值守地面传感器,这里考虑的框架类似于循环轮询系统。循环轮询系统的基本模型是由单个服务器按循环顺序提供独立泊松到达的独立队列组成的。一个相关的问题是动态行走修理工问题,其中车站不被限制在一个线段或一个封闭的路径上。除了服务器移动的动态调度之外,人们还会从巡逻的角度关注最佳服务时间。接下来的基本问题是决定服务器/无人机应该在触发警报站/UGS驻留多长时间,以及双向服务器在哪个方向。

一个目标可能是最大限度地获得信息,同时减少对其他地方警报的预期响应时间[230]。该问题通过考虑有限固定数量 m 个 UGS 位置的离散时间演化方程得到简化。无人机可获取每个警报站的警报状态的实时信息。由于无人机不断地在巡逻和维护触发的 UGS,这个问题是在离散时间控制排队系统领域的循环轮询系统。巡逻周长为 $N \geqslant m$ 个节点空间均匀分割的简单闭合曲线,其中 m 个节点为警戒站(UGS 位置)。其目标是找到一种既能使服务延迟最小化又能使漫游时获得的信息最大化的策略,因此考虑了一个随机最优控制问题。为了确定最优控制策略,需要求解马尔可夫决策过程[67]。然而,它的庞大规模使得精确的动态规划方法难以实现。因此,采用一种基于状态聚合的近似线性规划方法来构建可证明良好的次优巡逻策略。对状态空间进行划分,并将最优成本或值函数限制为每个分区上的一个常数。由此得到的受限线性不等式系统包含了一个低维马尔可夫链族,其中一个马尔可夫链可以用来构造最优值函数的下界。边界巡查问题具有特殊的结构,使得下界的线性规划公式易于处理[27]。

注 4.1 可扩展的群体机器人[150]和博弈论[276]方法允许考虑对手对安全策略的反应。使用多无人机设计安全巡逻策略,同时提供强大的性能保证,需要在安全级别上进行保证。部分可观测随机巡逻博弈(POSG)考虑了利用多无人机建模安全巡逻问题的一般框架[161]。求解 POSG 的目标是找到一种达到最佳安全性能的巡逻策略。在这个博弈论框架中,考虑防守者和攻击者两支队伍。安全博弈在防御者和攻击者之间交替进行[247,283,284]。然而,这个安全博弈一直重复,直到攻击者被逮捕。其他显著特征包括不确定的行动效果及关于世界状态和每个队伍做什么或计划做的部分可观察性。

在多无人机马尔可夫决策过程中,假设问题是完全可观测的,也就是说每个无人机拥有相同的完整信息去做出决定。但是在巡逻问题中,每个无人机的行动对环境产生了并发的影响。这些操作也有不同的持续时间。决策过程中的并发性采用广义马尔可夫决策过程建模。这种决策过程将多 UAV MDP 推广到具有异步事件的连续时间。该问题的状态变量描述了每个无人机的位置和每个顶点的空闲状态。如果无人机总数为 N,则状态空间为

$$S = V^N \times [0,1]^{|V|} \tag{4.42}$$

给定某些状态 $s = (v,k) \in S$, v_i 表示第 i 个无人机的位置, k_i 表示顶点 i 的空闲状态。在不同的时间点,即决策时刻,无人机必须选择一个行动。无人机可以选择的动作取决于图的结构和它的位置:如果无人机在顶点 v ,它可以从 $A_v = \{u:[v,u] \in E\}$ 中选择它的动作。如果一个无人机发生在时间 $t^{i+1} = t^i + L_{vu}$, $v_t = v(t \in [t^i, t^{i+1}])$, $v^t = u$ (当 $t = t^{i+1}$) ,由于所有无人机的决策时间可以任意交错,因此问题是

并行的。设 $\{\gamma^j\}_j$ 为决策时间的非递减序列, n_i^j 为时刻 t^j 到达顶点 i 的无人机数量, $\Delta t^j = \{t^{j+1} - t^j\}$:

$$k_i^{t^{j+1}} = k_i^{t^j} a^{n_i^{j+1}} b^{\Delta t^j} + 1 - a^{n_i^{j+1}} \tag{4.43}$$

奖励 R 是用 k 来定义的,奖励获得的速率由下式计算:

$$\mathrm{d}R = \boldsymbol{w}^{\mathrm{T}} k^t \mathrm{d}t \tag{4.44}$$

将广义马尔可夫决策过程的折扣值函数定义为

$$V^{\pi}(s) = E\left[\int_0^{\infty} \gamma^t \mathrm{d}R\right] = E\left[\gamma^j \int_0^{\Delta t^j} \gamma^t \boldsymbol{w}^{\mathrm{T}} k^t \mathrm{d}t\right] = E\left[\gamma^j \boldsymbol{w}^{\mathrm{T}} k^j \frac{(b\gamma)^{\Delta t^j} - 1}{\ln(b\gamma)}\right] \tag{4.45}$$

式中: $\gamma \in (0,1]$ 是折扣因子。

在线规划的优点是,它只对当前状态求解方程式(4.45),而离线算法对所有状态都求解。巡逻问题在线比离线更容易解决。随时误差最小化搜索(AEMS)在状态空间中进行启发式搜索。搜索过程使用典型的分支定界方案进行。由于任何状态的确切长期值都是未知的,所以使用下界和上界来近似,通过贪婪地减少对根节点估计值的误差来指导搜索树的展开。在巡逻问题中,行动具有与部分可观察设置相同的解释,而观察是旅行时间。在任何时候的误差最小化搜索中,误差都是用某一状态值的上界和下界来定义的。设 $s \in S$ 为一状态, $L(s) \leqslant V(s) \leqslant U(s)$,其中 $L(s)$ 、$U(s)$ 分别为上界和下界, $V(s)$ 为 s 的实际值。给定某棵搜索树 T ,其叶节点集记为 $F(T)$,递归估计根节点的界。当无人机必须选择动作时,将选择最大下界动作。任何状态值的下界是遵循该状态的任何策略的值。上界通常是通过松弛问题约束得到的,假设无人机无处不在(它们可以同时出现在多个位置),当无人机到达一个顶点时,它会立即自我复制并开始向相邻的未访问位置移动。这个界限估计了无人机编队完成整个图表所需的最短时间,并通过折扣因子和可获得最大回报的上限进行估计。这个界限隐含地假设最优策略不需要在任何顶点上有超过一个的无人机。

将随时误差最小化搜索扩展为异步多个无人机很简单,每当一个节点被扩展时,每个联合行动和观察都会有一个分支。异步性是通过状态增强来处理的。现在的状态是 (s,η) , η_i 是无人机的下一个决定时期之前剩余的时间。在任何时间 t ,下一个决策时刻发生在时间 $t + \min_i\{\eta_i\}$ 。扩展操作增加了 $\eta = 0$ 的任何无人机的动作和观察。当第 i 个无人机执行持续时间为 Δt 的动作时, η_i 分配给 Δt ;否则, η_i 将根据其在搜索树中的深度进行更新。任何时候的误差最小化搜索都可以用于在线规划无人机的任何子集。该复杂性随无人机数量增加呈指数级增长,因此这些无人机局部协调,并在无人机之间定义一个局部顺序。如果一架无人机必须在之前(在之后)选择其策略,则称其大于(小于)另一架无人机。无人机根据这个顺序计算它们的策略。一旦一个无人机知道所有大无人机的策略,它继续计算其策略,然后将其通信给较小的无人机。每当一个无人机选择它的政策,它选择最好的政策给更大的无人机。这种协调算法的一个有用特性是,如果无人机使用在线随时规划器,那么它也是随时在线的。一个后备策略是忽略更大无人机的存在,直到其策略被接受。

4.3.2 区域协同巡航

本节将考虑一个问题,即多架无人机编队必须基于频率方法去巡视感兴趣的领域。这些方法假定事件在整个区域上出现的概率相等,并且在没有关于问题的先验信息时非常有用。目标是用最大的频率覆盖区域中的任何位置,这相当于最小化每两个连续访问到任何位置或刷新时间之间的经过时间。如果路径上的每个位置都在相同的时间段内被访问,那么这个解就是用一组无人机覆盖一条路径的最优解。可以根据经过时间(基于频率)和延迟时间标准分析和比较不同的协作巡逻策略。如果子区域大小正确,区域划分策略允许系统从基于频率的方法(经过时间准则)获得理论上的最佳性能。监视场景通常涉及无法保证无人机之间和与控制站之间的通信的大范围。为了提高整个系统的鲁棒性和可扩展性,分布式协调控制是实现多架无人机监视任务的最有效选择。分布式协调方法应使多无人机系统从局部决策和一对无人机之间的异步通信聚合为共同的协同巡逻策略。一些作者提出了基于对等(或一对一)协调的算法。基于一对一协调的算法假设每对联系无人机所要解决的问题不同。每一对相互联系的无人机只考虑它们自己的信息,提出了整个问题的简化版本。这些算法对无人机的信息存储能力要求很低,因为它们只需要存储自己的本地信息。此外,该技术已被证明可以收敛到期望解,但其收敛时间复杂度随无人机总数的增加成二次方增加。另外,基于协调变量的算法假设问题可以完全由有限的变量集(协调变量)描述,每个无人机利用这些变量可以独立求解整个问题[6]。

1. 多站点多旅行商问题

多架无人机巡逻可以看作一个多仓库多旅行商问题(MTSP),一组 m 架无人机,位于不同的初始位置,必须访问一组 n 个目标位置,并返回到它们的站点。主要目标是找到一个有效的目标位置分配给无人机编队,使所有目标都被一架无人机覆盖,而且成本最小。文献[212]提出了一种基于市场的分布式解决方案,涉及无人机之间的合作,以增量的方式分配目标,消除可能的重叠。在每一个步骤中,无人机移动并试图改进它的解决方案,同时与它的邻居通信。该方法包括初始目标分配路线构建、协商冲突目标和最后改进解决方案四个主要阶段。

当考虑几个哈密顿过程时,就出现了多旅行商问题(MTSP)。它一般可以定义如下。

问题 4.10　多旅行商问题：给定一组节点，设单站节点上有 m 个销售人员。其余要访问的节点称为中间节点。然后，MTSP 包括为所有 m 个销售人员寻找行程，这些销售人员都在仓库开始和结束，这样每个中间节点都只访问一次，并且访问所有节点的总成本最小。

成本指标可以用距离和时间[39]来定义。

单仓库对比多仓库：在单仓库的情况下，所有无人机从一个点开始和结束它们的旅程。另外，如果存在多个仓库的部署，每个无人机位于其中一个，无人机可以完成旅行后回到原来的仓库或返回任何站点，但每个站点的无人机初始数量在所有旅行后保持不变。前者称为固定目的地情况，而后者称为非固定目的地情况。

无人机的数量：问题中的无人机的数量可能是一个有界变量或预先固定的。

固定费用：当问题中的无人机的数量不是固定的时，若在解决方案中使用该无人机，则每个无人机通常都会产生相关的固定成本。

时间窗口：在这种变体中，需要在特定的时间段内访问某些节点，称为时间窗口。这就是带时间窗的多旅行商问题（MTSPTW）。

其他特殊限制：这些限制可能包括每个 UAV 访问的节点数的界限，无人机旅行的最大或最小距离或其他特殊限制。

多旅行商问题可以由一个完全图 $G(V,A)$ 定义，其中 $V\{0\}$ 是要访问的节点集，节点 0 是站点，A 是连接 n 个要访问节点的集合。Ac_{ijk} 与每个由销售人员 k 遍历的弧 (i,j) 相关联。当考虑无向图时，矩阵 $\boldsymbol{C}$ 是对称的，否则是非对称的。一段行程的旅行距离是用属于该行程的弧长之和来计算的。另外，销售人员对 A 的每个弧 (i,j) 的旅行时间由 t_{ijk} 给出。一次旅行的旅行时间计算为属于该旅行的弧长之和。给定一个整数 m，该问题包括寻找通过仓库节点的 m 个行程。每个节点必须由一个旅行团只访问一次，以使总旅行距离最小化，旅行推销员的工作时间相似。MTSP 的多目标版本可以表述为具有如下两个目标函数的多目标混合整数线性模型。

(1) 使所有销售人员的旅行距离最小化；

(2) 使销售人员的工作时间相似。

一个多目标优化问题可以通过一个数学模型来确定目标函数，定义为一组 h 必须最小化或最大化，受到一系列 m 个不等式约束、一组 l 个等式约束和 k 个决策变量的上下限约束。对于图 G 中的每个弧 (i,j)，如果被销售人员 k 遍历，它的值最终赋为 1，否则为 0[62]。

问题 4.11　优化问题可以表述为

$$\min Z_1 = \sum_{k=1}^{m}\sum_{i=1}^{n}\sum_{j=1}^{n} c_{ijk}x_{ijk} \tag{4.46}$$

$$\min Z_2 = \sum_{k=1}^{m} \left| t_{avg} - t_k \right| \tag{4.47}$$

旅游的平均旅行时间定义为

$$t_{avg} = \frac{1}{m} \sum_{k=1}^{m} \sum_{i=1}^{n} \sum_{j=1}^{n} t_{ijk} x_{ijk} \tag{4.48}$$

每次旅行所花费的时间为

$$t_k = \sum_{i=1}^{n} \sum_{j=1}^{n} t_{ijk} x_{ijk}, k = 1,2,\cdots,m \tag{4.49}$$

还必须考虑以下约束集合,二值决策变量 $x_{ijk} \in \{0,1\}$:

$$\sum_{k=1}^{m} \sum_{i=1}^{n} x_{ijk} = 1, \forall j = 1,2,\cdots,n \tag{4.50}$$

$$\sum_{k=1}^{m} \sum_{j=1}^{n} x_{ijk} = 1, \forall i = 1,2,\cdots,n \tag{4.51}$$

这两个约束与程度限制相关,确保每个节点只被单个 UAV 访问一次,除了站点节点。

$$\sum_{k=1}^{m} \sum_{i=1}^{n} x_{i0k} = m \tag{4.52}$$

$$\sum_{k=1}^{m} \sum_{j=1}^{n} x_{0jk} = m \tag{4.53}$$

这两个约束确保每个无人机必须离开和返回到站点节点:

$$\sum_{i \in S} \sum_{j \notin S} x_{ijk} \geqslant 1, \forall k = 1,2,\cdots,m, \forall S \subseteq V; 0 \in S \tag{4.54}$$

这个约束就是连通性约束,避免了在最终解决方案上产生子旅行。

许多方法可以用来解决这个问题,如遗传算法[207]、人工蜂群算法[281]和集合覆盖方法[35]。

2. 探索

机器人探索有以下不同的策略[277]。

(1) 基于前沿的探索:一组无人机将被引向未探索空间和已知开放空间之间的边界区域。在这个策略中,每个无人机都构建并维护自己的全局地图。在任务期间,每个无人机与其他无人机共享感知信息。

(2) 基于角色的探索:无人机可分为两类。

① 中继:它们维持探险者和负责控制任务的基站之间的连接。如果中继无人机在中继时发现有关该区域的信息,则将该信息添加到勘探队的知识中。

② 探险者:它们探索一个未知的区域,并在先前约定的会合点将其发现传递给一个接力队。它们采用基于前沿的勘探策略。

(3) 市场导向探索:探索任务分为子任务。在这一策略中,无人机对子任务进行投标,当投标中考虑到通信强度时,无人机避免超出通信范围。

在一个混乱的环境中为无人机编队设计一个多目标探索/访问策略能够:①允许同时访问多个目标(以提高勘探效率);②尽管存在一些典型的感知/通信约束,但始终保证群体的连通性维护;③不需要存在中心节点或处理单元;④不需要在任务开始时就知道所有的目标。

设计一个分散的策略,将多目标勘探和连续的连通性维护结合起来,通常会带来相反的限制。一种固定拓扑和集中方法使用移动天线的虚拟链,能够维持访问给定目标点序列的地面站和单个无人机之间的通信链路。类似的问题是通过诉诸一个部分集中的方法来求解每步运动中的线性规划问题,进而实现第二最小特征值的导数混合加权拉普拉斯算子或代数连接,或费德勒特征值和 k—连通系统。在视线通信模型中,使用基于已知环境多边形分解的集中方法来解决部署一组无人机同时实现周期性连接的问题。周期连通性的情况最优地解决了尽可能频繁地巡逻一组需要访问的点的问题[236]。在文献[217]中,三角测量仅通过基本的局部几何图形提供完整的覆盖。三角剖分的底层拓扑结构允许利用其对偶图进行映射和路由,并为这些目的提供性能保证。三角形的最大边长以无人机的通信范围为界。如果可用无人机的数量先验无界,则最小中继三角剖分问题称为最小中继三角剖分问题(MRTP);如果它们的数量是固定的,则目标是使覆盖面积最大化,这称为最大面积三角剖分问题(MATP)。这两个问题都针对离线场景和在线场景进行了研究,离线场景中区域是完全已知的,在线场景中区域是不预先已知的。

对于勘探和救援的应用,一个重要的目标是覆盖整个环境,在最短的时间内找到可能的受害者。与单无人机系统相比,多无人机系统不仅加快了探测过程,而且具有鲁棒性和冗余性等优点。此外,多无人机系统可以完成单个无人机系统无法完成的任务。为了充分发挥多无人机系统的优势,必须有一种协调的算法来实现各无人机的运动目标选择,同时考虑环境状态和其他无人机的运动目标。基于市场经济的方法是实现多用户协同的主要方法。编队中的所有无人机都彼此交易任务和资源,以实现个人利益最大化。在基于阈值的方法中,每个无人机必须处理最近的事件,并且在不重复另一个无人机工作的情况下,一个事件 e 对无人机 r 产生的刺激 $\sigma(r,e)$ 可以表述为

$$\sigma(r,e)=\frac{1}{d(r,e)},\theta_e=\frac{1}{D_r},p_e=\frac{\sigma(r,e)^n}{\sigma(r,e)^n+\theta_e^n} \tag{4.55}$$

在文献[199]中,当每个事件 e 的阈值 θ_e 等于无人机之间的期望距离 D_r 的倒数时,表现为最佳性能。该阈值与市场的最佳保留价格一致。

3. 在未知环境中的协作

人们提出了一种分布式投标算法(DBA)来协调探索未知环境的多个无人机系统,在投标中引入一种接近度度量来保持所有无人机之间的距离,以克服通信距离的不足。另外,决策理论方法通过效用计算方案将无人机分散在未知环境中,而效用减少与其他无人机的目标距离成反比。在已知环境下,当无人机完成任务时,通过重复拍卖算法实现任务分配。最近,人们提出了一种基于能源消耗的投标方案。在该方法中,一方面的改进是提出了一种分层的多个无人机协调架构,在探索一个未知的环境中,通过最大化两种新的效用来开发较低的层次。另一方面的改进是处理多个无人机系统中的异构性。所开发的方法是:每个无人机分别从最短路径长度、移动速度和电池寿命三个方面提供三个报价,提出了一种基于反向传播神经网络的决策方法。该方法分别用向量表示无人机和任务的能力。拍卖者广播一个任务及其能力向量,每个无人机根据其能力对任务进行投标。任务分配是在契约网协议框架下实现的。除此之外,人们还提出了一个描述异构多个无人机系统各个无人机探测性能的指标。然而,上述方法依赖于所有无人机队友之间的完美通信。与现有结果不同,文献[98]提出的算法改进了基于市场经济的方法,既能处理目标选择问题,又能处理异质性问题。彩色 Petri 网用于实现代理之间复杂的并发对话。根据是否安装了任务检测设备,将所有无人机分别分为启动器和辅助器。后者在满足任务要求时协助前者完成任务。无人机可以通过改变同伴选择策略来适应动态环境。

1) 通信

早期的探索策略是基于保持无人机在通信范围内的原则。相关人员提出了市场驱动的勘探策略,即将勘探任务划分为子任务,无人机对这些子任务进行投标。在这些策略中,目标点的选择是一个重要的决策,目的是选择未开发的地区供无人机访问。在这里投标是基于特定的价值,如到特定地点的旅行成本和预期的信息收益。尽管以市场为导向的勘探方法不依赖于完美的通信,而且仍然在零通信的情况下发挥作用,但当将通信强度考虑在内时,无人机避免超出通信范围。目标点选择策略如下。

(1) 随机目标点选择是最简单的策略,目标点是随机选择的。如果目标点周围的区域已经被访问过,它将被丢弃。这一策略已在实践中得到了有效应用。

(2) 在贪婪勘探策略中,选择距离最近的未勘探区域的一个目标点作为候选点,该策略对单次无人机勘探是有效的。

(3) 基于前沿的探索是一种探索策略,其核心理念是通过移动到开放空间和未知领域之间的边界来获取最新信息。在这个策略中,无人机共享感知信息,同时保持独立的全局地图。即使 UAV 分散到其通信范围允许的最大范围,仍然可能存在未探索的空间。

针对多 UAV 探测过程中通信受限的问题,人们提出了一种基于集合点的共享知识通信方法。聚类方法是指在探索区域时无人机保持在一起。使用相同原则的另一种策略是基于角色的探索。在这个策略中,无人机分为探索者和中继者。当探险者利用基于前沿的探索策略探索未知区域,并将其发现传达给集合点的中继时,中继保持负责任务的基站和探险者之间的连接。基于角色的探索策略为大型环境中与连接相关的问题提供了一个解决方案,但牺牲了额外的负责消息传递的无人机。尽管大多数勘探策略在勘探任务期间成功地保持了连通性,但由于必须将无人机保持在通信范围内,因此它们的性能受到了限制[277]。

2) 遍历轨迹

在探索的背景下,遍历轨迹优化计算沿轨迹驱动动态系统的控制律,在状态空间区域花费的时间与这些区域的预期信息增益成正比。利用遍历性作为度量对探索和开发进行编码,这两种方法都需要在方差高且凸性丢失时进行非短视搜索,也需要在方差低且凸性问题时进行短视搜索。通过将这些需求编码为一个度量,可以使用最优控制工具将其推广到非线性动力学。利用分布信息的遍历探测,不同的动力系统可以获得几乎相同的估计性能。积极探索和应对不确定场景的能力,对于实现无人机的自主功能至关重要。主动感知或传感器路径规划是指通过控制传感器的位置等参数来获取信息或减少不确定性。搜索/探索的规划是具有挑战性的,因为规划步骤不仅依赖所使用的传感器,还要依赖所估计的参数,如目标位置与目标大小。因此,需要表示和更新估计和相关的不确定性以及信念状态以确定预期信息的方法。表示和更新给定应用的信念状态的最佳选择取决于无人机动力学、传感器物理和估计任务(区域建模还是目标定位)。遍历理论将系统的时间平均行为与系统的所有可能状态的空间联系起来。遍历性可以用来比较一个搜索轨迹的统计数据和一个期望信息密度(EID)的地图。一个有效的探索策略应该花费更多的时间去探索具有更高预期信息的空间区域,在那里最有可能找到有用的测量数据。然而,无人机不应只访问信息最高的区域,而应将搜索花费的时间与总体预期信息密度成比例地分配。这是将遍历性作为一个目标与以往在主动感知(如信息最大化)中的工作之间的关键区别。遍历性度量编码了这样一种思想,即测量值应该分布在高度期望的信息区域之间。然而,信息最大化策略需要启发式,以迫使后续测量远离先前的采样区域,从而不只是对信息最大值进行采样[232]。

3) 人-机协同

为了在不确定性条件下实现有效的人-机协同(HAC),在搜索任务中无人机能够利用摄像头自主搜索任务域,从而探索人类可能进入的潜在危险环境。然而,由于传感能力和图像处理的限制,无人机很难确认发现的感兴趣的对象(如人类、动物和机械运动)。这可能会导致错误(漏检或误报),从而导致较低的总体任务性能。因此,有必要对这些相机图像进行及时和更有效的人工处理。当情况需要时,无人机将通过人机界面向人工操作员发送干预请求。但是,长时间的人工监控可能会使操作者的警惕性降低,导致认知超载,从而降低整体性能。操作员需要在大规模任务域中与多架无人机协作时尤其如此。因此,一个合理的解决方案是在手动操作和自主操作之间进行切换,以平衡人工工作负载,同时保证所需的任务效率和准确性。这种混合自主操作和远程操作称为远程自主操作。现有的决策方法,如贝叶斯方法和过程监控的数据驱动技术,存在不确定性的情况下,几乎总是基于测量寻找最优解决方案[278]。

4) 不确定的地形

无人机经常在复杂的环境中飞行。许多威胁,如山丘、树木和其他飞机可以导致无人机坠毁。一般来说,这些威胁只能由一架无人机在有限的范围内探测到。然而,通过与其他无人机共享信息,这些威胁可以在更长的距离上检测到。此外,有效的导航路径应该是平滑的,提供规避路径,并且是计算效率高的。在先前的单无人机路径规划工作中,泰森多边形搜索和可见图搜索仅在简单环境下被证明是有效的。它们不是实时的,而且当地图信息不完全可用时,比如没有检测到障碍物,还会不完全可用。多架无人机的路径规划主要关注协同框架、协同策略和一致性问题。泰森多边形搜索和 A* 算法或 Dijkstra 算法在穷举过程中规划多架无人机同时到达目标的全局路径[19-20,228]。多个无人机的路径规划也可以从强化学习的角度来解决。Q-learing 是一种解决路径规划问题的方法。Q-learing 的基本思想是根据学习地图中观察到的环境状态,从延迟奖励中获得最优的控制策略,并制定控制策略来选择达到目的的动作。

下面介绍障碍概率风险暴露的建模。为了保证飞行安全,无人机必须与高危区域保持一定的距离,因此对障碍物的概率风险暴露的度量可以看作一个连续分布函数。例如,考虑一个障碍物位于位置 (x_i, y_i, z_i) 的情况。风险度量用 F_i 表示,其中参数与规划空间的维数有关。在三维空间中,有

$$F_i(x,y,z) = \frac{1}{\sqrt{2\pi}\sigma_i}\exp\left(-\frac{d_i^2}{2\sigma_i}\right) \tag{4.56}$$

式中:σ_i 是可调参数;d_i 的定义为

$$d_i = \sqrt{(x-x_i)^2 + (y-y_i)^2 + (z-z_i)^2} \tag{4.57}$$

无人机不能飞越的区域的概率风险可以表示为一个非常大的值。当地图上存在多个障碍物时,(x,y,z) 位置的概率风险可计算为

$$F(x,y,z) = 1 - \prod_{i=1}^{M}[1 - f_i(x,y,z)] \tag{4.58}$$

协同几何学习算法的核心思想是计算代价矩阵 $\boldsymbol{G}$,利用代价矩阵 $\boldsymbol{G}$ 可以从距

离和积分风险两方面找到从起点到目标点的最优路径。矩阵 $\boldsymbol{G}$ 中的每个元素被定义为从其位置到目标点的成本之和。未知环境下的路径规划过程可以建模为受控马尔可夫链或马尔可夫决策过程。在未知环境的情况下,底层过程的转移概率是未知的,必须在环境中规划路径时进行估计。这对应于马尔可夫决策过程的自适应控制。状态空间由有序对 (s,q) 定义,其中 s 表示系统状态, q 表示环境状态。假设系统状态是完全已知的,而环境状态可能是噪声破坏的。假设地形在路径规划过程中不发生变化。如果任何系统状态下的环境都可以被建模为平稳随机过程,则可以应用文献[80]中提出的方法。假设系统状态是有限的(如在二维环境中,有北、东、南、西、东北、西北、东南、西南 8 种状态,在三维环境中有 26 种可能的状态), N 是系统状态的数量, D 是环境状态的数量, M 是控制的数量, U 是控制动作的集合。

问题 4.12 令 $\mathbb{F}^{\mathrm{T}}=\{(s_0,q_0),u_0,\cdots,(s_{t-1},q_{t-1}),u_{t-1}\}$ 表示到 t 为止的历史过程,那么

$$\mathrm{ProbProb}((s_t,q_t)\mid\mathbb{F}^{\mathrm{T}})=\mathrm{Prob}((s_t,q_t)\mid(s_{t-1},q_{t-1}),u_{t-1}) \tag{4.59}$$

系统的动力学可以用概率密度函数 $\mathrm{Prob}((s_t,q_t)\mid(s_{t-1},q_{t-1}),u_{t-1})$ 来表示,其中函数表示在当前状态为 (s_{t-1},q_{t-1}) 且当前控制为 u_{t-1} 的情况下,系统向状态 (s_t,q_t) 过渡的概率。

假设当前系统状态 s_t 独立于过去的环境状态 q_{t-1}:

$$\mathrm{Prob}(s_t\mid(s_{t-1},q_{t-1}),u_{t-1})=\mathrm{Prob}(s_t\mid s_{t-1},u_{t-1}) \tag{4.60}$$

如果无人机是可控的,则满足上述假设。当前环境状态 q_t 仅依赖于当前系统状态:

$$\mathrm{Prob}((s_t,q_t)\mid(s_{t-1},q_{t-1}),u_{t-1})=\mathrm{Prob}(s_t\mid s_{t-1},u_{t-1})\mathrm{Prob}(q_t\mid s_t) \tag{4.61}$$

概率分布函数量化了系统固有的局域性和控制不确定性,并假定是事先已知的。地形/环境的不确定性 $p(q_t,s_t)$ 是未知的,随着计划的进行,对不确定性进行连续的估计 $p_t(q_t,s_t)$ 。问题是如何利用地形的信息来规划更好的路径。事实上,路径规划的目标可以被框定为一个无限视界折现随机优化问题。上述假设定义了不确定地形下路径规划的目标,即需要使系统产生的总折现成本的平均值最小。自适应控制是指对不确定系统进行控制的同时,对系统参数进行更好的估计。路径规划问题可以看作一个不确定马尔可夫决策过程的自适应控制问题,也就是说转移概率是未知的。在这种情况下,自适应控制的策略是使用最优的政策对当前估计的系统, 因为它对应于被控制系统的当前知识,在自适应控制中称为确定性等价原理。这相当于自适应控制中的持续激励条件,它寻求解决每个自适应控制问题中固有的探索/开发权衡问题。关于该实现的更多细节见文献[80]。

5) 不确定对抗性环境下救援

救援路径规划问题是资源和风险约束的最短路径规划问题的一种变体。非线

性特征问题的复杂性引入了性能耦合救援无人机生存性的综合度量，并且受多边约束的路径长度问题使得解决问题非常具有挑战性。如飓风或地震救援任务[16]。在不确定的敌对环境中，最简单的救援路径规划问题涉及无人机规划一个在特定二维区域的轨迹，避免障碍物和威胁，以便救援被困人员；同时，在受各种时间、路线和/或生存能力限制（如最后期限或生存能力阈值）的影响下，尽量减少等效生存能力的旅行距离和威胁水平暴露。假设无人机从基站（站点 s）移动到救援服务点。敌对的环境被描绘成由 N 个单元组成的网格或格子。格子用光谱着色来描述不同的威胁级别（或生存能力），用白色表示安全格子，用红色表示物理障碍或零存活率。作为一个有向图 $G(V,A)$ ，网格指定了一组顶点或节点，这些顶点或节点表示通过 A 组弧 (i,j) 彼此连接（中心到中心）的单个网格。弧定义相邻单元间的邻域关系或可能的移动。通常，在二维空间环境中，一个非边界节点 i 有 8 个输出弧和 8 个输入弧。假设救援无人机每次移动一步。地图表示使用离散概率的生存能力威胁风险暴露。该网格最初是根据之前的搜索任务估计的威胁存在概率 $P_T(l)$ 构建的。威胁风险暴露，无人机破坏或被探测风险 $p_{\text{dest}}(l,j)$ 代表从网格 l 到网格 j 的风险。风险由下式给出：

$$\text{risk}_j = 1 - \underbrace{1 - p_{\text{dest}}(\ell,j)p_T(\ell)}_{\text{survivability}_j} \tag{4.62}$$

或者

$$\text{risk}_j = 1 - p_{s_j} \tag{4.63}$$

式中：P_{sj} 代表无人机访问网格 j 的存活概率。

基本的救援路径规划问题包括尽量减少行进距离和威胁风险暴露措施。给定用户的偏好或威胁风险旅行距离，无人机必须从源节点到目标站点 d ，通过具有生存概率分布 P_s 的 N 网格环境，在访问弧 (i,j) 上做出决策 x_{ij} ，二进制决策变量逐步构造路径。理想的解决方案是在各种约束条件下找到分离源 s 和目的地 d 的最短和最安全的路径。问题可以表述如下。

问题 4.13

$$\min_{x_{ij}}(F = (1 - \alpha)L + \alpha(1 - S)) \tag{4.64}$$

其中

$$0 \leqslant L \leqslant 1, 0 \leqslant \alpha \leqslant 1 \tag{4.65a}$$

$$L = \frac{\sum_{(i,j)\in A} d_{ij}x_{ij} - L_{\min}}{L_{\max} - L_{\min}} \tag{4.65b}$$

$$S = \prod_{(i,j)\in A} p_{sj} \tag{4.65c}$$

$$\sum_{j\in V} x_{sj} = 1, \text{路径从源节点 } s \text{ 开始} \tag{4.65d}$$

$$\sum_{j \in V} x_{jd} = 1,\text{路径结束于目的节点 } d \tag{4.65e}$$

$$\sum_{i \in V} x_{ij} \leqslant 1,\text{每个节点最多访问一次} \tag{4.65f}$$

$$t_i^s + d_{ij} - K(1 - x_{ij}) \leqslant t_j^s \quad (i,j) \in A, k \in \mathbb{N}\text{ ,消除不相连的分团} \tag{4.65g}$$

$$\sum_{j \in V} x_{ij} - \sum_{j \in V} x_{ji} = 0, \quad \forall i \in V/\{s,d\},(i,j) \in A,\text{流约束 / 连续性} \tag{4.65h}$$

$$\sum_{(i,j) \in A} d_{ij} x_{ij} \leqslant L_{\max}, \quad \forall i \in V/s,d,(i,j) \in A,\text{行程约束 / 截止时间} \tag{4.65i}$$

$$-\sum_{(i,j) \in A} x_{ij} \lg(p_{sj} \leqslant \lg(S_m), \quad S_m \in [0,1],\text{生存能力阈值} \tag{4.65j}$$

$$x_{ij} = 0, \forall (i,j) \notin A \tag{4.65k}$$

$$x_{ij} \in \{0,1\}, \quad t_i^s \geqslant 0, i \in V \tag{4.65l}$$

式中：F 为目标函数；α 为用户定义的威胁暴露；S_m 为最小生存概率；x_{ij} 为二进制决策变量，代表沿着弧线 (i,j) 旅行的 UAV 正（$x_{ij}=1$）或负（$x_{ij}=0$）决策；$L_{\max}$ 和 $L_{\min}$ 分别为 s 到 d 的最大和最小可能的行进距离，$L_{\max}=2\sqrt{N}$，$L_{\min}=\sqrt{2N}$；S 为路径完成时 UAV 的整体生存性。

生存性偏向的无风险路径（$\alpha = 1$）试图以牺牲额外的旅行成本为代价将任何威胁暴露降至最低，而严格偏向距离的路径（$\alpha = 0$）会围绕致命威胁核心轻微移动，以满足最小生存性要求。通过对数可生存性函数变换，将该问题简化为二次目标函数逼近问题。它包括用近似函数 $\bar{S}$ 代替 S，该函数具有使所得到的近似二次规划公式捕获原问题[42]的关键元素的性质。

在文献[205]中提出了一种计算成本低、效率高的未知环境在线全覆盖路径规划方法。覆盖任务是通过一个在线的步进式运动和一种有效的回溯技术（双向接近搜索）来完成的，以减少总覆盖时间。该算法生成最短的可能路径进行回溯。对于完整的覆盖路径规划，假设环境必须是封闭的，所有区域都是连通的，这样环境中的任何可到达位置都可以被无人机到达。

4.4 搜寻

搜寻机器人是一种移动机器人，具有搜寻物体以及在找到物体之后将其转移到一个或多个收集点的能力。搜寻机器人可以是单独工作的单个机器人，也可以是集群工作的多个机器人。单一搜寻机器人可以是远程遥控或半自主的,多个搜寻机器人大多是完全自主的系统。对搜寻策略的研究发展出了许多随机优化方法,如蚁群优化(ACO)、粒子群优化(PSO)、细菌觅食优化算法(BFOA)、人工蜂群(ABC)和信息觅食理论(IFT)等[82]。

4.4.1 问题描述

1. 抽象模型

一个有限状态机可以用来描述一个搜寻无人机,在该模型下无人机始终处于4种状态。

(1) 搜寻:在这种状态下无人机在搜索空间中进行物理移动,同时利用其传感器来定位和识别目标。在这个抽象层次上,它可以随机游走,或者它可以采用系统策略,例如在搜索模式中交替向左和向右移动。无人机要去搜寻的对象是基于现实世界的假设,即要么无人机的传感器距离短,要么目标对象被隐藏(如隐藏在障碍物后面)。在这两种情况下,无人机都无法只停留在一个地方并用传感器扫描整个环境来找到物品。对象识别或辨认可能需要广泛的传感器和技术之一。无人机找到目标对象后,状态从搜索变为抓取。如果无人机未能找到目标对象,那么它将永远处于搜索状态,因此搜寻状态是默认状态。

(2) 抓取:在这种状态下无人机以物理方式捕获并抓取对象,准备将其运送回巢区。单个无人机能够抓取和传送一个物品。一旦物品被抓取,无人机的状态将改变为归巢状态。

(3) 归巢:在这种状态下无人机必须带着它收集的对象移动到一个巢区。归巢需要三个阶段:第一,确定相对于无人机当前在所在位置的归航区域的位置;第二,朝向该位置;第三,导航到归属区域。归航的策略也有很多:一种是沿着无人机的路线返回到家乡;另一种是安装一个带有远程信标传感器的信标。当无人机成功到达归属地后,将状态变为存放。

(4) 存放:在这种状态下无人机将对象存放或运送到巢区中,并且立即将状态切换为搜寻状态,从而恢复其搜索。

成功的对象搜寻和检索可以表述如下:

$$F(O_i,t)=\begin{cases}1 & \text{物体 } O_i \text{在时间 } t \text{ 内接收} \\ 0 & \text{其他}\end{cases} \tag{4.66}$$

如果搜寻任务的执行时间有限,并且目标是在固定时间 T 内最大化搜寻到对象的数量,则可以定义在时间 T 内收集的对象数量的性能指标:

$$P=\sum_{i=1}^{N_0} F(O_i,t_0+T) \tag{4.67}$$

式中：N_0 表示环境中能够被搜寻的对象总数，t_0 表示开始时间。

每秒搜寻的对象数量 $P_t = P/T$ 与无人机数量无关。为了衡量多无人机搜寻的性能提升，其归一化性能参数为

$$P_{\mathrm{m}} = \frac{P}{N_{\mathrm{r}}} \tag{4.68}$$

式中：N_{r} 是无人机的总数目。多无人机系统的搜寻效率也就是 $P_{\mathrm{m}}/P_{\mathrm{s}}$。

2. 连续搜寻

在连续的搜寻过程中，无人机会访问环境中的位置来搜寻资源，并将它们运送到一个巢区。资源随着时间的推移而补充，可以考虑三种资源补充模型：前两种是资源概率补充的伯努利和泊松模型，适用于资源独立发生的情况；第三种模型是随机逻辑模型，其中资源补充率取决于现有资源的数量。当资源是生物种群时，逻辑模型是合适的。问题可以表述如下[220]。

问题 4.14 最大化被运送到 l_0 区域的资源运送速度，l_0 为无人机在 T 时间后的巢区。即最大化 $\frac{v_{0,T}}{T}$，$A = \{a_1, \cdots, a_n\}$ 代表搜寻无人机。每个无人机都有着对应的速度 V_i、最大容量 c_i 和有效载荷 $y_i \leqslant c_i$，即 a_i 当前所承载的载荷。假设 R 是收集信息的侦察无人机，$L = \{l_0, \cdots, l_m\}$ 为地点集合，其中 $v_{j,t}$ 是在时间 t 时点 l_j 处可用的资源数。每个点的可用资源数会随着时间以马尔可夫方式变化，也就是说在时间 t 时点 l_j 处的可用资源数 $v_{j,t}$ 只与 $v_{j,t-1}$ 有关。假设 $\hat{v}_{j,t}^{(i)}$ 为 a_i 对 $v_{j,t}$ 的估计。当搜寻无人机 a_i 到达 $l_j (j > 0)$ 点时，l_j 处最大资源数 $(v_{j,t}, c_i - y_i)$（l_j 处所有的资源是取决于 a_i 的剩余载荷）会被转移到 a_i 上，且 a_i 会对剩余资源的估计值为 $\hat{v}_{j,t}^{(i)}$。

当 a_i 到达 l_0 时，在 a_i 上的所有资源 y_i 都会被转移到 l_0。假设 $D: L \times L \to \mathbb{R}^+$ 是点之间的距离函数。这样，无人机 a_i 需要 $t(a_i, l_j, l_k) = \frac{D(l_j, l_k)}{V_i}$ 步时间来从点 l_j 转移到 l_k。

在每个时间步长上，侦察无人机 R 会对 $M \leqslant m$ 个位置的资源数进行观察。这相当于一个从 l_0 处起飞的无人机立即访问 M 个位置，观察位置处的资源数目并且分享给所有的无人机 $a_i \in A$。

文献[101]中引用的在线分散信息收集系统的重要特征如下。

(1) 任务在环境中随机分布。无人机没有任务的空间分布的先验信息。无人机在环境中执行分布式搜索以发现任务。无人机需要移动到任务附近，以便能够通过传感器感知/观察任务来发现它。

(2) 单架无人机只能发现和执行部分任务，但缺乏独立完成任务所需的计算资源。只有当多个无人机协同工作，共享计算资源来执行任务时，任务才能完成。

考虑松散耦合的任务,不同的无人机相互协作执行相同的任务,可以异步和相互独立地执行那些动作。

(3) 为了征召其他无人机的帮助来完成任务,发现任务的无人机会将任务信息传达给其他无人机。

(4) 在完成任务的执行部分时,一个无人机在任务执行后将任务的进度传达给其通信范围内的其他无人机。然后,那些获得信息的无人机考虑它们自己任务的完成情况,并有选择地执行它。在完成它的那部分任务后,无人机要么继续执行它已经提交的任何其他任务,如果它没有任何其他提交的任务,则返回到单独搜索环境中的任务。

可以使用不同的多无人机聚集策略。每一个策略都是通过一个启发式函数来实现的,该函数可以计算出任务在任务列表中的合适性和优先级。用于此目的的不同启发式函数描述如下。

(1) 最接近的任务优先:每个无人机从它的任务列表中选择一个最接近它的任务。距离是根据任务列表中所有任务的距离总和进行标准化的,以便能够比较任务距离。这个启发式的值计算起来很简单。然而,这可能会导致所有的无人机更喜欢靠近它们的任务,从而降低远离它们的任务的优先级。因此,远离大多数无人机的任务可能会在很长时间内都无法完成,同一个任务会被分配到超过需求数目的无人机量。总体而言,最接近的任务优先启发式算法在无人机之间空间分配任务负载方面效率不高。

(2) 最紧急的任务优先:为了解决最接近任务优先的缺点并平衡整个环境中的任务负载,将高优先级赋予附近具有最少数量的无人机且可能需要更多无人机才能完成的任务。最紧急的任务优先方法是通过使每个无人机从其任务列表中选择附近具有最少无人机数量的任务来执行此任务。最紧急的任务优先方法的潜在缺点是无人机被吸引到了最近发现的任务上,而该任务附近可能只有很少的无人机。这可能导致快要完成的任务完成不了,因为无人机更倾向于紧急且完成度更低的任务,而不是一个接近完成但有很多的无人机在附近的任务(可能已经访问过该任务)。

(3) 最紧急最完整的任务优先:通过考虑完成任务仍需要的无人机数量来扩展最紧急的任务优先方法。在选择任务时,使用此方法的无人机会考虑该任务附近无人机的数量以及该任务进度的量化值的乘积。即将完成的任务具有更高的优先级。

(4) 最近端的任务优先:在前两种算法中,任务分配算法只考虑在任务列表中其他在任务中的无人机的数目,但不考虑无人机相对于其他无人机的相对位置。这可能导致离任务较远的无人机被分配到任务而向该任务移动,但是在途中被告知其他无人机已经完成了任务。为了解决这个问题:最近端的任务优先算法首先确定有多少其他无人机比该无人机本身更接近正在考虑的任务;然后它选择距离自己最近且最接近完成的任务,该任务的无人机数量最少。

3. 觅食算法

1) Levy 飞行

对觅食动物的一项观察是,当觅食者对食物没有或只有有限的先验知识时,它们会表现出具有特殊特征的搜索模式。这些模式不同于布朗运动,布朗运动是粒子在液体中扩散的随机运动。觅食者有时只朝一个方向走很长的路。这种策略被认为是觅食者在未知环境中快速找到食物的关键。在目标搜索环境中,当所有这些长度都从以下形式的概率分布中得出时,飞行长度 ℓ 称为具有幂律分布:

$$p(\ell) = C\,\ell^{-\mu} \tag{4.69}$$

式中:$p(\ell)$ 是概率密度;μ 是标度参数;C 是归一化常数。

更一般的 Levy 分布可以归类为幂律分布,其中比例参数在 $1 < \mu \leqslant 3$ 的范围内。因此,Levy 飞行由服从 $1 < \mu \leqslant 3$ 的幂律分布的飞行长度组成。对于连续情况,可以给出以下形式:

$$p(\ell) = \frac{\mu - 1}{\ell_{\min}} \left(\frac{\ell}{\ell_{\min}}\right)^{-\mu} \tag{4.70}$$

假设二维随机搜索,觅食者遵循以下规则。

(1) 无人机从一个点移动到另一个点,直到定位到一个目标。也就是说,这个无人机保持遵循具有固定 μ 的幂律分布的飞行长度。

(2) 如果无人机在半径为 r_v 的传感器范围附近找到目标,那么无人机会向外部操作员发送信息。

(3) 无人机不停地继续搜索,即下一个飞行长度是从具有预定比例因子 μ 值的幂律分布中得出的。无人机选取的角度是从均匀分布的范围 $[0,2\pi]$ 中得到的。

(4) 不指定区域,无人机可以重访任何区域。

一次飞行长度可以定义为觅食者从一个点到另一个点不停止且不改变路径角度的距离。觅食者可能需要几个这样的飞行长度才能找到一个目标[265]。

当目标稀疏且随机分布时,最优策略是 Levy 飞行。通过执行 Levy 飞行策略,觅食者根据行进距离优化遇到的目标数量。结合 Levy 飞行算法和人工势场法,可以执行一个最佳的生物启发觅食策略。Levy 飞行算法生成移动距离,而人工势场法通过在无人机之间产生排斥力来改善已部署无人机的散布[274]。

(1) Levy 概率分布有以下形式:

$$p_{\alpha}(\ell) = \frac{1}{\ell} \int_0^{10} \exp(-\gamma q^{\alpha}) \cos(q\,\ell)\,\mathrm{d}q \tag{4.71}$$

式中:γ 是比例因子,α 确定分布的形状,从而可以获得尾部区域中不同形状的概率分布。该分布关于 $\ell = 0$ 对称。

在搜寻阶段,无人机的 Levy 飞行长度可计算为以下序列的极限($n \approx 100$):

$$z_n = \frac{1}{n^{1/\alpha}} \sum_{k=1}^{n} v_k \tag{4.72}$$

需要两个独立的随机变量 a、b,具有来自该非线性变换的正态高斯分布 $v = \frac{a}{|b|^{1/\alpha}}$。

(2) 势场法的基本思想是无人机在被已知障碍物排斥的同时被吸引向搜索目标。为了改善部署过程中的分散过程,使用了无人机之间的排斥力。排斥场可以表示为

$$U_{\text{rep}}(q) = \begin{cases} \frac{1}{2} k_{\text{rep}} \left(\frac{1}{\rho(q)} - \frac{1}{\rho_0} \right) & \rho(q) \geqslant \rho_0 \\ 0 & \text{其他} \end{cases} \tag{4.73}$$

式中:k_{rep} 是一个比例因子;$\rho(q)$ 是从 q 到相邻无人机的最小距离;ρ_0 是距离的阈值。

这导致了排斥力:

$$F_{\text{rep}}(q) = \begin{cases} k_{\text{rep}} \frac{1}{\rho^2(q)} \left(\frac{1}{\rho(q)} - \frac{1}{\rho_0} \right) & \rho(q) \geqslant \rho_0 \\ 0 & \text{其他} \end{cases} \tag{4.74}$$

这种方法的优点是不需要集中控制或定位系统,因此存在应用到无人机数目庞大的系统中的可能。另一个可替代 Levy 飞行模型的宏观模型是间歇搜索模型,它可以在两个交替的阶段观察觅食。在第一阶段动物进行局部布朗搜索,在第二阶段动物进行弹道重定位。在 Levy 飞行和间歇搜索模型中,关键的宏观观察是动物在一段时间内进行局部探索,然后移动到远处。在动物觅食中,从一个区域聚集的能量可以认为是该区域的回报,动物的目标是最大限度地提高摄入能量的速率,同时最小化时间和能量的消耗。在机器人搜寻中,无人机搜索一个区域,奖励是收集的对象。与动物类似,无人机的目标通常是最大限度地收集对象,同时最大限度地减少时间和精力的消耗。多臂老虎机问题很好地模拟了最优觅食理论中的觅食目标,相关的块分配策略符合流行的宏观搜索模型的关键特征[271]。

2) 鱼群

无人机就像鱼一样在寻找目标时寻找食物。无人机团队可以像一群鱼一样寻找食物,因此可以使用鱼群捕食算法。它使用了自适应网络的概念,并增加了移动性作为另一个属性。自适应网络是强连接的,从一组节点的角度来看,这些节点能够在本地相互学习和交互,以实时完成分布式推理和处理挑战。由于节点的移动性,节点在本地与邻近节点保持联系,而邻近节点在不断变化。这导致网络拓扑在本质上是适应性的。每一个无人机在这个鱼群都可以代表一条鱼[116]。

3）贪婪率

贪婪率算法会根据估算值 $\hat{v}_{j,t}^{(i)}$ 主动重新规划无人机 a_i 的目的地。这种贪婪率算法的灵感来自于连续区域扫描方法，其伪代码由算法 4.4 给出。

专用标记可用于最大程度地减少搜寻无人机之间的通信。搜寻无人机往往具有有限的计算能力和通信带宽，以最大程度地减少计算量需求和沟通需求。如果无法在搜寻无人机之间进行通信，搜寻无人机通过观察另一个无人机的行进方向来推断其目的地仍然是可行的。

算法 4.4　在 l_a 处的无人机 a_i 的下一个目标点

1.if $c_i = y_i$ then

2. return l_0

3. end if

4.if a_i 前往巢区，计算贪婪率。

5.$(r_{\text{best}}, l_{\text{best}}) \leftarrow \left(\dfrac{y_i}{t(a_i, l_{\alpha,l_0})}, l_0\right)$

6.if a_i 访问 l_j 然后前往巢区，计算贪婪率。

7. for 所有 $l_j \in L$ 使得 $j > 0$

8. $e_j \leftarrow \Sigma_{a_k \in A \text{ heading to } l_j}(c_k - l_k)$

9.$y_i' \leftarrow \max(c_i, y_i + \max(0, \hat{v}_{j,t+t(a_i,l_\alpha,l_j)} - e_j))$

10. $r' \leftarrow \dfrac{y_i'}{t(a_i, l_\alpha, l_j) + t(a_i, l_j, l_0)}$

11. if $r' > r_{\text{best}}$ then

12. $(r_{\text{best}}, l_{\text{best}}) \leftarrow (r', l_j)$

13. end if

14. end for

15. return l_{best}

4）自适应性休眠

自适应休眠算法来自可持续搜寻。在算法 4.5 中，每个无人机 a_i 选择一个位置 l_α，当无人机具有 $K_\alpha/2$ 资源时，它从该位置搜寻，其中 K_α 是在 l_α 的最大资源数。

无人机会保持休眠,直到估计的资源数量至少为 $K_\alpha/2$,并且搜寻无人机会根据通信范围限制在各个位置进行协调。

算法 4.5 计算分配给位置 l_α 的无人机 a_i 是否应该进一步休眠

1. if a_i 不在 l_0 执行
2. 返回否逻辑⇒return false
3. 约束如果逻辑⇒end if
4. 如果 $\hat{v}_{\alpha,t+t(a_i,l_l,l_\alpha)} < K_\alpha/2$⇒if $\hat{v}_{\alpha,t+t}$
5. 返回真值⇒return true。
6. else
7. 返回否值⇒return false。
8. end if

4. 锚定

实际的自主系统通常需要识别、跟踪和推理各种类型的物理对象。为了能够在符号层面上进行推理,人们必须在表示物理对象的符号和正在收集的关于它们的传感器数据之间建立并持续保持相关性,这一过程称为锚定。锚定必须发生在任何包含符号推理组成的机器人系统中。

定义 4.19 锚定是创建和维护符号和传感器数据之间对应关系的过程,这些符号和传感器数据指的是相同的物理对象。

锚定问题是如何在人工系统中进行锚定的问题。锚定可以自上而下、自下而上或同时在两个方向进行[91]。锚定过程必须考虑连续变化的传感器输入流和时间维度。锚可以视为物理对象的内部模型,它将该对象的符号级和传感器级表示链接在一起。当使用具有内在限制的真实传感器进行锚定并且在不能优化以减少这些限制的环境中时,会出现不确定性和模糊性。此外,在符号层面有几种方法来引用对象。锚点是环境中对象的唯一内部表示。在每一个时刻 t,$\alpha(t)$ 包含一个表示 o 的符号,一个通过观察 o 产生的感知和一个提供 o[90] 的可观测特性值的当前(最佳)估计的标记。锚定过程在智能嵌入式系统中执行,该系统包括符号系统 σ 和感知系统 π。符号系统操纵用来表示物理对象的单个符号。它还将每个单独的符号与一组定义相应对象属性的符号谓词相关联。感知系统从对物理对象的观察中产生感知。感知是假设源自同一物理对象的结构化测量集合。

对于执行道路网络监视任务的无人机,符号系统由规划器组成;单个符号表示汽车和道路网络的元素。感知系统是一个可重构的主动视觉系统,能够从航拍图像中提取类似汽车的物体信息,这些物体具有位置、宽度和颜色等属性。谓词基础关系是将每个谓词符号与对应属性的容许值的模糊集相关联的表。锚点存储单个符号、区域索引和记录对象属性当前估计值的关联列表。符号形式,如历史记录识别,要求对正在推理的物理对象和接收到的关于这些对象的传感器数据进行一致的符号或身份分配。图像分析提供了一个可能的解决方案,视觉感知具有持续很短时间间隔的符号身份。然而,变化的视觉条件或暂时看不见的物体会导致图像分析通常无法处理的问题。这是锚定系统的任务,它也有助于对象分类和提取对象的高级属性。地理信息系统用于确定物体当前是否在道路上。对应于这些属性和谓词中的变化的具体事件为历史记录识别系统提供了足够的信息,以确定诸如鲁莽超车之类的高级事件何时发生。

在案例研究中,锚定将视觉感知从对象跟踪器链接到世界对象,然后将世界对象链接到路上的对象。链接条件旨在展示关键概念,并且可以详细说明以考虑更复杂的条件。公式中的时间单位是毫秒,这是实际系统中使用的时间粒度。当考虑交通监控场景时,交通违规和其他要检测的事件应该以形式和描述的方式表示,这是机器人应用中常见的一般分类任务的具体示例。这可以使用历史记录识别来完成,其中每个历史记录将复杂事件的参数化类别定义为简单的时间网络,其节点对应于高级定性事件的发生,而边沿对应于事件发生之间的度量时间约束。从低级传感器数据(如无人机上的彩色和热敏摄像机的视频流)中创建这些高级表示,要在每个传感器平台内进行大量信息处理。锚定是一个中心过程,通过基于传感器数据的处理来创建引用世界上物体的符号,从而可以对外界进行符号推理。锚定过程实际上是一组并发链接过程[164]。

4.4.2 航空操纵

最近,无人机已用于抓取、操纵和协同运输等任务。多旋翼无人机是一种配备有 n 自由度机械臂的空中机械手,它融合了多旋翼无人机的多功能性和机械臂的精度。多旋翼无人机机械结构简单,它们具有理想的悬停和垂直起降能力。特别是还利用它们的高推重比证明了几种攻击性机动。这些特性对于自动装载运输也特别有用。小型单个或多个自主飞行器可考虑用于负载运输和部署。当与单个多旋翼的最大推力相比负载较重时,或者当需要额外的冗余以确保安全时,使用多个多旋翼进行负载运输非常有用。但这种方法是具有难度的,动态耦合的四旋翼需要保证安全来合作运输负载[177]。这些问题在搜寻中都是具有难度的问题,因为该系统具有不稳定的动力学特性,并且物体的存在会引起非平凡的耦合效应,因此需要设计整个系统(UAV 和机械手)的动力学模型。可以研究出笛卡尔阻抗控制来应对接触力和外部干扰。安装在无人机上的机械手末端执行器的运动控制问题可以通过分层控制体系结构来解决。也就是说,在顶层反向运动学算法计算驱动变量的运动参考(无人机的位置和偏航角以及机械手的关节变量),在底层运动控制算法负责跟踪运动参考。先前的方案可以通过在运动控制水平上增加一个自适应项来进一步地扩展,该自适应项负责考虑系统欠驱动造成的建模不确定性[72]。无人机上的抓手可用于物体检索、传感器安装、快递服务、物流链等。空中抓取过程可以与对准和抓取相联系,与地面和部分地面接触相结合。然而,无人机的定位精度有限,动态不稳定,对载荷不平衡敏感,容易受到空气动力学效应的影响。任何干扰都会导致漂移,GPS 的空间/时间分辨率有限。这些问题导致很难有高增益的位置控制。

1. 航空运输

单升构型,即一根长绳索连接一架直升机和一个载荷,是商业上用于运输吊挂货物的唯一配置。然而手动操纵带有悬挂载荷的直升机是非常困难的,需要有经验的熟练飞行员。尤其是施加负载振荡的主动阻尼是一项大多数飞行员都会回避的困难的任务。一般飞行员只稳定直升机,等待负载振荡消失。使用两架或更多小型直升机而不是一架载重更大的直升机的动机如下。

(1) 在真正有人驾驶的运输直升机的情况下,两架小型直升机的成本往往低于一架具有 2 倍载重的直升机。

(2) 不管最先进直升机的负载能力有多大,总有一项任务需要比单架直升机更大的负载能力。

在这种情况下控制程序应允许耦合现有直升机,以便形成一个具有足够负载能力的系统。无人机运动的协同控制需要考虑所涉及的力。因此,每架无人机都可以围绕一个附在运输物体上的共同的线阵图像传感器进行控制。假设每架无人机都牢牢地抓住了物体,所有无人机的轨迹就决定了物体的轨迹。目前已经提出了集中式和分散式顺应运动控制算法,其中包括对非完整约束的考虑[44]。最近已经出现了一组无人机通过电缆操纵和运输有效载荷的实验结果[44]。仅使用一架无人机运输货物受到无人机本身有效载荷能力的强烈限制。假设使用小型无人机,这种限制可能会妨碍特定应用所需载荷的运输和部署。所设计的系统允许用几架直升机运输单个货物。直升机的数量是可配置的,取决于直升机的能力和要运输的负载。该平台包括使用一架或多架小型直升机的自我部署能力。集成在平台中的系统包括无人机、无线传感器网络、地面固定摄像机和具有驱动能力的地面车辆。这种负载可以是多种多样的,如货物运输或传感器部署。

1) 交互模型

这种从无人飞行器进行广义对象检索和非结构化对象运输的最大挑战可以分为三类:物体接触和捕获后的空中接近和下降;物体捕获;无人机稳定性。悬停无人机的不稳定性和脆弱性鼓励不惜一切代价避免与周围环境接触。着陆和起飞通常涉及通过部分接触条件的快速转换,在静态和动态稳定性之间的中间状态时间最短，在静态和动态稳定性之间地面碰撞的危险很高，还应考虑地面效应。为了抓取和操纵外部物体，无论是在抓取物体时还是在将目标抬离地面的过程中都需要在这些状态下操作。如果无人机与环境和/或其他无人机互动，无人机可以执行 k 个不同的任务 $\Omega = \{\tau^1, \tau^2, \cdots, \tau^k\}$ ，包含 n 个要求改变当前计划中的任务的逻辑交互。设 $E = \{\varepsilon^1, \varepsilon^2, \cdots, \varepsilon^n\}$ 为与 n 个逻辑条件相关联的一组离散事件，在执行过程中要求改变任务。第 i 个无人机的当前任务具有离散动态特性：$\delta: \Omega \times E \to \Omega$，$\tau_i^+ = \delta(\tau^i, e^i)$ ，其中 $e^i \in E$ 要求任务从 τ^i 变化到 τ_i^+ 。例如，在空中操纵任务中应执行以下任务序列。

(1) τ^1：从巢区靠近。

(2) τ^2：操纵的精确定位。

(3) τ^3：抓取和操纵。

(4) τ^4：离开。

(5) τ^5：返回巢区。

必须分析和确保无人机与地面耦合和部分接触时的稳定性，以及一旦与有效载荷一起升空时的稳定性。抓取任务可分为以下四个阶段。

(1) 接近待对准目标。

(2) 当与放置在地面上的物体结合时抓取悬停。

(3) 发射时部分耦合。

(4) 出发。

每个阶段都会带来特定的挑战。破坏性的空气动力学表面效应使室外近地面定位比在自由空气中盘旋更加困难。旋翼的尾流被其下方的表面所抑制，从而形成了排斥空气的垫层，称为地面效应。当旋翼飞行器通过地面效应横向移动时，偏转的尾流被推到无人机前面，并可能被旋翼带走和再循环，引起地面涡旋。当涡旋进入旋翼时，推力迅速减小。这些共同造成不稳定，导致无人机下降时弹跳，然后在尾流相互作用中漂移和俯冲。实际上，无人机悬停还不够精确，无法使用刚性操纵器进行抓取。当无人机就位并牢牢抓住目标时，其飞行动力学将通过抓取器传递的力耦合到地面。横向和角向耦合刚度的某些比率会破坏无人机的稳定性。随着推力的增加和表面法向力的减小，该耦合必须保持良好的状态。一旦将物体抬离地面，增加的负载就不得破坏无人机的稳定性。增加的负载会改变系统的物理参数，如净质量、惯性矩和重心的位置[250]。

2) 层

无人机之间的相互作用不仅是信息交换，而且是在单个负载的联合运输中进行协作所需的物理耦合，它需要考虑无人机之间的物理相互作用。无人机运动的协调控制应考虑所涉及的力量。因此，每个无人机都可以绕着附着在运输对象上的共用的线阵图像传感器进行控制。在每个无人机牢牢地抓住物体的假设下，所有无人机的真实轨迹等于物体的真实轨迹。可以提出集中式和分散式适应运动控制算法。这些无人机应能够基本上移动到给定位置并在需要时激活其有效载荷。在每个无人机中都有两个主要层:①用于高层分布式决策的机载协商层;②用于执行任务的专有执行层。

在两层之间的接口中,机载协商层发送任务请求,并接收每个任务的执行状态和无人机状态。为了进行分布式决策,需要在不同无人机的机载协商层之间进行交互。另外,人机界面软件允许用户指定平台要执行的使命和任务,还可以监视任务的执行状态和不同子系统的状态。机载协商层中显示的不同模块支持涉及合作与协调的分布式决策过程。要集成到平台中的飞行器应该能够接受基本任务,报告其相关的执行事件并执行它们。任务管理器模块从计划生成器模块接收计划的任务。这些任务可以具有前置条件和/或后置条件,并且假定的任务模型基于基本事件处理,只要任务和环境的状态发生变化,基本事件处理就会发生[231]。

3) 组装杆结构

最初,低容量无人机在平台下集成了固定爪,允许系统携带轻质和小型物体。然而,旋翼平台固有的悬停期间定位机动的不确定性和爪子运动的减少使得自主精确抓取变得困难。为了解决这个问题,人们提出了用磁性装置或使用铰接不良爪的解决方案。虽然最后一种选择具有扩大机器人系统应用范围的额外优势,但它也意味着机载重量的显著增加,这是传统无人机难以承受的。用于组装杆状结构的空中机械手所需的三个基本功能如下。

(1) 捕捉,包括机械手接近杆和末端执行器的抓取。

(2) 涉及将货物从储存地点转移到施工现场的运输。

(3) 杆的组装,目的是将其安装在结构内的指定位置。

这些功能将在施工过程中以循环的方式执行,以便一旦杆被捕获、运输并最终组装,空中机械手返回存储位置以捕获新的杆并重复该过程。这些能力的成功实现取决于几个设计要求的满足。其中一些要求是通用的,是任何操纵器的典型要求;而另一些要求是特定的,这是旋翼无人机机载的特殊性造成的。旋翼无人机悬停时不完全稳定,但在所有自由度的控制参考点附近都有小的振荡。这些振荡主要是由进入平台转子的气流中的机电不对称和湍流引起,可能导致末端执行器定位困难。机械手动力学通常比空中平台更快,因此它能够更快地补偿这种干扰。但是,机械手的动力与高空作业平台密切相关,因此有必要在机械手的速度和平台上的反作用力之间找到一个折中方案。机械手重心的位移也会造成干扰。当机械手配置改变时,其质心的位置也会改变,从而在平台上产生反作用力矩。在旋翼无人机中,这种扭矩会导致螺旋桨平面倾斜,这也会导致整个空中平台的位移。在机械手及其载荷的综合质量与无人机的质量相比非常重要的情况下,这种干扰尤其明显。在带有轻型机械手和负载的重型平台上,这种干扰可以忽略不计。无人机控制系统可以用来补偿这种扰动的影响，严格来说没有必要开发任何其他的附加机制[75]。

2. 耦合动力学

该系统的主要部件有：直升机、安装在机身上的机械手和物体本身。该系统的任务是飞得足够靠近物体，激活传感器进行物体跟踪，靠近物体并执行操纵任务。操纵任务的范围可以从拾取对象到与对象进行力相互作用以进行装配操作。可以使用以下方法之一或它们的组合来实现控制[209]。

(1) 完全解耦控制。

(2) 运动学层面的耦合。

(3) 动力学层面的耦合。

1) 抓取任务

取放或插入任务需要在抓放或插入过程中与地面短暂的松耦合。抓手的柔顺性降低了传递到机身的耦合力/扭矩。悬停抓取时，弹性抓取力可以加入到直升机飞行动力学中。可以使用另一种技术，参见文献[257]。考虑以多旋翼重心为中心的世界固定惯性框架 $\{O,X,Y,Z\}$ 和体固定框架 $\{O_b,X_b,Y_b,Z_b\}$，多旋翼的动力学模型由下式给出：

$$\begin{cases} m\ddot{p}_b + mg_b = \boldsymbol{R}_b(\eta_b)(f_b^b + f_v^b) \\ \boldsymbol{I}_b\dot{\omega}_b^b + Sk(\omega_b^b)\boldsymbol{I}_b\omega_b^b = \boldsymbol{\tau}_b^b + \boldsymbol{\tau}_v^b \end{cases} \tag{4.75}$$

式中：$p_b \in \mathbb{R}^3$ 是多旋翼相对于惯性框架的位置；$\boldsymbol{R}_b(\eta_b) \in SO(3)$ 是旋转矩阵；$\eta=(\phi,\theta,\psi)$ 是欧拉角；m 是多旋翼质量；$\boldsymbol{I}_b \in \mathbb{R}^{3\times3}$ 是其相对于机身框架的恒定对角惯性矩阵；$\omega_b^b \in \mathbb{R}^3, \dot{\omega}_b^b \in \mathbb{R}^3$ 分别是以机身框架表示的多旋翼的角速度和加速度；$g_b=(0,0,g)^{\mathrm{T}}$ 是中立向量；$f_b^b \in \mathbb{R}^3$ 和 $\boldsymbol{\tau}_b^b \in \mathbb{R}^3$ 分别是作用在飞行器上并以机身表示的外力和扭矩输入向量（机械手对直升机的影响、忽略的空气动力学影响、系统与环境的物理相互作用），在多旋翼飞机中，$\boldsymbol{f}_b^b=(0,0,u)^{\mathrm{T}}$ 和 $\boldsymbol{\tau}_b^b=(\tau_\phi,\tau_\theta,\tau_\psi)^{\mathrm{T}}$，其中 u 表示垂直于螺旋桨平面的推力。

通常，空中机械手由基座（固定在多旋翼飞机的起落架上）、多关节臂和末端执行器三个部件组成。整个系统的质心尽可能靠近多旋翼几何中心。

臂固定轴系统 $\{O_0,X_0,Y_0,Z_0\}$ 的每个连杆 i 的瞬时重心位置由下式给出：

$$[x_{A_i}^0, y_{A_i}^0, z_{A_i}^0, 1]^{\mathrm{T}} = \boldsymbol{T}_i^0 [x_{A_i}^i, y_{A_i}^i, z_{A_i}^i, 1]^{\mathrm{T}} \tag{4.76}$$

式中：$\boldsymbol{T}_i^0 \in \mathbb{R}^{4\times4} (i=1,\cdots,n)$ 是连杆 i 的齐次变换矩阵。

机器人手臂重心位置向量 $p_A^b \in \mathbb{R}^3$ 参考身体框架由下式给出：

$$p_A^b = \frac{1}{m_A}\boldsymbol{E}_3\boldsymbol{T}_0^b\left(\sum_{i=1}^{n}[x_{A_i}^0, y_{A_i}^0, z_{A_i}^0, 1]^{\mathrm{T}}\right) \tag{4.77}$$

式中：m_i 是第 i 个连杆的质量；$m_A=\sum_{i=1,1}^{n} m_i$，$\boldsymbol{T}_0^{\mathrm{b}} \in SE(3)$ 是从臂到身体框架的齐

次变换矩阵；$\boldsymbol{E}_0 \in \mathbb{R}^{4\times4}$ 选择前三个分量。

系统的动态模型可以写成

$$\boldsymbol{M}(\zeta)\ddot{\zeta} + \boldsymbol{C}(\zeta,\dot{\zeta}) + g(\boldsymbol{M}(\zeta) + C(\zeta,\dot{\zeta}) = u \tag{4.78}$$

式中：$\boldsymbol{\zeta} = (\boldsymbol{x}_b^{\mathrm{T}},\boldsymbol{q}^{\mathrm{T}})^{\mathrm{T}} \in \mathbb{R}^{6+\mathrm{n}\times1}$；$\boldsymbol{M}$ 表示系统的对称正定惯性矩阵，即

$$\boldsymbol{M} = \begin{pmatrix} \boldsymbol{M}_{pp} & \boldsymbol{M}_{p\phi} & \boldsymbol{M}_{pq} \\ \boldsymbol{M}_{p\phi}^{\mathrm{T}} & \boldsymbol{M}_{\phi\phi} & \boldsymbol{M}_{\phi q} \\ \boldsymbol{M}_{pq}^{\mathrm{T}} & \boldsymbol{M}_{\phi q}^{\mathrm{T}} & \boldsymbol{M}_{qq} \end{pmatrix} \tag{4.79}$$

式中：$\boldsymbol{M}_{pp},\boldsymbol{M}_{p\phi} \in \mathbb{R}^{3\times3},\boldsymbol{M}_{pq},\boldsymbol{M}_{\phi q} \in \mathbb{R}^{3\times n}$。惯性矩阵可以看作一个块矩阵。

同样，矩阵 $\boldsymbol{C}$ 和向量 $\boldsymbol{g}$ 可以写成：

$$\boldsymbol{C} = (\boldsymbol{C}_p,\boldsymbol{C}_\phi,\boldsymbol{C}_q)^{\mathrm{T}},\boldsymbol{g} = (g_p,g_\phi,g_q)^{\mathrm{T}} \tag{4.80}$$

式中：$\boldsymbol{C}_p \in \mathbb{R}^{3\times(6+n)},\boldsymbol{C}_\phi \in \mathbb{R}^{3\times(6+n)},\boldsymbol{C}_q \in \mathbb{R}^{n\times(6+n)}$ 且 $g_p \in \mathbb{R}^3,g_\phi \in \mathbb{R}^3,g_q \in \mathbb{R}^n$。

目前已经研究了无人机与其周围环境之间的物理相互作用。目的是探索不仅能够自动飞行，而且能够与远程对象安全交互以完成任务（如通过接触、样本拾取以及修复和组装对象进行数据采集）的系统的潜力。此功能会影响控制律的设计，特别是因为即使存在物理相互作用引起的干扰的情况下也必须保持稳定性。通用四旋翼直升机的机身已经过改装，可搭载微型机械手，该机械手专为工业工厂的空中检查而设计[136]。通过分析四旋翼飞行器、操纵器和环境之间的相互作用，即当末端执行器与环境接触时，研究了自由飞行和与垂直面对接过程中悬停附近的动力学特性。在此基础上提出了一种基于能量的控制策略。其主要思想是通过级联控制策略使飞行器的位置动态成为被动的，在级联控制策略中，可以认为姿态是虚拟的可用控制输入。闭环无源系统可以作为标准机器人操作器进行控制，实现阻抗控制策略，适用于处理接触和非接触情况。

2）阀门转动

阀、旋钮和手柄转动已被广泛研究，用于工业机器人、移动机械手和个人辅助机器人。一个典型的要求是抓住并转动一个固定在环境中但允许旋转的物体。目前已经实现了各种例如顺应运动、学习、被动顺应、混合位置和力控制以及阻抗控制的技术。所有这些解决方案都用于处理机械手与其环境的动态交互中的挑战。然而，阀门与旋钮转动过程中所需的强耦合极大地影响了空中机械手的动力学。机械手的刚性和与环境相互作用时接触力的传播会导致碰撞。操纵器和阀门之间的直接耦合会导致飞行动力学的突然意外变化。空中机械手必须不断调整，以补偿机器运动，并进一步具有足够的顺应性，以防止碰撞，特别是在抓取后和转弯时机械手-环境耦合期间。手柄有不同的形状和尺寸。手轮的形状是为设想的场景设计的理想形状：空中机械手抓住阀门手柄，用自己的自由度扭转它。用于在三维环境中检测已知半径为 R 的圆形形状的主要方法是通过观察它们基于投影线性

变换的椭圆透视投影，即通过用针孔模型方法观察相机来观察圆的共线[210]。

为了使双臂机械手 A、B 抓住阀门并保持相对于 UAS 的 zy 平面的对称，需要对关节运动施加某些运动学约束。为了保持对称性，两个机械手需要以完全相同的方式移动（ $q_1^A = -q_1^B$ 和 $q_2^A = -q_2^B$ ）。长度 L_1 和 L_2 表示从德那维特-哈滕贝在格（DH）参数得出的链路大小。给定沿 z 轴的期望垂直距离 $H(q_1, q_2)$ 和沿身体框架 x 轴的水平距离 $X(q_1, q_2)$ ，可写出以下关节运动约束[241]：

$$q_1 = \pm \arccos\left[\frac{L_2^2 - H(q_1, q_2)^2 - X(q_1, q_2)^2 - L_1^2}{2L_1\sqrt{H(q_1, q_2)^2 + X(q_1, q_2)^2}}\right] \tag{4.81}$$

$$q_2 = \pm \arccos\left[\frac{H(q_1, q_2)^2 + X(q_1, q_2)^2 - L_1^2 - L_2^2}{2L_1 H(q_1, q_2)^2 X(q_1, q_2)}\right] \tag{4.82}$$

通过保持机械手相对于四旋翼姿态运动的缓慢运动，无人机系统的手臂力矩之间的动态耦合被最小化。另外，模型简化来自于有效载荷限制了关节致动器的选择，因此机械手需要使用轻型伺服电机来构造。一旦无人机臂系统在阀门上就位，并且阀门的几何中心与空中系统质心对齐，阀门就被限制在平行于四旋翼飞机底板的平面上。在这种情况下，四旋翼质量中心位于阀门枢轴的正上方。阀门平衡，即阀的枢轴代表阀转动平面中的质心。由于臂是对称的，铰接相等且彼此相反，组合臂的质心仅沿四旋翼几何中心的 z 轴移动。

3）取货和交货问题

具有先验已知质量的物体位于一个有界的二维空间中，无人机能够在环境中使用最先进的空间激光测距系统定位自己。挑战来自收集有限数量的物体并将其放置在特定位置，这都导致了无人机连续动力的自动切换。可以有效地解决这个问题的确定性版本，例如，通过两阶段的优化或松弛。由于无人机必须以最小的平均成本到达目标的相应位置，因此平均问题还包含一个旅行推销员问题的例子。此外，有限空间的最优探索本身就是一个难题。可以通过搜索器以已知的概率分布解决最小化用于检测位于实线上的目标的预期时间，该搜索器可以立即更改其运动方向，具有有界的最大速度并从原点开始。这个问题的不同版本是一个追逃游戏或一个覆盖问题，但它对一般概率分布或区域的一般几何形状的解决方案仍然是一个悬而未决的问题[235]。

4）无人机远程操作

一组无人机以双边方式进行远程操作向操作人员提供力反馈，这是一个新课题，它结合了自主多机器人系统领域和人机交互研究。作为单边远程操作的替代方案，使用合适的感觉反馈也已经被证明能够改善操作者的远程操作，特别是通过利用力反馈的触觉提示。因此，研究建立一个双边远程操作通道是具有可能性的，该通道将操作人员与一组远程无人机连接起来，这些无人机拥有一定的本地自主性，但仍然必须遵循高级人体运动命令[131]。远程操作任务中操作员控制行为所依据的反馈与给无人机飞行员的反馈有很大不同。通常缺乏感官信息,通过视觉通道呈现额外的状态信息。触觉反馈可以用来卸载视觉通道,并补偿其他形式的反馈不足。为了避免碰撞,触觉反馈可以通过控制接收器提供排斥力[125]。当存在碰撞的可能性时,触觉反馈允许操作员将排斥力解释为对其控制偏转的阻抗。通过提供附加信息,可以提高远程操作的性能和效率。触觉反馈允许操作者通过触觉直接感知环境信息。将触觉反馈用于碰撞避免系统需要一种算法来在控制接收器上产生人工力,以便操作者在与障碍物实际接触之前通过触觉通道感知关于环境的信息。排斥力的大小和映射算法都会影响操作员的性能和工作量。触觉信息可以从将环境约束映射到排斥力的人工力场中生成[216]。参数风险域允许通过参数设置来调整大小、形状和力梯度,这些参数设置决定了域的灵敏度。由于其尺寸较小,该场产生的排斥力较低,因此力抵消效应较小,并允许无人机有更大的速度。这表明操作员控制需求减少,无人机操作更加有效,这两者都有望降低操作员的工作量,同时提高安全性。

直接操作界面的主要特征可描述如下。

(1) 感知:界面的首要任务是帮助用户感知无人机与世界的当前关系,同时不要用不必要的信息淹没用户。

(2) 理解:通过结合感知数据来理解这些数据如何与总体目标相关联,从而获得下一个层面的情境意识。

(3) 投射:情境意识的最高层次是投射,预测系统在不久的将来会发生什么的能力。

通过使用直接操作和可视化/覆盖,无人机的行为是可预测的。该接口保持恒定的飞行参数,除非它接收到新的命令,在这种情况下它将寻求匹配新的参数。

4.5 小结

本章内容的目的是开发新一代服务机器人,能够支持人类进行所有需要能够与不受地面限制但在空中的环境积极安全地互动的活动。首先考虑部署问题,使用定位方法和最优控制方法。从不同的角度考虑了对具有各种感觉-运动能力的同质点无人机和异质组无人机的应用。巡逻是一个非常活跃的研究领域。配备有机载雷达或高分辨率成像有效载荷(如电光红外传感器)的无人机用于在周边监视任务中定位和跟踪目标。搜寻实际上结合了所有先前提出的机器人共性问题。自然的发展是超越简单的运动和观察,而与物体和固定环境进行交互;重点介绍了悬停时抓取和放回物体,将机器人操纵功能与无人机的范围,速度和垂直工作空间结合起来。最后一节说明了一组无人机如何合作运输单个有效载荷,以分配和最小化每个无人机的负载。

参考文献

[1] Aaron, E. ; Krizanc, D. ; Meyerson, E. : DMVP: Foremost waypoint coverage of time-varying graphs, In International Workshop on Graph-Theoretic Concepts in Computer Science, Vail de Nuria, Springer International Publishing, pp. 29-41, 2014.

[2] Abbasi, F. ; Mesbahi, A. ; Mohammadpour, J. : Team-based coverage control of moving sensor networks, In American Control Conference, pp. 5691-5696, 2016. DOI:10.1109/ACC.2016.7526561.

[3] Abdollahzadeh, S. ; Navimipour, N. J. : Deployment strategies in the wireless sensor network: A comprehensive review, Computer Communications, vol. 91, pp. 1-16, 2016.

[4] Acevedo, J. J. ; Arrue, B. C. ; Maza, L; Ollero, A. : Distributed approach for coverage and patrolling missions with a team of heterogeneous aerial robots under communication constraints, International Journal of Advanced Robotic Systems, vol. 10, pp. 1-13, 2013.

[5] Acevedo, J. J. ; Arrue, B. C. ; Diaz-Banez, J. M. ; Ventura, L; Maza, L; Ollero, A. : One-to one coordination algorithm for decentralized area partition in surveillance missions with a team of aerial robots, Journal of Intelligent and Robotic Systems, vol. 74, pp. 269-285, 2014.

[6] Acevedo, J. J. ; Arrue, B. C. ; Maza, L; Ollero, A. : A distributed algorithm for area partitioning in gridshape and vector-shape configurations with multiple aerial robots, Journal of Intelligent and Robotic Systems, vol. 84, pp. 543-557, 2015. DOI: 10.1007/sl0846-015-0272-5.

[7] Adaldo, A. : Event-triggered control of multi-agent systems: Pinning control, cloud coordination and sensor coverage, PhD thesis, Royal Institute of Technology, School of Electrical Engineering, Department of Automatic Control, 2016.

[8] Adams, H. ; Carlsson, G. : Evasion paths in mobile sensor networks, The International Journal of Robotics Research, vol. 34, pp. 90-104, 2015.

[9] Ahuja, R. K. ; Magnanti, T. L; Orlin, J. B. : Network Flows, Prentice-Hall, Englewood Cliffs, NJ, 1993.

[10] Akbas, M. ; Solmaz, G. ; Turgut, D. : Molecular geometry inspired positioning for aerial networks, Computer Networks, vol. 98, pp. 72-88, 2016.

[11] Al-Helal, H. ; Sprinkle, J. : UAV search: Maximizing target acquisition, In 17th IEEE International Conference and Workshops on Engineering of Computer Based Systems, Oxford, pp. 9-18, 2010.

[12] Alejo, D. ; Diaz-Banez, J. M. ; Cobano, J. A. ; Perez-Lantero, P. ; Ollero, A. : The velocity

assignment problem for conflict resolution with multiple UAV sharing airspace, Journal of Intelligent Robotics Systems, 2013. DOI: 10.1007/S10846-012-9768-4.

[13] Alejo, D.; Cobano, J. A.; Heredia, G.; Ollero, A.: Collision-free trajectory planning based on Maneuver Selection-Particle Swann Optimization, In IEEE International Conference on Unmanned Aircraft Systems, Denver, CO, pp. 72-81, 2015.

[14] Alighanbari, M.; Bertuccelli, L. F.; How, J. P.: A robust approach to the UAV task assignment problem, IEEE Confemce on Decision and Control, San Diego, CA, pp. 5935-5940, 2006.

[15] Alitappeh, R. J.; Jeddisaravi, K.; Guimaraes, F. G.: Multi-objective multi-robot deployment in a dynamic environment, Soft Computing, vol. 21, pp. 6481-6497, 2017.

[16] Althoff, D.; Kuffner, J.; Wbllherr, D.; Buss, M.: Safety assessment of robot trajectory for navigation in uncertain and dynamic environment, Autonomous Robots, vol. 32, pp. 285-302, 2010.

[17] Altshuler, Y.; Bruckstein, A. M.: Static and expanding grid coverage with ant robots: Complexity results, Theoretical Computer Science, vol. 41, pp. 4661-4674, 2011.

[18] Anderson, R. P.; Milutinovic, D.: A stochastic approach to Dubins vehicle tracking problems, IEEE Transactions on Automatic Control, vol. 59, pp. 2801-2806, 2014.

[19] Angelov, P.; Filev, D. P.; Kasabov, N.: Evolving Intelligent Systems, IEEE Press, Piscataway, NJ, 2010.

[20] Angelov, P.: Sense and Avoid in UAS: Research and Applications, Wiley Aerospace Series, Hoboken, NJ, 2012.

[21] Aragues, R.; Montijano, E.; Sagues, C.: Consistency data association in multi-robot systems with limited communications, In: Matsuoka, Y; Durrant-White, H.; Neira, J. (eds) Robotics, Science and Systems, The MIT Press, Cambridge, MA, pp. 97-104, 2010.

[22] Arezoumand, R.; Mashohor, S.; Marhaban, M. H.: Efficient terrain coverage for deploying wireless sensor nodes on multi-robot system, Intelligent Service Robotics, vol. 9, pp. 163-175, 2016.

[23] Arsie, A.; Frazzoli, E. Motion planning for a quantized control system on SO(3), In 46th IEEE Conference on Decision and Control, New Orleans, LA, pp. 2265-2270, 2007.

[24] Arslan, O.; Koditschek, D. E.: Vbronoi-based coverage control of heterogeneous disk-shaped robots, In IEEE International Conference on Robotics and Automation (ICRA), pp. 4259-4266, 2016. DOI: 10.1109/ICRA.2016.7487622.

[25] Arslan, O.; Koditschek, D. E.: Vbronoi-based coverage control of heterogeneous disk-shaped robots, In IEEE International Conference on Robotics and Automation, Singapore, pp. 4259-4266, 2016.

[26] Asmare, E.; Gopalan, A.; Sloman, M.; Dulay, N.; Lupu, E.: Self-management framework for mobile autonomous systems, Journal of Networked systems management, vol. 20, pp. 244-275, 2012.

[27] Atkins, E.; Moylan, G.; Hoskins, A.: Space based assembly with symbolic and continuous planning experts, IEEE Aerospace Conference, Big Sky, MT, 2006.

[28] Aurenhammer, F.: Vbronoi diagrams, a survey of fundamental geometric data structure, ACM Computing Surveys, vol. 23, pp. 345-405, 1991.

[29] Avanzini, G.: Frenet based algorithm for trajectory prediction, A1AA Journal of Guidance, Control and Dynamics, vol. 27, pp. 127-135, 2004.

[30] Avis, D.; Hertz, A.; Marcotte, O.: Graph Theory and Combinatorial Optimization, Springer Verlag, Berlin, Heidelberg, 2005.

[31] Aanian, N.; Kallem, V.; Kumar, V: Synthesis of feedback controllers for multiple aerial robots with geometric constraints, IEEE/RSJ International Conference on Intelligent Robots and Systems, San Francisco, CA, pp. 3126-3131, 2011.

[32] Babel, L.: Three dimensional route planning for unmanned aerial vehicles in a risk environment, Jouranl of Intelligent and Robotic Systems, 2012. DOI: 10.1007/sl0846-012-9773-7.

[33] Bakolas, E.; Tsiotras, P.: The Zermelo-Vbronoi diagram, a dynamic partition problem, Automatical vol. 46, pp. 2059-2067, 2012.

[34] Bakolas, E.; Tsiotras, P.: Feedback navigation in an uncertain flowfield and connections with pursuit strategies, AIAA Journal of Guidance, Control and Dynamics, vol. 35, pp. 1268-1279, 2012.

[35] Barbato, M.; Grappe, R.; Lacroix, M.; Calvo, R. W.: A set covering approach for the double traveling salesman problem with multiple stacks, In International Symposium on Combinatorial Optimization, pp. 260-272, 2016. DOI: 10.1007/978-3-319-45587-7-23.

[36] Baron, O.; Berman, O.; Krass, D.; Wang, Q.: The equitable location problem on the plane, European Journal of Operational Research, vol. 183, pp. 578-590, 2007.

[37] Basilico, N.; Amigoni, F.: Exploration strategies based on multi criteria decision making for searching environments in rescue operations, Autonomous Robots, vol. 31, pp. 401-407,2011.

[38] Bayat, B.; Crasta, N.; Crespi, A.; Pascoal, A. M.; Qspeert, A.: Environmental monitoring using autonomous vehicles: A survey of recent searching techniques, Current Opinion in Biotechnology, vol. 45, pp. 76-84, 2017.

[39] Bektas, T.: The multiple traveling salesman problem: An overview of formulations and solution procedures, Omega, vol. 34, pp. 209-219, 2006.

[40] Belkhouche, F.; Vadhva, S.; Vaziri, M.: Modeling and controlling 3D formations and flocking behavior of UAV, IEEE Information Reuse and Integration Conference, pp. 449-454, 2011. DOI: 10.1109ZIRI.2011.6009590.

[41] Bennet, D · Mclnnes, C.; Suzuki, Uchiyama, K.: Autonomous three-dimensional fonnation flight for a swarm of unmanned aerial vehicles, AIAA Journal of Guidance, Control and Dynamics, vol. 34, pp. 1899-1908, 2011.

[42] Berger, J. ; Boukhtouta, A. ; Benmoussa, A. ; Kettani, O. : A new mixed integer linear programming model for rescue path planning in uncertain adversarial environments, Computers and Operations Research, vol. 39, pp. 3420-3430, 2012.

[43] Berger, J. ; Lo, N. : An innovative multi-agent search-and-rescue path planning approach, Computers and Operations Research, vol. 53, pp. 24-31, 2015.

[44] Bernard, M. ; Kondak, K. ; Maza, L; Ollero, A. : Autonomous transportation and deployment with aerial robots for search and rescue missions, Journal of Field Robotics, vol. 28, pp. 914-931, 2011.

[45] Bernardini, S. ; Fox, M. ; Long, D. : Combining temporal planning with probabilistic reasoning for autonomous surveillance missions, Autonomous Robots, pp. 1-23, 2015. DOI: 10.1007/sl0514-015-9534-0.

[46] Bertsimas, D. ; VanRyzin, G. : The dynamic traveling repairman problem, MIT Sloan paper 3036-89-MS, 2011.

[47] Bertuccelli, L. F. ; Pellegrino, N. ; Cummings, M. L. : Choice modeling of relook tasks for UAV search mission, American Control Conference, Baltimore, MD, pp. 2410-2415, 2010.

[48] Bertsekas, D. P. : Dynamic Programming and Optimal Control, Athena Scientific, Nashua, NH, 1995.

[49] Besada-Portas, E. ; De La Torre, L. ; de la Cruz, J. M. ; de Andrs-Toro, B. : Evolutionary trajectory planner for multiple UAVs in realistic scenarios, IEEE Transactions on Robotics, vol. 26, pp. 619-634, 2010.

[50] Bestaoui, Y. ; Dahmani, H. ; Belharet, K. : Geometry of translational trajectories for an autonomous aerospace vehicle with wind effect, In 47th AIAA Aerospace Sciences Meeting, Orlando, FL, paper AIAA-1352, 2009.

[51] Bestaoui, Y: Geometric properties of aircraft equilibrium and non equilibrium trajectory arcs, In: Kozlowski, K. (ed.) Lectures Notes in Control and Information Sciences, Springer, Berlin, Heidelberg, pp. 1297-1307, 2009.

[52] Bestaoui, Y; Lakhlef, F. : Flight plan for an autonomous aircraft in a windy environment, In: Lozano, R. (ed.) Unmanned Aerial Vehicles Embedded Control, Wiley, Hoboken, NJ, 301-325, 2010. ISBN: 13-9781848211278.

[53] Bestaoui, Y. : Collision avoidance space debris for a space vehicle, IAASS Conference, Versailles, France, In ESA Special Publication, vol. 699, pp. 74-79, 2011.

[54] Bestaoui, Y: 3D flyable curve for an autonomous aircraft, ICNPAA World Congress on Mathematical Problems in Engineering, Sciences and Aerospace, AIR Vienna, pp. 132-139, 2012.

[55] Bestaoui, Y. ; Kahale, E. : Time optimal trajectories of a lighter than air robot with second order constraints and a piecewise constant velocity wind, AIAA Journal of Information Systems, vol. 10, pp. 155-171, 2013. DOI: 10.2514/1.55643.

[56] Bestaoui Sebbane, Y: Planning and Decision Making for Aerial Robots, Springer, Switzeland, 2014.

[57] Bircher, A. ; Kamel, M. ; Alexis, K. ; Bum, M. ; Oettershagen, P. ; Omari, S. ; Mantel, T. ; Siegwart, R. : Three dimensional coverage path planning via viewpoint resampling and tour optimization for aerial robots, Autonomous Robots, vol. 40, pp. 1059-1078, 2016.

[58] Bhatia, A. ; Maly, M. ; Kavraki, L. ; Vardi, M. : Motion planing with complex goals, IEEE Robotics and Automation Magazine, vol. 18, pp. 55-64, 2011.

[59] Bicho, E. ; Moreira, A. ; Carvalheira, M. ; Erlhagen, W. : Autonomous flight trajectory generator via attractor dynamics, Proceedings of IEEE/RSJ Intelligents Robots and Systems, vol. 2, pp. 1379-1385, 2005.

[60] Bijlsma, S. J. : Optimal aircraft routing in general wind fields, AIAA Journal of Guidance, Control, and Dynamics, vol. 32, pp. 1025-1029, 2009.

[61] Bloch, A. M. : Non Holonomics Mechanics and Control, Springer-Verlag, Berlin, 2003.

[62] Bolanos, R. ; Echeverry, M. ; Escobar, J. : A multi-objective non-dominated sorting genetic algorithm (NSGA-II) for the multiple traveling salesman problem, Decision Science Letters, vol. 4, pp. 559-568, 2015.

[63] Boizot, N. ; Gauthier, J. P. : Motion planning for kinematic systems, IEEE Transactions on Automatic Control, vol. 58, pp. 1430-1442, 2013.

[64] Boukraa, D. ; Bestaoui, Y; Azouz, N. : Three dimensional trajectory generation for an autonomous plane, The International Review of Aerospace Engineering, vol. 4, pp. 355-365, 2013.

[65] Braunl, T. : Embedded Robotics, Springer, Berlin, 2013.

[66] Breitenmoser, A. ; Schwager, M. ; Metzger, J. C. ; Siegwart, R. ; Rus, D. : Vbronoi coverage of non-convex environments with a group of networked robots, In IEEE International Conference on Robotics and Automation, Anchorage, AK, pp. 4982-4989, 2010.

[67] Brooks, A. ; Makarenko, A. ; Williams, S. ; Durrant-Whyte, H. : Parametric POMDP for planning in continuous state spaces, Robotics and Autonomous Systems, vol. 54, pp. 887-897, 2006.

[68] Brown Kramer, J. ; Sabalka, L. : Multidimensional online robot motion, 2009. arXiv preprint arXiv:0903.4696.

[69] Bryngelsson, E. : Multi-robot distributed coverage in realistic environments, MS thesis in Computer science, Chalmers University of Technology, Gothenburg, Sweeden, pp. 1-46, 2008.

[70] Budiyono, A. ; Riyanto, B. ; Joelianto, E. : Intelligent Unmanned Systems: Theory and Applications, Springer, Berlin, 2013.

[71] Bullo, F. ; Carli, R. ; Frasca, P. : Gossip coverage control for robotic networks: Dynamical systems on the space of partitions, SIAM Journal on Control and Optimization, vol. 50, pp. 419-447, 2012.

[72] Caccavale, F. ; Giglio, G. ; Muscio, G. ; Pierri, F. : Adaptive control for UAVs equipped with a robotic arm, In 19th World Congress of the the International Federation of Automatic Control, Cape Town, South Africa, pp. 11049-11054, 2014.

[73] Calvo, O. ; Sousa, A. ; Rozenfeld, A. ; Acosta, G. : Smooth path planning for autonomous

pipeline inspections, IEEE Multi-Conference on Systems, Signals and Devices, SSD' 09, IEEE, pp. 1-9, 2013. DOI: 978-1-4244-4346-8/09/.

[74] Campbell, S. ; Naeem, W. ; Irwin, G. W. : A review on improving the autonomy of unmanned surface vehicles through intelligent collision avoidance maneuvers, Annual Reviews in Control, vol. 36, pp. 267-283, 2013.

[75] Cano, R. ; Perez, C. ; Pruano, F. ; Ollero, A. ; Heredia, G. : Mechanical design of a 6-DOF aerial manipulator for assembling bar structures using UAVs, In 2nd RED-UAS Workshop on Research, Education and Development of Unmanned Aerial Systems, Compiegne, France, 2013.

[76] Cao, Y. ; Ren, W. : Multi vehicle coordination for double integrator dynamics under fixed undirected/directed interaction with a sampled data setting, International Journal of Robust and Nonlinear control, vol. 20, pp. 987-1000, 2010.

[77] Cao, Y. ; Yii, W. ; Ren, W. ; Chen G. : An overview of recent progress in the study of distributed multi-agent coordination, IEEE Transactions on Industrial Informatics, vol. 9, pp. 427-438, 2013.

[78] Carlsson, G. ; De Silva, V; Morozov, D. : Zigzag persistent homology and real-valued functions, Proceedings of the Annual Symposium on Computational Geometry, Aarhus, Denmark, pp. 247-256, 2009.

[79] Chakravarthy, A. ; Ghose, D. : Generalization of the collision cone approach for motion safety in 3D environments, Autonomous Robots, vol. 32, pp. 243-266, 2013.

[80] Chakravorty, S. ; Junkins, J. : A methodology for intelligent path planning, IEEE International Symposium on Mediterranean Control, Cyprus, pp. 592 - 597, 2005. DOI: 10. 1109/. 2005. 1467081.

[81] Chang D. E. : A simple proof of the Pontryaguin maximum principle on manifolds, Automatic^ vol. 47, pp. 630-633, 2013.

[82] Chaumont, N. ; Adami, C. : Evolution of sustained foraging in three-dimensional environments with physics, Genetic Programming and Evolvable Machines, vol. 17, pp. 359-390, 2016.

[83] Chavel, I. (ed.): Eigenvalues in Riemannian Geometry, Academic Press, Cambridge, MA, 2013.

[84] Cheng, C. E; Tsai, K. T. : Encircled belt-barrier coverage in wireless visual sensor networks, Pervasive and Mobile Computing, 2017. DOI: 10. 1016/j. pmcj. 2016. 08. 005.

[85] Choset, H. : Coverage of known spaces: The Boustrophedon cellular decomposition, Autonomous Robots, vol. 9, pp. 247-253, 2000.

[86] Choset, H. ; Lynch, K. ; Hutchinson, S. ; Kantor, G. ; Burgard, W. ; Kavraki, L. ; Thrum, S. : Principles of Robot Motion, Theory, Algorithms and Implementation, The MIT Press, Cambridge, MA, 2013.

[87] Chryssanthacopoulos, J. ; Kochender, M. J. : Decomposition methods for optimized collision avoidance with multiple threats, A1AA Journal of Guidance, Control and Dynamics, vol. 35,

pp. 368-405, 2013.

[88] Clelland, J. N.; Moseley, C.; Wilkens, G.: Geometry of control affine systems, Symmetry, Integrability and Geometry Methods and Applications (SIGMA5), vol. 5, pp. 28-45, 2013.

[89] Cook, W. J.: In Pursuit of the Traveling Salesman: Mathematics at the Limits of Computation, Princeton University Press, Princeton, NJ, 2013.

[90] Coradeschi, S.; Saffiotti, A.: Anchoring symbols to sensor data: Preliminary report, In AAAI/IAAI American Association for Artificial Intelligence, Austin, TX, pp. 129-135, 2000.

[91] Coradeschi, S.; Saffiotti, A.: An introduction to the anchoring problem, Robotics and Autonomous Systems, vol. 43, pp. 85-96, 2003.

[92] Cormen, T. H.: Introduction to Algorithms, The MIT Press, Cambridge, MA, 2013.

[93] Cotta, C.; Van Hemert, L: Recent Advances in Evolutionary Computation for Combinatorial Optimization, Springer, Berlin, 2008.

[94] Couceiro, M. S.; Figueiredo, C. M.; Rocha, R. P.; Ferreira, N. M.: Darwinian swarm exploration under communication constraints: Initial deployment and fault-tolerance assessment, Robotics and Autonomous Systems, vol. 62, pp. 528-544, 2014.

[95] Cruz G. C. S.; Encamacao R M.: Obstacle avoidance for unmanned aerial vehicles, Journal of Intelligent and Robotics Systems, vol. 65, pp. 203-217, 2013.

[96] Czyzowicz, J.; Kranakis, E.; Krizanc, D.; Narayanan, L.; Opatrny, J.: Optimal online and offline algorithms for robot-assisted restoration of barrier coverage, In International Workshop on Approximation and Online Algorithms, Wroclaw, Poland, Springer International Publishing, pp. 119-131, 2014.

[97] Dai, R.; Cochran, J. E.: Path planning and state estimation for unmanned aerial vehicles in hostile environments, AIAA Journal of Guidance, Control and Dynamics, vol. 33, pp. 595-601, 2013.

[98] Dai, X.; Jiang, L.; Zhao, Y.: Cooperative exploration based on supervisory control of multi-robot systems, Applied Intelligence, vol. 45, pp. 1-12, 2016.

[99] Dantzig, G.; Fulkerson, R.; Johnson, S.: Solution of a large-scale traveling-salesman problem, Journal of the Operations Research Society of America, vol. 2, pp. 393-410, 2013.

[100] Dantzig, G. B.; Ramser, J. H.: The truck dispatching problem, Management Science, vol. 6, pp. 80-91,2013.

[101] Dasgupta, P.: Multi-robot task allocation for performing cooperative foraging tasks in an initially unknown environment, In: Jain, L.; Aidman, E.; Abeynayake, C. (eds) In Innovations in Defence Support Systems, Springer, Berlin, Heidelberg, pp. 5-20, 2011.

[102] De Filippis, L.; Guglieri, G.: Path planning strategies for UAV in 3D environments, Journal of Intelligent and Robotics Systems, vol. 65, pp. 247-264, 2013.

[103] Delahaye, D.; Puechmurel, S.; Tsiotras, R; Feron, E.: Mathematical models for aircraft design: A survey, In: In Air Traffic Management and Systems, Springer, Berlin, Heidelberg, pp. 205-247, 2013.

[104] Deng, Q. ; Yii, J. ; Mei, Y. : Deadlock free consecutive task assignment of multiple heterogeneous unmanned aerial vehicles, AIAA Journal of Aircraft, vol. 51, pp. 596-605, 2013.

[105] Devasia, S. : Nonlinear minimum-time control with pre- and post-actuation, Automatica, vol. 47, pp. 1379-1387, 2013.

[106] Dicheva, S. ; Bestaoui, Y. : Route finding for an autonomous aircraft, AIAA Aerospace Sciences Meeting, Orlando, FL, vol. 10, pp. 6-2011, 2013.

[107] Dille, M. ; Singh, S. : Efficient aerial coverage search in road networks, In AIAA Guidance, Navigation, and Control (GNC) Conference, Boston, MA, pp. 5094-5109, 2013.

[108] Dimarogonas, D. ; Loizon, S. J. ; Kyriakopoulos, K. ; Zavlanos, M. : A feedback stabilization and collision avoidance scheme for multiple independent non point agents, Automatica, vol. 42, pp. 229-243, 2006.

[109] Ding, H. ; Castanon, D. : Fast algorithms for UAV tasking and routing, In IEEE Conference on Control Applications (CCA), Buenos Aires, Argentina, pp. 368-373, 2016.

[110] Dubins, L. E. : On curves of minimal length with a constraint on average curvature and with prescribed initial and terminal positions and tangents, American Journal of Mathematicsvol. 79, pp. 497-517, 2013.

[111] Duan, H. ; Zhang, X. ; Wu, J. ; Ma, G. : Max-min adaptive ant colony optimization approach to multi UAV coordianates trajectory replanning in dynamic and uncertain environments, Journal of Bionic Engineering, vol. 6, pp. 161-173, 2009.

[112] Durham, J. W. ; Carli, R. ; Bullo, F. : Pairwise optimal discrete coverage control for gossiping robots, In 49th IEEE Conference on Decision and Control^ Atlanta, pp. 7286-7291, 2010.

[113] Durham, J. W. ; Carli, R. ; Frasca, P. ; Bullo, F. : Discrete partitioning and coverage control for gossiping robots, IEEE Transactions on Robotics, vol. 28, pp. 364-378, 2012.

[114] Edison, E. ; Shima, T. : Integrating task assignment and path optimization for cooperating UAV using genetic algorithms, Computers and Operations Research, vol. 38, pp. 340-356, 2011.

[115] Eele, A. ; Richards, A. : Path planning with avoidance using nonlinear branch and bound optimization, AIAA Journal of Guidance, Control and Dynamics, vol. 32, pp. 384-394, 2013.

[116] El Ferik, S. ; Thompson, O. R. : Biologically inspired control of a fleet of UAVs with threat evasion strategy, Asian Journal of Control, vol. 18, pp. 2283-2300, 2016.

[117] Enes, A. ; Book, W. : Blended shared control of Zermelo5s navigation problem, American Control Conference. Baltimore, MD, pp. 4307-4312, 2013.

[118] Enright, J. J. ; Savla, K. ; Frazzoli, E. ; ;Bullo, F. : Stochastic routing problems for multiple UAV,AIAA Journal of Guidance, Control and Dynamics, vol. 32, pp. 1152-116, 2009.

[119] Ergezer, H. ; Leblebiciolu, K. : 3-D path planning for multiple UAVs for maximum information collection, Journal of Intelligent and Robotic Systems, vol. 73, pp. 737-762, 2014.

[120] Evers, L. ; Dollevoet, T. ; Barros, A. L; Monsuur, H. : Robust UAV mission planning, Annals of Operations Research, vol. 222, pp. 293-315, 2014.

[121] Evers, L. ; Barros, A. L; Monsuur, H. ; Wagelmans, A. : Online stochastic UAV mission planning with time windows and time-sensitive targets, European Journal of Operational Research, vol. 238, pp. 348-362, 2014.

[122] Faied, M. ; Mostafa, A. ; Girard, A. : Dynamic optimal control of multiple depot routing problem with metric temporal logic, IEEE American Control Conference, Saint Louis, MO, pp. 3268-3273, 2009.

[123] Farault, J. : Analysis on Lie Groups: An Introduction (Cambridge Studies in Advanced Mathematics), Cambridge University Press, Cambridge, MA, 2013.

[124] Farouki, R. T. : Pythagorean Hodograph Curves, Springer, Berlin, 2013.

[125] Field, E. ; Harris, D. : A comparative survey of the utility of cross-cockpit linkages and autoflight systems5 backfeed to the control inceptors of commercial aircraft, Ergonomics, vol. 41, pp. 1462-1477, 1998.

[126] Foka, A. ; Trahanias, P. : Real time hierarchical POMDP for autonomous robot navigation, Robotics and Autonomous Systems, vol. 55, pp. 561-571, 2013.

[127] Foo, J. ; Knutzon, J. ; Kalivarapu, V; Oliver, J. ; Winer, E. : Path planning of UAV using B-splines and particles swarm optimization, AIAA Journl of Aerospace Computing, Information and Communication, vol. 6, pp. 271-290.

[128] Forstenhaeusler, M. ; Funada, R. ; Hatanaka, T. ; Fujita, M. : Experimental study of gradient-based visual coverage control on SO (3) toward moving object/human monitoring, In American Control Conference, pp. 2125-2130, 2015. DOI: 10. 1109/ACC. 2015. 7171047.

[129] Fraccone, G. C. ; Valenzuela-Vega, R. ; Siddique, S. ; Vblovoi, V: Nested modeling of hazards in the national air space system, AIAA Journal of Aircraft, 2013. DOI: 10. 2514/ 1,C031690.

[130] Fraichard, T. ; Scheuer, A. : From Reeds and Shepp * s to continuous curvature paths, IEEE Transactions on Robotics, vol. 20, pp. 1025-10355, 2013.

[131] Franchi, A. ; Bulthoff, H. H. ; Giordano, P. R. : Distributed online leader selection in the bilateral teleoperation of multiple UAVs, In 50th IEEE Conference on Decision and Control and European Control Conference, pp. 3559-3565, 2011. DOI: 10. 1109/CDC. 2011. 6160944.

[132] Franchi, A. ; Stegagno, P. ; Oriolo, G. : Decentralized multi-robot target encirclement in 3D space, 2013. arXiv preprint arXiv:1307. 7170.

[133] Fraser, C. ; Bertucelli, L. ; Choi, H. ; How, J. : A hyperparameter consensus method for agreement under uncertainty, Automatical vol. 48, pp. 374-380, 2012.

[134] Frederickson, G. ; Wittman, B. : Speedup in the traveling repairman problem with unit time window, arXiv: 0907. 5372 \[cs. DS\]

[135] Frost, J. R. ; Stone, L. D. : Review of search theory: Advances and application to search and rescue decision support, U. S. Coast Guard Research and Development Center, report CG-D-

15-01, 2001.
[136] Fumagalli, M.; Naldi, R.; Macchelli, A.; Forte, F.; Keemink, A. Q.; Stramigioli, S.; Carloni, R.; Marconi, L.: Developing an aerial manipulator prototype: Physical interaction with the environment, IEEE Robotics and Automation Magazine, vol. 21, pp. 41-50, 2014.
[137] Funabiki, K.; Ijima, T.; Nojima, T.: Method of trajectory generation for perspective flight path display in estimated wind condition, AIAA Journal of Aerospace Information Systems, vol. 10. pp. 240-249, 2009. DOI: 10.2514/1.37527.
[138] Furini, F.; Ljubic, L; Sinnl, M.: An effective dynamic programming algorithm for the minimumcost maximal knapsack packing problem, European Journal of Operational Research, 2017. DOI: 10.1016/j.ejor.2017.03.061.
[139] Galceran, E.; Carreras, M.: A survey on coverage path planning for robotics, Robotics and Autonomous Systems, vol. 61, pp. 1258-1276, 2013.
[140] Galceran, E.; Campos, R.; Palomeras, N.; Ribas, D.; Carreras, M.; Ridao, P.: Coverage path planning with real time replanning and surface reconstruction for inspection of three dimensional underwater structures using autonomous underwater vehicles, Journal of Field Robotics, vol. 32, pp. 952-983, 2015.
[141] Gao, C.; Zhen, Z.; Gong, H.: A self-organized search and attack algorithm for multiple unmanned aerial vehicles, Aerospace Science and Technology, vol. 54, pp. 229-240, 2016.
[142] Garcia, E.; Casbeer, D. W.: Cooperative task allocation for unmanned vehicles with communication delays and conflict resolution, AIAA Journal of Aerospace Information Systems, vol. 13, pp. 1-13, 2016.
[143] Garone, E.; Determe, J. F.; Naldi, R.: Generalized traveling salesman problem for carrier-vehicle system, AIAA Journal of Guidance, Control and Dynamics, vol. 37, pp. 766-774, 2009.
[144] Garzon, M.; Valente, J.; Roldan, J. J.; Cancar, L.; Barrientos, A.; Del Cerro, J.: A multirobot system for distributed area coverage and signal searching in large outdoor scenarios, Journal of Field Robotics, vol. 33, pp. 1096-1106, 2016.
[145] Gattani, A.; Benhardsson, B.; Rantzer, A.: Robust team decision theory, IEEE Transactions on Automatic Control, vol. 57, pp. 794-798, 2012.
[146] Gaynor, P.; Coore, D.: Towards distributed wilderness search using a reliable distributed storage device built from a swarm of miniature UAVs, In International Conference on Unmanned Aircraft Systems (ICUAS), pp. 596-601, 2014. DOI: 10.1109/ICUAS.2014.6842302.
[147] Gazi, V; Fidan, B.: Coordination and control of multi-agent dynamic systems: Modes and apporaches, In: Sahin, E. (ed) Swarm Robotics, LNCS 4433, Springer, Berlin, pp. 71-102, 2007.
[148] Geramifard, A.; Redding, J.; Joseph, J.; Roy, N.; How, J.: Model estimation within planning and learning, American Control Conference, Montreal, pp. 793-799, 2012.
[149] Giardinu, G.; Kalman-Nagy, T.: Genetic algorithms for multi agent space exploration, AIAA

In- fotech@ Aerospace Conference, Honolulu, HI, paper AIAA2007-2824, 2007.

[150] Glad, A. ; Buffet, O. ; Simonin, O. ; Charpillet, F. : Self-organization of patrolling-ant algorithms, IEEE 7th International Conference on Self-Adaptive and Self-Organizing Systems^ San Francisco, CA, pp. 61-70, 2009.

[151] Goel, A. ; Gruhn, V: A general vehicle routing problem, European Journal of Operational Research, vol. 191, pp. 650-660, 2008.

[152] Goerzen, C. ; Kong, Z. ; Mettler, B. : A survey of motion planning algorithms from the perspective of autonomous UAV guidance, Journal of Intelligent Robot Systems, vol. 20, pp. 65-100, 2010.

[153] Gorain, B. ; Mandal, P. S. : Solving energy issues for sweep coverage in wireless sensor networks, Discrete Applied Mathematics, 2016. DOI: 10. 1016/j. dam. 2016. 09. 028.

[154] Grace, J. ; Baillieul, J. : Stochastic strategies for autonomous robotic surveillance, IEEE Conference on Decision and Control, Seville, Spain, pp. 2200-2205, 2005.

[155] Greengard, C. ; Ruszczynski, R. : Decision Making under Uncertainty: Energy and Power, Springer, Berlin, 2002.

[156] Guerrero, J. A. ; Bestaoui, Y: UAV path planning for structure inspection in windy environments, Journal of Intelligent and Robotics Systems, vol. 69, pp. 297-311, 2013.

[157] Guha, S. ; Munagala, K. ; Shi, P. : Approximation algorithms for restless bandit problems, Journal of the ACM, vol. 58, 2010. DOI: 10. 1145/1870103. 1870106.

[158] Gusrialdi, A. ; Hirche, S. ; Hatanaka, T. ; Fujita, M. : Vbronoi based coverage control with anisotropic sensors, In 53rd Proceedings of American Control Conference, Seattle, WA, pp. 736-741, 2008.

[159] Habib, Z. ; Sakai, M. : Family of G2 cubic transition curves, IEEE International Conference on Geometric Modeling and Graphics, London, pp. 117-122, 2003.

[160] Hameed, T. A. : Intelligent coverage path planning for agricultural robots and autonomous machines on three dimensional terrain, Journal of Intelligent Robot Systems, vol. 74, pp. 965-983, 2014.

[161] Hansen, E. A. ; Bernstein, D. S. ; Zilberstein, S. : Dynamic programming for partially observable stochastic games, In AAAI Conference on Artifical Intelligence, vol. 4, pp. 709-715, 2004.

[162] Hatanaka, T. ; Funada, R. ; Fujita, M. : 3-D visual coverage based on gradient descent algorithm on matrix manifolds and its application to moving objects monitoring, In 2014 American Control Conference, pp. 110-116, 2014. DOI: 10. 1109/ACC. 2014. 6858663.

[163] Hazon, N. ; Gonen, M. ; Kleb, M. : Approximation and heuristic algorithms for probabilistic physical search on general graphs, 2015. arXiv preprint arXiv: 1509. 08088.

[164] Heintz, F. ; Kvamstrom, J. ; Doherty, P. : Stream-based hierarchical anchoring, KI-Kunstliche Intelligenz, vol. 27, pp. 119-128, 2013.

[165] Holdsworth, R. : Autonomous in flight path planning to replace pure collision avoidance for free

flight aircraft using automatic dependent surveillance broadcast, PhD thesis, Swinburne University, 2003.
[166] Hong, Y; Kim, D. ; Li, D. ; Xu, B. ; Chen, W. ; Tokuta, A. O. : Maximum lifetime effective-sensing partial target-coverage in camera sensor networks, In 11th IEEE International Symposium on Modeling and Optimization in Mobile, Ad Hoc and Wireless Networks (WiOpt), Tsukuba Science City, Japan, pp. 619-626, 2013.
[167] Holt, J. ; Biaz, S. ; Aj, C. A. : Comparison of unmanned aerial system collision avoidance algorithm in a simulated environment, AIAA Journal of Guidance, Control, and Dynamics, vol. 36, pp. 881-883, 2013.
[168] Holzapfel, F. ; Theil, S. (eds): Advances in Aerospace Guidance, Navigation and Control, Springer, Berlin, 2011.
[169] Hota, S. ; Ghose, D. : Optimal trajectory planning for unmanned aerial vehicles in three-dimensional space, AIAA Journal of Aircraft, vol. 51, pp. 681-687, 2014.
[170] Hota, S. ; Ghose, D. : Time optimal convergence to a rectiHnear path in the presence of wind, Journal of Intelligent and Robotic Systems, vol. 74, pp. 791-815, 2014.
[171] Howlett, J. K. ; McLain, T. ; Goodrich, M. A. : Learning real-time A * path planner for unmanned air vehicle target sensing, AIAA Journal of Aerospace Computing, Information and Communication, vol. 23, pp. 108-122, 2006.
[172] Hsu, D. ; Isler, V; Latombe, J. C. ; Lin, M. C. : Algorithmic Foundations of Robotic, Springer, Berlin, 2010.
[173] Huang, Z. ; Zheng, Q. P. ; Pasiliao, E. L. ; Simmons, D. : Exact algorithms on reliable routing problems under uncertain topology using aggregation techniques for exponentially many scenarios, Annals of Operations Research, vol. 249, pp. 141-162, 2017.
[174] Hunt, S. ; Meng, Q. ; Hinde, C. ; Huang, T. : A consensus-based grouping algorithm for multi-agent cooperative task allocation with complex requirements, Cognitive Computation, vol. 6, pp. 338-350, 2014.
[175] Hutter, M. : Universal Artificial Intelligence, Sequential Decisions Based on Algorithmic Probability, Springer, Berlin, 2005.
[176] Huynh, U. ; Fulton, N. : Aircraft proximity termination conditions for 3D turn centric modes, Applied Mathematical Modeling, vol. 36, pp. 521-544, 2012.
[177] Ibarguren, A. ; MoHna, J. ; Susperregi, L. ; Maurtua, L: Thermal tracking in mobile robots for leak inspection activities, Sensors, vol. 13, pp. 13560-13574, 2013.
[178] Ibe, O. ; Bognor, R. : Fundamentals of Stochastic Networks, Wiley, Hoboken, NJ, 2011.
[179] Igarashi, H. ; Loi. K: Path-planning and navigation of a mobile robot as a discrete optimisation problems, Art Life and Robotics, vol. 5, pp. 72-76, 2001.
[180] Innocenti, M. ; Pollini, L. ; Turra, D. : Guidance of unmanned air vehicles based on fuzzy sets and fixed way-points, AIAA Journal on Guidance, Control and Dynamics, vol. 27, pp. 715-720, 2002.

[181] Itani, S. ; Frazzoli, E. ; Dahleh, M. A. : Dynamic traveling repair-person problem for dynamic systems, In IEEE Conference on Decision and Control, Cancun, Mexico, pp. 465-470, 2008.

[182] Itoh, H. ; Nakamura, K. : Partially observable Markov decision processes with imprecise parameters, Artificial Intelligence, vol. 171, pp. 453-490, 2007.

[183] Jaklic, G. ; Kozak, J. ; Krajnc, M. ; Vitrih, V; Zagar, E. : Geometric lagrange interpolation by planar cubic Pythagorean hodograph curves, Computer Aided Design, vol 25, pp. 720-728, 2008.

[184] Jardin, M. R. ; Bryson, A. E. : Neighboring optimal aircraft guidance in winds, AIAA Journal of Guidance, Control and Dynamics, vol. 24, pp. 710-715, 2001.

[185] Jardin, M. R. ; Bryson, A. E. : Methods for computing minimum time paths in strong winds, AIAA Journal of Guidance, Control and Dynamics, vol. 35, pp. 165-171, 2012.

[186] Jennings, A. L. ; Ordonez, R. ; Ceccarelli, N. : Dynamic programming applied to UAV way point path planning in wind, IEEE International Symposium on Computer-Aided Control System Design, San Antonio, TX, pp. 215-220, 2008.

[187] Jiang, Z. ; Ordonez, R. : Robust approach and landing trajectory generation for reusable launch vehicles in winds, In 17th IEEE International Conference on Control Applications, San Antonio, TX, pp. 930-935, 2008.

[188] Johnson, B. ; Lind, R. : Three dimensional tree-based trajectory planning with highly maneuverable vehicles, In 49th AIAA Aerospace Sciences Meeting, Orlando, FL, paper AIAA2011-1286, 2011.

[189] Jung, S. ; Ariyur, K. B. : Enabling operational autonomy for unmanned aerial vehicles with scalability, AIAA Journal of Aerospace Information Systems, vol. 10, pp. 517-529, 2013.

[190] Kampke, T. ; Elfes, A. : Optimal aerobot trajectory planning for wind based opportunity flight control, IEEE/RSJ International Conference on Intelligent Robots and Systems, Las Vegas, NV, pp, 67-74,2003.

[191] Kang, Y. ; Caveney, D. S. ; Hedrick, J. S. : Real time obstacle map building with target tracking, AIAA Journal of Aerospace Computing, Information and Communication, vol. 5, pp. 120-134, 2008.

[192] Kaelbling, L. ; Littman, M. ; Cassandra, A. : Planning and acting in partially observable stochastic domains, Artificial Intelligence, vol. 101, pp. 99-134, 1998.

[193] Kalyanam, K. ; Chandler, P. ; Pachter, M. ; Darbha, S. : Optimization of perimeter patrol operations using UAV, AIAA Journal of Guidance, Control and Dynamics, vol. 35, pp. 434-441, 2012.

[194] Kalyanam, K. ; Park, M. ; Darbha, S. ; Casbeer, D. ; Chandler, P. ; Pachter, M. : Lower bounding linear program for the perimeter patrol optimization, AIAA Journal of Guidance, Control and Dynamics, vol. 37, pp. 558-565, 2014.

[195] Khatib, O. : Real time obstacle avoidance for manipulators and mobile robots, IEEE Intererna-

tional Conference on Robotics and Automation^ Saint Louis, MO, pp. 500-505, 1985.

[196] Kothari, M.; Postlethwaite, L; Gu, D. W.: UAV path following in windy urban environments, Journal of Intelligent and Robotic Systems, vol. 74, pp. 1013-1028, 2014.

[197] Kluever, C. A.: Terminal guidance for an unpowered reusable launch vehicle with bank constraints, AIAA Journal of Guidance, Control, and Dynamics, vol. 30, no. 1, pp. 162-168, 2007.

[198] Kuwata, Y.; Schouwenaars, T.; Richards, A.; How, J.: Robust constrained receding ·horizon control for trajectory planning, AIAA Conference on Guidance, Navigation and Control, San Francisco, CA, 2005.

[199] Kalra, N.; Martinoli, A.: Optimal multiplicative Bayesian search for a lost target, In: Asama, H.; Fukuda, T.; Arai, T.; Endo, I. (eds) In Distributed Autonomous Robotic Systems, Springer, Japan, pp. 91-101, 2006.

[200] Kalyanam, K.; Chandler, P.; Pachter, M.; Darbha, S.: Optimization of perimeter patrol operations using unmanned aerial vehicles, AIAA Journal of Guidance, Control and Dynamics, vol. 35, pp. 434-441, 2012.

[201] Kalyanam, K.; Park, M.; Darbha, S.; Casbeer, D.; Chandler, P.; Pachter, M.: Lower bounding linear program for the perimeter patrol optimization problem, AIAA Journal of Guidance, Control, and Dynamics, vol. 37, pp. 558-565, 2014.

[202] Kantaros; Thanou, M.; Tzes, A.: Distributed coverage control for concave areas by a heterogeneous robot swarm with visibility sensing constraints, Automatica, vol. 53, pp. 195-207, 2015.

[203] Ke, L.; Zhai, L.; Li, J.; Chan, F. T.: Pareto mimic algorithm: An approach to the team orienteering problem, Omega, vol. 61, pp. 155-166, 2016.

[204] Kerkkamp, R. B. O.; Aardal, K.: A constructive proof of swap local search worst-case instances for the maximum coverage problem, Operations Research Letters, vol. 44, pp. 329-335, 2016.

[205] Khan, A.; Noreen, L; Ryu, H.; Doh, N. L.; Habib, Z.: Online complete coverage path planning using two-way proximity search, Intelligent Service Robotics, pp. 1-12, 2017. DOI: 10.1007/sl 1370-017- 0223-z.

[206] Kim, S.; Oh, H.; Suk, J.; Tsourdos, A.: Coordinated trajectory planning for efficient communication relay using multiple UAVs, Control Engineering Practice, vol. 29, pp. 42-49, 2014.

[207] Kiraly, A.; Christidou, M.; Chovan, T.; Karlopoulos, E.; Abonyi, J.: Minimization of off-grade production in multi-site multi-product plants by solving multiple traveling salesman problem, Journal of Cleaner Production, vol. Ill, pp. 253-261, 2016.

[208] Klein, R.; Kriesel, D.; Langetepe, E.: A local strategy for cleaning expanding cellular domains by simple robots, Theoretical Computer Science, vol. 605, pp. 80-94, 2015.

[209] Kondak, K.; Ollero, A.; Maza, L; Krieger, K.; Albu-Schaeffer, A.; Schwarzbach, M.;

Laiacker, M. : Unmanned aerial systems physically interacting with the environment: Load transportation, deployment, and aerial manipulation, In: Valavanis, K. P. ; Vachtsevanos, G. J. (eds) In Handbook of Unmanned Aerial Vehicles, Springer, Netherlands, pp. 2755-2785, 2015.

[210] Korpela, C. ; Orsag, M. ; Oh, P: Towards valve turning using a dual-arm aerial manipulator, In IEEE/RSJ International Conference on Intelligent Robots and Systems, pp. 3411-3416, 2014. DOI: 10.1109/IROS.2014.6943037.

[211] Korsah, G. A. ; Stentz, A. ; Dias, M. B. : A comprehensive taxonomy for multi-robot task allocation, The International Journal of Robotics Research, vol. 32, pp. 1495-1512, 2013.

[212] Koubaa, A. ; Cheikhrouhou, O. ; Bennaceur, H. ; Sriti, M. F. ; Javed, Y; Ammar, A. : Move and nnnprove: A market-based mechanism for the multiple depot multiple travelling salesmen problem, Journal of Intelligent and Robotic Systems, vol. 85, pp. 307-330, 2017.

[213] Kriheli, B. ; Levner, E. : Optimal search and detection of clustered hidden targets under imperfect inspections, 1FAC Proceedings Volumes, vol. 46, pp. 1656-1661, 2016.

[214] Kumar, G. P. ; Berman, S. : The probabilistic analysis of the network created by dynamic boundary coverage, 2016, arXiv preprint arXiv: 1604.01452.

[215] Lalish, E. ; Morgansen, K. A. : Distributed reactive collision avoidance, Autonomous Robots, vol. 32, pp. 207-226, 2012.

[216] Lam, T. M. ; Boschloo, H. W. ; Mulder, M. ; Van Paassen, M. M. : Artificial force field for haptic feedback in UAV teleoperation, IEEE Transactions on Systems, Man and Cybernetics, Part A: Systems and Humans, vol. 39, pp. 1316-1330, 2009.

[217] Lee, S. K. ; Becker, A. ; Fekete, S. P. ; Kroller, A. ; McLurkin, J. : Exploration via structured triangulation by a multi-robot system with bearing-only low-resolution sensors, In IEEE International Conference on Robotics and Automation, Hong Kong, pp. 2150-2157, 2014.

[218] Levine, D. ; Luders, B. ; How, J. P. : Information-theoretic motion planning for constrained sensor networks, AIAA Journal of Aerospace Information Systems, vol. 10, pp. 476-496, 2013.

[219] Li, W. ; Wu, Y. : Tree-based coverage hole detection and healing method in wireless sensor networks, Computer Networks, vol. 103, pp. 33-43, 2016.

[220] Liemhetcharat, S. ; Yan, R. ; Tee, K. P. : Continuous foraging and information gathering in a multi-agent team, In Proceedings of the International Coherence on Autonomous Agents and Multiagent Systems, Stanbul, Turkey, pp. 1325-1333, 2015.

[221] Lee, S. G. ; Diaz-Mercado, Y; Egerstedt, M. : Multirobot control using time-varying density functions, IEEE Transactions on Robotics, vol. 31, pp. 489-493, 2015.

[222] Le Ny, J. ; Pappas, G. J. : Adaptive algorithms for coverage control and space partitioning in mobile robotic networks, 2010, arXiv preprint arXiv: 1011.0520.

[223] Le Ny, J. ; Feron, E. ; Frazzoli, E. : On the Dubins traveling salesman problem, IEEE Transactions on Automatic Control, vol. 57, pp. 265-270, 2012.

[224] Leonard, N. E. ; Olshevsky, A. : Nonuniform coverage control on the line, IEEE Transactions on Automatic Control, vol. 58, pp. 2743-2755, 2013.

[225] Liu, L. ; Zlatanova, S. : An approach for indoor path computation among obstacles that considers user dimension, ISPRS International Journal of Geo-Information, vol. 4, pp. 2821-2841, 2015.

[226] Lu, X. : Dynamic and stochastic routing optimization: Algorithmic development and analysis, PhD thesis, University of California, Irvine, CA, 2001.

[227] Maftuleac, D. ; Lee, S. K. ; Fekete, S. P. ; Akash, A. K. ; Lopez-Ortiz, A. ; McLurkin, J. : Local policies for efficiently patrolling a triangulated region by a robot swarm, In IEEE International Conference on Robotics and Automation (ICRA), Seattle, WA, pp. 1809-1815, 2015.

[228] Maravall, D. ; De Lope, J. ; Martin, J. A. : Hybridizing evolutionary computation and reinforcement learning for the design of almost universal controllers for autonomous robots, Neurocomputing, vol. 72, pp. 887-894, 2009.

[229] Marier, J. S. ; Besse, C. ; Chaib-Draa, B. : A Markov model for multiagent patrolling in continuous time, In Neural Information Processing: 16th International Conference^ ICONIP 2009, Bangkok, Thailand, pp. 648-656, 2009.

[230] Matveev, A. S. ; Teimoori, H. ; Savkin, A. : Navigation of a uni-cycle like mobile robot for environmental extremum seeking, Automatica, vol. 47, pp. 85-91, 2011.

[231] Maza, L; Kondak, K. ; Bernard, M. ; Ollero, A. : Multi-UAV cooperation and control for load transportation and deployment, Journal of Intelligent and Robotic Systems, vol. 57, pp. 417-449, 2010.

[232] Miller, L. M. ; Silverman, Y. ; Maclver, M. A. ; Murphey, T. D. : Ergodic exploration of distributed information, IEEE Transactions on Robotics, vol. 32, pp. 36-52, 2016.

[233] Mladenovic, N. ; Brimberg, J. ; Hansen, P. ; Moreno-Perez, J. A. : The p-median problem: A survey of metaheuristic approaches, European Journal of Operational Research^ vol. 179, pp. 927-939, 2007.

[234] Mufalli, F. ; Batta, R. ; Nagi, R. : Simultaneous sensor selection and routing of UAV for complex mission plans, Computers and Operations Research, vol. 39, pp. 2787-2799, 2012.

[235] Nenchev, V; Cassandras, C. G. ; Raisch, J. : Optimal control for a robotic exploration, pick-up and delivery problem, 2016. arXiv preprint arXiv: 1607.01202.

[236] Nestmeyer, T. ; Giordano, P. R. ; Bulthoff, H. H. ; Franchi, A. : Decentralized simultaneous multi-target exploration using a connected network of multiple robots, Autonomous Robots, pp. 1-23, 2016. DOI: 10.1007/S10514-016-9578-9.

[237] Nourani-Wtani, N. : Coverage algorithms for under-actuated car-like vehicle in an uncertain environment, PhD thesis, Technical University of Denmark, Lyngby, 2006.

[238] Obermeyer, K. J. ; Ganguli, A. ; Bullo, F. : Multi-agent deployment for visibility coverage in polygonal environments with holes, International Journal of Robust and Nonlinear Control, vol.

21, pp. 1467-1492, 2011.

[239] Obermeyer, K.; Oberlin, P.; Darbha, S.: Sampling based path planning for a visual reconnaissance UAV, AIAA Journal of Guidance, Control and Dynamics, vol. 35, pp. 619-631, 2012.

[240] Okabe, A.; Boots, B.; Sugihara, K.; Chiu, S. N.: Spatial tessellations: Concepts and applications of Vbronoi diagrams, John Wiley, Hoboken, NJ, 2009.

[241] Orsag, M.; Korpela, C.; Bogdan, S.; Oh, P.: Valve turning using a dual-arm aerial manipulator, In IEEE International Conference on Unmanned Aircraft Systems, pp. 836-841, 2014. DOI: 10.1109/ICUAS.2014.6842330.

[242] Ozbaygin, G.; Yaman, H.; Karasan, O. E.: Time constrained maximal covering salesman problem with weighted demands and partial coverage, Computers and Operations Research, vol. 76, pp. 226-237, 2016.

[243] Palacios-Gass, J. M.; Montijano, E.; Sags, C.; Llorente, S.: Distributed coverage estimation and control for multirobot persistent tasks, IEEE Transactions on Robotics, vol. 32, pp. 1444-1460, 2016.

[244] Pastor, E.; Royo, P.; Santamaria, E.; Prats, X.: In flight contingency management for unmanned aircraft systems, Journal of Aerospace Computing Information and Communication, vol. 9, pp. 144-160, 2012.

[245] Penicka, R.; Faigl, J.; Vana, P.; Saska, M.: Dubins orienteering problem, IEEE Robotics and Automation Letters, vol. 2, pp. 1210-1217, 2017.

[246] Pierson, A.; Schwager, M.: Adaptive inter-robot trust for robust multi-robot sensor coverage, In: Inaba, M.; Corke, P. (eds) Robotics Research, Springer, Berlin, pp. 167-183, 2016.

[247] Pita, J.; Jain, M.; Tambe, M.; Ordonez, F.; Kraus, S.: Robust solutions to stackelberg games: Addressing bounded rationality and limited observations in human cognition, Artificial Intelligence, vol. 174, pp. 1142-1171, 2010.

[248] Poduri, S.; Sukhatme, G. S.: Constrained coverage for mobile sensor networks, In IEEE International Conference on Robotics and Automation, vol. 1, pp. 165-171, 2004.

[249] Portugal, D.; Rocha, R. P.: Cooperative multi-robot patrol with Bayesian learning, Autonomous Robots, 40, pp. 929-953, 2016.

[250] Pounds, P. E.; Bersak, D. R.; Dollar, A. M.: Grasping from the air: Hovering capture and load stability, In IEEE International Conference on Robotics and Automation, Shanghai, China, pp. 2491-2498, 2011.

[251] Regev, E.; Altshuler, Y; Bruckstein, A. M.: The cooperative cleaners problem in stochastic dynamic environments, 2012. arXiv preprint arXiv: 1201.6322.

[252] Renzaglia, A.; Doitsidis, L.; Martinelli, A.; Kosmatopoulos, E.: Multi-robot three dimensional coverage of unknown areas, International Journal of Robotics Research, vol. 31, pp. 738-752, 2012.

[253] Riera-Ledesma, J.; Salazar-Gonzalez, J. J.: Solving the team orienteering arc routing problem

with a column generation approach, European Journal of Operational Research, 2017. doi: 10.1016/j.ejor.2017.03.027.

[254] Rojas, I. Y.: Optimized photogrammetric network design with flight path planner for UAV-based terrain surveillance, MS thesis, Brigham Young university, 2014.

[255] Rout, M.; Roy, R.: Dynamic deployment of randomly deployed mobile sensor nodes in the presence of obstacles, Ad Hoc Networks, vol. 46, pp. 12-22, 2016.

[256] Roy, A.; Mitra, D.: Unscented Kalman filter based multi-target tracking algorithms for airborne surveillance applications, AIAA Journal of Guidance, Control and Dynamics, vol. 39, pp. 1949-1966, 2016.

[257] Ruggiero, F.; Trujillo, M. A.; Cano, R.; Ascorbe, H.; Viguria, A.; Perez, C.; Lippiello, V.; Ollero, A.; Siciliano, B.: A multilayer control for multirotor UAVs equipped with a servo robot arm, In IEEE International Conference on Robotics and Automation (ICRA), Seattle, WA, pp. 4014-4020, 2015.

[258] Sadovsky, A. V.; Davis, D.; Isaacson, D. R.: Efficient computation of separation-compliant speed advisories for air traffic arriving in terminal airspace, ASME Journal of Dynamic Systems, Measurement, and Control, vol. 136, pp. 536-547, 2014.

[259] Savla, K.; Frazzoli, E.; Bullo, F.: Traveling salesperson problems for the Dubbins vehicle, IEEE Transactions on Automatic Control, vol. 53, pp. 1378-1391, 2008.

[260] Schouwenaars, T.; Mettler, B.; Feron, E.: Hybrid model for trajectory planning of agile autonomous vehicles, AIAA Journal on Aerospace Computing, Inforation and Communication, vol. 12, pp. 629-651, 2004.

[261] Schwertfeger, S.; Birk, A.: Map evaluation using matched topology graphs, Autonomous Robots, vol. 40, pp. 761-787, 2016.

[262] Sharifi, F.; Chamseddine, A.; Mahboubi, H.; Zhang, Y; Aghdam, A. G.: A distributed deployment strategy for a network of cooperative autonomous vehicles, IEEE Transactions on Control Systems Technology, vol. 23, pp. 737-745, 2015.

[263] Sharma, V; Patel, R. B.; Bhadauria, H. S.; Prasad, D.: Deployment schemes in wireless sensor network to achieve blanket coverage in large-scale open area: A review, Egyptian Informatics Journal, vol. 17, pp. 45-56, 2016.

[264] Sharma, V; Srinivasan, K.; Chao, H. C.; Hua, K. L.: Intelligent deployment of UAVs in 5G heterogeneous communication environment for improved coverage, Journal of Network and Computer Applications, 2017. DOI: 10.1016/j.jnca.2016.12.012.

[265] Singh, M. K.: Evaluating levy flight parameters for random searches in a 2D space, Doctoral dissertation, Massachusetts Institute of Technology, 2013.

[266] Sivaram Kumar, M. P; Rajasekaran, S.: Path planning algorithm for extinguishing forest fires, Journal of Computing, vol. 4, pp. 108-113, 2012.

[267] Smith, S.; Tumova, J.; Belta, C.; Rus, D.: Optimal path planning for surveillance with temporal logic constraints, International Journal of Robotics Research, vol. 30, pp. 1695-

1708, 2011.

[268] Song, C. ; Liu, L. ; Feng, G. ; Xu, S. : Optimal control for multi-agent persistent monitoring, Automatical vol. 50, pp. 1663–1668, 2014.

[269] Song, C. ; Liu, L. ; Feng, G. ; Xu, S. : Coverage control for heterogeneous mobile sensor networks on a circle, Automatica, vol. 63, pp. 349–358, 2016.

[270] Sposato, M. : Multiagent cooperative coverage control, MS thesis, KTH, Royal Institute of Technology, Stockholm, Sweden, p. 67, 2016.

[271] Srivastava, V. ; Reverdy, P. ; Leonard, N. E. : On optimal foraging and multi-armed bandits, In 51st IEEE Annual Allerton Conference on Communication, Control, and Computing (Allerton), Monticello, IL, pp. 494X99, 2013.

[272] Stranders, R. ; Munoz, E. ; Rogers, A. ; Jeiming N. R. : Near-optimal continuous patrolling with teams of mobile information gathering agents, Artificial Intelligence, vol. 195. , pp. 63–105, 2013.

[273] Sun, S. ; Sun, L. ; Chen, S. : Research on the target coverage algorithms for 3D curved surface, Chaos, Solitons and Fractals, vol. 89, pp. 397–404, 2016.

[274] Sutantyo, D. K. ; Kembach, S. ; Nepomnyashchikh, V. A. ; Levi, B: Multi-robot searching algorithm using Levy flight and artificial potential field, IEEE International Workshop on Safety Security and Rescue Robotics (SSRR), Bremem, Germany, 2010.

[275] Sydney, N. ; Paley, D. A. : Multiple coverage control for a non stationary spatio-temporal field, Automatical vol. 50, pp. 1381–1390, 2014.

[276] Tambe, M. : Security and Game Theory: Algorithms, Deployed Systems, Lessons Learned, Cambridge University Press, Cambridge, 2012.

[277] Tuna, G. ; Gulez, K. ; Gungor, V. C. : The effects of exploration strategies and communication models on the performance of cooperative exploration, Ad Hoc Networks, vol. 11, pp. 1931–1941, 2013.

[278] Wang, Y P. : Regret-based automated decision-making aids for domain search tasks using human-agent collaborative teams, IEEE Transactions on Control Systems Technology, vol. 24, pp. 1680–1695, 2016.

[279] Winfield, A. F. : Towards an engineering science of robot foraging, In: Asama, H. ; Fukuda, T. ; Arai, T. ; Endo, I. (eds) In Distributed Autonomous Robotic Systems, Springer, Berlin, Heidelberg, vol. 8, pp. 185–192, 2009.

[280] Wilkins, D. E. ; Smith, S. F. ; Kramer, L. A. ; Lee, T. ; Rauenbusch, T. : Airlift mission monitoring and dynamic rescheduling, Engineering Application of Artificial Intelligence, vol. 21, pp. 141–155, 2008.

[281] Xue, M. H. ; Wang, T. Z. ; Mao, S. : Double evolutsional artificial bee colony algorithm for multiple traveling salesman problem, In MATEC Web of Conferences, vol. 44, EDP Sciences, 2016, D01:10. 1051/mateconf720164402025.

[282] Yakici, E. : Solving location and routins problem for UAVs, Computers and Industrial Engineering, vol. 102, pp. 294-301, 2016.

[283] Yang, R. ; Kiekintvled, C. ; Ordonez, R. ; Tambe, M. ; John, R. : Improving resource allocation strategies against human adversaries in security games: An extended study, Artificial Intelligence Journal, vol. 195, pp. 44169, 2013.

[284] Yin, Z. ; Xin Jiang, A. ; Tambe, M. ; Kiekintveld, C. ; Leyton-Brown, K. ; Sandholm, T. ; Sullivan, J. P. : Trusts: Scheduling randomized patrols for fare inspection in transit systems using game theory, Al Magazine, vol. 33, pp. 59-72, 2012.

[285] Younis, M. ; Akkaya, K. : Strategies and techniques for node placement in wireless sensor networks: A survey, Ad Hoc Networks, vol. 6, pp. 621-655, 2008.

[286] Zannat, H. ; Akter, T. ; Tasnim, M. ; Rahman, A. : The coverage problem in visual sensor networks: A target oriented approach, Journal of Network and Computer Applications, vol. 75, pp. 1-15, 2016.

[287] Zhao, W. ; Meng, Q. ; Chung, P. W. : A Heuristic distributed task allocation method for multi-vehicle multi-task problems and its application to search and rescue scenario, IEEE Transactions on Cybernetics, vol. 46, pp. 902-915, 2016.

[288] Zhu, C. ; Zheng, C. ; Shu, L. ; Han, G. : A survey on coverage and connectivity issues in wireless sensor networks, Journal of Network and Computer Applications, vol. 35 pp. 619-632, 2012.

[289] Zorbas, D. ; Pugliese, L. D. R; Razafindralambo, T. ; Guemero, F. : Optimal drone placement and costefficient target coverage, Journal of Network and Computer Applications, vol. 75, pp. 16-31, 2016.

[290] Tang, J. ; Alam, S. ; Lokan, C. ; Abbass, H. A. : A multi-objective approach for dynamic airspace sector- ization using agent based and geometric models, Transportation Research Part C, vol. 21, pp. 89-121, 2012.

[291] Tapia-Tarifa, S. L. : The cooperative cleaners case study: Modelling and analysis in real-time ABS, MS thesis, Department of Informatics, University of Oslo, 116 p. , 2013.

[292] Temizer, S. : Planning under uncertainty for dynamic collision avoidance, PhD thesis, MIT, Cambridge, MA, 2011.

[293] Thanou, M. ; Stergiopoulos, Y; Tzes, A. : Distributed coverage using geodesic metric for non-convex environments, In IEEE International Conference on Robotics and Automation, Karlsruhe, Germany, pp. 933-938, 2013.

[294] Tian, J. ; Liang, X. ; Wang, G. : Deployment and reallocation in mobile survivability heterogeneous wireless sensor networks for barrier coverage, Ad Hoc Networks, vol. 36, pp. 321-331, 2016.

[295] Tilk, C. ; Rothenbacher, A. K. ; Gschwind, T. ; Imich, S. : Asymmetry matters: Dynamic half-way points in bidirectional labeling for solving shortest path problems with resource con-

straints faster, European Journal of Operational Research, vol. 261, pp. 530-539, 2017. DOI: 10. 1016/j. ejor. 2017. 03. 017.
[296] Torres, M. ; Pelta, D. A. ; Verdegay, J. L. ; Torres, J. C. : Coverage path planning with unmanned aerial vehicles for 3D terrain reconstruction, Expert Systems with Applications, vol. 55, pp. 441-451, 2016.
[297] Toth, P. ; Vigo, D. : The Vehicle Routing Problem, SIAM, Philadelphia, PA, 2002.
[298] Troiani, C. ; Martinelli, A. ; Laugier, C. ; Scaramuzza, D. : Low computational-complexity algorithms for vision-aided inertial navigation of micro aerial vehicles, Robotics and Autonomous Systems, vol. 69, pp. 80-97, 2015.
[299] Tseng, K. S. ; Mettler, B. : Near-optimal probabilistic search via submodularity and sparse regression, Autonomous Robots, vol. 41, pp. 205-229, 2017.
[300] Tuna, G. ; Gungor, V C. ; Gulez, K. : An autonomous wireless sensor network deployment system using mobile robots for human existence detection in case of disasters, Ad Hoc Networks, vol. 13, pp. 54-68, 2014.
[301] Valente, J. ; Del Cerro, J. ; Barrientos, A. ; Sanz, D. : Aerial coverage optimization in precision agriculture management: A musical harmony inspired approach, Computers and Electronics in Agriculture, vol. 99, pp. 153-159, 2013.
[302] Valente, J. : Aerial coverage path planning applied to mapping, PhD thesis, Universidad Politecnica de Madrid, 2014.
[303] VanderBerg, J. P. ; Patil, S. ; Alterovitz, R. : Motion planning under uncertainty using differential dynamic programming in Belief space, International Symposium of Robotics Research, Flagstaff, AZ, 2011.
[304] Verbeeck, C. ; Vansteenwegen, P. ; Aghezzaf, E. H. : Solving the stochastic time-dependent orienteering problem with time windows, European Journal of Operational Research, vol. 255, pp. 699-718, 2016.
[305] Vieira, L. F. M. ; Almiron, M. G. ; Loureiro, A. A. : Link probability, node degree and coverage in three- dimensional networks, Ad Hoc Networks, vol. 37, pp. 153-159, 2016.
[306] Viet, H. H. ; Dang, V. H. ; Laskar, M. N. ; Chung T. C. : BA * : An online complete coverage algorithm for cleaning robots, Applied Intelligence, vol. 39, pp. 217-237, 2013.
[307] Wang, H. F. ; Wen, Y. P. : Time-constrained Chinese postman problems, Computers and Mathematics with Applications, vol. 44, pp. 375-387, 2002.
[308] Wang, Z. ; Guo, J. ; Zheng, M. ; Wang, Y: Uncertain multiobjective traveling salesman problem, European Journal of Operational Research, vol. 241, pp. 478-489, 2015.
[309] Waqqas, A. : Distributed navigation of multi-robot systems for sensing coverage, PhD thesis, School of Electrical Engineering and Telecommunications, The University of New South Wales, Australia, 224 p. , 2016.
[310] Xu, A. ; X^riyasuthee, C. ; Rekleitis, L: Optimal complete terrain coverage using an un-

manned aerial vehicle, In IEEE International Conference on Robotics and Automation^ Shanghai, China, pp. 2513-2519, 2011.

[311] Xu, A.; Wiyasuthee, C.; Rekleitis, L: Efficient complete coverage of a known arbitrary environment with applications to aerial operations, Autonomous Robots, vol. 36, pp. 365-381, 2014.

[312] Yazicioglu, A. Y; Egerstedt, M.; Shamma, J. S.: Communication-free distributed coverage for networked systems, IEEE Transactions on Control of Network Systems, 2016. DOI: 10.1109/TCNS.2016.2518083.

[313] Yu, J.; Schwager, M.; Rus, D.: Correlated orienteering problem and its application to persistent monitoring tasks, IEEE Transactions on Robotics, vol. 32, pp. 1106-1118, 2016.

[314] Zhong, M.; Cassandras, C. G.: Distributed coverage control in sensor network environments with polygonal obstacles, IFAC Proceedings Volumes, vol. 41, pp. 4162-4167, 2008.

[315] Laumond, J. P.: Robot Motion Planning and Control, Springer, Berlin, 1998.

[316] Laugier, C.; Chatila, R. (eds): Autonomous Navigation in Dynamic Environments, Springer, Berlin, 2007.

[317] Lavalle, S. M.: Planning Algorithms. Cambridge University Press, Cambridge, 2006.

[318] Lavalle, S. M.: Motion Planning, IEEE Robotics and Automation Magazine, vol. 18, pp. 108-118, 2011.

[319] Lawler, E. L.; Lenstra, J. K.; Rinnoy Kan, A. H. G; Shmoys, D. B.: A Guided Tour of Combinatorial Optimization, Wiley. Hoboken, NJ, 1995.

[320] Lee, J.; Kwon, O.; Zhang, L.; Yoon S.: A selective retraction based RRT planner for various environments, IEEE Transactions on Robotics, 2014. DOI: 10.1109/TR0.2014.2309836.

[321] Lekkas A. M.; Fossen T. L: Integral LOS path following for curved paths based on a monotone cubic Hermite spline parametrization, IEEE Transactions on Control System Technology, 2014. DOI: 10.1109/TCST.2014.2306774.

[322] Le Ny, J.; Feron, E.; Frazzoli, E.: On the Dubins traveling salesman problem, IEEE Transactions on Automatic Control, vol. 57, pp. 265-270, 2012.

[323] Li, Z.; Canny, J. F,: Non Holonomic Motion Planning, Kluwer Academic Press, Berlin, 1992.

[324] Li, B.; Xu, C.; Teo, K. L.; Chu, J.: Time optimal Zermelo's navigation problem with moving and fixed obstacles, Applied Mathematics and Computation, vol. 224, pp. 866-875, 2013.

[325] Lin, L.; Goodrich, M. A.: Hierarchical heuristic search using a Gaussian mixture model for UAV coverage planning, IEEE Transactions on Cybernetics, 2014. DOI: 10.1109/TCYB.2014.2309898.

[326] Liu, Y; Saripelli, S.: Path planning using 3D Dubins curve for unmanned aerial vehicles, International Conference on Unmanned Aircraft System, pp. 296-304, 2014. DOI: 10.1109/ic-

uas. 2014. 6842268.

[327] Littman, M. : A tutorial on partially observable Markov decision process, Journal of Mathematical Psychology, vol. 53, pp. 119–125, 2009.

[328] Macharet, D. ; Neto, A. A. ; Campos, M. : On the generation of feasible paths for aerial robots in environments with obstacles, IEEE/RSJ International Conference on Intelligent Robots and Systems, St. Louis, MO, pp. 3380–3385, 2009.

[329] Maggiar, A. ; Dolinskaya, I. S. : Construction of fastest curvature constrained path in direction dependent media, AIAA Journal of Guidance, Control and Dynamics, vol. 37, pp. 813–827, 2014.

[330] Mango, A. ; Bichi, A. : Steering driftless non-holonomic systems by control quanta, IEEEInterernational Conference on Decision and Control, vol. 4, pp. 466–478, 1998.

[331] Masoud, A. A. : A harmonic potential approach for simultaneous planning and control of a generic UAV platform, Journal of Intelligent and Robotics Systems, vol. 65, pp. 153–173, 2012.

[332] Matsuoka, Y. ; Durrant-Whyte, H. ; Neira, J. : Robotics, Science and Systems, The MIT Press, Cambridge, MA, 2010.

[333] Mattei, M. ; Blasi, L. : Smooth flight trajectory planning in the presence of no-fly zones and obstacles, AIAA Journal of Guidance, Control and Dynamics, vol. 33, No. 2, pp. 454–462, 2010.

[334] Matveev, A. S. ; Teimoori, H. ; Savkin, A. : Navigation of a uni-cycle like mobile robot for environmental extremum seeking, Automatica, vol. 47, pp. 85–91, 2011.

[335] McGee, T. ; Hedrick, J. K. : Optimal path planning with a kinematic airplane model, AIAA Journal of Guidance, Control and Dynamics, vol. 30, pp. 1123–1133, 2007.

[336] Miele, A. ; Wang, T. ; Melvin, W. : Optimal take-off trajectories in the presence of windshear, Journal of Optimization, Theory and Applications, vol. 49, pp. 1–45, 1986.

[337] Miele, A. ; Wang, T. ; Melvin, W. : Penetration landing guidance trajectories in the presence of windshear, AIAA Journal of Guidance, vol. 12, pp. 806–814, 1989.

[338] Missiuro, P. ; Roy, N. : Adaptive probabilistic roadmaps to handle uncertain maps, IEEE International Conference on Robotics and Automation, Orlando, FL, pp. 1261–1267, 2006.

[339] Mufalli, F. ; Batta, R. ; Nagi, R. : Simultaneous sensor selection and routing of unmanned aerial vehicles for complex mission plans, Computers and Operations Research, vol. 39, pp. 2787–2799, 2012.

[340] Mtyumda, A. ; Padhi, R. : Evolving philosophies on autonomous obstacles/collision avoidance of unmanned aerial vehicles, AIAA Journal of Aerospace Computing, Information and Communication^ vol. 8, pp. 17H, 2011.

[341] Naldi, R. ; Marconi, L. : Optimal transition maneuvers for a class of V/STOL aircraft, Automatica, vol. 47, pp. 870–879, 2011.

[342] Ng, H. K. ; Sridhar, B. ; Grabbe, S. : Optimizing trajectories with multiple cruise altitudes in the presence of winds, AIAA Journal of Aerospace Information Systems, vol. 11, pp. 35-46, 2014.

[343] Oberlin, P. ; Rathinam, S. ; Darbha, S. : Todays traveling salesman problem, IEEE Robotics and Automation Magazine, vol. 17, pp. 70-77, 2010.

[344] Obermeyer, K. ; Oberlin, P. ; Darbha, S. : Sampling based path planning for a visual reconnaissance unmanned air vehicle, AIAA Journal of Guidance, Control and Dynamics, vol. 35, pp. 619-631, 2012.

[345] Oikonomopoulos, A. S. ; Kyriakopoulos, K. J. ; Loizou, S. G. : Modeling and control of heterogeneous nonholonomic input-constrained multi-agent systems, In 49th IEEE Conference on Decision and Control, Atlanta, GA, pp. 4204^4209, 2010.

[346] Patterson, T. ; McClean, S. ; Morrow, P. ; Parr, G. : Modeling safe landing zone detection options to assist in safety critical UAV decision making, Procedia Computer science, vol. 10, pp. 1146-1151, 2012.

[347] Pavone, M. ; Frazzoli, E. ; Bullo, F. : Adaptive and distributive algorithms for Vehicle routing in a stochastic and dynamic environment, IEEE Transactions on Automatic Control, vol. 56, pp. 1259-1274, 2011.

[348] Peng, R. ; Wang, H. ; Wang, Z. ; Lin, Y: Decision making of aircraft optimum configuration utilizing multi dimensional game theory, Chinese Journal of Aeronautics, vol. 23, pp. 194-197, 2010.

[349] Persiani, F. ; De Crescenzio, F. ; Miranda, G. ; Bombardi, T. ; Fabbri, M. ; Boscolo, F. : Three dimensional obstacle avoidance strategies for uninhabited aerial systems mission planning and replanning, AIAA Journal of Aircraft, vol. 46, pp. 832-846, 2009.

[350] Pettersson, R O. ; Doherty, P. : Probabilistic road map based path planning for an autonomous unmanned aerial vehicle, Workshop on Connecting Planning Theory with Practice, 2004.

[351] Petres, C. ; Pailhas, Y; Pation, P. ; Petillot, Y; Evans, J. ; Lame, D. : Path planning for autonomous underwater vehicles, IEEE Transactions on Robotics, vol. 23, pp. 331-341, 2007.

[352] Phillips, J. M. ; Bedrossian, N. ; Kavraki, L. E. : Guided expansive space trees: A search strategy for motion and cost constrained state spaces, IEEE International Conference on Robotics and Automation^ vol. 5, pp. 3968-3973, 2004.

[353] Piazzi, A. ; Guarino Lo Bianco, C. ; Romano, M. : 7)3 Splines for the Smooth Path Generation of Wheeled Mobile Robot, IEEE Transactions on Robotics, vol. 5, pp. 1089-1095, 2007.

[354] Plaku, E. ; Hager, G. D. : Sampling based motion and symbolic action planning with geometric and differential constraints, IEEE International Conferennce on Robotics and Automation, Anchorage, AK, pp. 5002-5008, 2010.

[355] Poggiolini, L. ; Stefani, G. : Minimum time optimality for a bang-singular arc: Second order sufficient conditions, IEEE 44th Conference on Decision and Control, Seville, Spain, pp. 1433-1438, 2005.

[356] Powell, W. B. : Approximate Dynamic Programming: Solving the Curse of Dimensionality, Halsted Press, New York, 2011.

[357] Prasanth, R. K. ; Boskovic, J. D. ; Li, S. M. ; Mehra, R. : Initial study of autonomous trajectory generation for UAV, IEEE International Conference on Decision and Control, Orlando, FL, pp. 640-645, 2001.

[358] Prats, X. ; Puig, V. ; Quevedo, J. ; Nejjari, F. : Lexicographic optimization for optimal departure aircraft trajectories, Aerospace Science and Technology, vol. 14, pp. 26-37, 2010.

[359] Puterman, M. L. : Markov Decision Processes Discrete Stochastic Dynamic Programming, Wiley, Hoboken, NJ, 2005.

[360] Qu, Y. ; Zhang, Y; Zhang, Y: Optimal flight planning for UAV in 3D threat environment, International Conference on Unmanned Aerial Systems, 2014. DOI: 10. 1109/ICUAS. 2014. 6842274.

[361] Rabier, P. J. ; Rheinboldt, W. C. : Nonholonomic Motion of Rigid Mechanical Systems from a DAE Viewpoint, SIAM Press, Philadelphia, PA, 2000.

[362] Richards, A. ; Schouwenaars, T. ; How, J. ; Feron, E. : Spacecraft trajectory planning with avoidance constraints using Mixed-Integer Linear Programming, A1AA Journal of Guidance, Control and Dynamics, vol. 25, pp. 755-764, 2002.

[363] Rosen, K. H. : Discrete Mathematics, McGraw Hill, New York, 2013.

[364] Rysdyk, R. : Course and heading changes in significant wind, AIAA Journal of Guidance, Control and Dynamics, vol. 30, pp. 1168-1171, 2007.

[365] Ruchti, J. ; Senkbeil, R. ; Carroll, J. ; Dickinson, J. ; Holt, J. ; Biaz, S. : Unmanned aerial system collision avoidance using artificial potential fields, AIAA Journal of Aerospace Information Systems, vol. 11, pp. 140-144, 2014.

[366] Rupniewski, M. W. ; Respondek, W. : A classification of generic families of control affine systems and their bifurcations, Mathematics of Control, Signals, and Systems, vol. 21, pp. 303-336, 2010.

[367] Ruz, J. J. ; Arevalo, O. ; Pajares, G. ; Cruz, J. M. : Decision making along alternative routes for UAV in dynamic environments, IEEE International Conference on Emerging Technologies and Factory Automation, ETFA, Patras, Greece, 2007.

[368] Sabo, C. ; Cohen, K. ; Kumar, M. ; Abdallah, S. : Path planning of a fire-fighting aircraft using fuzzy logic, AIAA Aerospace Sciences Meeting, Orlando, FL, paper AIAA 2009-1353, 2009.

[369] Sadovsky, A. V: Application of the shortest path problem to routing terminal airspace air traffic, AIAA Journal of Aerospace Information System, vol. 11, pp. 118-130, 2014.

[370] Samad, T. ; Gorinevsky, D. ; Stoffelen, F. : Dynamic multi-resolution route optimization for autonomous aircraft, IEEE International Symposium on Intelligent Control^ Mexico, pp. 13-18, 2001.

[371] Santamaria, E. ; Pastor, E. ; Barrado, C. ; Prats, X. ; Royo, P. ; Perez, M. : Flight plan specification and management for unmanned aircraft systems, Journal of Intelligent and Robotic Systems, vol. 67, pp. 155-181, 2012.

[372] Savla, K. ; Frazzoli, E. ; Bullo, E: Traveling salesperson problems for the dubbins vehicle, IEEE Transactions on Automatic Control^ vol. 53, pp. 1378-1391, 2008.

[373] Schmitt, L. ; Fichter, W. : Collision avoidance framework for small fixed wing unmanned aerial vehicles, AIAA Journal of Guidance, Control and Dynamics, vol. 37, pp. 1323-1328, 2014.

[374] Schouwenaars, T. ; Valenti, M. ; Feron, E. ; How, J. ; Roche, E. : Linear programming and language processing for human/unmanned-aerial-vehicle team missions, AIAA Journal of Guidance, Control, and Dynamics, vol. 29, no. 2, pp. 303-313, 2006.

[375] Seibel, C. W. ; Farines, J. M. ; Cury, J. E. : Towards hybrid automata for the mission planning of unmanned aerial vehicles, In: Antsaklis (ed.), Hybrid Systems V, Springer-Verlag, Berlin, pp. 324-340, 1999.

[376] Sennott, L. L: Stochastic Dynamic Programming and the Control of Queuing Systems, Wiley, Hoboken, NJ, 1999.

[377] Shah, M. Z. ; Samar, R. ; Bhatti, A. L: Guidance of air vehicles: A sliding mode approach, IEEE Transaction on Control Systems Technology, 2014. DOI: 10.1109/TCST.2014.2322773.

[378] Sinha, A. ; Tsourdos, A. ; White, B. : Multi-UAV coordination for tracking the dispersion of a contaminant cloud in an urban region, European Journal of Control, vol. 34, pp. 441-448, 2009.

[379] Smith, J. F. ; Nguyen, T. H. : Fuzzy logic based resource manager for a team of UAX^ Annual Meeting of the IEEE Fuzzy Information Processing Society, Montreal, pp. 463-470, 2006.

[380] Soler, M. ; Olivares, A. ; Staffetti, E. : Multiphase optimal control framework for commercial aircraft 4D flight planning problems, AIAA Journal of Aircraft, 2014. DOI: 10.2514/1C032677.

[381] Song, C. ; Liu, L. ; Feng, G. ; Xu S. : Optimal control for multi-agent persistent monitoring, Automatica, vol. 50, pp. 1663-1668, 2014.

[382] Sridharan, M. ; Wyatt, J. ; Dearden, R. : Planning to see: A hierarchical approach to planning visual action on a robot using POMDP, Artificial Intelligence, vol. 174, pp. 704-725, 2010.

[383] Stranders, R. ; Munoz, E. ; Rogers, A. ; Jenning, N. R. : Near-optimal continuous patrolling with teams of mobile infonnation gathering agents, Artificial Intelligence, vol. 195, pp. 63-105, 2013.

[384] Sujit, P. B. ; Saripalli, S. ; Sousa, J. B. : Unmanned aerial vehicle path following, IEEE Control System Magazine^ vol. 34, pp. 42-59, 2014.

[385] Sun, X. ; Gollnick, V; Li, Y; Stumpf, E. : Intelligent multi criteria decision support system for systems design, AIAA Journal of Aircraft, vol. 51, pp. 216-225, 2014.

[386] Sundar, K. ; Rathinam, S. Algorithms for routing an unmanned aerial vehicle in the presence of refueling depots, IEEE Transaction on Automation Science and Engineering, vol. 11, pp. 287-294, 2014.

[387] Sussman, H. J. : The Markov Dubins problem with angular acceleration control, IEEE 36th Conference on Decision and Control, San Diego, CA, pp. 2639-2643, 1997.

[388] Tang, J. ; Alam, S. ; Lokan, C. ; Abbass, H. A. : A multi-objective approach for dynamic airspace sector- ization using agent based and geometric models, Transportation Research Part C, vol. 21, pp. 89-121, 2012.

[389] Techy, L. : Optimal navigation in planar true varying flow: Zermelo's problem revisited, Intelligent Service Robotics, vol. 4, pp. 271-283, 2011.

[390] Temizer, S. : Planning under uncertainty for dynamic collision avoidance, PhD thesis, MIT, 2011.

[391] Tewari, A. : Advanced Control of Aircraft, Spacecrafts and Rockets, Wiley Aerospace Series, Hoboken, NJ, 2011.

[392] Toth, P. ; Vigo, D. : The Vehicle Routing Problem, SIAM, Philadelphia, PA, 2002.

[393] Trumbauer, E. ; Villac, B. : Heuristic search based framework for on-board trajectory redesign, AIAA Journal of Guidance, Control and Dynamics, vol. 37, pp. 164-175, 2014.

[394] Turnbull, O. ; Richards, A. ; Lawry, J. ; Lowenberg, M. : Fuzzy decision tree cloning of flight trajectory optimization for rapid path planning, IEEE Conference on Decision and Control, San Diego, CA, pp. 6361-6366, 2006.

[395] VanDaalen, C. E. ; Jones, T. : Fast conflict detection using probability flow, Automatica, vol. 45, pp. 1903-1909, 2009.

[396] Vanderberg, J. P. : Path planning in dynamic environments, PhD thesis, University of Utrecht, The Netherlands, 2007.

[397] Vazirani, V: Approximation Algorithms, Springer-Verlag, Berlin, 2003.

[398] Wang, X. ; Wei, G. ; Sun, J. : Free Knot Recursive B Spline for compensation of nonlinear smart sensors, Measurement, 44, pp. 888-894, 2011.

[399] Wang, Y. ; Wang, S. ; Tan, M. ; Zhou, C. ; Wei, Q. : Real-time dynamic Dubins-helix method for 3D trajectory smoothing, IEEE Transactiona on Control System Technology, 2014. DOI: 10. 1109/TCST. 2014. 2325904.

[400] Weiss, A. ; Petersen, C. ; Baldwin, M. ; Scott, R. ; Kolmanovsky, L: Safe positively invariant sets for spacecraft obstacle avoidance, AIAA Journal of Guidance, Control and Dynamics, 2014. DOI: 10. 2514/1. G000115.

[401] Wilkins, D. E. ; Smith, S. F. ; Kramer, L. A. ; Lee, T. ; Rauenbusch, T. : AirHft mission monitoring and dynamic rescheduling, Engineering Application of Artificial Intelligence, vol. 21, pp. 141-155, 2008.

[402] Williams, P. : Aircraft trajectory planning for terrain following incorporating actuator constraints, AIAA Journal of Aircraft, 42, pp. 1358-1362, 2005.

[403] Wu, P: Multi-objective mission flight planning in civil unmanned aerial systems, PhD thesis, Queensland University of Technology (Australia), 2009.

[404] Yakimenko, O. A. : Direct method for rapid prototyping of near optimal aircraft trajectory, AIAA Journal of Guidance, Control and Dynamics, vol. 23, pp. 865-875, 2000.

[405] Yang, L; Zhao, Y Trajectory planning for autonomous aerospace vehicles amid known obstacles and conflicts, AIAA Journal of Guidance, Control and Dynamics, vol. 27, pp. 997-1008, 2004.

[406] Yanmaz, E. ; Costanzo, C. ; Bettstetter, C. ; Elmenreich W. : A discrete stochastic process for coverage analysis of autonomous UAV networks, IEEE GLOBECOM Workshop, Miami, FL, pp. 1777-1782, 2010.

[407] Yanushevsky, R. : Guidance of Unmanned Aerial Vehicles, CRC Press, Boca Raton, FL, 2011.

[408] Yokoyama, N. : Path generation algorithm for turbulence avoidance using real-time optimization, AIAA Journal of Guidance, Control and Dynamics, vol. 36, pp. 250-262, 2012.

[409] Gandhi, R. ; Yang, L. G. : Examination of planning under uncertainty algorithms for cooperative UAV, AIAA Infotech Aerospace, Rohnert Park, CA, paper Al AA-2007-2817, 2007.

[410] Hantos, P. : Systems engineering perspectives on technology, readiness assessment in software intensive system development, AIAA Journal of Aircraft, vol. 48, pp. 738-748, 2011.

[411] Inigo-Blasco, P. ; Diaz-del-Rio, F. ; Romero, M. ; Cargigas, D. ; Vicente, S. : Robotics software frameworks for multiagent robotic systems developement, Robotics and Autonomous Systems, vol. 60, pp. 803-821, 2012.

[412] Jorgensen, U. ; Skjetne, R. : Generating safe and equally long trajectories for multiple unmanned agents, IEEE 28th Mediterranean Conference on Control and Automation, Barcelona, Spain, pp. 1566-1572, 2012.

[413] Karahan, L; Koksalan, M. : A territory defining multiobjective evolutionary algorithms and preference incorporation, IEEE Transaction on Evolutionary Computation, vol. 14, pp. 636-664, 2010.

[414] Karaman, S. ; Frazzoli, E. : Complex mission optimization for multiple UAV using linear temporal logic, American Control Conference, Seattle, WA, pp. 2003-2009, 2008.

[415] Kamgarpour, M. ; Dadok, V; Tomlin, c. : Trajectory generation for aircraft subject to dynamic weather uncertainty, IN 49th IEEE Conference on Decision and Control, Atlanta, GA, pp.

2063–2068, 2010.

[416] Karaman, S.; Frazzoli, E.: Linear Temporal logic vehicle routing with applications to multi-UAV mission planning, International Journal of Robust and Nonlinear Control, Vbl. 21(12) pp. 1–38, 2010.

[417] Karimoddini, A.; Liu, H.; Chen, B.; Lee, T.: Hybrid 3D formation control for unmanned helicopter, Technical report, NUS - ACT–11–005, 2011.

[418] Kloetzer, M.; Belta, C.: Temporal logic planning and control of robotic swarms by hierarchical abstraction, IEEE Transaction on Robotics, vol. 23, pp. 320–330, 2007.

[419] Kon Kang, B.; Kim, K. E.: Exploiting symmetries for single and multi-agent partially observable stochastic domains, Artificial Intelligence, vol. 182, pp. 32–57, 2012.

[420] Krebsbach, K.: Deliberative scheduling using GSMDP in stochastic asynchronous domains, International Journal on Approximate Reasoning, vol. 50, pp. 1347–1359, 2009.

[421] Kulkarani, A.; Tai, K.: Probability collectives: A multi-agent approach for solving combinatorial optimization problems, Applied Soft Computing, vol. 37, pp. 759–771, 2010.

[422] Lemaitre, C.; Reyes, C. A.; Gonzalez, J. A.: Advances in Artificial Intelligence, Springer, Berlin, 2004.

[423] Liu, J.; Wu, J.: Multi-Agent Robotic System, CRC Press, Boca Raton, FL, 2001.

[424] Liu, L.; Shell, D. A.: Assessing optimal assignment under uncertainty, In: Matsuoka, ¥; Durrant-White, H.; Neira, J. (eds) Robotics, Science and Systems, The MIT Press, Cambridge, MA, pp. 121–128, 2010.

[425] Low, C. B.: A rapid incremental motion planner for flexible formation control of fixed wing UAV, IEEE Conference on Decision and Control, Maui, HI, pp. 2427–2432, 2012.

[426] Lyons, D.; Calliess, J. R; Hanebeck, U.: Chance constrained model predictive control for multi-agent systems, 2011. arXiv preprint arXiv: 1104.5384.

[427] Margellos, K.; Lygeros, J.: Hamilton-Jacobi formulation for reach-avoid differential games, IEEE Transactions on Automatic Control, vol. 56, pp. 1849–1861, 2011.

[428] Marier, J. S.; Besse, C.; Chaib-Draa, B.: A Markov model for multiagent patrolling in continous time. ICONIP, Bangkok, Thailand, vol. 2, pp. 648–656, Springer, 2009.

[429] Martin, B; de la Croix, J. P.; Egerstedt, M.: A motion description language for networked systems, In 47th IEEE Conference on Decision and Control, Mexico, pp. 558–563, 2008.

[430] Marvel, J.: Performance metrics of speed and separation monitoring in shared workspaces, IEEE Transactions on Automation Science and Engineering, vol. 10, pp. 405–414, 2013.

[431] Mesbahi, M.: On state-dependent dynamic graphs and their controllability properties, IEEE Conference on Decision and Control, Bahamas, pp. 2473–2478, 2004.

[432] Mesbahi, M.; Egerstedt, M.: Graph Theoretic Methods in Multiagent Networks, Princeton Series in Applied Mathematics, Princeton University Press, Princeton, NJ, 2010.

[433] Moon, J.; Oh, E; Shin, D. H.: An integral framework of task assignment and path planning

for multiple UAV in dynamic environments, Journal of Intelligent Robots, vol. 70, pp. 303-313, 2013.

[434] Moses Sathyaraj, B.; Jain, L. C.; Fuin, A.; Drake, S.: Multiple UAV path planning algorithms: A comparative study, Fuzzy Optimal Decision Making, vol. 7, pp. 257-267, 2008.

[435] No, T. S.; Kim, Y.; Takh, M. J.; Jeon, G. E.: Cascade type guidance law design for multiple UAV formation keeping, Aerospace Science and Tecnology, vol. 15, pp. 431-439, 2011.

[436] Oberlin, P.; Rathinam, S.; Darbha, S.: A transformation for a multiple depot, multiple traveHng salesman problem, American Control Conference, St. Louis, MO, pp. 2636-2641, 2009.

[437] Ono, M.; Williams, B. C.: Decentralized chance constrained finite horizon optimal control for multi-agent systems, In 49th IEEE Control and Decision Conference, Atlanta, GA, pp. 138-145, 2010.

[438] Parlangeli, G.; Notarstefano, G.: On the reachability and observability of path and cycle graphs, IEEE Transactions on Automatic Control, vol. 57, pp. 743-748, 2012.

[439] Ponda, S.; Johnson, L.; How, J.: Distributed chance constrained task allocation for autonomous multiagent teams, Proceedings of the 2012 American Control Conference, Montreal, Canada, pp. 4528-4533, 2012.

[440] Rabbath, C. A.; Lechevin, N.: Safety and Reliability in Cooperating Unmanned Aerial Systems, Springer, Berlin, 2011.

[441] Rathinam, S.; Sengupta, R.; Darbha, S.: A resource allocation algorithm for multivehicle system with nonholonomic constraints, IEEE Transactions on Automation Science and Engineering, vol. 4, pp. 4027-4032, 2007.

[442] Rosaci, D.; Same, M.; Garruzzo, S.: Integrating trust measuring in multiagent sytems, Intembational Journal of Intelligent Systems, vol. 27, pp. 1-15, 2012.

[443] Saget, S.; Legras, E; Coppin, G.: Cooperative interface for a swarm of UAV, 2008). arXiv preprint arXiv:0811.0335 - arxiv. org.

[444] Shanmugavel, M.; Tsourdos, A.; Zbikowski, R.; White, B. A.; Rabbath, C. A.; Lechevin, N.: A solution to simultaneous arrival of multiple UAV using Pythagorean hodograph curves, American Control Conference, Minneapolis, MN, pp. 2813-2818, 2006.

[445] Semsar-Kazerooni, E.; Khorasani, K.: Multi-agent team cooperation: A game theory approach, Automatica, vol. 45, pp. 2205-2213, 2009.

[446] Seuken, S.; Zilberstein, S.: Formal models and algorithms for decentralized decision making under uncertainty, Autonomous agent multi-agent systems, 2008. DOI: 10.1007/sl0458-007-9026-5.

[447] Shamma, J. S.: Cooperative Control of Distributed Multi-Agent System, Wiley, Hoboken, NJ, 2007.

[448] Shi, G. ; Hong, Y. ; Johansson, K. : Connectivity and set tracking of multi-agent systems guided by multiple moving leaders, IEEE Transactions on Automatic Control, vol. 57, pp. 663-676, 2012.

[449] Shima, T. ; Rasmussen, S. : UAV Cooperative Decision and control, SIAM, Philadelphia, PA, 2009.

[450] Sirigineedi, G. ; Tsourdos, A. ; Zbikowski, R. ; White, B. : Modeling and verification of multiple UAV mission using SVM, Workshop on formal methods for aerospace, pp. 22-33, 2010.

[451] Stachura, M. ; Frew, G. W. : Cooperative target localization with a communication aware- unmanned aircraft system, AIAA Journal of Guidance, Control and Dynamics, vol. 34, pp. 1352-1362, 2011.

[452] Surynek, P. : An optimization variant of multi-robot path planning is intractable, In 24th AAAI Conference on Artificial Intelligence, Atlanta, GA, 2010.

[453] Turra, D. ; Pollini, L. ; Innocenti, M. : Fast unmanned vehicles task allocation with moving targets, In 43rd IEEE Confemece on Decision and Control, Nassau, Bahamas, pp. 4280-4285, 2004.

[454] Turpin, M. ; Michael, N. ; Kumar, V. : Decentralized fonnation control with variable shapes for aerial robots, IEEE International Conference on Robotics and Automation, Saint Paul, pp. 23-30, 2012.

[455] Twu, P. Y; Martin, P. ; Egerstedtd, M. : Graph process specifications for hybrid networked systems, Discrete Event Dynamical Systems, vol. 22, pp. 541-577, 2012.

[456] Ulusoy, A. ; Smith, S. L. ; Ding, X. C. ; Belta, C. ; Rus, D. : Optimal multi-robot path planning with temporal logic constraints, IROS IEEE/RSJ International Conference on Intelligent Robots and Systems, San Francisco, CA, 2011.

[457] Ulusoy, A. ; Smith, S. L. ; Ding, X. C. ; Belta, C. : Robust multi-robot optimal path planning with temporal logic constraints, IEEE International Conference on Robotics and Automation Saint Paul, MN, 2012.

[458] Virtanen, K. ; Hamalainen, R. P. ; Mattika, V: Team optimal signaling strategies in air combat, IEEE Transactions on Systems, Man and Cybernetics, vol. 36, pp. 643-660, 2006.

[459] Wen, G. ; Duan, Z. ; Yu, W. ; Chen, G. : Consensus of multi-agent systems with nonlinear dynamics and sampled data information: A delayed input approach, International Journal of Robust and Nonlinear Control, vol. 23, pp. 602-619, 2012.

[460] Wu, F. ; Zilberstein, S. ; Chen, X. : On line planning for multi-agent systems with bounded communication, Artificial Intelligence, vol. 175, pp. 487-511, 2011.

[461] Yadlapelli, S. ; Malik, W. ; Darbha, M. : A lagrangian based algorithm for a multiple depot, multiple traveling salesmen, American Control Conference, Philadelphia, PA, pp. 4027T032, 2007.

[462] Zhang, H. ; Zhai, C. ; Chen, Z. : A general alignment repulsion algorithm for flocking of mul-

tiagent systems, IEEE Transactions on Automatic Control, vol. 56, pp. 430-435, 2011.

[463] Zhang, J.; Zhan, Z.; Liu, Y; Gong, Y et al.: Evolutionary computation meets machine learning: A survey, IEEE Computational Intelligence Magazine, vol. 6, pp. 68-75, 2011.

[464] Zhao, Y.; Tsiotras P.: Time optimal path following for fixed wing aircraft, AIAA Journal of Guidance, Control and Dynamics, vol. 36, pp. 83-95, 2013.

[465] Zhi-Wei, H.; Jia-hong, L.; Ling, C.; Bing, W.: A hierarchical architecture for formation control of multi- UAV, Procedia Engineering, vol. 29, pp. 3846-3851, 2012.

[466] Zou, Y; Pagilla, P. R.; Ratliff, R. T.: Distributed formation flight control using constraint forces, AIAA Journal of Guidance, Control and Dynamics, vol. 32, pp. 112-120, 2009.

作者简介

雅斯米娜·贝索伊·塞班(Yasmina Bestaoui Sebbane)(1960—2018年),法国埃夫里-瓦尔德艾松大学自动化与机器人专业教授。她是埃夫里大学PEDR和IBISC实验室无人机中心负责人,并于2006—2015年担任系主任。在2017年获得学术棕榈奖,领导及参与了许多学术委员会,并与其他大学合作创建新的教学课程。她于1989年在法国南特国立高等机械学院(现为南特中央理工学院)获得控制工程与计算机工程博士学位,并于2000年在法国埃夫里大学获得机器人专业研究指导资格(Habilitation to Direct Research,HDR)。她的研究方向主要包括无人系统的控制、规划与决策,特别是对无人机与机器人领域有深入研究。